U0150374

数字电子技术及应用

乐丽琴　主　编

栗红霞　司小平　王二萍　李姿景　伦砚波　副主编

吕运朋　主　审

科学出版社

北　京

内 容 简 介

本书介绍了数字电路和数字系统中常用电路及模块的工作原理、分析方法和设计方法，并引入了 Multisim 仿真软件进行仿真。全书共 9 章，内容包括数字逻辑基础、逻辑门电路、组合逻辑电路、触发器、时序逻辑电路、脉冲信号的产生与整形、半导体存储器与可编程逻辑器件、模数与数模转换电路、数字系统设计实例。书中配有丰富的典型实例、计算机辅助电路分析举例（Multisim 仿真），以及思考题和习题，便于读者联系实际，灵活运用，提高分析问题、解决问题的能力，同时为进一步学习电子技术其他课程打下基础。

本书可作为高等院校电子工程、通信工程、自动控制、工业自动化、检测技术以及电子技术应用等专业本科和专科数字电路课程的基本教材和教学参考书，亦可供技能型人才教育培训及相关工程技术人员参考。

图书在版编目(CIP)数据

数字电子技术及应用 / 乐丽琴主编. —北京：科学出版社，2020.10

ISBN 978-7-03-065996-5

Ⅰ. ①数… Ⅱ. ①乐… Ⅲ. ①数字电路-电子技术-高等学校-教材 Ⅳ. ①TN79

中国版本图书馆 CIP 数据核字（2020）第 164937 号

责任编辑：冯 涛 徐仕达 杨 昕 / 责任校对：陶丽荣
责任印制：吕春珉 / 封面设计：东方人华平面设计部

科学出版社 出版
北京东黄城根北街 16 号
邮政编码：100717
http://www.sciencep.com
天津翔远印刷有限公司印刷
科学出版社发行 各地新华书店经销
*
2020 年 10 月第 一 版 开本：787×1092 1/16
2021 年 10 月第二次印刷 印张：20
字数：475 000

定价：56.00 元

（如有印装质量问题，我社负责调换〈翔远〉）
销售部电话 010-62136230 编辑部电话 010-62135397-2032

前　言

数字电子技术是电子、通信、信息、雷达、计算机、自动化等电类专业和机电一体化等非电类专业的一门专业基础课程。随着电子技术和信息处理技术的迅速发展和电子技术教学改革的进一步深入，依据教育部高等学校电子信息与电气信息类基础课程教学指导分委员会制定的《电子技术基础课程教学基本要求》，以及高校应用型人才培养和职业技术学院发展背景要求，我们在学习相关领域专家、学者改革研究成果的基础上，组织长期致力于数字电子技术教学和改革实践的经验丰富的一线教师们编写了本书。本书具有以下特点：

第一，精选内容、保证基础。既要使学生学到基本数字电子技术知识，又要培养学生的基本实践技能和工程实践能力。本书轻内部结构分析，重集成电路外特性及应用，偏重于目前普遍应用的新器件、新技术和新方法。既要使教师便于组织教学，又要便于学生自学和阅读，力求简明扼要，深入浅出，突出重点，前后照应，便于自学。

第二，安排 Multisim 仿真软件及应用内容。1～8 章每章安排一节计算机辅助电路分析即仿真软件 Multisim 的应用内容，此仿真贯穿于电子技术基础课程群（电路分析基础、模拟电子技术、数字电子技术），统一课程群仿真模块。用 Multisim 仿真，能够充分显示数字逻辑电路的分析和设计过程，对方案进行论证、选定和设计，可以随时改变参数调整电路，使之更加满足要求。Multisim 仿真使学生能够直观地观察到各个集成电路器件组成的功能电路，有助于理解数字集成器件的功能及应用。

第三，安排典型应用举例，更加注重实际工程应用。1～8 章均有典型应用举例，所举实例与实际工程应用相结合，使学生能够对所学知识点在实际工程中的应用有一个感性的认识，有助于提高学生学习的积极性。

本书共 9 章。第 1 章主要介绍数制编码和逻辑代数的基本知识；第 2 章和第 4 章介绍基本数字器件集成逻辑门和触发器的基本外特性及功能，对内部结构进行简要讲述；第 3 章和第 5 章分别介绍了组合逻辑电路和时序逻辑电路的分析方法和设计方法，重点在集成逻辑器件的应用上，如各种常用中规模数字器件的基本功能及应用，以中规模器件为核心的组合电路和时序电路的分析、设计方法等；第 6 章介绍脉冲信号的产生与整形；第 7 章简要介绍 PLD 的发展过程、电路结构特点、基本工作原理及开发过程；第 8 章介绍模数与数模转换电路；第 9 章介绍数字系统设计实例，通过几个常用的小型数字系统的设计实例，读者可以了解数字系统的设计方法和设计过程。每章均设置仿真应用和典型应用案例。

本书由黄河科技学院的乐丽琴任主编，负责全书的组织、修改和统稿工作，黄河科技学院的栗红霞、司小平、王二萍、李姿景及郑州信盈达科技有限公司的伦砚波任副主编。郑州大学的吕运朋教授任主审，他提出了宝贵的修改意见，在此表示衷心的感谢。

由于编者水平有限，书中难免有不妥之处，恳请各位读者批评指正。

编　者

目　录

符号说明

符号	说明
$A,B,C\cdots$	输入逻辑符号
C,CP	进位端，触发器时钟脉冲输入端
CR	清零端
CS	片选信号输入端
D	D 触发器输入，数据输入
D_{S}	移位寄存器串行输入
D_{SR}	右移串行输入
D_{SL}	左移串行输入
FF	触发器
G	逻辑门
U_{th}	门限电平电压
I_{BS}	临界饱和输入电流
I_{CS}	集电极饱和电流
I_{IH}	输入高电平电流
I_{IL}	输入低电平电流
I_{OH}	输出高电平电流
I_{OL}	输出低电平电流
U_{IH}	输入高电平电压
U_{IL}	输入低电平电压
U_{OH}	输出高电平电压
U_{OL}	输出低电平电压
J、K	JK 触发器输入端
L、F	逻辑函数
LD	预置控制
m	最小项
Q^{n}	触发器输出现态
Q^{n+1}	触发器输出次态
q	占空比
R、S	RS 触发器输入端
R_{D}	触发器的直接置 **0** 端
S_{D}	触发器的直接置 **1** 端
T	T 触发器输入端
TG	传输门
TSL	三态门

t	时间
t_{on}	开通时间
t_{off}	关断时间
t_W	脉冲宽度
t_{re}	恢复时间
$U_{GS(th)N}$	N 沟道增强型场效应晶体管开启电压
$U_{GS(th)P}$	P 沟道增强型场效应晶体管开启电压
U_{ON}	开门电压
U_{OFF}	关门电压
V_{CC}	晶体管集电极电源电压
V_{EE}	晶体管射极电源电压
V_{DD}	场效应晶体管漏极电源电压
V_{GG}	场效应晶体管栅极电源电压
V_{REF}	参考电压

第 1 章　数字逻辑基础

数字逻辑电路主要研究数字信号的产生、存储、变换及运算等。掌握数字逻辑电路的分析和设计方法是电子工程技术人员必备的专业基础能力。

本章首先讲述数字设备中进行算术运算的基本知识——数制与编码，接着介绍逻辑代数的基本概念、基本的逻辑运算和常用的公式、定律及规则，最后着重讲述逻辑函数及其化简方法。

1.1　数制与编码

处理数字信号的电路称为数字电路，它能产生、存储、变换、传送数字信号，具有对数字信号进行算术运算、逻辑运算、计数、显示等功能。数字电路的基本单元是开关器件或作为开关运用的各种电子器件，只有“接通”和“断开”两种状态。在数字系统中，进行数据运算和数据处理，可相应地采用二进制数，即数字系统只能识别并处理二进制信息。但是，人们在日常生活中习惯采用十进制，当需要利用电子数字设备对十进制数进行处理时，必须把它转换成二进制，然后将用二进制表示的处理结果转换成便于人们识别的十进制。因此，需要学习不同的进制及其转换方法。

1.1.1　计数体制

数制（number system）是计数进位制的简称，多位数码中每一位的构成方法，以及从低位到高位的进位规则称为计数进位制。

数制有三个要素：数符、进位规律和进位基数。常用的数制有十进制、二进制、八进制和十六进制。

1. 十进制

任何一个十进制数都可以用 0～9 共 10 个数码按照一定的规律并列在一起表示大小，低位和相邻高位之间的进位关系是“逢十进一，借一当十”。任意一个十进制数 $(D)_{10}$ 可展开为

$$
\begin{aligned}
(D)_{10} &= \sum_{i=-m}^{n-1} k_i \times 10^i \\
&= k_{n-1} \times 10^{n-1} + k_{n-2} \times 10^{n-2} + \cdots + k_0 \times 10^0 + k_{-1} \times 10^{-1} + \cdots + k_{-m} \times 10^{-m} \\
&= (k_{n-1}k_{n-2} \cdots k_1 k_0 . k_{-1} k_{-2} \cdots k_{-m})_{10}
\end{aligned} \tag{1-1}
$$

式中，k_i 是第 i 位的系数，它可以是 0～9 这 10 个数码中的任何一个；若整数部分的位数是 n，小数部分的位数是 m，则 i 包含 $(n-1)$～0 之间的所有正整数和 -1～$-m$ 之间的所有负整数；10^i 称为第 i 位的权值（即基数的幂次），十进制数各个位数的位权值是 10 的幂，10 称为十进制数的基数。

例 1.1　写出十进制数$(136.65)_{10}$的展开式。

解：$(136.65)_{10} = 1\times10^2 + 3\times10^1 + 6\times10^0 + 6\times10^{-1} + 5\times10^{-2}$

若以基数R取代式（1-1）中的 10，就可以得到如下多位任意进制数展开的普遍表达式：

$$\begin{aligned}(N)_R &= \sum_{i=-m}^{n-1} k_i \times R^i \\ &= k_{n-1}\times R^{n-1} + k_{n-2}\times R^{n-2} + \cdots + k_1\times R^1 + k_0\times R^0 + k_{-1}\times R^{-1} + \cdots + k_{-m}\times R^{-m} \\ &= (k_{n-1}k_{n-2}\cdots k_1k_0.k_{-1}k_{-2}\cdots k_{-m})_R \end{aligned} \quad (1\text{-}2)$$

2. 二进制

二进制数是用 **0** 和 **1** 这两个数码来表示数字信息，基数$R=2$，第i位的权值是2^i，低位和相邻高位之间的进位关系是“逢二进一，借一当二”。任意一个二进制数$(B)_2$可展开为

$$\begin{aligned}(B)_2 &= \sum_{i=-m}^{n-1} k_i \times 2^i \\ &= k_{n-1}\times 2^{n-1} + k_{n-2}\times 2^{n-2} + \cdots + k_1\times 2^1 + k_0\times 2^0 + k_{-1}\times 2^{-1} + \cdots + k_{-m}\times 2^{-m} \\ &= (k_{n-1}k_{n-2}\cdots k_1k_0.k_{-1}k_{-2}\cdots k_{-m})_2 \end{aligned} \quad (1\text{-}3)$$

3. 八进制和十六进制

用二进制表示较大的数值时，位数很多，如$(1024)_{10} = (10000000000)_2$，读写时容易出错，为了简洁地表示一个很长的二进制数，常常采用八进制和十六进制计数。

八进制数是用 0～7 共 8 个数码来表示数，计数的基数是8，权值为8^i，低位和相邻高位之间的进位关系是“逢八进一，借一当八”。

十六进制数是用 0～9 和 A～F 共 16 个数码来表示数的大小，计数的基数是 16，权值为16^i，低位和相邻高位之间的进位关系是“逢十六进一，借一当十六”。

1.1.2　不同数制间的转换

1. 非十进制—十进制转换

将非十进制（二进制、八进制、十六进制）数转换为等值的十进制数，具体方法是：先将非十进制数按位权展开，再将展开的各项数值按照十进制数相加，即可得到等值的十进制数。

例 1.2　将$(10110.01)_2$，$(1024.2)_8$，$(2A.7F)_{16}$转换为十进制数。

解：$(10110.01)_2 = 1\times2^4 + 0\times2^3 + 1\times2^2 + 1\times2^1 + 0\times2^0 + 0\times2^{-1} + 1\times2^{-2}$

$= 16 + 4 + 2 + 0.25 = 22.25$

$(1024.2)_8 = 1\times8^3 + 0\times8^2 + 2\times8^1 + 4\times8^0 + 2\times8^{-1} = 512 + 16 + 4 + 0.25 = 532.25$

$(2A.7F)_{16} = 2\times16^1 + 10\times16^0 + 7\times16^{-1} + 15\times16^{-2} = 32 + 10 + 0.438 + 0.059 = 42.497$

2. 十进制—非十进制转换

将十进制数转换为等值的非十进制（二进制、八进制、十六进制）数时，整数和小数部分的转换方法是不同的。整数部分的转换方法是：连除基数倒取余数，直到商为0，转

换结果是精确的。小数部分的转换方法是：连乘基数正取整，经过若干次乘基数之后，其小数部分变为0时转换结束，若其小数部分结果永远不会为 0，则可以按照转换精度的要求，进行若干次乘基数运算后结束转换。

例 1.3　将十进制数 $(93)_{10}$ 转换成等值的十六进制数。

解： 将十进制数 93 依次除以十六进制数的基数 16，并倒取其余数，转换过程如下：

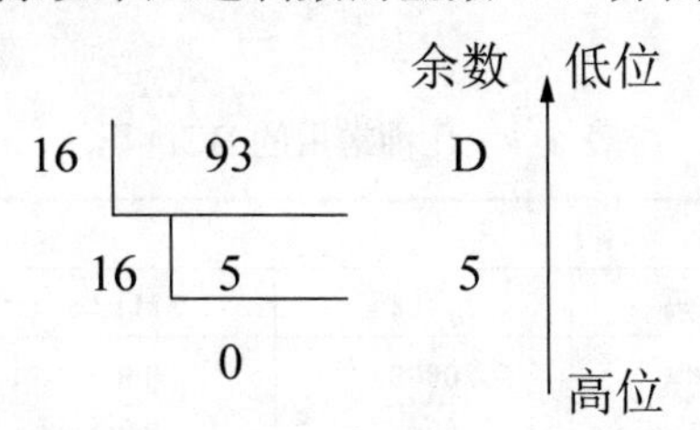

按照从高位到低位排列余数序列可得：$(93)_{10} = (5D)_{16}$。

例 1.4　将十进制数 $(0.375)_{10}$ 转换成二进制数。

解： 将十进制数 $(0.375)_{10}$ 依次乘以二进制数的基数 2，取乘积的整数部分，转换过程如下：

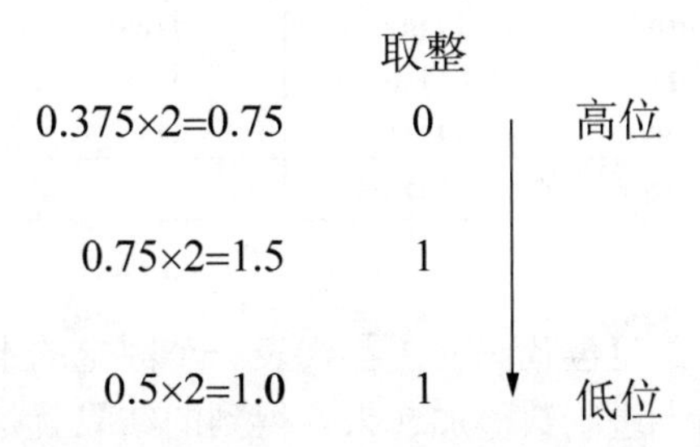

按照从高位到低位排列整数序列可得：$(0.375)_{10} = (0.011)_2$。

3. 二进制—其他进制转换

二进制数与其他进制数之间可以很方便地转换。其他进制主要有八进制、十六进制（可以用 2^K 表示，$K = 3$ 或 $K = 4$）。只要从二进制整数的最低位开始，每 K 个二进制数分为一组（剩余不足 K 位的在左侧补 0），然后写出每组对应的 2^K 进制数即可。反之，将 2^K 进制数转换为二进制时，只要将每位 2^K 进制数值转换为相应的 K 位二进制数即可。

例 1.5　将二进制数$(11100011)_2$转换为八（2^3）进制数 $(N)_8$。

解： $(11100011)_2 = (011'100'011)_2 = (343)_8$

例 1.6　将十六(2^4)进制数$(3AF)_{16}$转换为二进制数$(N)_2$。

解： $(3AF)_{16} = (0011'1010'1111)_2 = (1110101111)_2$

1.1.3　编码

在数字系统中，常用 **0** 和 **1** 的组合来表示不同的数字、符号、动作或事物，这一过程称为编码（encoding），这些编码组合称为代码（code），如编程中用 **000** 表示 1 号仓库，**001** 表示 2 号仓库，信息交换中用 **0100101** 表示%等。代码可以分为数字型的和字符型的、有权的和无权的。数字型代码用来表示数字的大小，字符型代码用来表示不同的符号、动作或事物。有权代码的每一数位都定义了相应的位权，无权代码的数位没有定义相应的位权。

在编制代码时所遵循的规则称为码制。

1. 二-十进制代码（BCD 码）

二-十进制代码是用4位二进制码的10 种组合表示1位十进制数中0～9这10个数码，简称BCD（binary coded decimal）码。BCD码可分为有权码和无权码。几种常用的BCD码如表1-1所示。

表1-1　几种常用的BCD码

十进制数	有权码				无权码	
	8421码	5421码	2421码	5211码	余3码	余3循环码
0	**0000**	**0000**	**0000**	**0000**	**0011**	**0010**
1	**0001**	**0001**	**0001**	**0001**	**0100**	**0110**
2	**0010**	**0010**	**0010**	**0100**	**0101**	**0111**
3	**0011**	**0011**	**0011**	**0101**	**0110**	**0101**
4	**0100**	**0100**	**0100**	**0111**	**0111**	**0100**
5	**0101**	**1000**	**1011**	**1000**	**1000**	**1100**
6	**0110**	**1001**	**1100**	**1001**	**1001**	**1101**
7	**0111**	**1010**	**1101**	**1100**	**1010**	**1111**
8	**1000**	**1011**	**1110**	**1101**	**1011**	**1110**
9	**1001**	**1100**	**1111**	**1111**	**1100**	**1010**
权值	8421	5421	2421	5211	无	无

1）有权码

在有权码的编码方式中，每位代码的**1**都代表一个固定的十进制数值，称为这一位的权值。将每一位的**1**代表的十进制数值加起来，得到的结果就是它所代表的十进制数码。

例如：在8421码中，从左到右每一位**1**的权值分别为8、4、2、1，故将这种代码称为8421码，因为每一位的权都是固定不变的，所以属于恒权代码。另外，5421码，2421码，5211码也属于恒权代码。

5421码的显著特点是：最高位连续五个**0**之后连续五个**1**，当计数器采用这种编码时，最高位可产生对称方波输出。

2421码的显著特点是：将任意一个十进制数码D的代码的各位取反，正好是与9互补的那个十进制数码（$9-D$）的代码，如0和9、1和8、2和7、3和6、4和5均互为反码。这种特性称为自补特性，具有自补特性的代码称为自补码（self-complementing code）。

对于5211码，学习了计数器的分频作用后可以发现，如果按8421码接成十进制计数器，则连续输入计数脉冲的四个触发器，输出脉冲对于计数脉冲的分频比从低位到高位依次为5、2、1、1。可见，5211码的每一位的权正好与8421码十进制计数器四个触发器的输出脉冲的分频比相对应，这种对应关系在构成某些数字系统时很有用。

2）无权码

在无权码的编码方式中，每位代码的**1**都不代表固定的数值，因此不能按照有权码的方法找到每个代码的十进制数值。

一般无权码有一定的编码规则。例如，余3码是由8421码加上3（即**0011**）后得到的，余3码也是一种自补码。

余3循环码由4位二进制格雷码（Gray code）去除首尾各三组代码得到，仍然具有格雷码的特性，因而也称为格雷码。

2. 可靠性编码

1）格雷码

格雷码又称循环码，其最基本的特性是任意相邻的两个格雷码中，仅有一位不同，其余各位均相同（代码的距离均为 **1**），因而又称单位距离码。格雷码的单位距离特性具有很重要的意义。假如两个相邻的十进制数 13 和 14，相应的二进制码为 **1101** 和 **1110**，在用二进制数作加 1 计数时，从 13 变 14，二进制码的最低两位都要改变，但实际上这两位的改变不可能完全同时发生，若最低位先置 **0**，然后次低位再置 **1**，则会出现 **1101—1100—1110**，即出现短暂的误码 **1100**。格雷码只有一位变化，从而避免了出现这种错误的可能。

格雷码及其相应的二进制码与十进制数的对照表如表 1-2 所示。从表中可以看出，这种代码除了具有单位距离码的特点外，还具有反射特性，即按表中所示的对称轴为界，除最高位互补反射外，其余低位数沿对称轴镜像对称。利用这一反射特性可以方便地构成位数不同的格雷码。

表 1-2　格雷码及其相应的二进制码与十进制数的对照表

十进制数	二进制码	格雷码
0	**0000**	**0000**①
1	**0001**	**0001**②
2	**0010**	**0011**
3	**0011**	**0010**③
4	**0100**	**0110**
5	**0101**	**0111**
6	**0110**	**0101**
7	**0111**	**0100**④
8	**1000**	**1100**
9	**1001**	**1101**
10	**1010**	**1111**
11	**1011**	**1110**
12	**1100**	**1010**
13	**1101**	**1011**
14	**1110**	**1001**
15	**1111**	**1000**

①一位反射对称轴；②二位反射对称轴；③三位反射对称轴；④四位反射对称轴

2）奇偶校验码

代码（或数据）在传输和处理过程中，有时会出现代码中的某一位由 **0** 错变成 **1**，或由 **1** 错变成 **0**，奇偶校验码是一种具有检验这种错误能力的代码。奇偶校验码由信息位和一位奇偶检验位两部分组成。信息位是位数不限的任一种二进制代码。检验位仅有一位，它可以放在信息位的前面，也可以放在信息位的后面。它的编码方式有两种：使一组代码中信息位和检验位中 **1** 的个数之和为奇数，称为奇校验；使一组代码中信息位和检验位中 **1** 的个数之和为偶数，称为偶校验。带奇偶校验的 8421 码与十进制数对照表如表 1-3 所示。

表 1-3　带奇偶校验的 8421 码与十进制数对照表

十进制数	8421 码奇校验		8421 码偶校验	
	信息位	检验位	信息位	检验位
0	**0000**	**1**	**0000**	**0**
1	**0001**	**0**	**0001**	**1**
2	**0010**	**0**	**0010**	**1**
3	**0011**	**1**	**0011**	**0**
4	**0100**	**0**	**0100**	**1**
5	**0101**	**1**	**0101**	**0**
6	**0110**	**1**	**0110**	**0**
7	**0111**	**0**	**0111**	**1**
8	**1000**	**0**	**1000**	**1**
9	**1001**	**1**	**1001**	**0**

3）ASCII

美国信息交换标准码（American Standard Code for Information Interchange，ASCII），是目前大部分计算机与外部设备交换信息的字符编码，在国际上被广泛采用，它用 7 位二进制代码表示 128 个字符和符号。ASCII 表如表 1-4 所示。

表 1-4　ASCII 表

$B_4B_3B_2B_1$	$B_7B_6B_5$							
	000	**001**	**010**	**011**	**100**	**101**	**110**	**111**
0000	NUL	DLE	SP	0	@	P	'	p
0001	SOH	DC1	!	1	A	Q	a	q
0010	STX	DC2	”	2	B	R	b	r
0011	ETX	DC3	#	3	C	S	c	s
0100	EOT	DC4	$	4	D	T	d	t
0101	ENQ	NAK	%	5	E	U	e	u
0110	ACK	SYN	&	6	F	V	f	v
0111	BEL	ETB	‘	7	G	W	g	w
1000	BS	CAN	（	8	H	X	h	x
1001	HT	EM	）	9	I	Y	i	y
1010	LF	SUB	*	：	J	Z	j	z
1011	VT	E\C	+	；	K	[	k	{
1100	FF	FS	，	<	L	\	l	|
1101	CR	GS	-	=	M	]	m	}
1110	SO	RS	。	>	N	↑	n	～
1111	SI	US	/	?	O	↓	o	DEL

1.2　逻辑代数基础

逻辑代数（logic algebra）又称为布尔代数（Boolean algebra）或开关代数（switching algebra），是英国数学家乔治·布尔创立的。逻辑代数研究逻辑变量之间的相互关系，是分析和设计数字电路的数学工具。

1.2.1　逻辑代数的基本概念

逻辑是指事物因果之间所遵循的规律。为了避免用冗繁的文字来描述逻辑问题，逻辑代数采用逻辑变量和一套运算符组成逻辑函数表达式来描述事物的因果关系。

逻辑代数中的变量称为**逻辑变量**，一般用大写字母 A、B、C…表示，逻辑变量的取值只有两种，即逻辑 **0** 和逻辑 **1**，**0** 和 **1** 称为**逻辑常量**。但必须指出，这里的逻辑 **0** 和 **1** 本身并没有数值意义，它们并不代表数量的大小，而仅仅是作为一种符号，代表事物矛盾双方的两种状态。

逻辑函数与普通代数中的函数相似，它是随自变量的变化而变化的因变量。因此，如果用自变量和因变量分别表示某一事件发生的条件和结果，那么该事件的因果关系就可以用逻辑函数来描述。

数字电路的输入、输出量一般用高、低电平来表示，高、低电平也可以用二值逻辑 **1** 和 **0** 来表示。数字电路的输入与输出之间的关系是一种因果关系，因此它可以用**逻辑函数**来描述，用逻辑函数描述逻辑功能的电路称为**逻辑电路**。对于任何一个电路，若输入逻辑变量 A、B、C…的取值确定后，其输出逻辑变量 F 的值也被唯一地确定了，则称 F 是 A、B、C…的逻辑函数，记为

$$F = f(A,B,C\cdots) \tag{1-4}$$

1.2.2　基本逻辑运算

1. 与运算（逻辑乘）

与运算（逻辑乘）表示这样一种逻辑关系：只有当决定某一事件结果的所有条件同时具备时，结果才能发生。例如，在图 1-1 所示的串联开关电路中，只有在两个开关 A 和 B 都闭合的条件下，灯 F 才亮，这种灯亮与开关闭合的关系就称为**与逻辑**。如果设开关 A、B 闭合为 **1**、断开为 **0**，设灯 F 亮为 **1**、灯灭为 **0**，则 F 与 A、B 的与逻辑关系可以用表 1-5 所示的真值表来描述。所谓**真值表**，就是将自变量的各种可能的取值组合与其因变量的值一一列出来的表格形式。

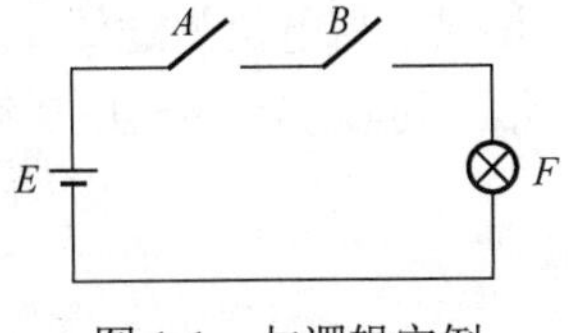

图 1-1　与逻辑实例

表 1-5　与逻辑运算真值表

A	B	F
0	**0**	**0**
0	**1**	**0**
1	**0**	**0**
1	**1**	**1**

与逻辑可以用逻辑表达式表示为

$$F = A \cdot B \tag{1-5}$$

在逻辑代数中，将与逻辑称为与运算或逻辑乘，用符号“·”表示逻辑乘，在不致混淆的情况下，常省去符号“·”。

实现与逻辑的单元电路称为与逻辑门，简称**与门**，其逻辑符号①如图 1-2 所示。图 1-3 是一个二输入的二极管与门电路图。图中输入端 A、B 的电位可以取两种值，如高电位+3V 或低电位 0V。设二极管为理想开关，并规定高电位为逻辑 **1**、低电位为逻辑 **0**，那么 F 与 A、B 之间逻辑关系的真值表与表 1-5 相同，可以实现 $F = A \cdot B$ 的功能。

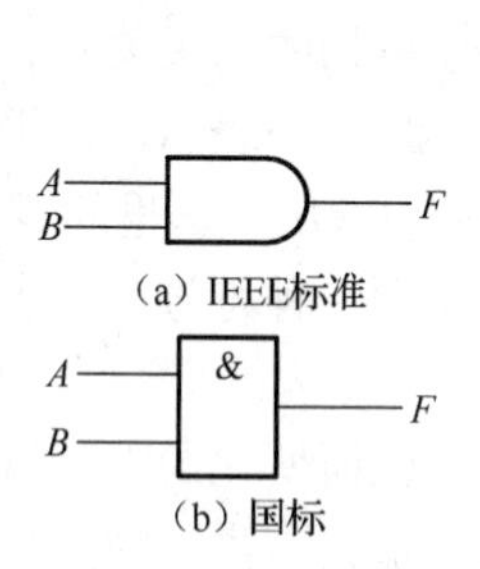

图 1-2　与门的图形符号

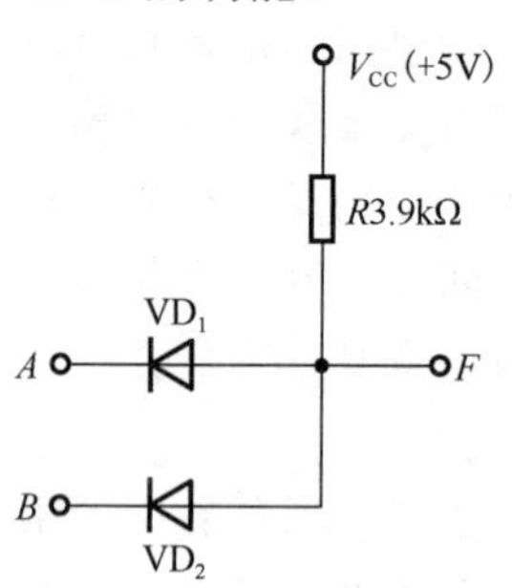

图 1-3　二极管与门电路图

2. 或运算（逻辑加）

在决定一件事情发生的所有条件中，只要有一个条件具备，这件事就会发生，这样的因果关系称为或逻辑。例如，在如图 1-4 所示的并联开关电路中，开关 A、B 只要有一个闭合，灯 F 就会亮，这种灯亮与开关闭合的关系就称为**或逻辑**。

或逻辑可以用逻辑表达式表示为

$$F = A + B \tag{1-6}$$

或逻辑也称为或运算或逻辑加，用符号“+”表示。实现或逻辑的单元电路称为或逻辑门，简称**或门**，其逻辑符号如图 1-5 所示。图 1-6 是一个二输入的二极管或门电路图。图中输入端 A、B 的电位可以取两种值，如高电位+3V 或低电位 0 V。设二极管为理想开关，并规定高电位为逻辑 **1**，低电位为逻辑 **0**，则 F 与 A、B 之间的逻辑关系真值表如表 1-6 所示，可以实现 $F=A+B$ 的功能。

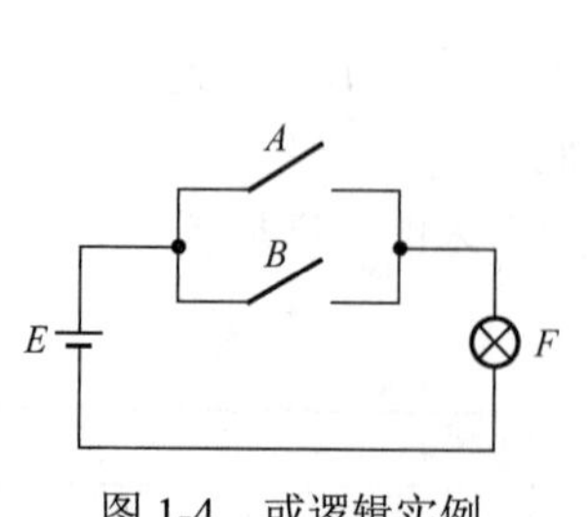

图 1-4　或逻辑实例

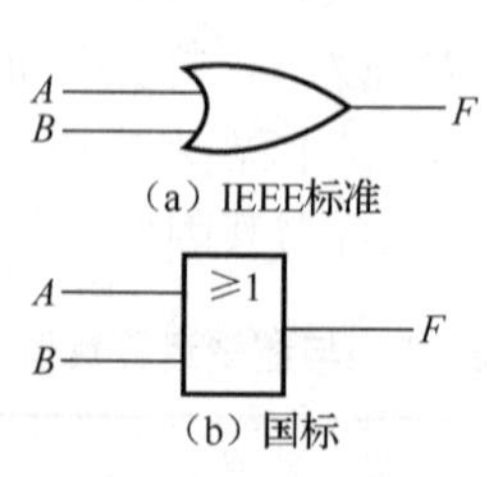

图 1-5　或门的图形符号

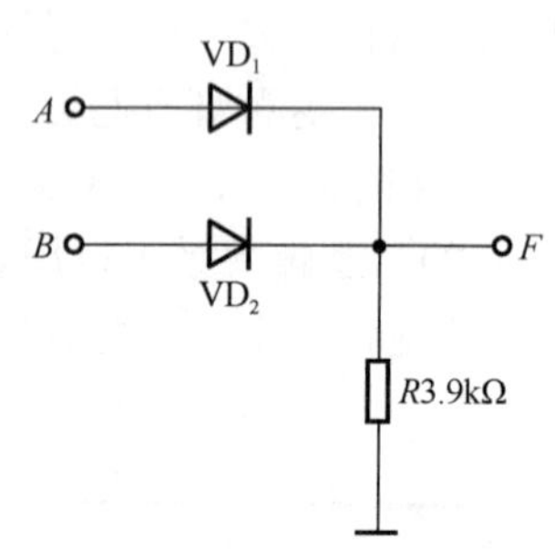

图 1-6　二极管或门电路图

① 本书正文中的逻辑元件图形符号采用《电气简图用图形符号第 12 部分：二进制逻辑元件》（GB/T4728.12—2008），用 Multisim 软件绘制的电路图中逻辑元件的图形符号采用 IEEE 标准。

表 1-6　或逻辑运算真值表

A	*B*	*F*
0	0	0
0	1	1
1	0	1
1	1	1

3. 非运算（逻辑反）

非运算（逻辑反）是逻辑的否定：当条件具备时，结果不会发生；当条件不具备时，结果一定会发生。例如，在图 1-7 所示的开关电路中，只有当开关 *A* 断开时，灯 *F* 才亮；当开关 *A* 闭合时，灯 *F* 反而熄灭。灯 *F* 的状态与开关 *A* 的状态相反。这种结果总是同条件相反的逻辑关系称为**非逻辑**。非逻辑的真值表如表 1-7 所示，其逻辑表达式为

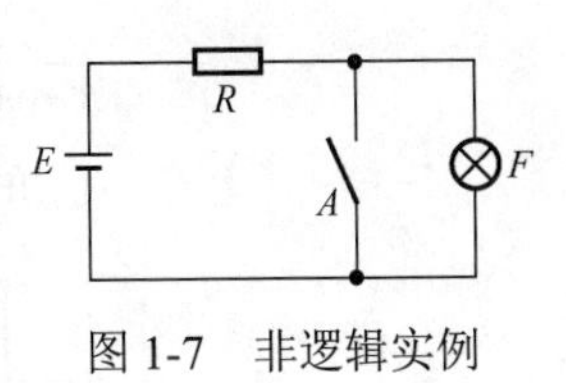

图 1-7　非逻辑实例

$$F=\overline{A} \tag{1-7}$$

表 1-7　非逻辑运算真值表

A	*F*
0	1
1	0

非逻辑也称非运算或逻辑反，在字母上方加“－”表示非运算。实现非运算的单元电路称为非逻辑门，简称**非门**，其逻辑符号如图 1-8 所示。图 1-9 所示是一个晶体管非门电路图。

通常称 *A* 为原变量，$\overline{A}$ 为反变量。

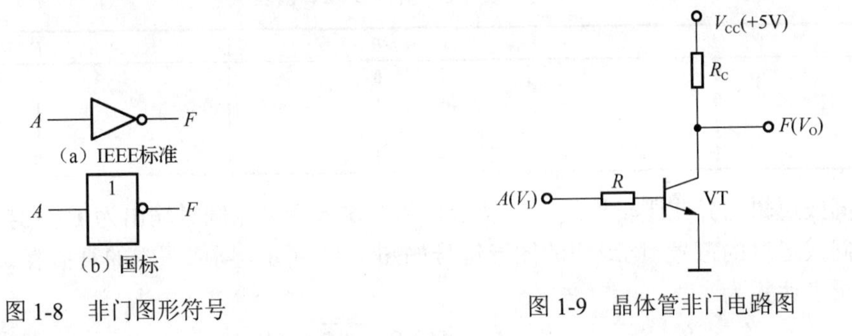

图 1-8　非门图形符号

图 1-9　晶体管非门电路图

1.2.3　复合逻辑运算

在工程实际应用中，逻辑问题比较复杂，因此在数字电路中常常命名一些具有复合逻辑函数功能的电路，称为复合逻辑门。含有两种或两种以上逻辑运算的逻辑函数称为**复合逻辑函数**。常用的复合逻辑函数有与非、或非、与或非、同或、异或等。

1. 与非、或非、与或非逻辑运算

与非逻辑运算是与运算和非运算的组合，其逻辑关系表达式为

$$F = \overline{A \cdot B} \tag{1-8}$$

或非逻辑运算是或运算和非运算的组合，其逻辑关系表达式为

$$F = \overline{A + B} \tag{1-9}$$

与或非逻辑运算是与、或、非三种运算的组合，其逻辑关系表达式为

$$F = \overline{AB + CD} \tag{1-10}$$

常用的复合逻辑门有与非门、或非门、与或非门和异或门等，与非门、或非门、与或非门的逻辑符号如图 1-10 所示。

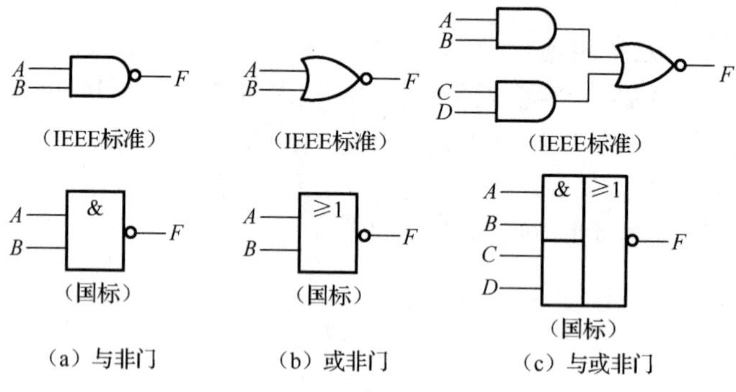

（a）与非门　（b）或非门　（c）与或非门

图 1-10　与非门、或非门、与或非门的图形符号

2. 异或和同或逻辑运算

异或逻辑的含义是当两个输入变量相异时，输出为 **1**；当两个输入变量相同时，输出为 **0**。⊕ 是异或运算的符号。异或门的图形符号如图 1-11 所示，异或逻辑的真值表如表 1-8 所示，其逻辑表达式为

$$F = A \oplus B = A\overline{B} + \overline{A}B \tag{1-11}$$

表 1-8　异或逻辑真值表

A	B	F
0	0	0
0	1	1
1	0	1
1	1	0

同或逻辑与异或逻辑相反，它表示当两个输入变量相同时输出为 **1**，相异时输出为 **0**。⊙是同或运算的符号。同或门的图形符号如图 1-12 所示，同或逻辑的真值表如表 1-9 所示，其逻辑表达式为

$$F = A \odot B = \overline{A}\,\overline{B} + AB \tag{1-12}$$

由定义和真值表可见，异或逻辑与同或逻辑互为反函数，即

$$\overline{A \oplus B} = A \odot B \tag{1-13}$$

表 1-9　同或逻辑真值表

A	B	F
0	0	1
0	1	0
1	0	0
1	1	1

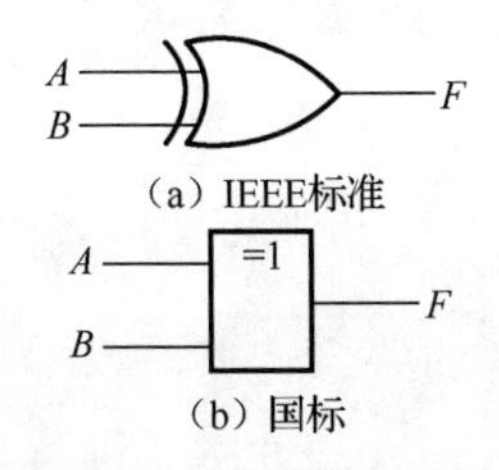

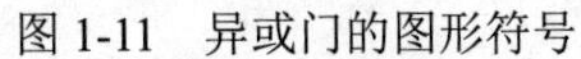
图 1-11　异或门的图形符号

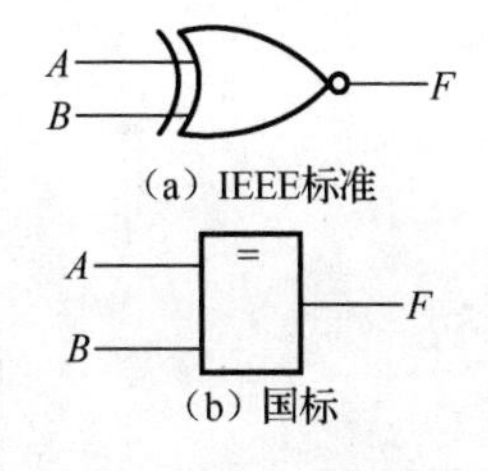

图 1-12　同或门的图形符号

1.2.4　逻辑代数的基本定律、规则及常用公式

逻辑代数是研究逻辑电路的数学工具，它为分析和设计逻辑电路提供了方便。根据三种基本逻辑运算，可推导一些基本公式和定律，形成一些运算规则，掌握并熟练运用这些规则，对于逻辑电路的分析和设计十分重要。

1. 逻辑代数的基本定律

1）常量之间的关系

因为在二值逻辑中只有 **0** 和 **1** 两个常量，逻辑变量的取值不是 **0** 就是 **1**，而最基本的逻辑运算又只有与、或、非三种，所以常量之间的关系也只有与、或、非三种。三种逻辑运算的关系如下。

与运算：

$$\mathbf{0}\cdot\mathbf{0}=\mathbf{0}\quad \mathbf{0}\cdot\mathbf{1}=\mathbf{0}\quad \mathbf{1}\cdot\mathbf{0}=\mathbf{0}\quad \mathbf{1}\cdot\mathbf{1}=\mathbf{1} \tag{1-14}$$

或运算：

$$\mathbf{0}+\mathbf{0}=\mathbf{0}\quad \mathbf{0}+\mathbf{1}=\mathbf{1}\quad \mathbf{1}+\mathbf{0}=\mathbf{1}\quad \mathbf{1}+\mathbf{1}=\mathbf{1} \tag{1-15}$$

非运算：

$$\overline{\mathbf{0}}=\mathbf{1}\quad \overline{\mathbf{1}}=\mathbf{0} \tag{1-16}$$

2）变量和常量的关系式

逻辑变量的取值只有 **0** 和 **1**，根据三种基本运算的定义，可以推出三种逻辑运算的一般形式如下。

0－1 律：

$$A\cdot\mathbf{0}=\mathbf{0}\quad A+\mathbf{1}=\mathbf{1} \tag{1-17}$$

自等律：

$$A\cdot\mathbf{1}=A\quad A+\mathbf{0}=A \tag{1-18}$$

重叠律：

$$A\cdot A=A\quad A+A=A \tag{1-19}$$

互补律：

$$A\cdot\overline{A}=\mathbf{0}\quad A+\overline{A}=\mathbf{1} \tag{1-20}$$

3）与普通代数相似的定律

与普通代数一样，逻辑代数也有如下三个基本定律。

交换律：

$$\begin{cases}A\cdot B=B\cdot A\\ A+B=B+A\end{cases} \tag{1-21}$$

结合律：

$$\begin{cases}(A\cdot B)\cdot C=A\cdot(B\cdot C)\\(A+B)+C=A+(B+C)\end{cases}\tag{1-22}$$

分配律：

$$\begin{cases}A\cdot(B+C)=A\cdot B+A\cdot C\\A+B\cdot C=(A+B)\cdot(A+C)\end{cases}\tag{1-23}$$

以上定律可以用真值表证明，也可以用公式证明。

例 1.7　用公式证明 $A+B\cdot C=(A+B)\cdot(A+C)$。

证：
$$\begin{aligned}(A+B)(A+C)&=A\cdot A+A\cdot B+A\cdot C+B\cdot C\\&=A+A\cdot B+A\cdot C+B\cdot C\\&=A\cdot(1+B+C)+B\cdot C\\&=A+B\cdot C\end{aligned}$$

4）逻辑代数中的特殊定律

逻辑代数中有两个特殊定律，即德·摩根定律（又称反演律）和还原律。

反演律的表达式为

$$\begin{cases}\overline{A\cdot B}=\overline{A}+\overline{B}\\\overline{A+B}=\overline{A}\cdot\overline{B}\end{cases}\tag{1-24}$$

反演律的证明过程如表 1-10 所示。

表 1-10　反演律证明

A	B	$\overline{A\cdot B}$	$\overline{A}+\overline{B}$	$\overline{A+B}$	$\overline{A}\cdot\overline{B}$
0	0	1	1	1	1
0	1	1	1	0	0
1	0	1	1	0	0
1	1	0	0	0	0

还原律的表达式为

$$\overline{\overline{A}}=A\tag{1-25}$$

2. 逻辑代数的规则

1）代入规则

任何一个逻辑等式，如果将等式两边所出现的某一变量都以同一个逻辑函数代替，等式仍然成立，这个规则称为代入规则。由于逻辑函数与逻辑变量一样，只有 **0**、**1** 两种取值，因此代入规则的正确性不难理解。运用代入规则可以扩大基本定律的运用范围。

例如，已知 $\overline{A+B}=\overline{A}\cdot\overline{B}$（反演律），若用 $B+C$ 代替等式中的 B，则可以得到适用于多变量的反演律，即 $\overline{A+B+C}=\overline{A}\cdot\overline{B+C}=\overline{A}\cdot\overline{B}\cdot\overline{C}$。

2）反演规则

对于任意一个逻辑函数式 F，若将其表达式中所有的运算符“·”换成“+”、“+”换成“·”，常量 **0** 换成 **1**、**1** 换成 **0**，原变量换成反变量，反变量换成原变量，则所得到的结果就是 $\overline{F}$，这个规则称为反演规则，$\overline{F}$ 称为原函数 F 的反函数，或称为补函数。

反演规则是反演律的推广，运用它可以简便地求出一个函数的反函数。例如，若 $F=\overline{AB+C}\cdot D+AC$，则 $\overline{F}=[\overline{(\overline{A}+\overline{B})\cdot\overline{C}}+\overline{D}](\overline{A}+\overline{C})$；若 $F=A+\overline{B}+\overline{C+\overline{\overline{D}}+E}$，则 $\overline{F}=\overline{A}\cdot B\cdot\overline{\overline{C}\cdot\overline{D\cdot\overline{E}}}$。

运用反演规则时应注意两点：①不能破坏原式的运算顺序——先算括号里的，然后按照“先与后或”的原则运算；②不属于单个变量上的非号应保留不变。

3）对偶规则

对于任何一个逻辑函数，如果将其表达式 F 中所有的算符“·”换成“+”，“+”换成“·”，常量 **0** 换成 **1**，**1** 换成 **0**，而变量保持不变，则得出的逻辑函数式就是 F 的对偶式，记为 F'。例如，若 $F=A\cdot\overline{B}+A\cdot(C+\mathbf{0})$，则 $F'=(A+\overline{B})\cdot(A+C\cdot\mathbf{1})$；若 $F=\overline{\overline{A}\cdot\overline{B\cdot\overline{C}}}$，则 $F'=\overline{\overline{A}+\overline{B+\overline{C}}}$；若 $F=A$，则 $F'=A$。

以上各例中 F' 是 F 的对偶式。不难证明 F 也是 F' 对偶式，即 F 与 F' 互为对偶式。任何逻辑函数式都存在着对偶式。若原等式成立，则对偶式也一定成立。这种逻辑推理称为对偶原理，或对偶规则。必须注意，由原式求对偶式时，运算的优先顺序不能改变，且式中的非号也保持不变。观察前面逻辑代数基本定律和公式，可以看出它们都是成对出现的，而且都是互为对偶的对偶式。

例如，已知乘对加的分配律成立，即 $A(B+C)=AB+AC$，根据对偶规则有 $A+BC=(A+B)(A+C)$，即加对乘的分配律也成立。

3. 若干常用公式

1）合并律

在逻辑代数中，如果两个乘积项分别包含了互补的两个因子（如 B 和 $\overline{B}$），其他因子都相同，那么这两个乘积项称为相邻项。逻辑运算的表达式为

$$AB+A\overline{B}=A \tag{1-26}$$

合并律说明，两个相邻项可以合并为一项，消去互补量。

2）吸收律

在一个与或表达式中，如果某一乘积项的部分因子（如 AB 项中的 A）恰好等于另一乘积项（如 A）的全部，则该乘积项（AB）是多余的。逻辑运算的表达式为

$$A+AB=A \tag{1-27}$$

证：$A+AB=A(1+B)=A\cdot\mathbf{1}=A$

在一个与或表达式中，如果一个乘积项（如 A）取反后是另一个乘积项（如 $\overline{A}B$）的因子，则此因子 $\overline{A}$ 是多余的。逻辑运算的表达式为

$$A+\overline{A}B=A+B \tag{1-28}$$

证：$A+\overline{A}B=(A+\overline{A})(A+B)=\mathbf{1}\cdot(A+B)$

在一个与或表达式中，如果两个乘积项中的部分因子互补（如 AB 项和 $\overline{A}C$ 项中的 A 和 $\overline{A}$），而这两个乘积项中的其余因子（如 B 和 C）都是第三个乘积项中的因子，则这个第三项是多余的。逻辑运算的表达式为

$$AB+\overline{A}C+BC=AB+\overline{A}C \tag{1-29}$$

证：$AB+\overline{A}C+BC=AB+\overline{A}C+(A+\overline{A})BC$

$$=AB+\overline{A}C+ABC+\overline{A}BC$$

$$=AB+\overline{A}C$$

推论：

$$AB+\overline{A}C+BCD=AB+\overline{A}C \tag{1-30}$$

1.3 逻辑函数的化简

一般来说，逻辑函数的表达式越简单，设计出来的相应逻辑电路也越简单，所需的电路组件越少，既经济又可靠。

1.3.1 逻辑函数的两种标准形式

逻辑函数的表达形式有多种，而标准形式是唯一的，它们与真值表有严格的一一对应关系，从逻辑函数的标准式可以了解逻辑函数的基本结构，以便用卡诺图表示和化简逻辑函数。逻辑函数的标准形式（即标准表达式）有最小项表达式和最大项表达式两种。

1. 最小项的定义、性质和表达式

1）最小项的定义

在有 n 个变量的逻辑函数中，若 m 为包含 n 个变量的乘积项，而且这 n 个变量中每个变量都以原变量或反变量的形式在 m 中仅出现一次，则称 m 为这组变量的**最小项**。

n 个变量的最小项是 n 个变量的"与项"。例如，两个变量 A、B 可以构成四个最小项 $\overline{A}\,\overline{B}$、$\overline{A}B$、$A\overline{B}$、$AB$，三个变量 A、B、C 可以构成八个最小项 $\overline{A}\,\overline{B}\,\overline{C}$、$\overline{A}\,\overline{B}C$、$\overline{A}B\overline{C}$、$\overline{A}BC$、$A\overline{B}\,\overline{C}$、$A\overline{B}C$、$AB\overline{C}$、$ABC$。可见 n 个变量的最小项共有 2^n 个。

最小项编号：为方便表示，一般用 m_i 表示逻辑函数的第 i 个最小项，即输入变量的顺序确定后，将某一最小项中的原变量记为 **1**，反变量记为 **0**，由此得到一个二进制数，此二进制数对应的十进制数即为 i。例如，$m_2=\overline{A}B\overline{C}$ 的含义是：输入变量取值组合为 **010**，对应十进制数为 2，第 2 个最小项，其变量表达式为，$\overline{A}B\overline{C}$。

三变量逻辑函数的最小项编号表如表 1-11 所示。

表 1-11 三变量逻辑函数的最小项编号表

十进制数	ABC	m_0	m_1	m_2	m_3	m_4	m_5	m_6	m_7
		$\overline{A}\,\overline{B}\,\overline{C}$	$\overline{A}\,\overline{B}C$	$\overline{A}B\overline{C}$	$\overline{A}BC$	$A\overline{B}\,\overline{C}$	$A\overline{B}C$	$AB\overline{C}$	ABC
0	**000**	**1**	**0**	**0**	**0**	**0**	**0**	**0**	**0**
1	**001**	**0**	**1**	**0**	**0**	**0**	**0**	**0**	**0**
2	**010**	**0**	**0**	**1**	**0**	**0**	**0**	**0**	**0**
3	**011**	**0**	**0**	**0**	**1**	**0**	**0**	**0**	**0**
4	**100**	**0**	**0**	**0**	**0**	**1**	**0**	**0**	**0**
5	**101**	**0**	**0**	**0**	**0**	**0**	**1**	**0**	**0**
6	**110**	**0**	**0**	**0**	**0**	**0**	**0**	**1**	**0**
7	**111**	**0**	**0**	**0**	**0**	**0**	**0**	**0**	**1**

2）最小项的性质

（1）n 变量的全部最小项的逻辑和恒为 **1**，即

$$\sum_{i=0}^{2^n-1} m_i = \mathbf{1} \tag{1-31}$$

（2）任意两个不同的最小项的逻辑乘恒为 **0**，即

$$m_i \cdot m_j = \mathbf{0} \quad (i \neq j) \tag{1-32}$$

（3）对于任意一个最小项，取值为 **1** 的机会只有一次，即只有一组变量的取值可以使其值为 **1**，而变量的其他取值都使该最小项为 **0**。

（4）若两个最小项中只有一个变量以原变量和反变量的形式出现，其余的变量不变，则称这两个最小项具有相邻性。n 变量的每一个最小项有 n 个相邻项。例如，三变量的某一最小项 $\overline{A}\,\overline{B}\,\overline{C}$ 有三个相邻项：$\overline{A}\,\overline{B}C$、$\overline{A}B\overline{C}$、$A\overline{B}\,\overline{C}$。具有相邻性的两个最小项之和可以合并为一个乘积项，这对于逻辑函数化简十分重要。

3）最小项表达式

如果在一个“与或”表达式（积之和式）中，所有与项均为最小项，则称这种表达式为**最小项表达式**，或称为标准与或表达式。例如，$F(A,B,C)=A\overline{B}C+A\overline{B}\,\overline{C}+AB\overline{C}$ 是一个三变量的最小项表达式，它也可以简写为

$$\begin{aligned} F(A,B,C) &= m_5 + m_4 + m_6 \\ &= \sum m(4,5,6) \end{aligned}$$

任何一个逻辑函数都可以表示为最小项之和的形式：只要将真值表中使函数值为 **1** 的各个最小项相或，便可得出该函数的最小项表达式。由于任何一个函数的真值表是唯一的，因此其最小项表达式也是唯一的。

例 1.8　三变量逻辑函数 $F(A,B,C)$ 的真值表如表 1-12 所示，试写出其最小项之和的标准表达式。

表 1-12　三变量逻辑函数 $F(A、B、C)$ 的真值表

A	B	C	F
0	**0**	**0**	**0**
0	**0**	**1**	**1**
0	**1**	**0**	**1**
0	**1**	**1**	**0**
1	**0**	**0**	**1**
1	**0**	**1**	**0**
1	**1**	**0**	**0**
1	**1**	**1**	**1**

解：由真值表可知，当 A、B、C 取值分别为 **001**、**010**、**100**、**111** 时，F 为 **1**，因此最小项表达式由这四种组合所对应的最小项相或构成，即

$$F=\overline{A}\,\overline{B}\,\overline{C}+\overline{A}B\overline{C}+A\overline{B}\,\overline{C}+ABC=\sum m(1,2,4,7)$$

例 1.9　三变量逻辑函数 $F(A,B,C)$ 的最小项之和表达式为 $F(A,B,C)=\sum m(0,1,3,5)$，列出其真值表。

解：

$$\begin{aligned} F(A,B,C) &= \sum m(0,1,3,5) \\ &= m_0 + m_1 + m_3 + m_5 \\ &= \overline{A}\,\overline{B}\,\overline{C}+\overline{A}\,\overline{B}C+\overline{A}BC+A\overline{B}C \end{aligned}$$

以上各最小项所对应的变量取值组合为 **000,001,011,101**，真值表如表 1-13 所示。

表 1-13　逻辑函数 F 的真值表

A	B	C	F
0	**0**	**0**	**1**
0	**0**	**1**	**1**
0	**1**	**0**	**0**
0	**1**	**1**	**1**
1	**0**	**0**	**0**
1	**0**	**1**	**1**
1	**1**	**0**	**0**
1	**1**	**1**	**0**

2. 最大项的定义、性质和表达式

1）最大项的定义

在有 n 个变量的逻辑函数中，若 M 为包含 n 个变量的和项，而且这 n 个变量中每个变量都以原变量或反变量的形式在 M 中仅出现一次，则称 M 为这组变量的**最大项**。

n 个变量的最小项是 n 个变量的“和项”。例如，两个变量 A、B 可以构成四个最大项 $\overline{A}+\overline{B}$，$\overline{A}+B$，$A+\overline{B}$，$A+B$，三个变量 A、B、C 可以构成八个最大项 $\overline{A}+\overline{B}+\overline{C}$，$\overline{A}+\overline{B}+C$，$\overline{A}+B+\overline{C}$，$\overline{A}+B+C$，$A+\overline{B}+\overline{C}$，$A+\overline{B}+C$，$A+B+\overline{C}$，$A+B+C$，可见 n 个变量的最大项共有 2^n 个。

最大项编号：为方便表示，一般用 M_i 表示逻辑函数的第 i 个最小项，即输入变量的顺序确定后，将某一最小项中的原变量记为 **0**，反变量记为 **1**，由此得到一个二进制数，此二进制数对应的十进制数即为 i。

三变量逻辑函数的最大项编号表如表 1-14 所示。

表 1-14　三变量逻辑函数的最大项编号表

十进制数	ABC	M_0	M_1	M_2	M_3	M_4	M_5	M_6	M_7
		$\overline{A}+\overline{B}+\overline{C}$	$\overline{A}+\overline{B}+C$	$\overline{A}+B+\overline{C}$	$\overline{A}+B+C$	$A+\overline{B}+\overline{C}$	$A+\overline{B}+C$	$A+B+\overline{C}$	$A+B+C$
0	**000**	**1**	**1**	**1**	**1**	**1**	**1**	**1**	**0**
1	**001**	**1**	**1**	**1**	**1**	**1**	**1**	**0**	**1**
2	**010**	**1**	**1**	**1**	**1**	**1**	**0**	**1**	**1**
3	**011**	**1**	**1**	**1**	**1**	**0**	**1**	**1**	**1**
4	**100**	**1**	**1**	**1**	**0**	**1**	**1**	**1**	**1**
5	**101**	**1**	**1**	**0**	**1**	**1**	**1**	**1**	**1**
6	**110**	**1**	**0**	**1**	**1**	**1**	**1**	**1**	**1**
7	**111**	**0**	**1**	**1**	**1**	**1**	**1**	**1**	**1**

2）最大项的性质

（1）n 变量的全部最大项的逻辑乘恒为 **0**，即

$$\prod_{i=0}^{2^n-1} M_i = \mathbf{0} \tag{1-33}$$

（2）任意两个不同的最大项的逻辑和恒为 **1**，即

$$M_i + M_j = \mathbf{1} \quad (i \neq j) \tag{1-34}$$

（3）对于任意一个最大项，取值为 **0** 的机会只有一次，即只有一组变量的取值可以使其值为 **0**，而变量的其他取值都使该最大项为 **1**。

（4）若两个最大项中只有一个变量以原变量和反变量的形式出现，其余的变量不变，则称这两个最大项具有相邻性。n 变量的每一个最大项有 n 个相邻项。例如，三变量的某一最大项 $\overline{A}+\overline{B}+\overline{C}$ 有三个相邻项：$\overline{A}+\overline{B}+C$、$\overline{A}+B+\overline{C}$、$A+\overline{B}+\overline{C}$。具有相邻性的两个最大项可以合并为一个和项，消去一个以原变量和反变量形式出现的变量，这对于逻辑函数化简十分重要。

3）最大项表达式

如果在一个“或与”表达式（和之积式）中，所有或项均为最大项，则称这种表达式为最大项表达式，或称为标准或与表达式。例如，$F(A,B,C)=(A+\overline{B}+C)(A+\overline{B}+\overline{C})(A+B+\overline{C})$ 是一个三变量的最大项表达式，它也可以简写为

$$\begin{aligned} F(A,B,C) &= M_2 \cdot M_3 \cdot M_1 \\ &= \prod M(1,2,3) \end{aligned}$$

任何一个逻辑函数都可以表示为最大项之积的形式：只要将真值表中使函数值为 **0** 的各个最大项相与，便可得出该函数的最大项表达式。由于任何一个函数的真值表是唯一的，因此其最大项表达式也是唯一的。

如果一个逻辑函数 F 的真值表已给出，要写出该函数的最大项表达式，可以先求出该函数的最小项表达式，并写出最小项表达式的非 $\overline{F}$，然后将最小项表达式求反，利用 m_i 和 M_i 的互补关系便可得到最大项表达式。

例 1.10　三变量逻辑函数 $F(A,B,C)$ 的真值表如表 1-15 所示，试写出其最大项之积的标准表达式。

表 1-15　三变量逻辑函数 $F(A, B, C)$真值表（例 1.10）

A	B	C	F	$\overline{F}$
0	0	0	1	0
0	0	1	1	0
0	1	0	0	1
0	1	1	0	1
1	0	0	1	0
1	0	1	1	0
1	1	0	0	1
1	1	1	0	1

解： $F=\sum m(0,1,4,5)$

$\overline{F}=m_2+m_3+m_6+m_7$

$F=\overline{\overline{F}}=\overline{m_2+m_3+m_6+m_7}=\overline{m_2}\cdot\overline{m_3}\cdot\overline{m_6}\cdot\overline{m_7}$

$\quad =M_2\cdot M_3\cdot M_6\cdot M_7=\prod M(2,3,6,7)$

可见，最大项表达式是真值表中使函数值为 0 的各个最大项相与。

3. 最大项与最小项的关系

变量数相同，编号相同的最大项和最小项之间存在互补关系，即 $\overline{M_i} = m_i$，$\overline{m_i} = M_i$。例如，$M_7 = \bar{A} + \bar{B} + \bar{C} = \overline{A \cdot B \cdot C} = \overline{m_7}$，$\overline{m_7} = A \cdot B \cdot C = \overline{\overline{A \cdot B \cdot C}} = \overline{\bar{A} + \bar{B} + \bar{C}} = \overline{M_7}$。

任何逻辑函数既可以用最小项表达式表示，也可以用最大项表达式表示。如果将一个 n 变量函数的最小项表达式改为最大项表达式，那么其最大项的编号必定都不是最小项的编号，而且，这些最小项的个数和最大项的个数之和为 2^n。

1.3.2 逻辑函数的常见表达式的类型

一个逻辑函数，其表达式的类型是多种多样的。人们常按照逻辑电路的结构不同，把表达式分成五种形式：与或表达式，或与表达式，与非与非表达式，或非或非表达式，与或非表达式。这五种表达式的关系如下：

$$
\begin{aligned}
F &= AB + \bar{A}C & &\text{与或式} \\
&= (\bar{A} + B)(A + C) & &\text{或与式} \\
&= \overline{\overline{AB} \cdot \overline{\bar{A}C}} & &\text{与非与非式} \\
&= \overline{\overline{(\bar{A} + B)} + \overline{(A + C)}} & &\text{或非或非式} \\
&= \overline{A\bar{B} + \bar{A}\bar{C}} & &\text{与或非式}
\end{aligned} \tag{1-35}
$$

推导：

$$
F = AB + \bar{A}C = \overline{\overline{AB + \bar{A}C}} = \overline{\overline{AB} \cdot \overline{\bar{A}C}} = \overline{(\bar{A} + \bar{B})(A + \bar{C})} = \overline{A\bar{B} + \bar{A}\bar{C} + \bar{B}\bar{C}}
$$

（与或非式）　　（与非与非式）

$$
= \overline{A\bar{B} + \bar{A}\bar{C}} = \overline{A\bar{B}} \cdot \overline{\bar{A}\bar{C}} = (\bar{A} + B)(A + C) = \overline{\overline{(\bar{A} + B)(A + C)}} = \overline{\overline{\bar{A} + B} + \overline{A + C}}
$$

（与或非式）　　（或与式）　　（或非或非式）

逻辑函数五种表达式的逻辑电路图如图 1-13 所示。这五种表达式彼此之间是相通的，可以利用逻辑代数的公式和法则进行转换。其中与或表达式比较常见，逻辑代数的基本公式大都以与或形式给出，而且与或式比较容易转换为其他表达式形式。

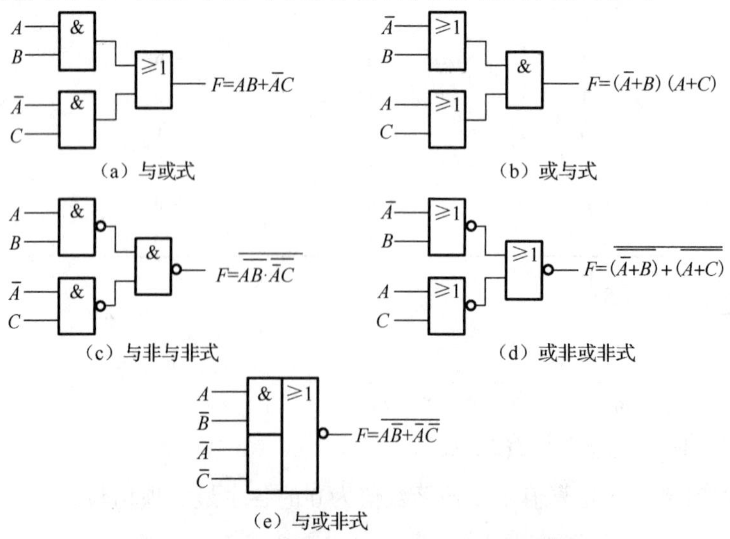

图 1-13　逻辑函数的五种表达式的逻辑电路图

1.3.3 逻辑函数的化简方法

一个逻辑函数有多种表达形式，相应的实现电路也不同。完成同样的逻辑功能，电路越简单越好，不但可以降低成本与功耗，还可以提高电路的可靠性。如果已有的逻辑函数表达式不是最简的，就需要对逻辑函数进行化简，以便找出最简单的表达式。

所谓最简，是指在保证电路正常工作的前提下，表达式中包含的项数最少，同时每项中包含的变量数最少。

逻辑函数的化简有多种方法，常见的有公式化简法和卡诺图化简法。

公式化简法也称代数化简法，其实质就是反复使用逻辑代数的基本公式和常用公式，消去多余的乘积项和每个乘积项中的多余因子，从而得到最简表达式。公式化简法没有固定的方法可循，取决于对公式、定律和规则熟练掌握和灵活运用的程度。

1. 并项法

利用公式 $AB+A\overline{B}=A$ 将两项合并成一项，并消去互补因子 B 和 $\overline{B}$ 。例如：

$$F=A\overline{B}\overline{C}D+AB\overline{C}D=A\overline{C}D$$

$$\begin{aligned}F&=A\overline{B}\overline{C}+AB\overline{C}+ABC+A\overline{B}C\\&=A(\overline{B}\overline{C}+B\overline{C})+A(BC+\overline{B}C)\\&=A\overline{C}+AC=A\end{aligned}$$

2. 吸收法

利用吸收律 $A+AB=A$ 、 $A+\overline{A}B=A+B$ 和 $AB+\overline{A}C+BC=AB+\overline{A}C$ 吸收（消去）多余的乘积项或多余的因子。例如：

$$F=AB+\overline{A}C+\overline{B}C=AB+(\overline{A}+\overline{B})C=AB+\overline{AB}C=AB+C$$

$$F=\overline{A}+AB\overline{C}D+C=\overline{A}+B\overline{C}D+C=\overline{A}+BD+C$$

$$\begin{aligned}F&=ABC+\overline{A}D+\overline{C}D+BD=ABC+(\overline{A}+\overline{C})D+BD\\&=ABC+\overline{AC}D+BD=ABC+\overline{A}D+\overline{C}D\end{aligned}$$

$$F=A\overline{B}+AC+ADE+\overline{C}D=A\overline{B}+AC+\overline{C}D+ADE=A\overline{B}+AC+\overline{C}D$$

3. 配项法

利用重叠律 $A+A=A$ 、互补律 $A+\overline{A}=\mathbf{1}$ 和吸收律 $AB+\overline{A}C+BC=AB+\overline{A}C$ ，先配项或添加多余项，然后再逐步化简。例如：

$$\begin{aligned}F&=AC+\overline{A}D+\overline{B}D+B\overline{C}\\&=AC+B\overline{C}+(\overline{A}+\overline{B})D\\&=AC+B\overline{C}+AB+\overline{AB}D&&\text{（添多余项 }AB\text{）}\\&=AC+B\overline{C}+AB+D\\&=AC+B\overline{C}+D&&\text{（去掉多余项 }AB\text{）}\end{aligned}$$

$$\begin{aligned}F&=\overline{A}\overline{B}\overline{C}+\overline{A}B\overline{C}+\overline{A}BC+AB\overline{C}\\&=(\overline{A}\overline{B}\overline{C}+\overline{A}B\overline{C})+(\overline{A}B\overline{C}+\overline{A}BC)+(\overline{A}B\overline{C}+AB\overline{C})\\&=\overline{A}\overline{C}+\overline{A}B+B\overline{C}\end{aligned}$$

$$F=\overline{A}\,\overline{B}+\overline{B}\,\overline{C}+BC+AB$$

$$
\begin{aligned}
&=\bar{A}\bar{B}(C+\bar{C})+\bar{B}\bar{C}+BC(A+\bar{A})+AB\\
&=\bar{A}\bar{B}C+\bar{A}\bar{B}\bar{C}+\bar{B}\bar{C}+ABC+\bar{A}BC+AB\\
&=\bar{A}\bar{B}C+\bar{A}BC+\bar{A}\bar{B}\bar{C}+\bar{B}\bar{C}+ABC+AB\\
&=\bar{A}C(B+\bar{B})+\bar{B}\bar{C}(1+\bar{A})+AB(C+1)\\
&=\bar{A}C+\bar{B}\bar{C}+AB
\end{aligned}
$$

例 1.11　试化简下列逻辑函数，写出最简与或式。

（1）$F=A\bar{C}+\bar{B}C+\bar{A}C+B\bar{C}+\bar{A}B$

（2）$F=\bar{A}B+AC+\bar{B}\bar{C}+A\bar{B}+\bar{A}\bar{C}+BC$

（3）$F=AB+A\bar{C}+\bar{B}C+B\bar{C}+\bar{B}D+B\bar{D}+ADE$

解：（1）

$$
\begin{aligned}
F&=A\bar{C}+\bar{B}C+\bar{A}C+B\bar{C}+\bar{A}B\\
&=(A\bar{C}+\bar{A}B+\bar{B}C)+B\bar{C}+\bar{A}C\\
&=A\bar{C}+(\bar{A}B+\bar{B}C)+\bar{A}C\\
&=A\bar{C}+\bar{A}B+\bar{B}C
\end{aligned}
$$

（2）

$$
\begin{aligned}
F&=\bar{A}B+AC+\bar{B}\bar{C}+A\bar{B}+\bar{A}\bar{C}+BC\\
&=\bar{A}B+AC+\bar{B}\bar{C}+A\bar{B}+\bar{A}\bar{C}\\
&=\bar{A}B+\bar{B}\bar{C}+AC+A\bar{B}\\
&=\bar{A}B+AC+\bar{B}\bar{C}
\end{aligned}
$$

（3）

$$
\begin{aligned}
F&=AB+A\bar{C}+\bar{B}C+B\bar{C}+\bar{B}D+B\bar{D}+ADE\\
&=A\bar{B}C+\bar{B}C+B\bar{C}+\bar{B}D+B\bar{D}+ADE\\
&=A+\bar{B}C+B\bar{C}+\bar{B}D+B\bar{D}+ADE\\
&=A+\bar{B}C+B\bar{C}+\bar{B}D+B\bar{D}
\end{aligned}
$$

1.3.4　逻辑函数的卡诺图化简

用公式法化简逻辑函数要求熟练地掌握公式，并具备一定的化简技巧，还需要判断是否已简化到最简形式，具有一定的难度。

在实践中，人们还找到了一些其他的方法，其中最常用的是卡诺图化简法，它是由美国工程师卡诺（M. Karnaugh）首先提出来的。卡诺图比较直观、简捷，利用它可以方便地化简逻辑函数。

1. 卡诺图的构成

在逻辑函数的真值表中，输入变量的每一种组合都与一个最小项相对应，这种真值表也称最小项真值表。卡诺图就是根据最小项真值表按照一定规则排列的方格图。三变量卡诺图如图 1-14 所示，四变量卡诺图如图 1-15 所示。

由图可以看出，卡诺图具有如下特点：

（1）n 变量的卡诺图有 2^n 个方格，对应表示 2^n 个最小项。每当变量数增加一个，卡诺图的方格数就扩大一倍。

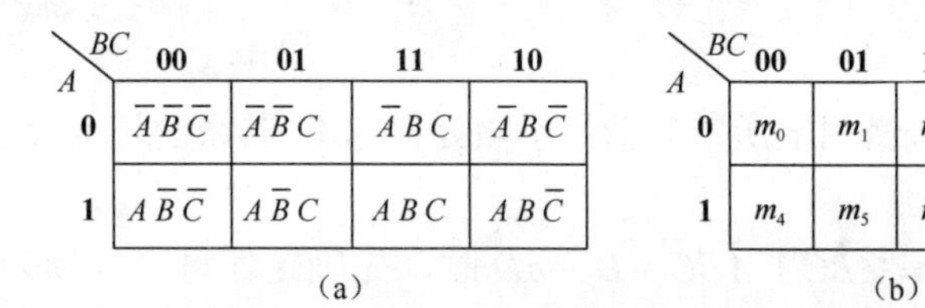

(a)

A \ BC	00	01	11	10
0	$\overline{A}\,\overline{B}\,\overline{C}$	$\overline{A}\,\overline{B}\,C$	$\overline{A}\,B\,C$	$\overline{A}\,B\,\overline{C}$
1	$A\,\overline{B}\,\overline{C}$	$A\,\overline{B}\,C$	$A\,B\,C$	$A\,B\,\overline{C}$

(b)

A \ BC	00	01	11	10
0	m_0	m_1	m_3	m_2
1	m_4	m_5	m_7	m_6

(c)

A \ BC	00	01	11	10
0	0	1	3	2
1	4	5	7	6

图 1-14　三变量卡诺图

(a)

AB \ CD	00	01	11	10
00	$\overline{A}\,\overline{B}\,\overline{C}\,\overline{D}$	$\overline{A}\,\overline{B}\,\overline{C}\,D$	$\overline{A}\,\overline{B}\,C\,D$	$\overline{A}\,\overline{B}\,C\,\overline{D}$
01	$\overline{A}\,B\,\overline{C}\,\overline{D}$	$\overline{A}\,B\,\overline{C}\,D$	$\overline{A}\,B\,C\,D$	$\overline{A}\,B\,C\,\overline{D}$
11	$A\,B\,\overline{C}\,\overline{D}$	$A\,B\,\overline{C}\,D$	$A\,B\,C\,D$	$A\,B\,C\,\overline{D}$
10	$A\,\overline{B}\,\overline{C}\,\overline{D}$	$A\,\overline{B}\,\overline{C}\,D$	$A\,\overline{B}\,C\,D$	$A\,\overline{B}\,C\,\overline{D}$

(b)

AB \ CD	00	01	11	10
00	m_0	m_1	m_3	m_2
01	m_4	m_5	m_7	m_6
11	m_{12}	m_{13}	m_{15}	m_{14}
10	m_8	m_9	m_{11}	m_{10}

(c)

AB \ CD	00	01	11	10
00	0	1	3	2
01	4	5	7	6
11	12	13	15	14
10	8	9	11	10

图 1-15　四变量卡诺图

（2）卡诺图中任何几何位置相邻的两个最小项，在逻辑上都是相邻的。所谓几何相邻，一是相接，即紧挨着；二是相对，即任意一行或一列的两端；三是相重，即对折起来位置重合。所谓逻辑相邻，是指除了一个变量不同外，其余变量都相同的两个与项。

例如，图 1-15 四变量卡诺图中，m_5 在几何位置上与 m_1、m_4、m_7、m_{13} 相邻，因此，m_5 有四个相邻项，即与 $\overline{A}\,\overline{B}\,\overline{C}D$、$\overline{A}B\overline{C}\,\overline{D}$、$\overline{A}BCD$ 和 $AB\overline{C}D$ 分别相邻，可见卡诺图反映了 n 变量的任何一个最小项有 n 个相邻项这一特点。

卡诺图的主要缺点是随着输入变量的增加图形迅速复杂，相邻项不那么直观，因此它只适用表示五个以下变量的逻辑函数。

2. 逻辑函数的卡诺图表示法

1）逻辑函数的最小项表达式

对于逻辑函数的最小项表达式来说，只要将构成逻辑函数的最小项在卡诺图上相应的方格中填 **1**，其余的方格填 **0**（或不填），则可以得到该函数的卡诺图。也就是说，任何一个逻辑函数都等于其卡诺图上填 **1** 的那些最小项之和。

例如，用卡诺图表示函数 $F_1=\sum m(0,3,4,6)$ 时，只需在三变量卡诺图中将 m_0、m_3、m_4、m_6 处填 **1**，其余方格填 **0**（或不填），如图 1-16（a）所示。

同理，$F_2=\sum m(0,2,4,7,9,10,12,15)$ 的卡诺图如图 1-16（b）所示。

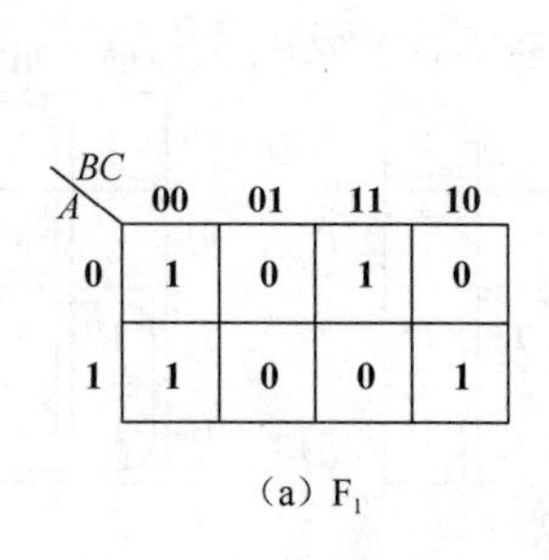

A \ BC	00	01	11	10
0	1	0	1	0
1	1	0	0	1

（a）F_1

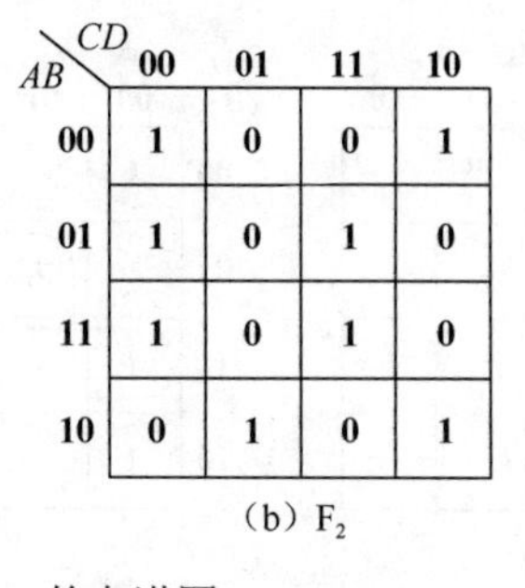

AB \ CD	00	01	11	10
00	1	0	0	1
01	1	0	1	0
11	1	0	1	0
10	0	1	0	1

（b）F_2

图 1-16　F_1、F_2 的卡诺图

2）逻辑函数的标准与或表达式

将标准与或表达式中每个与项在卡诺图上所覆盖的最小项处都填 **1**，其余的填 **0**（或不填），就可以得到该逻辑函数的卡诺图。

例如，用卡诺图表示逻辑函数 $F_3 = A\overline{B}C + \overline{A}\,\overline{B}C + D + AD$ 时，先确定使每个与项为 **1** 的输入变量取值，然后在该输入变量取值所对应的方格内填 **1**。

$A\overline{B}C$：当 $ABCD = \mathbf{101}\times$（×表示可以为 **0**，也可以为 **1**）时该与项为 **1**，在卡诺图上对应两个方格（m_{10}、m_{11}）处填 **1**。

$\overline{A}\,\overline{B}C$：当 $ABCD = \mathbf{001}\times$ 时该与项为 **1**，对应两个方格（m_2、m_3）处填 **1**。

D：当 $ABCD = \times\times\times\mathbf{1}$ 时该与项为 **1**，对应八个方格（m_1、m_3、m_5、m_7、m_9、m_{11}、m_{13}、m_{15}）处填 **1**。

AD：当 $ABCD = \mathbf{1}\times\times\mathbf{1}$ 时该与项为 **1**，对应四个方格（m_9、m_{11}、m_{13}、m_{15}）处填 **1**。

某些最小项重复，只需填一次即可。该函数的卡诺图如图 1-17 所示。

AB \ CD	00	01	11	10
00		1	1	1
01		1	1	
11		1	1	
10		1	1	1

图 1-17　F_3 的卡诺图

3）最小项合并规律

在卡诺图中，凡是几何位置相邻的最小项均可以合并。两个相邻最小项合并为一项，消去一个互补变量。在卡诺图上该合并项称为**卡诺圈**，卡诺圈的结果是一个与项，该与项由圈内没有变化的那些变量组成，可以直接从卡诺图中读出。例如，图 1-18（a）中 m_1、m_3 合并为 $\overline{A}C$，图 1-18（b）中 m_0、m_4 合并为 $\overline{B}\,\overline{C}$。

任何两个相邻的卡诺圈也是相邻项，仍然可以合并，消去互补变量。因此，如果卡诺圈越大，消去的变量数就越多。

图 1-18（c）、（d）表示四个相邻最小项合并为一项，消去了两个变量，合并后的与项由卡诺圈对应的没有变化的那些变量组成。图 1-18（c）中 m_0、m_1、m_4、m_5 合并为 $\overline{A}\,\overline{C}$，图 1-18（d）中 m_0、m_2、m_8、m_{10} 合并为 $\overline{B}\,\overline{D}$，$m_5$、$m_7$、$m_{13}$、$m_{15}$ 合并为 BD，m_{12}、m_{13}、m_{15}、m_{14} 合并为 AB。

图 1-18（e）表示八个相邻最小项合并为一项，消去了三个变量，即

$$\sum m(8,9,10,11,12,13,14,15) = A,\quad \sum m(1,3,5,7,9,11,13,15) = D$$

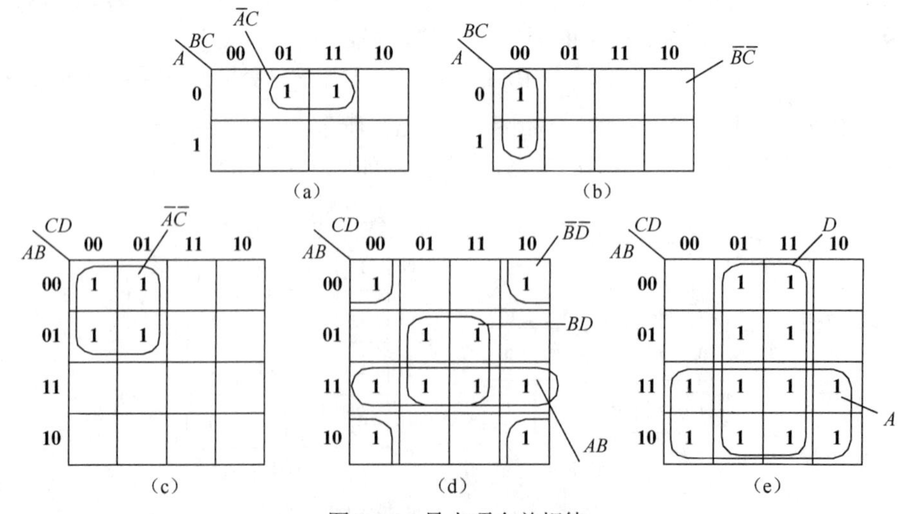

图 1-18　最小项合并规律

综上所述，最小项合并具有以下特点：

（1）任何一个卡诺圈所含的方格数为 2^i 个（其中 i=0,1,2,3…）。

（2）必须按照相邻规则画卡诺圈，几何位置相邻包括三种情况：一是相接，即紧挨着的方格相邻；二是相对，即一行（或一列）的两端、两边、四角相邻；三是相重，即以对称轴为中心对折起来重合的位置相邻。

（3）2^m 个方格合并，消 m 个变量。卡诺圈越大，消去的变量数越多。

（4）**1** 格或 **0** 格允许被一个或一个以上的卡诺圈重复圈围，**1** 格或 **0** 格不能漏圈。

（5）卡诺圈的个数尽可能少，卡诺圈的面积尽量大，但必须是 2^i 个方格。

每个卡诺圈中至少包含一个未被其他圈圈围的 **1** 格或 **0** 格，否则，这个卡诺圈是多余的。

4）逻辑函数的最大项表达式

对于逻辑函数的最大项表达式来说，只要将构成逻辑函数的最大项在卡诺图上相应的方格中填 **0**，其余的方格填 **1**，则可以得到该函数的卡诺图。也就是说，任何一个逻辑函数都等于其卡诺图上填 **0** 的那些最大项之和。

例如，用卡诺图表示函数 $F_4 = \prod M(0,2,6) = (A+B+C)(A+\overline{B}+C)(\overline{A}+\overline{B}+C)$ 时，只需在三变量卡诺图中将 M_0、M_2、M_6 处填 **0**，其余方格填 **1**，如图 1-19 所示。

必须注意，在卡诺图中最大项和最小项编号是一致的，但对应输入变量的取值是相反的。

5）逻辑函数的标准或与表达式

将标准或与表达式中每个或项在卡诺图上所覆盖的最大项处都填 **0**，其余的填 **1**，就可以得到该逻辑函数的卡诺图。

例如，用卡诺图表示逻辑函数 $F_5 = (\overline{A}+C)(\overline{B}+C)$ 时，先确定使每个与项为 **0** 的输入变量取值，然后在该输入变量取值所对应的方格内填 **0**。

$(\overline{A}+C)$：当 $\overline{A}BC = \mathbf{1}\times\mathbf{0}$ 时，该或项为 **0**，对应两个方格（M_4、M_6）处填 **0**。

$(\overline{B}+C)$：当 $A\overline{B}C = \times\mathbf{10}$ 时，该或项为 **0**，对应八个方格（M_2、M_6）处填 **0**。

某些最大项重复，填一次即可，该函数的卡诺图如图 1-20 所示。

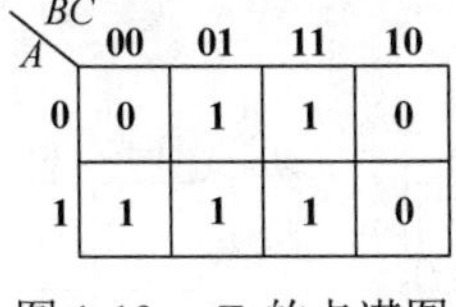

图 1-19　F_4 的卡诺图

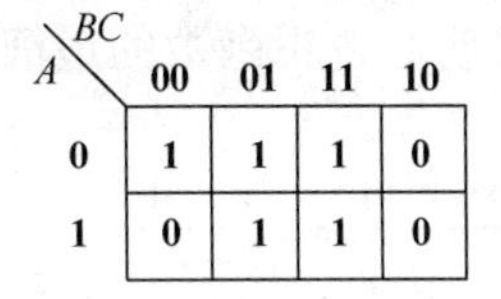

图 1-20　F_5 的卡诺图

6）最大项合并规律

上述最小项的合并规律对最大项的合并同样适用，只是因为最大项是与函数中的 **0** 值相对应，在卡诺图中则与 **0** 格相对应，因此，最大项的合并在卡诺图中是相邻的 **0** 格圈在一起。

3. 用卡诺图化简逻辑函数

1）求最简与或式

在卡诺图上以最少的卡诺圈数和尽可能大的卡诺圈覆盖所有填 **1** 的方格，就可以求得逻辑函数的最简与或式。

化简的一般步骤如下：

（1）画出逻辑函数的卡诺图。

（2）先从只有一种圈法的最小项开始圈起，卡诺圈的数目应最少（与项的项数最少），卡诺圈应尽量大（对应与项中变量数最少）。

（3）将每个卡诺圈写成相应的与项，并将它们相或，便得到最简与或式。

圈卡诺圈时应注意，根据重叠律（$A+A=A$），任何一个 **1** 格可以多次被圈用，但如果在某个卡诺圈中所有的 **1** 格均已被别的卡诺圈圈过，则该圈为多余圈。为了避免出现多余圈，应保证每个卡诺圈内至少有一个 **1** 格只被圈一次。

例 1.12　用卡诺图化简函数 $F=\sum m(1,3,4,5,10,11,12,13)$。

解：（1）画出 F 的卡诺图（见图 1-21）。

（2）画卡诺圈。按照最小项合并规律，将可以合并的最小项分别圈起来。根据化简原则，应选择最少的卡诺圈和尽可能大的卡诺圈覆盖所有的 **1** 格。首先选择只有一种圈法的（m_4、m_5、m_{12}、m_{13}），剩下四个 **1** 格（m_1、m_3、m_{10}、m_{11}）用两个卡诺圈覆盖。可见一共只要用 3 个卡诺圈即可覆盖全部 **1** 格。

（3）写出化简后的逻辑函数表达式为

$$F=B\overline{C}+\overline{A}\,\overline{B}D+A\overline{B}C$$

例 1.13　求 $F=\overline{B}CD+\overline{A}B\overline{D}+\overline{B}C\overline{D}+AB\overline{C}+ABCD$ 的最简与或表达式。

解：（1）画出 F 的卡诺图。给出的 F 为标准与或式，将每个与项所覆盖的最小项都填 **1**，卡诺图如图 1-22 所示。

（2）画卡诺圈。

（3）写出最简与或式。本例有两种圈法，都可以得到最简式。

按图 1-22（a）圈法，得到逻辑函数的最简表达式为

$$F=\overline{B}C+\overline{A}C\overline{D}+B\overline{C}\,\overline{D}+ABD$$

按图 1-22（b）圈法，得到逻辑函数的最简表达式为

$$F=\overline{B}C+\overline{A}B\overline{D}+AB\overline{C}+ACD$$

该例说明，逻辑函数的最简式不是唯一的。

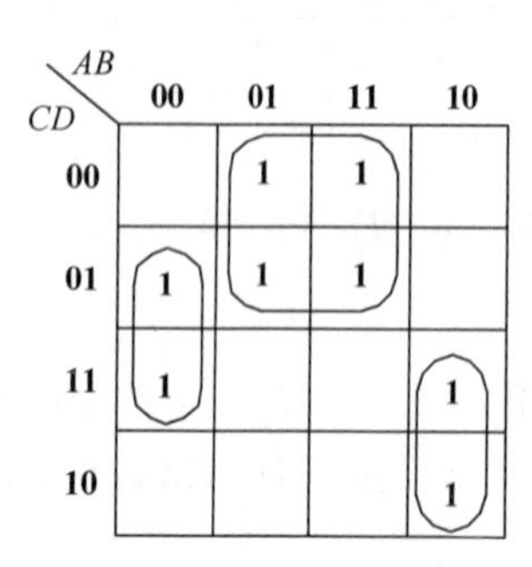

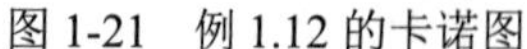

图 1-21　例 1.12 的卡诺图

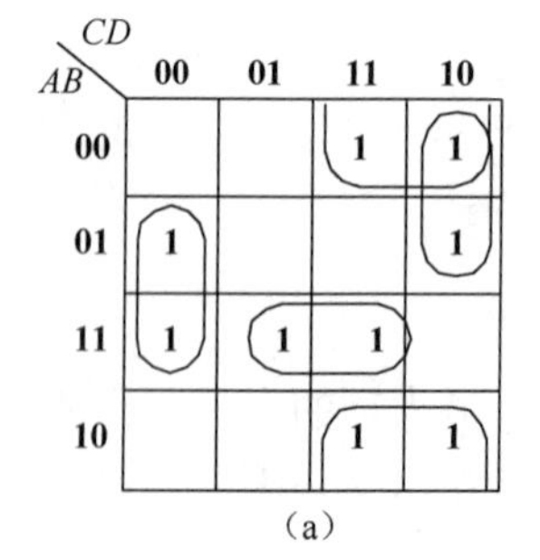

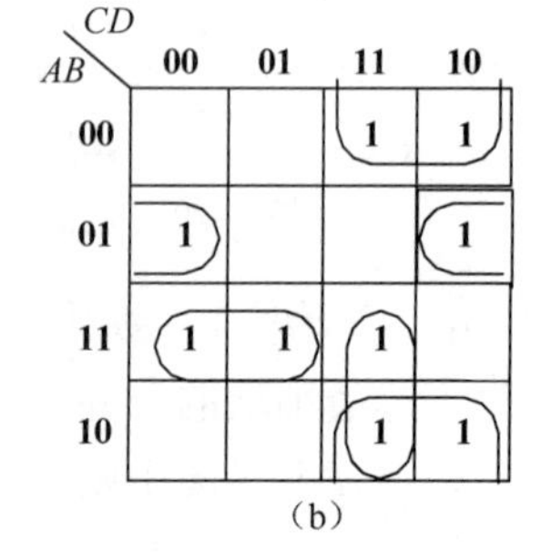

图 1-22　例 1.13 的卡诺图

如何判断得到的函数表达式是不是最简的呢？下面从蕴含项的概念讨论最简式问题。

蕴含项：组成逻辑函数的每一个与项称为该函数的蕴含项，它可以是最小项，也可以是合并项。

本原蕴含项：如果逻辑函数的一个蕴含项再也不能与其他蕴含项合并构成变量数更少

的蕴含项，则称该蕴含项为本原蕴含项，实际上它对应着卡诺图中不能再扩大的合并项，即最大卡诺圈。

实质本原蕴含项：不能被其他蕴含项所包含的本原蕴含项称为实质本原蕴含项，它对应着卡诺图中必不可少的最大卡诺圈，该圈至少包含了一个只有一种圈法的最小项。

例如，已知逻辑函数 F_6、F_7 的卡诺图分别如图 1-23（a）、（b）所示，化简 F_6 时只需要三个最大的卡诺圈（图中实线圈）即可以覆盖全部 **1** 格，则虚线圈一定是多余圈。从图中可以看出，合并项 $A\overline{C}$ 为多余项，因为该圈中每个 **1** 格均被圈了两次。因此，得到的最简与或式应为

$$F_6 = AB + \overline{A}\,\overline{D} + \overline{B}\,\overline{C}$$

化简图 1-23（b）的 F_7，需用六个最大的卡诺圈覆盖所有的 **1** 格，观察每一个卡诺圈都有一个 **1** 格只被圈过一次，因此六个卡诺圈都是必不可少的，得到的最简与或式应为

$$F_7 = B\overline{D} + B\overline{C} + \overline{A}B + \overline{A}\,\overline{C}D + \overline{A}C\overline{D} + A\overline{B}CD$$

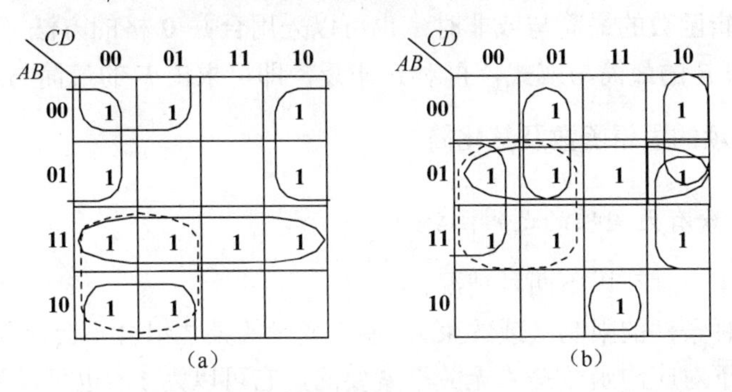

图 1-23　F_6、F_7 的卡诺图

2）求最简或与式

任何一个逻辑函数既可以等于其卡诺图上填 **1** 的那些最小项之和，也可以等于其卡诺图上填 **0** 的那些最大项之积。因此，如果要求写出某函数的最简或与式，可以在该函数的卡诺图上合并那些填 **0** 的相邻项。这种方法简称为圈 **0** 合并，其化简步骤及化简原则与圈 **1** 合并相同，只要按圈逐一写出或项，然后将所得到的或项相与即可。但需注意，或项由卡诺圈对应的没有变化的那些变量组成，当变量取值为 **0** 时写原变量，取值为 **1** 时写反变量。

例 1.14　求 $F = \sum m(1,3,4,5,7,9,11,13)$ 的最简或与式。

解：（1）画出卡诺图，如图 1-24 所示。

（2）画卡诺圈。圈 **0** 合并，其规律同圈 **1** 合并相同，即卡诺圈的数目应最少，卡诺圈覆盖的 **0** 圈应尽可能得多，本例用三个卡诺圈覆盖所有的 **0** 格。

（3）写出最简或与式为

$$F = (B + D)(\overline{A} + D)(\overline{A} + \overline{B} + \overline{C})$$

例 1.15　求 $F = (A + \overline{B} + C + D)(\overline{A} + B)(\overline{A} + \overline{C})\overline{C}$ 的最简或与式。

解：（1）画出卡诺图。本例中给出的是逻辑函数的标准或与式，因此将每个或项所覆盖的最大项都填 **0**，就可以得到 F 的卡诺图，如图 1-25 所示。

（2）画卡诺圈。

（3）写出最简或与式为

$$F=\overline{C}\cdot(A+\overline{B}+D)(\overline{A}+B)$$

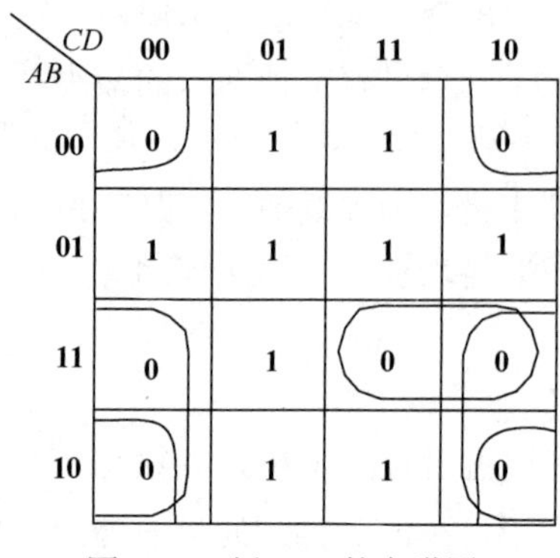

图 1-24　例 1.14 的卡诺图

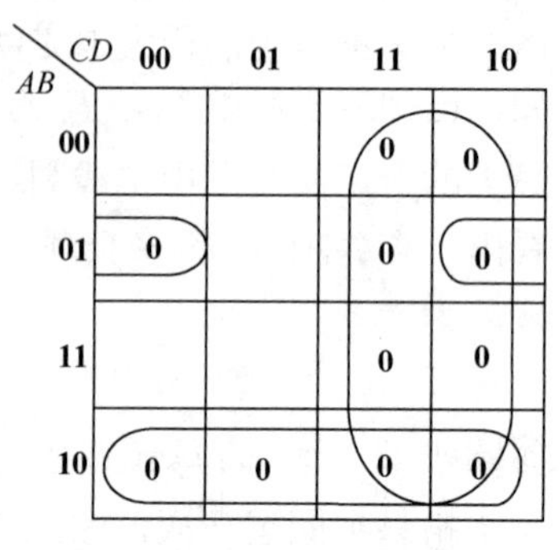

图 1-25　例 1.15 的卡诺图

当需求出逻辑函数的最简与或非时，也可以采用合并 **0** 格的方法（即在卡诺图上圈 **0** 合并），可先求出 $\overline{F}$ 的最简与或式，再对 $\overline{F}$ 求反，即可求出 F 的最简与或非式。

1.3.5　具有无关项的逻辑函数及其化简

1．无关项及含有无关项的逻辑函数

在一些应用中，存在以下两种情况：

（1）由于某种条件的限制（或约束），输入变量的某些组合不会出现或者不允许出现，因而在这些取值下对应的函数是“无关”紧要的，它可以为 **1**，也可以为 **0**。

（2）输入变量的某些组合出现时，输出可以为任意值，即这些输入组合所产生的输出并不影响系统的功能，因此，可以不考虑其输出是 **0** 还是 **1**。

这样的输入组合所对应的最小项（或最大项）称为无关项（或称任意项、约束项、随意项）。在真值表或卡诺图中常用 $\varnothing$ 或 $\times$ 来表示变量的取值可以随意，在逻辑表达式中用英文字母 d 表示任意项。

有无关项的逻辑函数也称为非完全描述的逻辑函数。对于这类逻辑函数，合理地利用无关项，能使逻辑函数的表达式进一步简化。

2．含有无关项的逻辑函数的表示方法

含有无关项的逻辑函数通常有以下几种表示方法。

（1）最小项表达式：$F=\sum m()+\sum d()$ 或 $\begin{cases}F=\sum m()\\ \sum d()=\mathbf{0}\end{cases}$。

（2）最大项表达式：$F=\prod M()\cdot\prod d()$ 或 $\begin{cases}F=\prod M()\\ \prod d()=\mathbf{1}\end{cases}$。

（3）非标准表达式。此时，函数 F 和约束条件中至少有一个是非标准表达式，约束条件可能是用语言来描述的。

上述表示方法中，括号内均为标准项的序号。无关项与最小项表达式是逻辑或的关系，而与最大项表达式是逻辑与的关系。将最小项表达式中的约束条件写成 $\sum d()=\mathbf{0}$，将最大项表达式中的约束条件写成$\prod d()=\mathbf{1}$，表明了两种不同表达式中有定义的自变量取值应该分别满足的约束关系。

3. 有无关项逻辑函数的化简

例 1.16　用公式法求函数 F 的最简与或表达式。

已知约束条件为$\overline{A}CD+A\overline{C}D=\mathbf{0}$，化简函数$F=\overline{A}\,\overline{B}\,\overline{C}+\overline{A}\,\overline{B}C\overline{D}+\overline{A}BC\overline{D}$。

解：由约束条件得：

$$\begin{cases}\overline{A}CD=\mathbf{0}\\ A\overline{C}D=\mathbf{0}\end{cases}$$

函数可化简为

$$\begin{aligned}F&=\overline{A}\,\overline{B}\,\overline{C}+\overline{A}\,\overline{B}C\overline{D}+\overline{A}BC\overline{D}\\&=\overline{A}\,\overline{B}\,\overline{C}+\overline{A}(\overline{B}+B)C\overline{D}\\&=\overline{A}\,\overline{B}\,\overline{C}+\overline{A}C\overline{D}\\&=\overline{A}\,\overline{B}\,\overline{C}+\overline{A}C\overline{D}+\overline{A}CD\qquad\text{（加上约束项}\overline{A}CD\text{）}\\&=\overline{A}\,\overline{B}\,\overline{C}+\overline{A}C(\overline{D}+D)\\&=\overline{A}\,\overline{B}\,\overline{C}+\overline{A}C=\overline{A}(\overline{B}\,\overline{C}+C)\\&=\overline{A}(\overline{B}+C)=\overline{A}\,\overline{B}+\overline{A}C\end{aligned}$$

例 1.17　用卡诺图法化简如下带有约束条件的逻辑函数 F，写出最简与或表达式。已知约束条件为 $AB+AC=\mathbf{0}$ ，化简函数 $F(A,B,C,D)=\sum m(0,1,2,3,6,8)+\sum d(10,11,12,13,14,15)$。

解：由表达式画出该函数的卡诺图（其中×表示无关项），如图 1-26 所示。

由卡诺图写出最简与或表达式为

$$F_2=\overline{A}\,\overline{B}+C\overline{D}+A\overline{D}$$

例 1.18　用卡诺图法化简如下带有约束项的逻辑函数，写出最简与或表达式。已知约束条件为$\overline{ABC}+\overline{ABD}+ABC+ABD=\mathbf{0}$。

$$F(A,B,C)=\sum m(3,6,8,9,11,12)+\sum d(\_0,1,2,13,14,15)$$

解：由表达式画出该函数的卡诺图（其中×表示无关项），如图 1-27 所示。

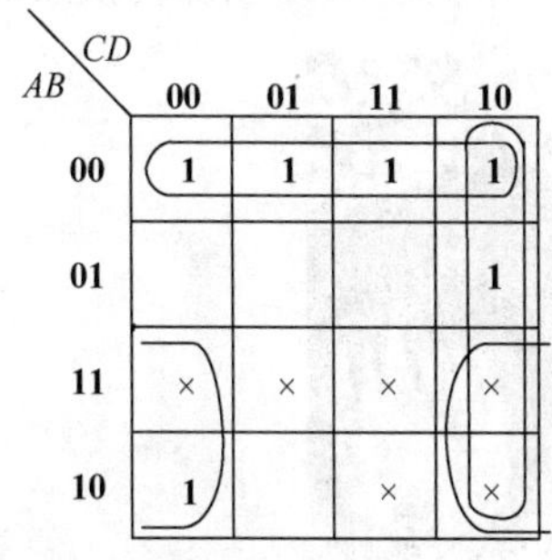

图 1-26　例 1.17 的卡诺图

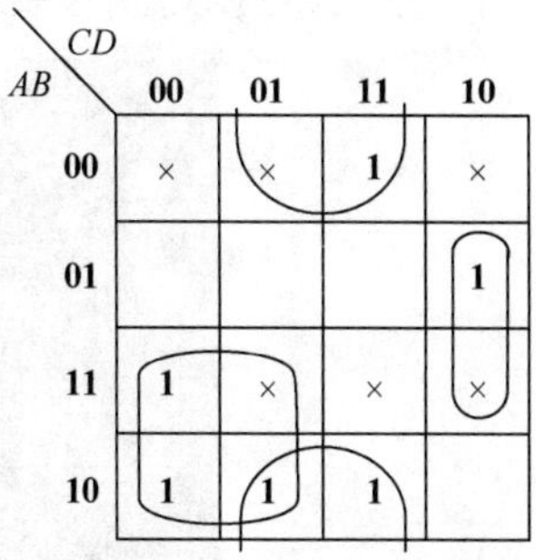

图 1-27　例 1.18 的卡诺图

由卡诺图写出最简与或表达式为

$$F=A\overline{C}+\overline{B}D+\overline{A}C\overline{D}$$

1.4　应用举例

1.4.1　编码的应用举例

编码在生活中到处可见，银行卡的卡号，城市街道门牌号，学生证、工作证的证件号等，都用编码的方式加以区分。

图 1-28 所示是我国居民二代身份证的号码。其编码方式是十进制数字和英文字母的组合，共 18 位。代码的具体的含义是：第 1、2 位数字表示居民所在省份；第 3、4 位数字表示居民所在城市；第 5、6 位数字表示居民所在区县；第 7～14 位数字表示居民出生年、月、日；第 15、16 位数字表示居民所在地派出所的代码；第 17 位数字表示居民的性别：奇数表示男性，偶数表示女性；第 18 位数字是校检码，用来检验身份证的正确性，校检码可以是 0～9 的数字，有时也用 X 表示。

通过这种编码方式，可以很快识别每一位公民的身份信息。

图 1-28　居民二代身份证号码

例 1.19　编码在图像二值化处理过程中的应用。

人们经常用工业相机、扫描仪等设备拍摄数字图像，并将其存储在计算机中。在计算机中，按照颜色和灰度的多少可以将图像分为二值图像、灰度图像、索引图像和真彩色 RGB 图像四种基本类型。

图像处理是用计算机对图像进行分析，以达到所需结果的技术。

图像二值化是图像分析与处理中最常见、最重要的处理手段。即针对 RGB 色彩空间，可以先对 RGB 彩色图像灰度化，然后扫描图像的每个像素值，将小于 127 的像素值设为 **0**，将大于等于 127 的像素值设为 **1**，**0** 代表黑色，**1** 代白色。由于每一个像素（矩阵中每一元素）取值仅有 **0**、**1** 两种可能，因此计算机中二值图像的数据类型通常为一个二进制位。通过上述编码方式，可以达到想要的图片效果。图 1-29 所示为将灰度图像转换成黑白图像。

图 1-29　灰度图像转换成黑白图像

1.4.2　逻辑代数的应用举例

例 1.20　逻辑代数在电路设计中的应用。

逻辑代数式用二进制数 **0** 和 **1** 表示如电平的高低、开关的通断等逻辑状态，因此，借助它可以进行电路的设计。

图 1-30 所示是两个中间继电器控制电磁阀的部分电路图。图中，A、B 为两个常开触点，Y 线圈原始状态不得电。现改为 Y 在原始状态得电吸合，而受 A、B 控制的关系不变，问应如何改接？

解： 若用 **0** 代表开关断开及线圈失电，用 **1** 代表开关闭合及线圈得电，则此题实为已知 Y 的负逻辑关系，要求出 Y 的正逻辑关系，且正负逻辑关系式是等价的，即受 A、B 控制的关系不变。

对应图 1-30 的逻辑表达式为 $\overline{A}\cdot\overline{B}=\overline{Y}$，由此可得 $\overline{\overline{A}\cdot\overline{B}}=Y$，即 $A+B=Y$，画出接线图，如图 1-31 所示。

例 1.21　逻辑代数在工程控制中的应用。

图 1-32 所示为接触器 F 的控制电路。由图可知，F 得电有三种可能：常开触点 A 闭合，常闭触点 $\overline{A}$ 和常开触点 B 闭合，常开触点 B、C 闭合。问：此设计有没有其他更为简洁的控制方案？

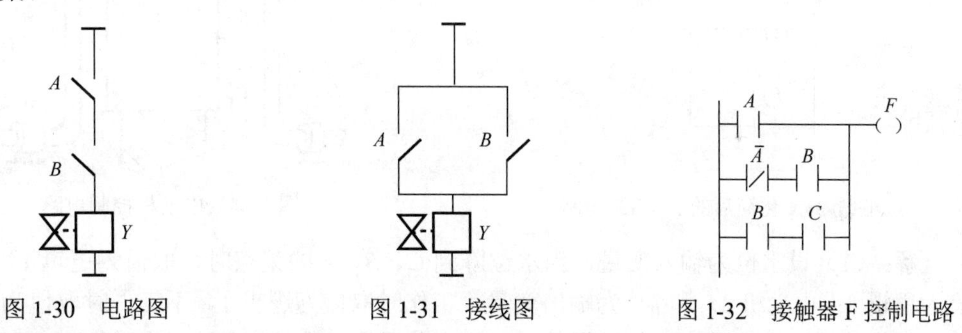

图 1-30　电路图　　图 1-31　接线图　　图 1-32　接触器 F 控制电路

解： 由开关的串联为“与”函数、并联为“或”函数可得，接触器 F 的控制电路表达式为 $F=A+\overline{A}B+BC$。

由题意可知，在分析和评价控制电路的合理性时，可以把相应的逻辑函数进行化简，能找到更简洁的逻辑表达式，并设计控制电路，结合具体的控制要求进行分析，能够满足控制要求即可。因此，可以把 F 表达式化简为函数 G，表达式如下：

$$\begin{aligned}G=F&=A+\overline{A}B+BC\\&=A+B+BC\\&=A+B\end{aligned}$$

化简后的逻辑函数 G 是否与 F 有相同的逻辑功能？相等的逻辑函数必须有相同的真值表，列出真值表如表 1-16 所示。

表 1-16　*F* 与 *G* 的真值表

A	*B*	*C*	*F*	*G*
0	0	0	0	0
0	0	1	0	0
0	1	0	1	1
0	1	1	1	1
1	0	0	1	1
1	0	1	1	1
1	1	0	1	1
1	1	1	1	1

由真值表可知，二者是相同的。根据 *G* 表达式，画出控制电路图如图 1-33 所示。

例 1.22　利用逻辑代数解决电动机控制问题。如图 1-34 所示，有一个水塔，功能要求如下：用功率一小一大两台电动机 M_S 和 M_L 分别驱动两个水泵向水塔注水，当水塔的水位降到 *C* 点时，小电动机 M_S 单独驱动小水泵注水；当水位降到 *B* 点时，大电动机 M_L 单独驱动大水泵注水，当水位降到 *A* 点时由两台电动机同时驱动水泵注水。试设计一个控制电动机工作的逻辑电路。

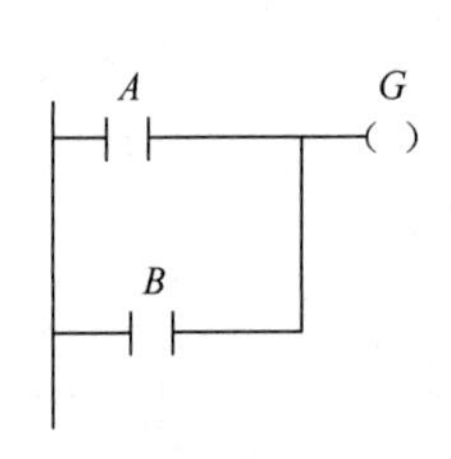

图 1-33　化简后的 F（G）电路

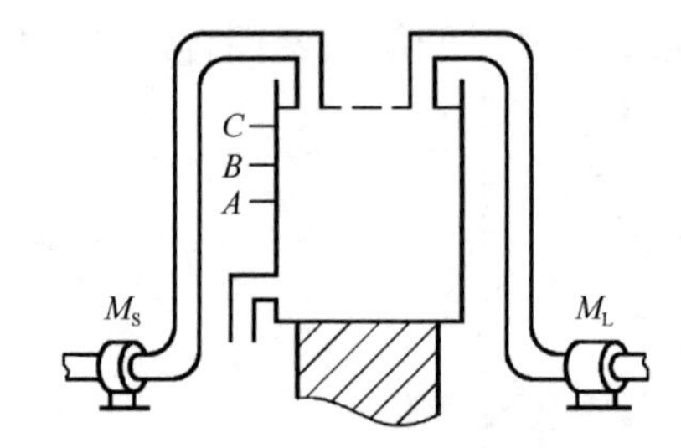

图 1-34　电动机控制电路

解：（1）设水位为输入变量，当水位降到 *C*、*B*、*A* 的某点时，取值为逻辑 **1**，否则取值为逻辑 **0**；电动机 M_S 和 M_L 为输出变量，工作时取值为逻辑 **1**，不工作时取值为逻辑 **0**。

（2）分析逻辑变量之间的因果关系，列出此逻辑函数的真值表，如表 1-17 所示。

表 1-17　电动机运行真值表

A	*B*	*C*	M_S	M_L
0	0	0	0	0
0	0	1	1	0
0	1	1	0	1
1	1	1	1	1

（3）根据真值表可写出逻辑函数表达式如下：

$$M_S = \overline{A}\,\overline{B}C + ABC = (\overline{A}\,\overline{B} + AB)C$$

$$M_L = \overline{A}BC + ABC = BC$$

（4）根据逻辑函数表达式画出逻辑电路图，如图 1-35 所示。

例 1.23　在例题 1.22 中如果考虑到无关项，请给出真值表和电动机控制表达式。

解：不考虑无关项的水位控制真值表如表 1-17 所示。除表中的四种取值外，其他四种情况均为无关项，完整的真值表如表 1-18 所示。

表 1-18　带无关项的电动机运行真值表

A	B	C	M_S	M_L
0	0	0	0	0
0	0	1	1	0
0	1	0	∅	∅
0	1	1	0	1
1	0	0	∅	∅
1	0	1	∅	∅
1	1	0	∅	∅
1	1	1	1	1

由真值表画出卡诺图如图 1-36 所示，化简得：$M_S = A + B\overline{C}$，$M_L = B$。

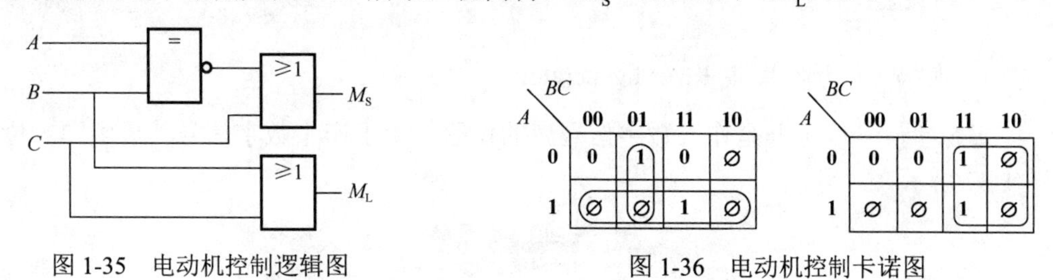

图 1-35　电动机控制逻辑图　　图 1-36　电动机控制卡诺图

例 1.24　某公司有 A、B、C 共三个股东，分别占公司 50%、30%和 20%的股份。一个议案要获得通过，必须有超过占 50%股权的股东投赞成票。试列出该公司表的真值表。

解：依据题意，设股东赞成为 **1**，反对为 **0**。最终公司的决定，议案通过为 **1**，不通过为 **0**，得真值表如表 1-19 所示。

表 1-19　真值表

A	B	C	F
0	0	0	0
0	0	1	0
0	1	0	0
0	1	1	0
1	0	0	0
1	0	1	1
1	1	0	1
1	1	1	1

1.5　计算机辅助电路分析举例

1.5.1　计算机辅助软件简介

Multisim 是一款以 Windows 为基础的仿真工具软件，适用板级的模拟/数字电路板的设计工作。它包含了电路原理图的图形输入、电路硬件描述语言输入方式，具有丰富的仿真分析能力。Multisim 被美国 NI 公司收购以后，其性能得到了极大的提升，很重要的一点是 Multisim 9 与 LabVIEW 8 的完美结合，很好地解决了理论教学与实验相脱节的问题，做到“理论教学——计算机仿真——实验环节”相互关联，实现“把实验室装进 PC 机中”，“软件就是仪器”的设想。

Multisim 9 新特点是：①可以根据自己的需求制造出真正属于自己的仪器；②所有的虚拟信号都可以通过计算机输出到实际的硬件电路上；③所有硬件电路产生的结果都可以返回到计算机中进行处理和分析。

Multisim 9 组成包括：①构建仿真电路；②仿真电路环境；③仿真单片机；④FPGA、PLD，CPLD 等；⑤通信系统分析与设计模块；⑥PCB 设计模块；⑦自动布线模块。

Multisim 9 仿真的内容包括：①器件建模及仿真；②电路的构建及仿真；③系统的组成及仿真；④仪表仪器原理及制造仿真；⑤器件建模及仿真，模拟器件如二极管、晶体管、功率管等，数字器件如 74 系列、COMS 系列、PLD、CPLD、FPGA 等。

1.5.2　相关虚拟仪器

1. 虚拟字信号发生器（word generator）

虚拟字信号发生器是作为数字信号源的仪器，用于产生数字信号（最多 32 位），如图 1-37 所示。

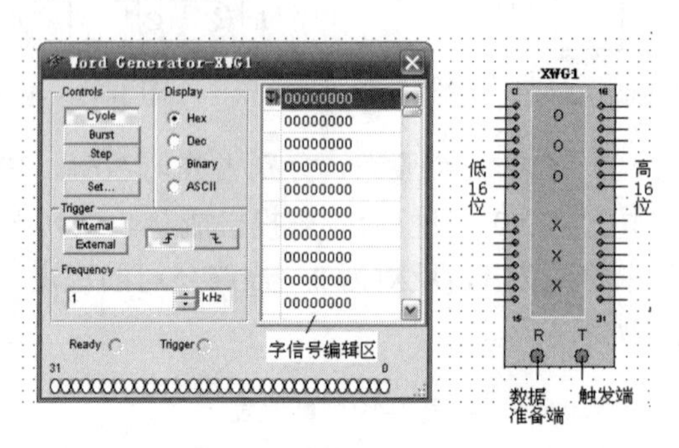

图 1-37　虚拟字信号发生器

界面显示说明如下。

字信号编辑区：按顺序显示待输出的数字信号，可直接编辑修改。

Controls：数字信号输出控制。

Cycle：从起始地址开始循环输出，数量由 Settings 对话框设定。

Burst：输出从起始地址开始至终了地址的全部数字信号。

Step：单步输出数字信号。

Set：设置数字信号类型和数量。

Display：十六进制、十进制、二进制、ASCII。

Trigger：内触发、外触发、上升沿、下降沿。

Frequency：输出数字信号的频率。

2. 虚拟逻辑分析仪（logic analyzer）

虚拟逻辑分析仪可同步记录和显示 16 位数字信号，用于对数字信号的高速采集和时序分析，如图 1-38 所示，操作界面如图 1-39 所示。

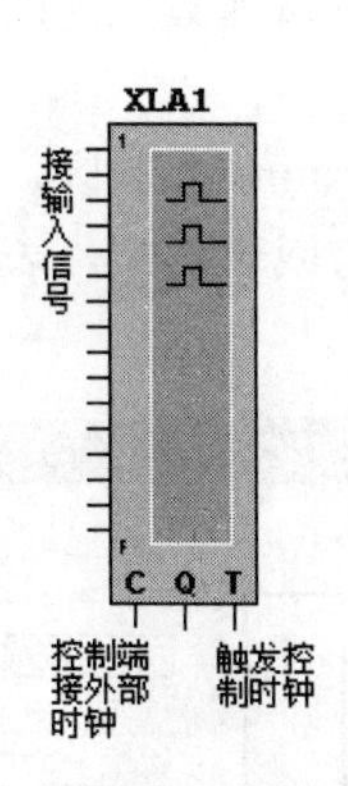

图 1-38　虚拟逻辑分析仪

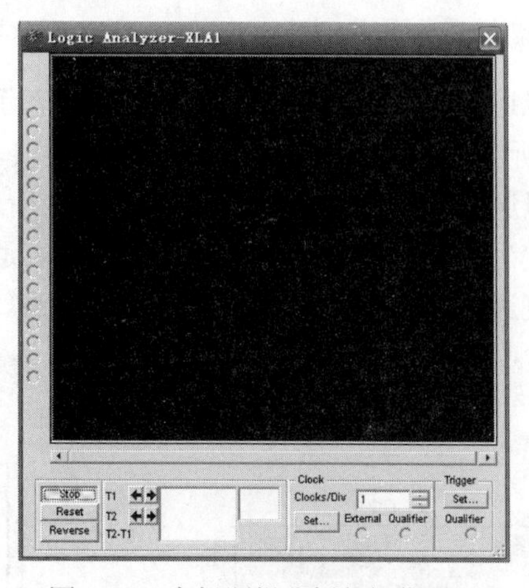

图 1-39　虚拟逻辑分析仪操作界面

界面显示说明如下。

操作界面：左侧 16 个小圆圈代表 16 个输入端，若接有被测信号，则出现黑圆点。

左侧第 1 区：Stop——停止仿真；Reset——复位并清除显示波形；Reverse——改变屏幕背景颜色。

左侧第 2 区：T1、T2——读数指针 1 和 2 离开扫描线零点的时间；T2-T1——两读数指针之间的时间差；Clock/Div——显示屏上每个水平刻度显示的时钟脉冲数；Set——设置时钟脉冲。单击 Set 按钮，弹出 Clock setup 对话框，如图 1-40 所示。

Clock Source：选择外/内时钟；Clock Rate：时钟频率；Sampling Setting：取样方式；Pre-trigger Samples：前沿触发取样数；Post-trigger Samples：后沿触发取样数；Threshold Volt.(V)：阈值电压。

右侧 Trigger 区：设置触发方式，单击 Set 按钮，打开 Trigger Settings 对话框，如图 1-41 所示。

Trigger Clock Edge：触发方式，包括 Positive（上升沿）、Negative（下降沿）、Both（升降沿触发）。

Trigger Qualifier：触发限定字［**0**、**1**、×（**0**、**1** 皆可）］。

Trigger Patterns：触发样本，可设置样本 A、B、C。

Trigger Combinations：选择组合的触发样本。

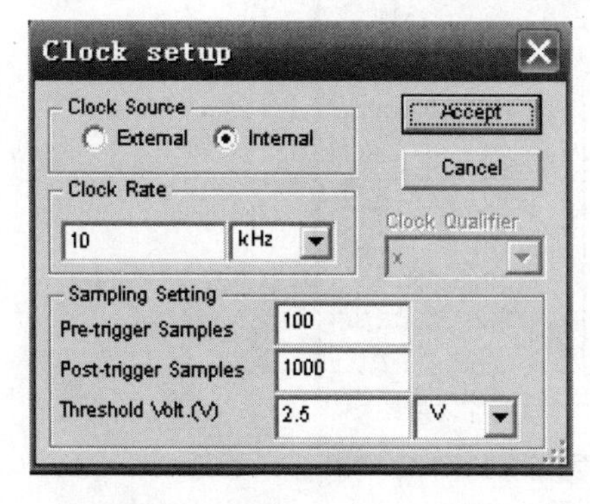

图 1-40　Clock setup 对话框

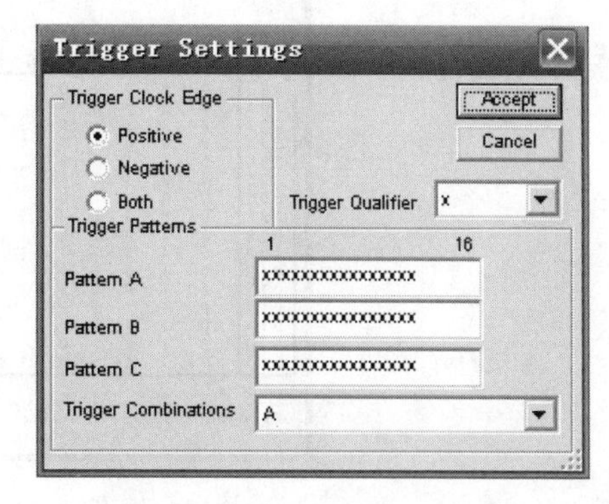

图 1-41　Trigger Settings 对话框

3. 虚拟逻辑转换仪

虚拟逻辑转换仪是实现数字电路各种表示方法的相互转换、逻辑函数化简的仪器，如图 1-42 所示。实际数字仪器中无逻辑转换仪。

虚拟逻辑转换仪的操作界面如图 1-43 所示，图中右侧 Conversions 选项区，从上到下功能依次为：逻辑图—真值表，真值表—表达式，真值表—最简与或表达式，表达式—真值表，表达式—电路图，表达式—与非电路。

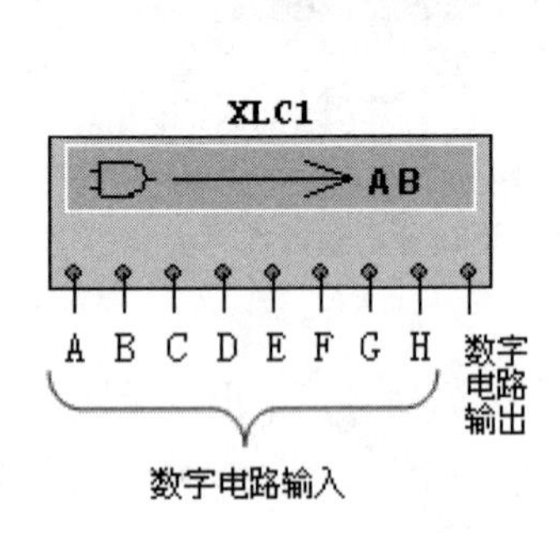

图 1-42　虚拟逻辑转换仪

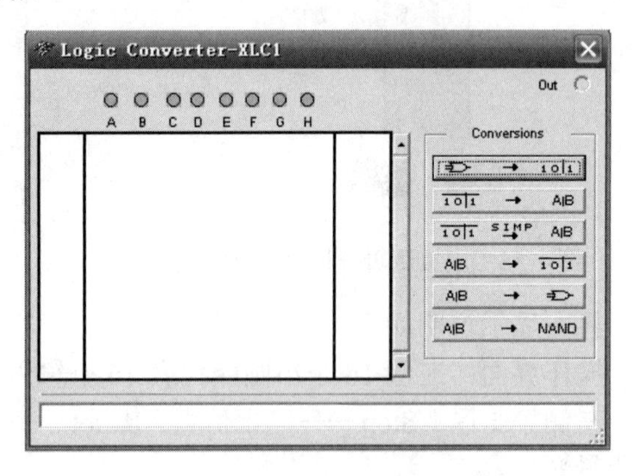

图 1-43　虚拟逻辑转换仪操作界面

1.5.3　逻辑函数的化简及转换

1. 逻辑函数的化简

利用逻辑转换仪化简逻辑函数，得到最小项表达式或最简表达式。

例 1.25　将逻辑函数 $Y(A,B,C,D,E)=\sum m(2,9,15,19,20,23,24,25,27,28)+d(5,6,16,31)$化简为最简与或表达式。

解： 调用逻辑转换仪，选择变量列真值表；

用鼠标选择函数值：**1** 表达式中存在的最小项；**0** 表达式中不存在的最小项；×表达式中的无关项。

转换为最简与或表达式，“′”表示反变量，转换结果如图 1-44 所示。

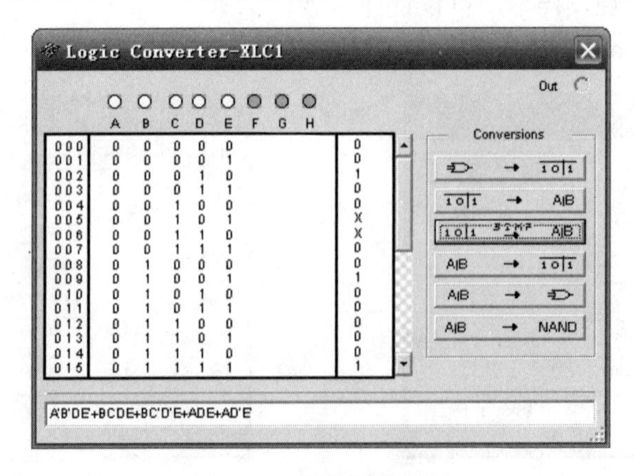

图 1-44　逻辑转换界面

由图可知：

$$Y(A,B,C,D)=\overline{A}\,\overline{B}D\overline{E}+BCDE+B\overline{C}\,\overline{D}E+ADE+A\overline{D}\,\overline{E}$$

例 1.26　已知逻辑函数 F 的真值表如表 1-20 所示，试用虚拟逻辑转换仪求出 F 的逻辑函数式，并将其化简为最简与或式。

表 1-20　真值表

A	B	C	D	F
0	0	0	0	0
0	0	0	1	1
0	0	1	0	0
0	0	1	1	×
0	1	0	0	1
0	1	0	1	0
0	1	1	0	1
0	1	1	1	0
1	0	0	0	1
1	0	0	1	1
1	0	1	0	0
1	0	1	1	×
1	1	0	0	1
1	1	0	1	0
1	1	1	0	×
1	1	1	1	1

解：（1）启动 Multisim 软件后，选择仪表工具栏中的 Logic Converter 命令，单击虚拟逻辑转换仪图标“XLC1”，打开虚拟逻辑转换仪操作窗口 Logic converter –XLC1，单击 Conversions 选项中的第二个按钮，得到 F 的逻辑函数表达式，结果出现在操作窗口底部一栏中，如图 1-45 所示。

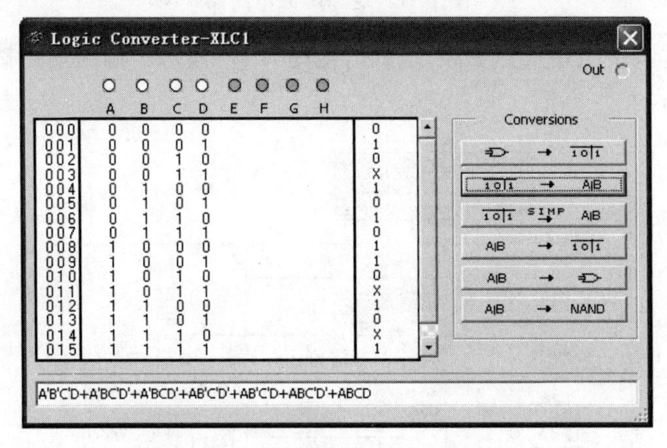

图 1-45　F 的逻辑表达式仿真结果

（2）单击 Conversions 选项中的第三个按钮，便可得到最简与或式，如图 1-46 所示，$Y(A,B,C,D)=A\overline{B}\,\overline{C}+\overline{B}D+B\overline{D}+ACD$。

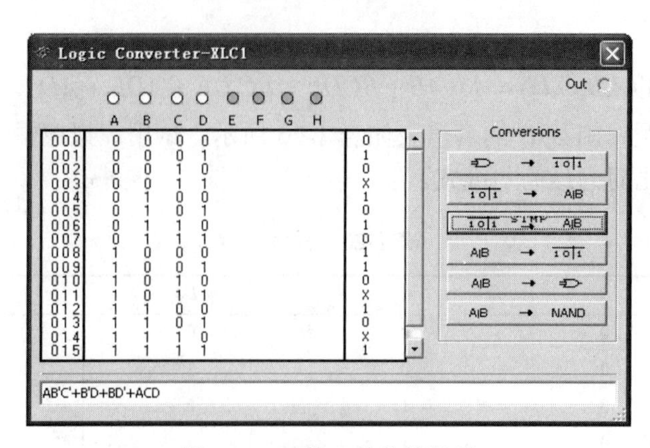

图 1-46　函数 F 的化简结果

总结：从图 1-45 可以看到，利用 Conversions 选项中的六个按钮，可以在逻辑函数的真值表、最小项之和形式的函数式、最简与或式以及逻辑图之间任意进行转换。

2. 逻辑函数的转换

例 1.27　逻辑函数电路图如图 1-47 所示，请用虚拟逻辑转换仪得到其真值表、最小项表达式、最简表达式，并将其转换成与非形式的逻辑图。

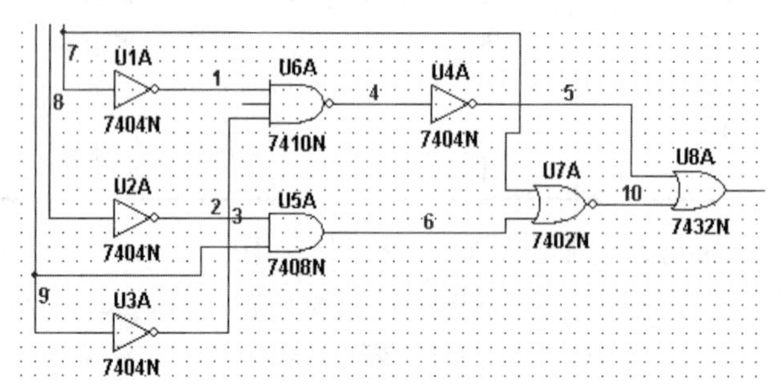

图 1-47　逻辑函数电路图

解：（1）创建数字电路（TTL74 系列门电路），将输入、输出端连接到虚拟逻辑转换仪，如图 1-48 所示。

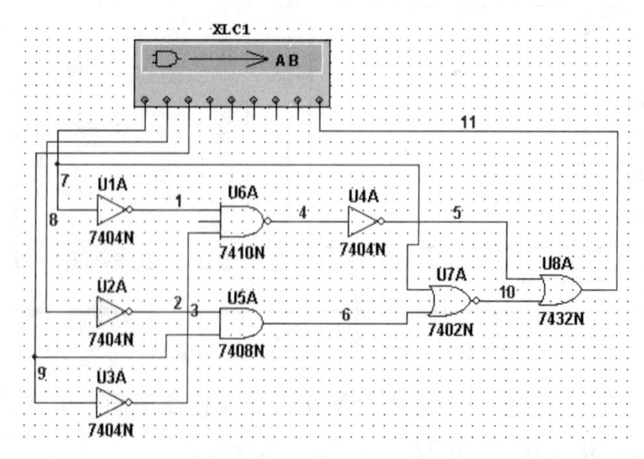

图 1-48　函数逻辑电路图

（2）由逻辑图得到真值表，如图 1-49 所示。

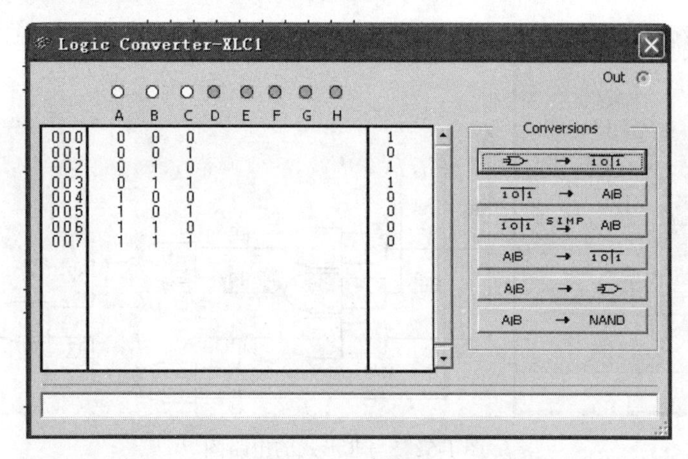

图 1-49　真值表

（3）由真值表得到最小项表达式，如图 1-50 所示。

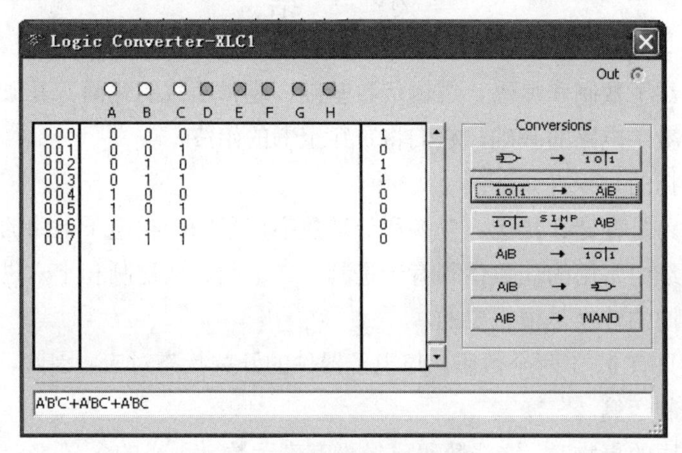

图 1-50　最小项表达式

（4）由真值表得到最简表达式，如图 1-51 所示。

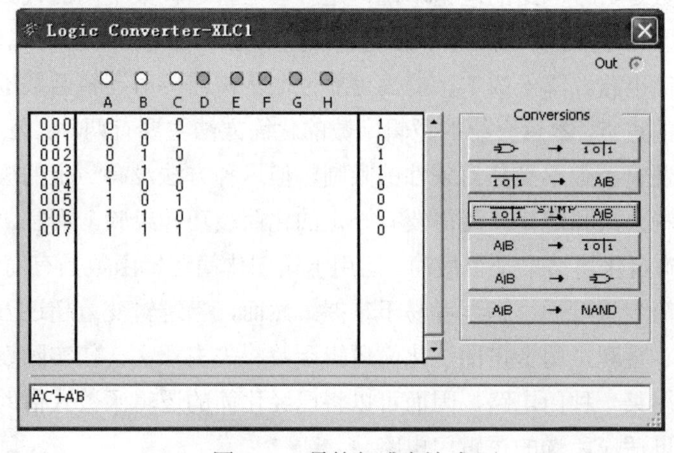

图 1-51　最简与或表达式

（5）得到与非形式的电路图，如图 1-52 所示。

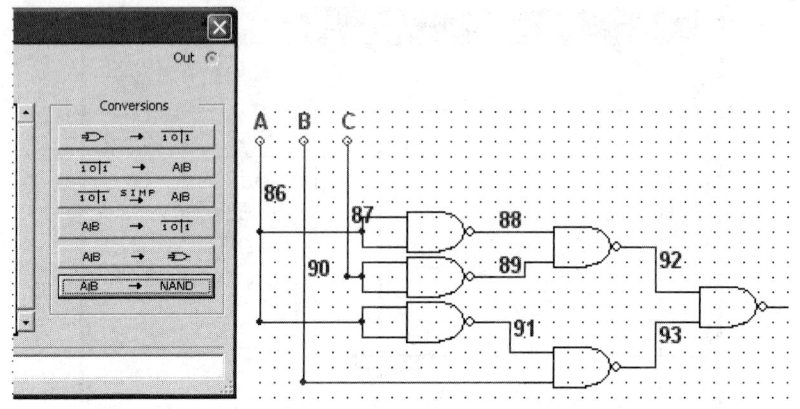

图 1-52　与非形式的电路图

小　　结

本章主要介绍了数制和编码、逻辑代数基础、逻辑函数的化简等基础知识点。这些内容是分析和设计数字电路的基础，它们将贯穿全书的始终。

本章要求掌握的知识点如下：

（1）数字电路是存储、传送、变换和处理数字信息的一类电子电路的总称。

（2）数字系统中常用的计数体制有十进制、二进制、八进制和十六进制，掌握各种数制的构成及相互间的转换是很重要的。

由于二进制只有 **0**、**1** 两个数码，与电子器件的开关状态对应，因此，数字电路的基本运算都采用二进制运算。

数码表示不同的事物时，这些数码已经没有表示数量大小的含义，它们只是一种代码。本章主要介绍了常用的二-十进制代码和可靠性编码及它们的构成规律。

（3）逻辑代数是数字电路的理论基础，是一套与普通代数不同的代数系统。为了分析逻辑电路，进行逻辑运算，要求熟练掌握逻辑代数的基本定律和常用公式以提高运算速度。

（4）为了化简电路，降低成本，提高可靠性，常常需要对逻辑函数进行化简。逻辑函数的化简是本章的重点。本章介绍的逻辑函数的化简方法主要有两种：公式法和卡诺图法。运用公式法化简逻辑函数不受任何条件的限制，但这种方法没有一定的规律可循，化简过程中需要运用各种公式和定律，还需要有一定的化简技巧和经验。而且，当逻辑函数较复杂时，往往无法确定化简结果是否最简。运用卡诺图化简逻辑函数具有简单、直观的优点，而且有一定的化简步骤可循，初学者易于掌握。然而，当逻辑变量超过五个以上时，卡诺图变得不再简单、直观，用卡诺图法化简逻辑函数将失去意义。在实际设计数字系统中，往往不限于只使用某一种门电路，因而可以将已经化简的逻辑函数式借助逻辑代数的某些定律进行变换，以适应所选的逻辑门电路。

习　题

1.1　将下列十进制数分别转换为二进制数、八进制数和十六进制数。

（1）$(69)_{10}$　　（2）$(183.5)_{10}$　　（3）$(927.65)_{10}$

1.2　将下列二进制数、八进制数和十六进制数转换为十进制数。

（1）$(11100101)_2$　　（2）$(1000101.01)_2$　　（3）$(567.6)_8$　　（4）$(172)_8$

（5）$(\mathrm{E3.F})_{16}$　　（6）$(\mathrm{B9F})_{16}$

1.3　将下列二进制数分别转换为八进制数和十六进制数。

（1）$(1101)_2=(\quad)_8=(\quad)_{16}$

（2）$(0.10011)_2=(\quad)_8=(\quad)_{16}$

（3）$(1110010.0110101)_2=(\quad)_8=(\quad)_{16}$

1.4　利用真值表证明下列等式：

（1）$A+B=A\oplus B\oplus(AB)$

（2）$A\bar{B}+\bar{A}B=(\bar{A}+\bar{B})(A+B)$

（3）$A+\overline{\bar{A}(B+C)}=A+\overline{B+C}$

（4）$A(B\oplus C)=(AB)\oplus(AC)$

1.5　在下列各个逻辑函数表达式中，变量 A、B、C 为何值时函数值为 **1**。

（1）$F=AB(A\bar{B}+B\bar{C}+AC)$

（2）$F=ABC+A\bar{B}\bar{C}+\bar{A}\bar{B}C+\bar{A}B\bar{C}$

（3）$F=(A+B+C)(\bar{A}+B+\bar{C})$

（4）$F=AB+BC+AC$

1.6　利用公式和定理证明下列等式。

（1）$ABC+A\bar{B}C+AB\bar{C}=AB+AC$

（2）$\overline{A\oplus B}=A\oplus\bar{B}=\bar{A}\oplus B=\bar{A}\bar{B}+AB$

（3）$ABCD+\bar{A}\bar{B}\bar{C}\bar{D}=\overline{A\bar{B}+B\bar{C}+C\bar{D}+D\bar{A}}$

（4）$\bar{A}C+AB+\bar{B}\bar{C}=A\bar{C}+\bar{A}\bar{B}+BC$

1.7　用公式法将下列函数展开为标准式，要求保持函数类型不变。

（1）$F=A+B\bar{C}+\bar{A}C$

（2）$F=B(A+\bar{C})(A+\bar{B}+C)$

1.8　用公式法将下列函数化简为最简与或式。

（1）$F=\bar{A}\bar{B}C+\bar{A}BC+AB\bar{C}+ABC$

（2）$F=\overline{\bar{A}BC+\bar{B}C\bar{D}+AD+A(\bar{B}+\bar{C}D)}$

（3）$F=AC\bar{D}+AB\bar{D}+BC+\bar{A}CD+ABD$

（4）$F=A(\bar{A}+B)+B(B+C)+B$

（5）$F=\overline{\overline{A\bar{B}+ABC}+A(B+A\bar{B})}$

（6）$F = \overline{ABC + BD(\overline{A} + C) + (B + D)AC}$

1.9　用卡诺图法将下列函数化简为最简与或式。

（1）$F = AB\overline{C}D + A\overline{B}CD + A\overline{B} + A\overline{D} + A\overline{B}C$

（2）$F = \overline{B}\,\overline{C}D + A\overline{B}CD + BC\overline{D} + AB\overline{D} + \overline{A}B\overline{C}$

（3）$F = (\overline{A}\,\overline{B} + B\overline{D})\overline{C} + BD\overline{\overline{A}}\,\overline{\overline{C}} + \overline{D}\,\overline{(\overline{A} + B)}$

1.10　用卡诺图法将下列函数化简为最简与或式。

（1）$F(A,B,C,D) = \sum m(0,2,4,5,7,8)$

（2）$F(A,B,C,D) = \sum m(0,1,4,6,9,13)$

（3）$F(A,B,C,D) = \sum m(0,1,2,5,6,7,8,9,13,14)$

（4）$F(A,B,C,D) = \prod M(1,3,7,8,9,10,14)$

（5）$F(A,B,C,D) = \prod M(1,2,3,6,7,13,14,15)$

1.11　用卡诺图法将下列带约束条件的函数化简为最简与或式。

（1）$F(A,B,C,D) = \sum m(0,2,7,13,15) + \sum d(1,3,4,5,6,8,10)$

（2）$F(A,B,C,D) = \prod M(9,11,12,14) \cdot \prod d(1,3,4,5,6,8,10)$

（3）$F(A,B,C,D) = AB\overline{D} + \overline{A}\,\overline{B}\,\overline{C}\,\overline{D} + \overline{A}\,\overline{B}C$

约束条件：$A \oplus B = \mathbf{0}$

（4）$F(A,B,C,D) = (\overline{B} + C + \overline{D})(\overline{B} + \overline{C} + D)(A + \overline{B} + C + D)$

约束条件: $(B + \overline{D})(B + \overline{C}) = \mathbf{1}$

1.12　写出图 1-53 中各电路图的输出逻辑函数表达式，并列出它们的真值表。

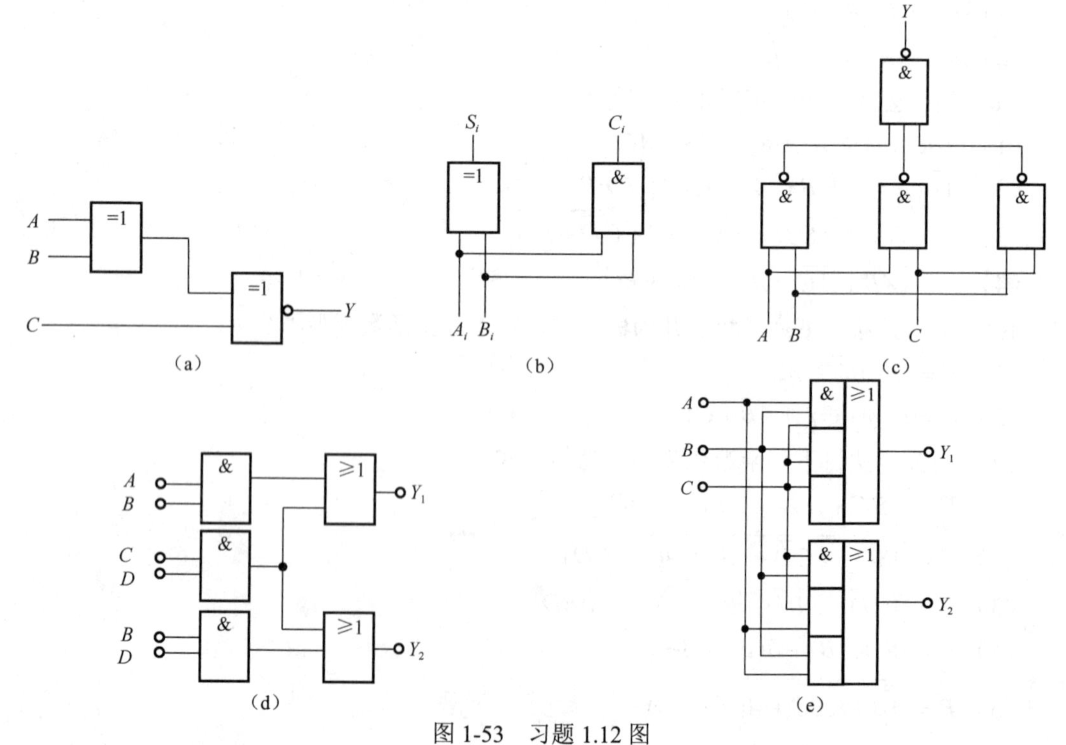

图 1-53　习题 1.12 图

1.13　写出习题 1.8 中各函数的最简与非与非表达式，并画出相应的逻辑电路图。

1.14　写出习题 1.9 中各函数的最简或与表达式，并画出相应的逻辑电路图。

1.15　写出习题 1.11 中各函数的最简或非或非表达式，并画出相应的逻辑电路图。

1.16　写出习题 1.8 中各函数的最简与或非表达式，并画出相应的逻辑电路图。

1.17　用 Multisim 仿真软件，化简下列逻辑函数。

（1）$F=\overline{A}BC+AC+\overline{A}B\overline{C}+A\overline{B}+BC+AB+\overline{A}\,\overline{B}C$

（2）$F=AC+\overline{B}C+B\overline{D}+C\overline{D}+A(B+\overline{C})+\overline{A}BC\overline{D}+A\overline{B}DE$

（3）$F=A\overline{C}+\overline{B}C+\overline{A}C+B\overline{C}+\overline{A}B$

（4）$F=\overline{A}B+AC+\overline{B}\,\overline{C}+A\overline{B}+\overline{A}\,\overline{C}+BC$

1.18　用 Multisim 仿真软件给出下列函数的真值表，并画出逻辑电路图。

（1）$F=A\overline{B}+B\overline{C}+C\overline{A}$

（2）$F=\overline{A\overline{B}+\overline{\overline{A}\,\overline{(B+C)}}(C\oplus D)}$

1.19　用 Multisim 仿真软件，根据真值表（表 1-21），给出最小项表达式，并化简成最简与或表达式。

表 1-21　习题 1.19 真值表

A	B	C	F
0	0	0	1
0	0	1	1
0	1	0	1
0	1	1	0
1	0	0	1
1	0	1	0
1	1	0	0
1	1	1	0

第 2 章　逻辑门电路

逻辑门电路是指能够完成一些基本逻辑功能的电子电路，简称门电路。常用的门电路在逻辑功能上有与门、与非门、或门、非门等几种，它是能够实现基本运算、复合运算的单元电路，也是构成数字电路的基本单元电路。从生产工艺上看，门电路可分为分立元件门电路和集成电路两大类。本章介绍二极管、晶体管和 MOS 场效应晶体管的开关特性，以及由它们构成的典型的分立元件门电路：二极管与门、二极管或门和晶体管非门等；以典型的晶体管-晶体管逻辑（transistor-transistor logic，TTL）与非门电路为例说明电压传输特性，静态输入特性、输出特性及主要的参数等；概述互补金属氧化物半导体（complementary metal-oxide-semiconductor，CMOS）门电路的特点、原理及典型电路；列出集成门电路使用时的一些注意事项。

2.1　概　　述

把若干个有源器件和无源器件及其连线，按照一定的功能要求，制作在同一块半导体基片上，这样的产品称为集成电路。若它完成的功能是逻辑功能或数字功能，则称为逻辑集成电路或数字集成电路。最简单的数字集成电路是集成逻辑门。

数字集成电路按照所用半导体器件的不同可分为两大类：一类是以双极型晶体管为基本元件组成的集成电路，称为双极型数字集成电路，属于这一类的有二极管-晶体管逻辑（diode transistor logic，DTL）、TTL 和射极耦合逻辑（emitter coupled logic，ECL）等电路；另一类是以 MOS 场效应晶体管为基本元件组成的集成电路，称为 MOS 型（或单极型）数字集成电路，属于这一类的有 N 沟道 MOS 集成电路和 CMOS 集成电路。

门电路中用高、低电平表示逻辑状态的 **1** 和 **0**，如图 2-1 所示是门电路获得高、低电平的基本原理。

高、低电平都允许有一定的变化范围。在逻辑电路中用高、低电平表示不同逻辑状态时，有两种定义方法：用 **1** 表示高电平、**0** 表示低电平的称为正逻辑；用 **0** 表示高电平、**1** 表示低电平的称为负逻辑。正、负逻辑的表示法如图 2-2 所示。

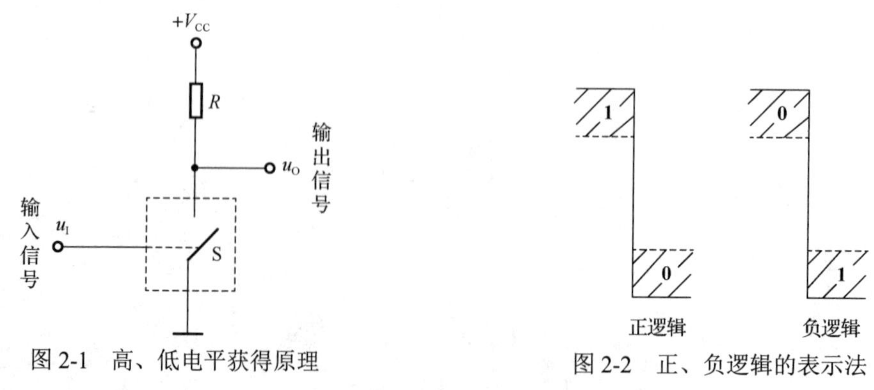

图 2-1　高、低电平获得原理

图 2-2　正、负逻辑的表示法

如无特殊说明，本书一般采用正逻辑表示逻辑状态。

2.2　晶体管的开关特性

在数字电路中，经常将半导体二极管、晶体管和场效应晶体管作为开关元件使用，它们在电路中的工作状态有时导通，有时截止，并能在信号的控制下进行两种状态的转换。这是一种非线性的大信号运用。一个理想的开关，接通时阻抗应为零，断开时阻抗应为无穷大，而这两个状态之间的转换应该是瞬间完成的。但实际上晶体管在导通时具有一定的内阻，而截止时仍有一定的反向电流，又由于其本身具有惰性（如双极型晶体管中存在着势垒电容和扩散电容，场效应晶体管中存在着极间电容），因此两种状态之间的转换需要时间。转换时间的长短反映了该器件开关速度的快慢。

2.2.1　半导体二极管的开关特性

由于二极管具有单向导电性，在数字电路中经常将它作为开关使用。正向导通时，电阻很小，接近短路；反向导通时，电阻很大，接近断路。图 2-3 所示是硅二极管的伏安特性曲线。

1. 导通条件及导通时的特点

由图 2-3 可知，当外加正向电压 U_I 大于导通电压 U_D 时，二极管开始导通。此后，电流 I_D 随着 U_I 的增加而急剧增加。当 U_I=0.7V 时，特性曲线已经很陡，即 I_D 在一定范围内变化，U_I 基本保持在 0.7V 左右。因此在数字电路的分析估算中，常将 U_I >0.7V 看作硅二极管导通的条件。一旦导通，就近似地认为二极管压降保持在 0.7V 不变。如同一个具有 0.7V 压降的闭合了的开关，有时可将 0.7V 压降忽略不计。硅二极管导通时的直流等效电路图如图 2-4 所示。

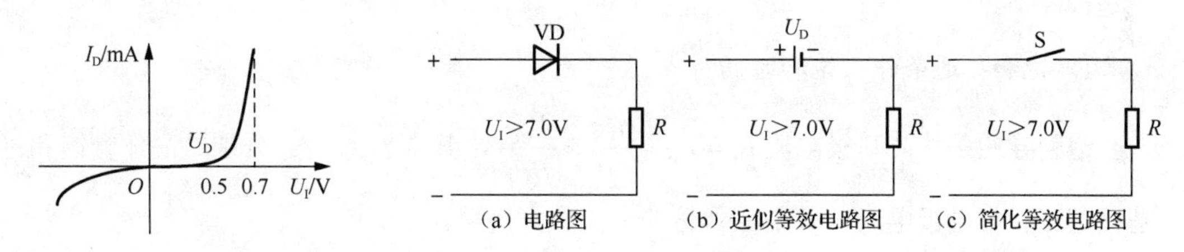

（a）电路图　（b）近似等效电路图　（c）简化等效电路图

图 2-3　硅二极管伏安特性曲线　　图 2-4　硅二极管导通时的直流等效电路图

2. 截止条件及截止时的特点

由图 2-3 可以看出，当外加正向电压 $U_I < U_D$ 时，I_D 已经很小，而且只要 $U_I < U_D$，即使在很大范围内变化，I_D 都很小。因此，在数字电路的分析估算中，常将 $U_I < U_D$=0.7V 看作硅二极管截止的条件。一旦截止，就近似地认为 I_D= 0，如同开关断开。硅二极管截止时的直流等效电路图如图 2-5 所示。

3. 开关时间

在数字电路中，二极管开、关的频率很高，有时在百万次以上，故开关时间是一个重要的概念。

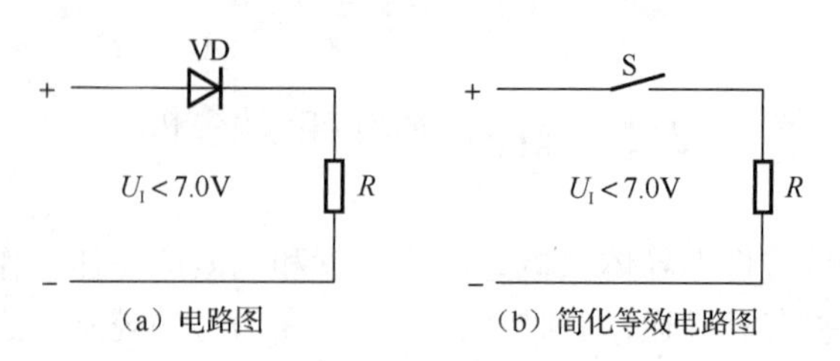

（a）电路图　（b）简化等效电路图

图 2-5　硅二极管截止时的直流等效电路图

二极管由反向截止转换为正向导通所需的时间，一般称为开启时间。因为二极管正向导通时电阻很小，与二极管内 PN 结等效电容并联之后，电容作用不明显，所以转换时间很短，一般可以忽略不计。

二极管由正向导通转换为反向截止所需的时间，一般称为关断时间。二极管反向截止时电阻很大，PN 结等效电容作用明显，充放电时间长，一般二极管的关断时间大约是几纳秒（ns）。

2.2.2　晶体管的开关特性

NPN 型晶体管开关电路图如图 2-6 所示。晶体管能当作开关使用。晶体管有三个工作区：截止区、放大区、饱和区。当工作在饱和区时，管压降很小，接近于短路；当工作在截止区时，反向电流很小，接近于断路。只要晶体管工作在饱和区和截止区，就可以把它看作开关的通、断两个状态。二极管是用其阳极和阴极作为开关的两端接在电路中的，开关的通、断受其两端电压控制；而晶体管（以共射电路为例）是用其集电极和发射极两极作为开关的两端接在电路中的，开关的通、断受基极控制。

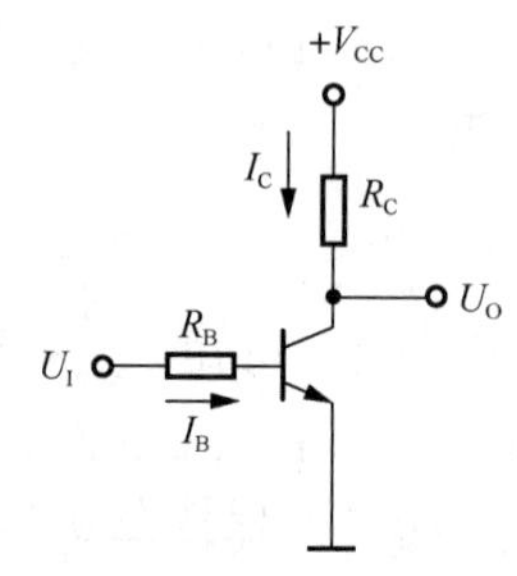

图 2-6　NPN 型晶体管开关电路图

1. 饱和导通条件及饱和时的特点

饱和导通条件：基极电流 $I_B = I_{BS} = \frac{I_{CS}}{\beta} \approx \frac{V_{CC}}{\beta R_C}$，其中 I_{BS}、I_{CS} 分别是晶体管饱和时的基极电流和集电极电流，β 是晶体管的电流放大倍数。

饱和导通时的特点：发射结电压 $U_{BE} \approx 0.7\text{V}$，集电结电压 $U_{CE} = U_{CES} \approx 0.3\text{V}$，其中 U_{CES} 是晶体管处于饱和状态时的集电结电压，称为集电结饱和电压。此时发射结和集电结均为正向偏置；集电极电流 I_C 不再随基极电流 I_B 的增加而增加，集-射极之间如同闭合了的开关。图 2-7（a）为晶体管饱和导通时的直流等效电路图。

2. 截止条件及截止时的特点

截止条件：$U_{BE} < 0.7\text{V}$（硅晶体管发射结导通电压）。

截止时的特点：发射结和集电结均为反向偏置，$I_B \approx 0$，$I_C \approx 0$，集-射极之间如同断开了的开关。图 2-7（b）为晶体管截止时的直流等效电路图。

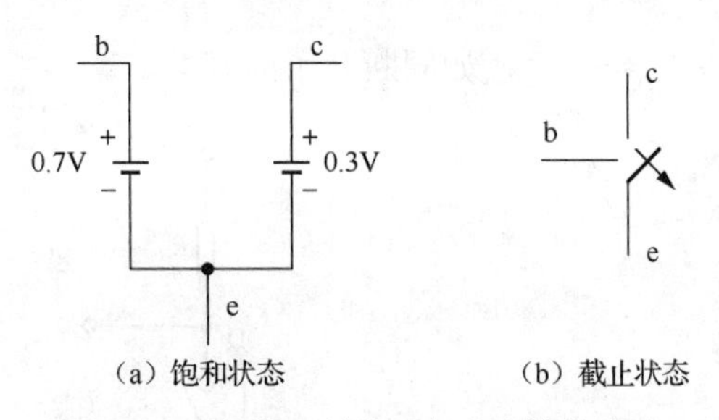

（a）饱和状态　　（b）截止状态

图 2-7　晶体管开关的近似直流等效电路

3. 开关时间

晶体管的开关过程和二极管相似，也需要一定时间。当输入信号跳变时，晶体管由截止到饱和导通所需要的时间称为开启时间，用 t_{on} 表示；由饱和导通到截止所需要的时间称为关断时间，用 t_{off} 表示。

t_{on} 和 t_{off} 一般都在纳秒（ns）数量级，而且 $t_{off} > t_{on}$。t_{off} 与工作时晶体管饱和导通的深度 I_B / I_{BS} 有关，饱和程度越深，t_{off} 越长，反之则越短。加快晶体管开关速度的一项重要措施就是限制晶体管工作时的饱和深度，即减小 I_B / I_{BS}。

2.2.3　MOS 场效应晶体管的开关特性

在数字电路中，将 MOS 场效应晶体管的漏极 D 和源极 S 作为开关的两端接在电路里，开关的通、断受栅极 G 的电压控制。MOS 场效应晶体管也有三个工作区：截止区、非饱和区（也称电阻区）、饱和区（也称恒流区）。MOS 场效应晶体管作为开关使用时，通常是工作在截止区和非饱和区。在数字电路中，用得最多的是 N 沟道增强型 MOS 场效应晶体管和 P 沟道增强型 MOS 场效应晶体管，它们是构成 CMOS 集成电路的基本开关元件。由于 P 沟道增强型 MOS 场效应晶体管和 N 沟道增强型 MOS 场效应晶体管在结构上是对称的，两者的工作原理和特点也无本质区别，只是在 P 沟道增强型 MOS 场效应晶体管中，栅源电压 U_{GS}、漏源电压 U_{DS}、开启电压 U_{TP} 均为负值。下面以 N 沟道增强型 MOS 场效应晶体管为例，说明 MOS 场效应晶体管的开关特性及工作特点。图 2-8 所示为由 N 沟道增强型 MOS 场效应晶体管组成的开关电路。

1. 导通条件和导通时的特点

导通条件：$U_{GS} > U_{GS(th)N}$。

当栅源电压 U_{GS} 大于开启电路电压 $U_{GS(th)N}$ 时，MOS 场效应晶体管导通。在数字电路中，MOS 场效应晶体管导通时，一般都工作于非饱和区（必须 $U_{GS} > U_{GS(th)N} + U_{DS}$），导通电阻 R_{DS} 都为几百欧姆。图 2-9（a）为 N 沟道增强型 MOS 场效应晶体管导通时的等效电路，由图可知，当 MOS 场效应晶体管工作在导通区时，若 $R_{DS} \approx 0$，则 $U_{DS} \approx 0$。

2. 截止条件和截止时的特点

截止条件：$U_{GS} < U_{GS(th)N}$。

当栅源电压 U_{GS} 小于开启电压 $U_{GS(th)N}$ 时，漏源之间没有形成导电沟道，呈高阻状态，阻值一般为 $10^9 \sim 10^{10}\Omega$，MOS 场效应晶体管截止，此时的等效电路如图 2-9（b）所示。由图可知，截止时 $I_{DS} \approx 0$，$U_{DS} \approx V_{DD}$，如同断开了的开关。

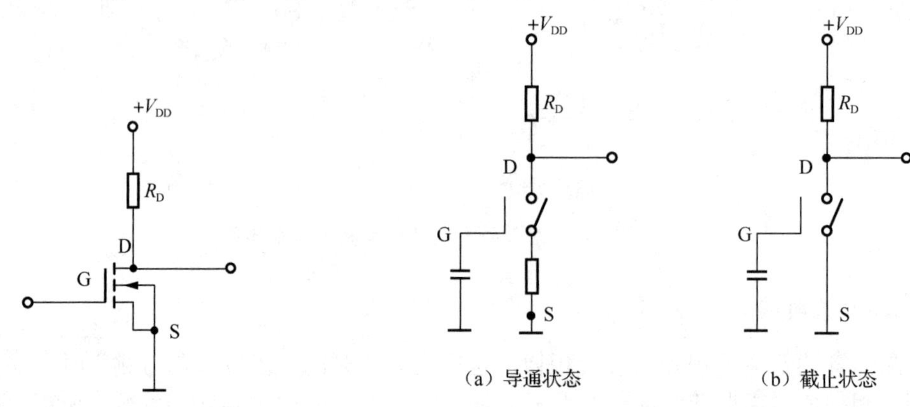

图 2-8　N 沟道增强型 MOS 场效应晶体管开关电路

图 2-9　N 沟道增强型 MOS 场效应晶体管开关近似直流等效电路

3. 开关时间

双极型晶体管由于饱和时有超量存储电荷存在，其开关时间变长；而 MOS 场效应晶体管是单极型器件，它只有一种载流子参与导电，没有超量存储电荷存在，也不存在存储时间，因而 MOS 场效应晶体管本身固有的开关时间是很小的，这与由寄生电容造成的影响相比，完全可以忽略。

布线电容和管子极间电容等寄生电容构成了 MOS 场效应晶体管的输入和输出电容，虽然这些电容很小，但是由于 MOS 场效应晶体管输入电阻很高，导通电阻达几百欧姆，负载的等效电阻也很大，因而输入、输出电容的充放电时间常数较大。MOS 场效应晶体管开关电路的开关时间，主要取决于输入回路和输出回路的电容的充、放电时间。与晶体管开关相比，MOS 场效应晶体管开关的时间要长一些。

2.3　分立元件门电路

逻辑门电路的种类很多，最基本的有与门电路、或门电路和非门电路，它们分别实现逻辑“乘”、逻辑“加”和逻辑“非”；其他的门电路，如与非门电路、或非门电路、与或非门电路等都是由这几种基本的门电路按照不同方式组合而成的。这些门电路最初由电阻器、电容器、二极管、晶体管等一些分立元件组成。目前，随着半导体技术的高速发展，分立元件门电路已由集成电路取代。为了便于对集成门电路的理解，首先介绍分立元件门电路。

2.3.1　二极管与门

与门实现“与”逻辑运算，它是一个多输入、单输出的逻辑电路。用二极管和电阻器组成的二输入端与门电路图如图 2-10 所示。

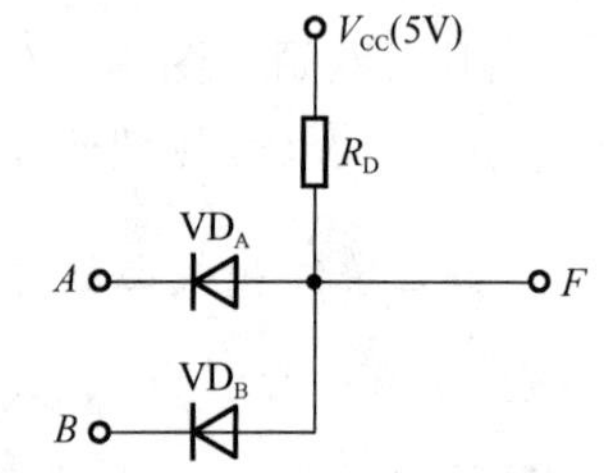

图 2-10　二极管二输入端与门电路图

首先假定二极管导通时相当于短路（即不考虑二极管导通压降和导通电阻），二极管截止时相当于断路（忽略二极管反向电流的影响），并规定：当输入或输出电平为 0V 时，为逻辑 **0**（即低电平为逻辑 **0**）；当输入或输出电平大于或等于 3V 时，为逻辑 **1**（即高电平为逻辑 **1**）。电路有 A、B 两个输入端，有四种不同的输入取值，可分为如下三种情况：

（1）$U_A = U_B = 0V$，即两个输入端均为低电平，此时二极管 VD_A 和 VD_B 均导通，$U_F = U_A = 0V$，输出为低电平。

（2）$U_A = 0V$，$U_B = 3V$，即两个输入端一个为低电平，另一个为高电平。这时 VD_A 抢先导通，使 U_F 的电平被钳制在 0V，由于 $U_B = 3V$，VD_B 处于截止状态，输出仍为低电平。

（3）$U_A = U_B = 3V$，即两个输入端均为高电平。此时由于电源电压 V_{CC} 为 5V，仍高于输入电压，VD_A 和 VD_B 均为正向偏置而导通，$U_F = U_A = 3V$，输出为高电平。

将上述分析情况列于表 2-1 中，可以看出，当输入端有一个或两个为低电平时，输出端为低电平；只有当输入端均为高电平时，输出端才为高电平。这和与门的要求是一致的。另外，若要组成多输入端（输入端大于 2）的与门，只要通过增加输入二极管就能实现。

表 2-1　二极管与门电路的逻辑电平

U_A / V	U_B / V	U_F / V
0	0	0
0	3	0
3	0	0
3	3	3

二极管与门电路虽然简单，但是存在着严重的缺点。首先，输出的高、低电平的值和输入的高、低电平的值不相等，相差一个二极管的导通压降。如果把这个门的输出作为下一级门的输入信号，将发生信号高、低电平的偏移。其次，当输出端对地接上负载电阻时，负载电阻的改变有时会影响输出的高电平。因此，这种二极管与门电路仅用作集成电路内部的逻辑单元，而不用在集成电路的输出端直接驱动负载电路。

2.3.2　二极管或门

图 2-11 所示是由二极管组成的二输入端或门电路。比较图 2-10 和图 2-11 可知，后者二极管的极性和前者接法相反，并采用了负电源。采用与二极管与门类似的分析方法，容易得到表 2-2 所示的结果。由表中结果可知，当输入端有一个或两个为高电平时，输出为高电平；只有当输入端均为低电平时，输出端才为低电平，这和或门的要求是一致的。

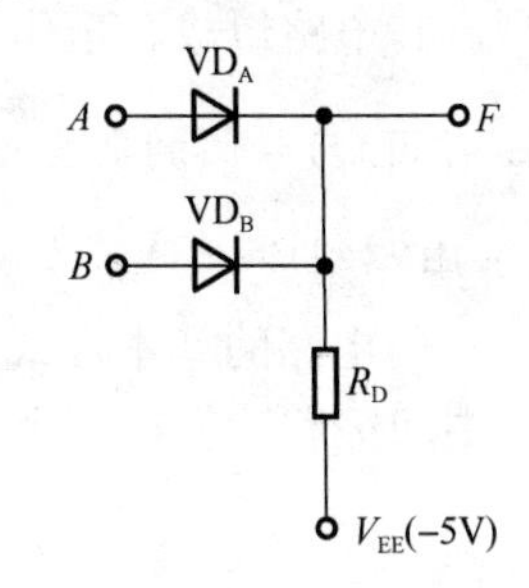

图 2-11　二极管二输入端或门电路图

表 2-2　二极管或门电路的逻辑电平

U_A / V	U_B / V	U_F / V
0	0	0
0	3	3
3	0	3
3	3	3

二极管的或门同样存在着输出电平偏移的问题，所以这种电路结构也只用于集成电路内部的逻辑单元。可见，仅仅用二极管门电路无法制作具有标准化输出电平的集成电路。

2.3.3 晶体管非门

晶体管非门电路图如图 2-12 所示。非门又称反相器，图中采用了 NPN 型晶体管，外接负电源V_{EE}是为了使晶体管可靠截止。下面分析中设晶体管电流放大系数$\beta = 30$。

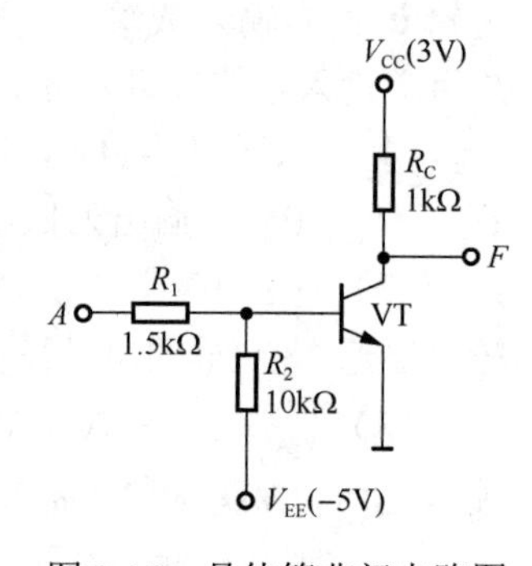

图 2-12 晶体管非门电路图

（1）$U_A = 0V$，此时晶体管基极电位$U_B < 0V$，满足截止条件$U_{BE} < 0.7V$，故晶体管处于截止状态。集电极电流$I_C = 0V$，$U_F = V_{CC} = 3V$，即输出端处于高电平。

（2）$U_A = 3V$，此时晶体管处于饱和状态，因为饱和时$U_B = 0.7V$，基极电流为

$$I_B = \frac{U_A - U_B}{R_1} - \frac{U_B - V_{EE}}{R_2} = \frac{3-0.7}{1.5} - \frac{0.7-(-5)}{10} = 0.96(\text{mA})$$

而晶体管饱和时所需要的最小基极电流为

$$I_{BS} = \frac{I_{CS}}{\beta} - \frac{V_{CC} - U_{CES}}{R_C \beta} = \frac{3-0.3}{1 \times 30} = 0.09(\text{mA})$$

因$I_B > I_{BS}$，从而证明了晶体管确实为饱和状态，则输出端电平$U_F = U_{CES} \approx 0.3V$，即处于低电平。由此可归纳为：入 **0** 出 **1**，入 **1** 出 **0**。

2.4 集成电路逻辑门

2.4.1 TTL 门电路

TTL 门电路属双极型数字集成电路。TTL 门电路的种类很多，其中 TTL 与非门电路较为典型，其电路组成、工作原理及电气特性等，在 TTL 集成电路中具有代表性。

1. TTL 与非门的典型电路

1）电路组成

TTL 门电路的基本形式是与非门，其典型电路图如图 2-13 所示，它在结构上可分为输入级、中间级和输出级三个部分。

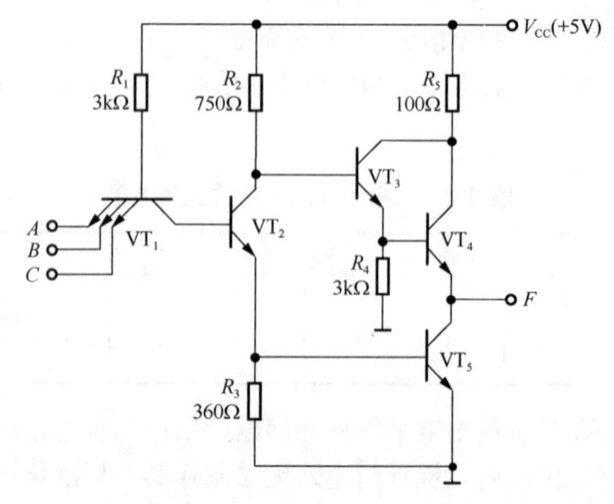

图 2-13 TTL 与非门典型电路图

（1）输入级：由多发射极晶体管 VT_1 和电阻 R_1 组成，完成逻辑上的“与”。

（2）中间级：由 VT_2、R_2、R_3 组成。由于 VT_2 的集电极和发射极为 VT_3、VT_5 提供了两个相位相反的信号，这级又称倒相级。

（3）输出级：由 VT_3、VT_4、VT_5、R_4、R_5 组成。其中，VT_5 为反相器，VT_3、VT_4 组成的复合管是 VT_5 的有源负载，完成逻辑上的“非”。输出级采用的推挽结构，使 VT_4、VT_5 轮流导通，输出阻抗较低，有利于改善电路的波形，提高电路的负载能力。

2）工作原理

（1）当输入端中任一端为低电平（0.3V），如 $U_A = 0.3V(A = \mathbf{0})$，$U_B = U_C = 3.6V$ $(B = C = \mathbf{1})$ 时，VT_1 的 b_1e_A 发射结优先导通，VT_1 基极电压 U_{b1} 被钳位在

$$U_{b1} = U_A + U_{Be1} = 0.3 + 0.7 = 1\,(V)$$

该电压不足以使 VT_1 集电结、VT_2、VT_5 导通，因此 VT_1 集电结、VT_2、VT_5 截止。

因为 $U_{R5} = I_{e3}R_5 >> U_{R2} = I_{b3}R_2$，$U_{R2}$ 被忽略，所以 VT_3 基极电压为 $U_{b3} \approx U_{CC} = 5V$。因此可求得输出电压 U_F 为

$$U_F = U_{b3} - U_{be3} - U_{be4} = 5 - 0.7 - 0.7 = 3.6(V)$$

这时电路输出为高电平 3.6V（F=**1**），符合与非门“有 **0** 出 **1**”的逻辑关系。

（2）当输入端全部接高电平（3.6V）或悬空时，即 $U_A = U_B = U_C = 3.6V(A = B = C = \mathbf{1})$，粗看似乎 VT_1 的三个 e 结都正偏，$U_{b1} = 4.3V$，但因为 VT_1 的 c 结、VT_2、VT_5 导通饱和的电压是 2.1V，故 VT_1 的 U_{b1} 被钳位在 2.1V 上，于是 VT_1 的三个 e 结都反偏截止。电源 V_{CC} 通过 R_1、VT_1 的 c 结向 VT_2、VT_5 提供基流，使 VT_2、VT_5 导通饱和，输出电压 U_F 为

$$U_F = U_{CES5} = 0.3\text{（V）}$$

所以，$U_{b4} = U_{e4}$，VT_4 处于零偏截止状态，致使 $I_{c4} \approx 0$，意味着 VT_5 处于深度饱和状态，允许灌入的负载电流较大，在十几 mA 以上。

这时电路输出为低电平 0.3V（F=**0**），符合与非门“全 **1** 出 **0**”的逻辑关系。

2. TTL 与非门的电压传输特性

电压传输特性是指输出电压 u_O 随输入电压 u_I 变化而变化的规律，即 $u_O = f(u_I)$，它是静态特性。

1）特性曲线

在图 2-14（a）所示的测试电路中，输入端 A 接可调直流电压 u_I，其余输入端均接高电平。当 u_I 由 0 渐增时，可测出相应的输出电压 u_O 的值，绘成的曲线就是与非门的电压传输特性曲线，如图 2-14（b）所示。

现将电压传输特性曲线分为以下四部分讨论：

（1）AB 段（截止区）：$0 \leqslant u_I \leqslant 0.6V$，$u_O = 3.6V$。

（2）BC 段（线性区）：$0.6V \leqslant u_I < 1.3V$，$u_O$ 线性下降。

（3）CD 段（转折区）：$1.3V \leqslant u_I < 1.5V$，$u_O$ 急剧下降。

（4）DE 段（饱和区）：$u_I \geqslant 1.5V$，$u_O = 0.3V$。

2）主要参数

当给定 TTL 与非门的电压传输特性时，从中可以确定该门电路的几个重要参数。

（1）输出高电平 U_{OH} 和输出低电平 U_{OL}。电压传输特性曲线上截止区的输出电压为

U_{OH}，饱和区的输出电压为U_{OL}。U_{OH}的典型值为3.6V，U_{OL}的典型值为0.3V。考虑元件参数的差异及实际使用时的情况，本书规定高、低电平的额定值为U_{OH}=3V、U_{OL}=0.35V。

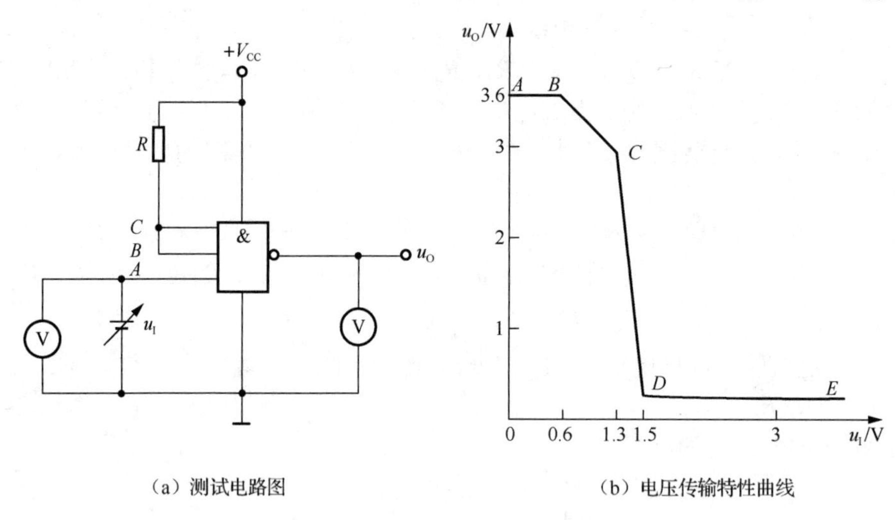

（a）测试电路图　　（b）电压传输特性曲线

图 2-14　TTL 与非门电压传输特性

（2）阈值电压U_{TH}。电压传输特性曲线的转折区所对应的输入电压，既是决定VT_5截止和导通的分界线，又是决定输出高、低电平的分界线。通常把转折区中间那一点所对应的输入电压，定义为阈值电压（或门槛电压），以U_{TH}表示。在图2-14（b）中，$U_{TH} \approx 1.4V$。

U_{TH}是一个很重要的参数。在近似分析估算中，常把它作为决定TTL与非门工作状态的关键值，当$U_I > U_{TH}$时，认为与非门导通（开态），输出为低电平U_{OL}；当$U_I < U_{TH}$时，认为与非门截止（关态），输出为高电平U_{OH}。

（3）关门电平U_{OFF}和开门电平U_{ON}。在保证输出电压$U_{OH} = 2.7V$（即额定高电平的90%）的条件下，将允许的最大输入低电平称为关门电平U_{OFF}。

在保证输出电压$U_{OL} = 0.35V$（额定低电平）的条件下，将允许的最小输入高电平称为开门电平U_{ON}。

U_{OFF}和U_{ON}是很重要的参数，它们反映了电路的抗干扰能力。一般情况下，$U_{OFF} \geqslant 0.8V$，$U_{ON} \leqslant 1.8V$。

（4）抗干扰能力（又称噪声容限）。抗干扰能力是保证与非门在输出状态不变的情况下，允许输入电压偏离规定值的极限，一般以噪声容限值来定量说明。

① 低电平噪声容限U_{NL}。当输入u_I为低电平时，输入u_O应该为高电平。如果此时输入端引入了一个正向干扰电压，使$u_I > U_{OFF}$，就不能保证输出为高电平了。U_{NL}就是为保证与非门输出仍为高电平时，输入端允许叠加的一个“最大正向干扰电压”。由电压传输特性曲线可得

$$U_{NL} = U_{OFF} - U_{IL} = 0.8 - 0.3 = 0.5(V)$$

② 高电平噪声容限U_{NH}。同理，U_{NH}就是为保证与非门输出仍为低电平时，输入端所允许叠加的一个“最大负向干扰电压”。由电压传输特性曲线可得

$$U_{NH} = U_{IH} - U_{ON} = 3.6 - 1.8 = 1.8(V)$$

显然，高电平抗干扰能力比低电平抗干扰能力强。为了提高器件的抗干扰能力，要求

U_{NL} 与 U_{NH} 尽可能地接近，即尽可能地提高 U_{NL} 。

3．TTL 与非门静态输入特性

1）输入特性

输入特性是指与非门输入电压 u_I 和输入电流 i_I 的关系曲线，即 $i_I = f(u_I)$，也称输入伏安特性。典型的测试电路图如图 2-15（a）所示，输入特性曲线如图 2-15（b）所示。

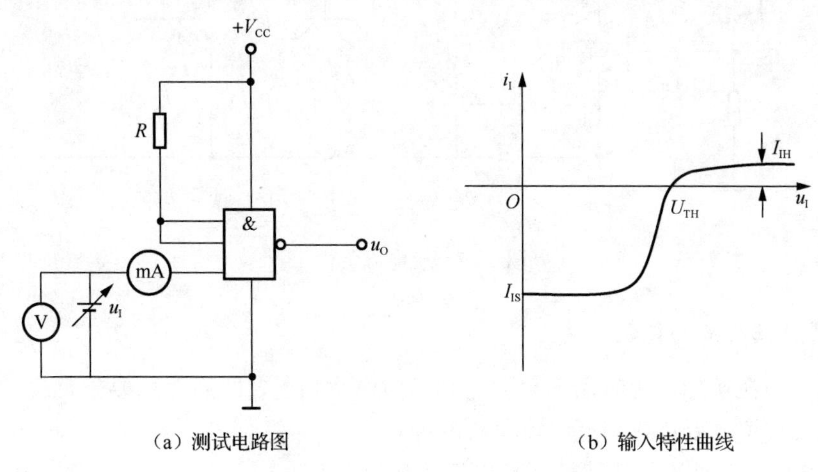

（a）测试电路图　　（b）输入特性曲线

图 2-15　TTL 与非门的输入特性

2）主要参数

由输入特性曲线可得如下主要参数：

（1）输入短路电流 I_{IS} 。I_{IS} 表示当任何输入端接地时流经这个输入端的电流，如图 2-16 所示。

在输入特性曲线上，它对应于 $u_I = 0$ 的输入电流。因为这个电流是从输入端流出的，所以在特性曲线上为负值。由图 2-16 可得

$$I_{IS} = \frac{V_{CC} - U_{be1}}{R_1} = \frac{5-0.7}{3} \approx 1.4(\text{mA})$$

当此与非门是由前级门驱动时，I_{IS} 就是流入前级与非门 VT_5 管（见图 2-13）的灌流之一，是前级门的灌流负载。I_{IS} 的大小将直接影响前级与非门的工作情况，因此对 I_{IS} 要有一个限制，如 $I_{IS} < 2\text{mA}$ 。

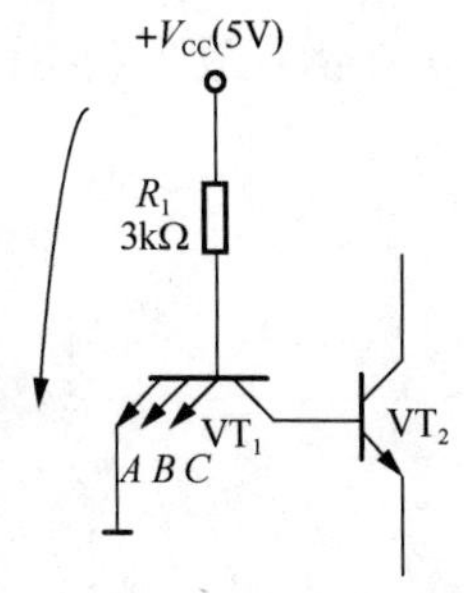

图 2-16　I_{IS} 的定义

（2）输入漏电流 I_{IH} 。当任何一个输入端接高电平时，其对应的 VT_1 管 e 结都处于截止状态，这时流经此 e 结的反向电流称为输入漏电流 I_{IH} 。在输入特性曲线上，相当于 $u_I > U_T$（即输入为高电平）部分的电流值。因为此电流是流入门电路的，所以为正值。

当此与非门是由前级门驱动，且前级门的输出为高电平时，I_{IH} 就是前级门的拉电流负载，如图 2-17 所示。显然，I_{IH} 越大，前级门输出级的负载就越重。为此对 I_{IH} 要有一个限制，如 $I_{IH} < 50\mu\text{A}$ 。I_{IH} 是 TTL 与非门特有的参数。

I_{IS} 和 I_{IH} 都是 TTL 与非门的重要参数，它们是估算前级门带负载能力的依据之一。

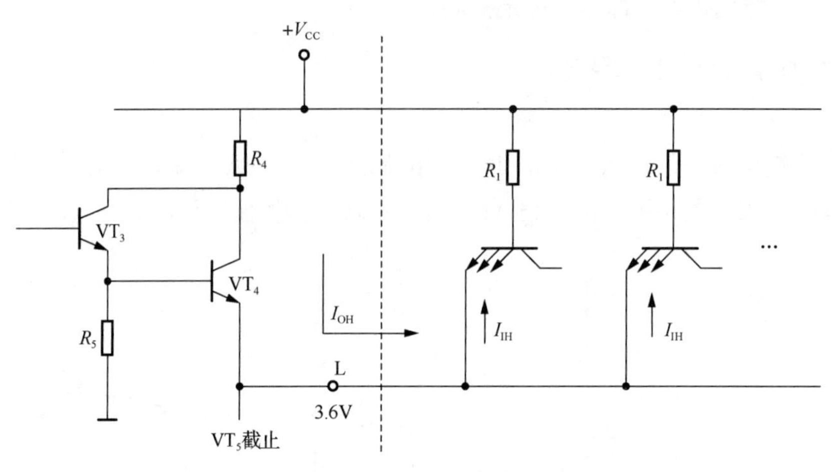

图 2-17　拉电流负载

4. 负载特性及主要参数

TTL 与非门在实际应用时后面总要与其他门电路相连，即后面总要带负载。TTL 与非门所带的负载有拉电流负载和灌电流负载两种。

1）输出高电平时的负载特性（拉电流负载特性）

当 TTL 与非门输出为高电平时，它向负载提供电流，相当于负载从与非门中拉出电流，此负载称为拉电流负载，如图 2-17 所示。图中拉电流 $I_{OH}=NI_{IH}$，式中 N 为所带同类型负载门的个数。显然负载 R_L 越小，拉电流 I_{OH} 就越大，前级门输出的高电平 U_{OH} 也就越低，原因如下：$I_{OH}\uparrow\to U_{R4}\uparrow\to U_{C3}\downarrow\to$ VT_3 饱和 $\to\beta_3\downarrow\to$ VT_3、VT_4 射极跟随器的输出电阻 $R_O\uparrow\to U_{OH}\downarrow$。为了保证前级门的输出仍为高电平，$I_{OH}$ 不能太大。一般将输出高电平降到 $U_{OH}=2.7V$ 时的拉电流定为最大拉流 I_{OHMAX}。实际应用时拉电流约取 3mA。

拉电流负载可能有两种情况：①当与非门输入端 A 接高电平，B、C 接地时［图 2-18（a)]。A 相对于 B、C 来讲，分别组成 NPN 寄生晶体管，这时，流过 A 端的电流 I_{IH} 就是来自前级的拉流 I_{OH}。②当与非门输入端全为高电平时［图 2-18（b)]。这时多发射极管工作在倒置放大状态，$I_{c1}=I_{b1}+I_{e1}$。I_{e1} 就是来自前级的 I_{OH}，它是流过后级各输入端的 I_{IH} 之和。

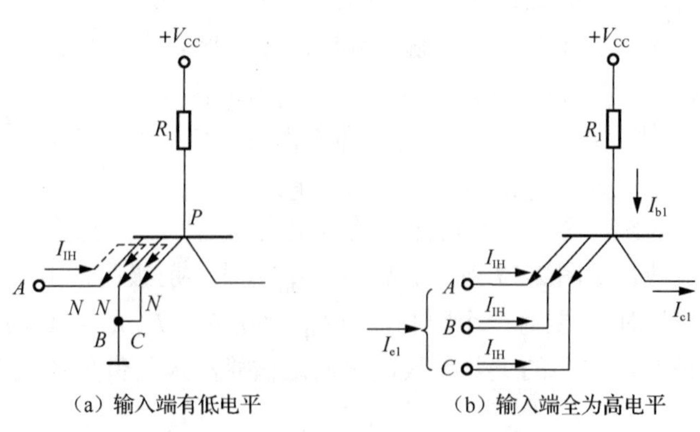

（a）输入端有低电平　　（b）输入端全为高电平

图 2-18　I_{IH} 的产生

2）输出低电平时的负载特性（灌电流负载特性）

当 TTL 与非门输出为低电平时，负载电流可以灌入 TTL 与非门的 VT_5 管（见图 2-13），此负载称为灌电流负载，如图 2-19 所示。图中灌流 $I_{OL} = NI_{IS}$，式中 N 为所带同类型负载门的个数。显然，负载 R_L 越小，灌入前级 VT_5 管的灌电流 I_{OL} 就越大，VT_5 管饱和的程度就会变浅，前级门输出的低电平 U_{OL} 也就越高。为了保证前级门的输出仍为低电平，对 I_{OL} 也有一个限制。一般将输出低电平 $U_{OL} = 0.35V$ 时的灌电流定为最大灌电流 I_{OLMAX}。由于 TTL 与非门采用推拉式输出，当输出为低电平时，VT_4 的截止使 $I_{c5} \approx 0$，VT_5 处于深饱和状态，允许灌入的负载电流较大，在十几 mA 以上，因此 TTL 与非门带灌电流负载的能力要比带拉电流负载的能力强。

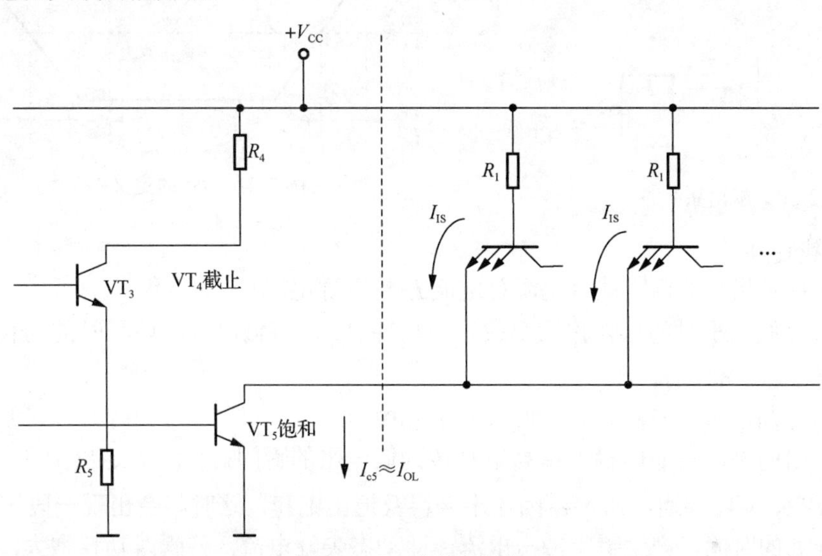

图 2-19　灌电流负载

3）主要参数：扇出系数 N_0

扇出系数 N_0 是指一个与非门能够驱动同类型与非门的最大数目，如图 2-20 所示。它是衡量门电路带负载能力的一个重要参数。因为驱动同类型与非门时最大电流是发生在输出低电平带灌流负载的情况下，且 $I_{OL} = N_0 I_{IS}$，故可求出

$$N_0 = \frac{I_{OL}}{I_{IS}} \tag{2-1}$$

一般取 $N_0 = 8 \sim 10$。

5. 其他参数

1）平均传输延迟时间 t_{pd}

平均传输延迟时间是衡量门电路开关速度的重要指标。当与非门输入电压 u_I 为方波时（图 2-21）（注：输入信号的跳变沿总可能有上升或下降时间），其输出电压 u_O 会对输入 u_I 有一定时间的延迟。一般将 u_I 上升沿的中点到 u_O 下降沿的中点之间的时间延迟称为导通延迟时间 t_{p1}。将 u_I 下降沿的中点到 u_O 上升沿的中点之间的时间延迟称为截止延迟时间 t_{p2}，如图 2-21 所示。平均传输延迟时间定义为

$$t_{pd} = \frac{1}{2}(t_{p1} + t_{p2})$$

t_{pd} 的典型值约为 10～40ns。

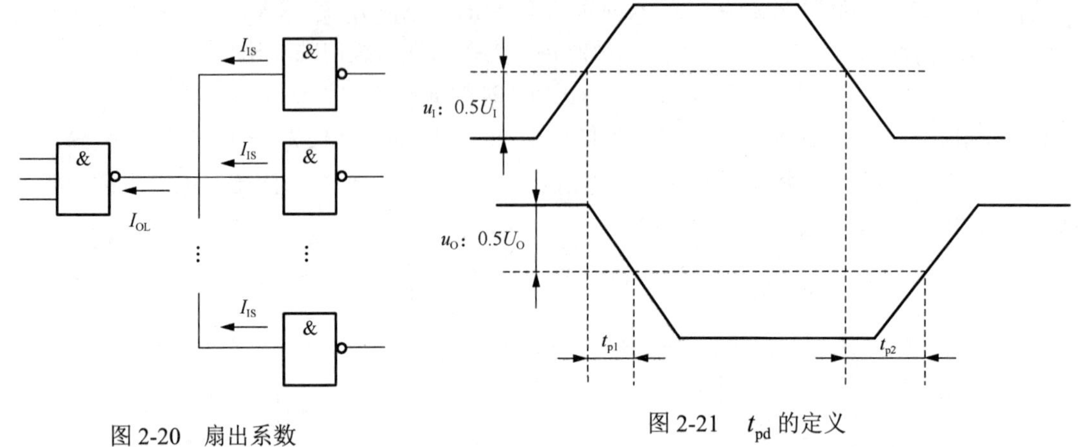

图 2-20　扇出系数

图 2-21　t_{pd} 的定义

2）空载功耗

空载功耗是指与非门空载时电源总电流 I_C 与电源电压 V_{CC} 的乘积。

将输出为低电平时的功耗称为空载导通功耗 P_{ON}，将输出为高电平时的功耗称为空载截止功耗 P_{OFF}，一般 $P_{ON} > P_{OFF}$。

TTL 与非门电路的空载功耗一般为几十 mW。

需要指出的是，与非门输入由高电平转为低电平的瞬间，VT_2 先退出饱和，使 U_{C2} 上升，引起 VT_3、VT_4 导通，而 VT_5 因还未来得及退出饱和，这时将会出现一段 VT_3、VT_4、VT_5 同时导通的时间，产生瞬间冲击电流，即动态尖峰电流，使瞬时功耗增大，因此在实际使用时要留有一定的余量。

2.4.2　CMOS 门电路

1. 概述

MOS 场效应晶体管有 N 沟道型和 P 沟道型两种，且有增强型和耗尽型之分。如果将导电极性相反的 N、P 增强型 MOS 场效应晶体管制作在同一块芯片上，构成的门电路就称为互补对称 MOS 门电路，简称 CMOS 门电路。因为在 N 沟道增强型 MOS 场效应晶体管、P 沟道增强型 MOS 场效应晶体管和 CMOS 三种门电路中，CMOS 门电路的工作速度快、功耗低、性能优越，所以近年来发展迅速，应用广泛。通用逻辑门电路，一般均采用 CMOS 门电路。CMOS 门电路还比较适合制作大规模集成器件，如移位寄存器、存储器、微处理器及微型计算机系统中常用的接口器件等。

与双极型（TTL）集成电路相比，CMOS 门电路具有如下特点：制造工艺较简单，集成度和成品率较高；功耗低；电源电压范围宽；输入阻抗高，扇出系数大；抗干扰能力强；当配备适当的缓冲器后，能与现有的大多数逻辑电路兼容。

CMOS 门电路的不足之处是工作速度比 TTL 门电路低，且功耗随频率的升高而显著增大。

在 CMOS 门电路中一律采用增强型 MOS 场效应晶体管，N 沟道增强型和 P 沟道增强型的符号及转移特性曲线，如图 2-22 所示。

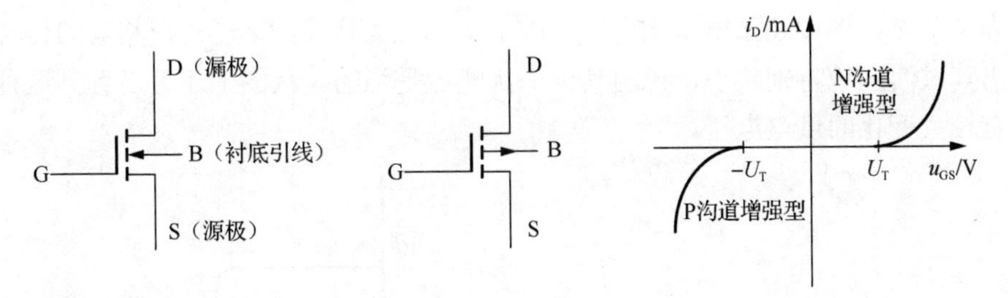

（a）N沟道符号（增强型）　（b）P沟道符号（增强型）　（c）转移特性曲线

图 2-22　N 沟道和 P 沟道增强型 MOS 场效应晶体管的符号及转移特性曲线

由转移特性曲线可以看出：

NMOS 增强型，当 $u_{GS} > U_T$ 时，管子导通；当 $u_{GS} < U_T$ 时，管子截止。

PMOS 增强型，当 $u_{GS} < -U_T$ 时，管子导通；当 $u_{GS} > -U_T$ 时，管子截止。

其中，U_T 是管子的开启电压。

一般情况下，为保证 MOS 场效应晶体管衬底与沟道恒受反偏，N 沟道增强型 MOS 场效应晶体管衬底应接电路中的最低电位，如接地，或接 $-V_{SS}$。P 沟道增强型 MOS 场效应晶体管衬底应接电路中的最高电位，如接 $+V_{DD}$。

2. CMOS 反相器

CMOS 反相器的电路图如图 2-23 所示。图中，两管的栅极 G 相连，作为反相器的输入端；漏极 D 相连，作为反相器的输出端。V_P 的源极 S 接电源 V_{DD} 的正极，V_N 的源极 S 接地。V_N 是放大管，V_P 是负载管。为使电路正常工作，要求电源电压大于两管开启电压的绝对值之和，即 $+V_{DD} > |U_{V_P}| + U_{V_N}$。

下面讨论电路的工作情况。

设 $+V_{DD} = +10V$，V_N、V_P 的开启电压各为 $U_{V_N} = +2V$，$U_{V_P} = -2V$。

（1）当 $0V \leqslant u_I < +2V$，即 u_I 为逻辑 **0** 时：V_N 管的 $u_{GS} = u_I < U_{V_N} = +2V$，$V_N$ 截止；V_P 管的 $u_{GS} = (u_I - U_{DD}) < U_{V_P} = -2V$，$V_P$ 导通。电路输出为高电平，$u_O \approx +V_{DD} = +10V$，即 u_O 为逻辑 **1**，符合输出与输入反相（输出近似于电源电压这一特点是 TTL 电路所不及的），这时无电流流过，$i_D \approx 0$，静态功耗很小。

（2）当 $+8V < u_I \leqslant +10V$，即 u_I 为逻辑 **1** 时：V_N 的 $u_{GS} > U_{V_N}$，V_N 导通；V_P 的 $u_{GS} > U_{V_P}$，V_P 截止。电路输出为低电平，$u_O \approx 0V$，即 u_O 为逻辑 **0**，仍符合输出与输入反相。同样，$i_D \approx 0$，静态功耗很小。

（3）当 $+2V \leqslant u_I \leqslant +8V$ 时，V_N、V_P 均导通，输出 u_O 由高电平+10V 向低电平 0V 过渡，电路中有电流 i_D 流过，且在 $u_I = +V_{DD}/2$ 时，i_D 的值最大，其间动态功耗较大。

图 2-24 所示是 CMOS 反相器典型的电压传输特性曲线。由图可知，传输特性比较陡峭，即两管均导通的过渡期很短，说明 CMOS 反相器虽有动态功耗，但其平均功耗仍远低于其他任何一种逻辑电路，这是 CMOS 门电路最突出的优点。另外，如果把 U_{V_N} 和 U_{V_P} 的

值做得越接近 $+V_{DD}/2$，则输出稳定在逻辑 **1** 和逻辑 **0** 的区域就越大，过渡区域和 i_D 的最大值就越小，这就意味着 CMOS 门电路有着较宽的抗干扰容限和较小的平均功耗，它的阈值电压为 $V_{DD}/2$。图中还画出了 $+V_{DD}=+5V$，$U_V=\pm2.3V$ 的 CMOS 反相器的传输特性，可以看出其过渡区域特别狭小，说明其抗干扰能力是强的。从图上还可以看到这种电路可以适应有较大变化的供电电压。

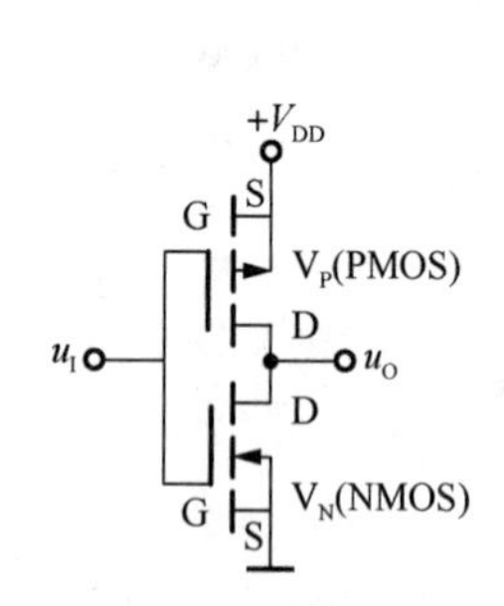

图 2-23　CMOS 反相器的电路图

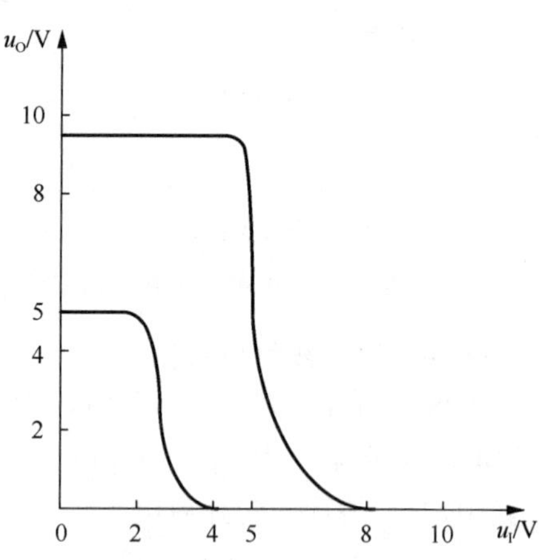

图 2-24　CMOS 反相器的电压传输特性曲线

3. CMOS 门电路举例

1）CMOS 与非门

两输入端 CMOS 与非门电路是由两个 CMOS 反相器构成的，其中 V_{N1} 与 V_{N2} 串联，V_{P1} 与 V_{P2} 并联，如图 2-25 所示。电路的工作原理如下：

（1）当输入 A=B=**1** 时，V_{N1}、V_{N2} 导通，V_{P1}、V_{P2} 截止，输出 F=**0**，即全 **1** 出 **0**。

（2）当输入 A 或 B 中有一个为 **0** 时，总会有一个 V_N 截止，一个 V_P 导通，输出 F=**1**，即有 **0** 出 **1**。

电路符合与非门的逻辑关系：$F=\overline{A\cdot B}$。

2）CMOS 或非门

两输入端或非门电路如图 2-26 所示。其中 V_{P1} 与 V_{P2} 串联，V_{N1} 与 V_{N2} 并联。

（1）当输入 A=B=**0** 时，V_{N1}、V_{N2} 截止，V_{P1}、V_{P2} 导通，输出 F=**1**，即全 **0** 出 **1**。

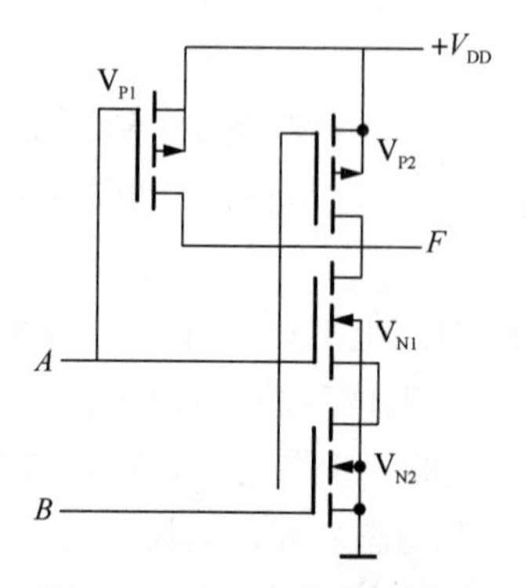

图 2-25　CMOS 与非门电路

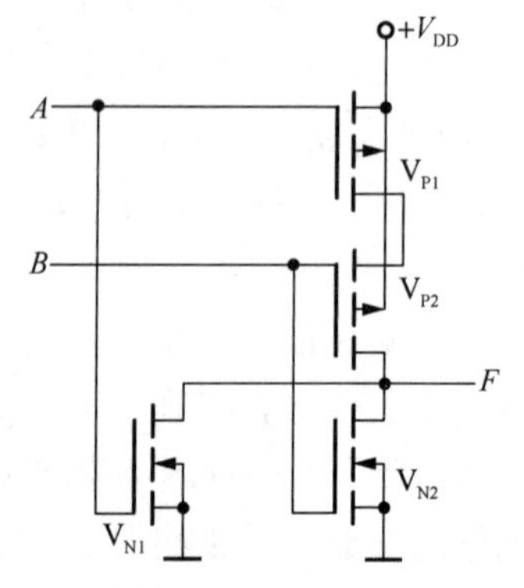

图 2-26　CMOS 或非门电路

（2）当输入 A 或 B 中有一个为 **1** 时，总会有一个 V_N 导通，一个 V_P 截止，输出 F=**0**，即有 **1** 出 **0**。

电路符合或非门的逻辑关系：$F = \overline{A+B}$。

3）CMOS 传输门

CMOS 传输门的逻辑符号为 TG。TG 是 CMOS 集成电路的基本单元，当它与反相器结合时可以传输模拟信号。当将许多传输门集成于同一块芯片上时，可做成多路模拟开关。模拟开关被广泛应用于采样-保持电路、斩波电路，模数和数模转换电路等。

（1）电路结构。CMOS 传输门的电路图如图 2-27（a）所示，图 2-27（b）是其逻辑符号。图中，V_P 和 V_N 的源极、漏极并联，V_P 的栅极接控制端 $\overline{C}$，V_N 的栅极接控制端 C。控制端信号 u_C 为一矩形脉冲，u_C 的高电平为 $+V_{DD}$，低电平为 **0**。另外，V_P 的衬底接 $+V_{DD}$，V_N 的衬底接地（或接 $-V_{ss}$）。输入信号 u_I 的变化范围不超过 $0 \sim +V_{DD}$。

（2）工作原理。设 $+V_{DD} = +10V$，V_N 和 V_P 的开启电压各为 $U_{V_N} = +2V$，$U_{V_P} = -2V$。

① 当 $u_C = 0V$，$\overline{u_C} = +10V$（C=**0**，$\overline{C}$=**1**）时，u_I 在 0 ～ +10V 间变化，V_N、V_P 均为反偏截止，u_I 不能传输到输出端，相当于开关的断开，即传输门截止。

② 当 $u_C = +10V$，$\overline{u_C} = 0V$（C=**1**，$\overline{C}$=**0**）时：因为 MOS 场效应晶体管的结构对称，源极和漏极可以互换使用，则有 $u_{GSN} = u_C - u_I = +10V - u_I$，$u_{GSP} = \overline{u_C} - u_I = 0V - u_I$。

由此可知，V_N 在 $0V \leqslant u_I \leqslant +8V$ 导通，V_P 在 $+2V \leqslant u_I \leqslant +10V$ 导通。即 u_I 在 0～+10V 间变化时，V_N、V_P 中至少有一个是导通的。若忽略其导通时的管压降，则 $u_O \approx u_I$，相当于开关的接通，即传输门导通。传输门的导通电阻近似为一常数，约数百欧姆。

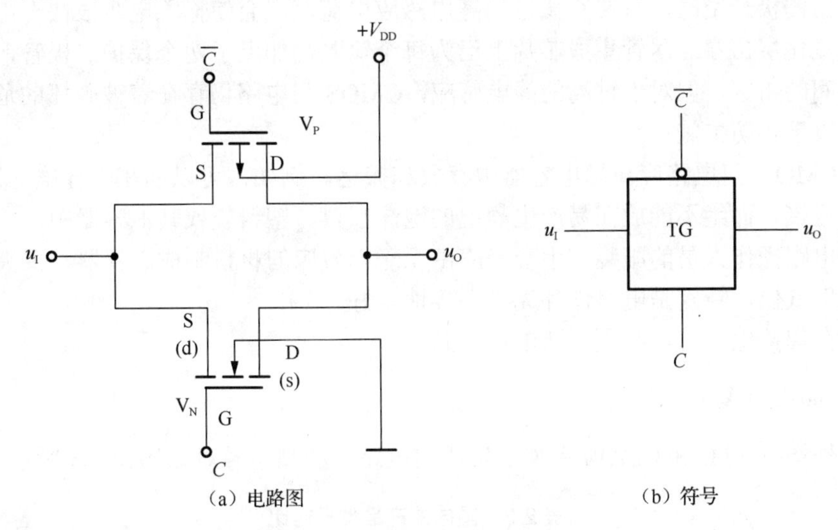

（a）电路图　　（b）符号

图 2-27 CMOS 传输门的电路图和符号

4. CMOS 门电路的特点

（1）CMOS 门电路的工作速度比 TTL 门电路低。

（2）CMOS 门电路带负载的能力比 TTL 门电路强。

（3）CMOS 门电路的电源电压允许范围较大，在 3 ～ 18V，抗干扰能力比 TTL 门电路强。

（4）CMOS 门电路的功耗比 TTL 电路小得多。门电路的功耗只有几个 μW，中规模集成电路的功耗也不超过 100μW。

（5）CMOS 门电路的集成度比 TTL 门电路高。

（6）CMOS 门路适合在特殊环境下工作。

（7）CMOS 门电路容易受静电感应而击穿，在使用和存放时应注意静电屏蔽，焊接时电烙铁应接地良好，多余不用的输入端不能悬空，应根据需要接地或接高电平。

2.4.3 集成逻辑门电路的使用

1. 多余输入端的处理

与非门多余输入端原则上应接高电平。对于 TTL 门来说，有三种接法：悬空，直接接 $+V_{CC}$，通过 $1\sim3\text{k}\Omega$ 电阻接 $+V_{CC}$。对于 CMOS 门来说，不允许输入悬空，应接 $+V_{DD}$。

或非门多余输入端原则上应接低电平，接线时可将 TTL 和 CMOS 两种门的多余输入端直接接地。

当工作速度不高，驱动级负载能力富裕时，TTL 和 CMOS 两种门的多余输入端可与使用输入端并联。

2. CMOS 门电路的静电击穿及预防

由于 MOS 场效应晶体管的栅极与衬底之间有一层很薄的 SiO_2 介质，容易在 CMOS 门电路的每个输入端形成一个容量很小的输入电容，加之 MOS 场效应晶体管的输入阻抗又极高，故当栅极悬空时，只要有微量的静电感应电荷，就会使输入电容很快充电到很高电压，造成氧化层击穿。尽管集成芯片上已为每个输入端加上了两个保护二极管，来防止栅极与衬底间的击穿，但对于过高的静电感应，CMOS 门电路仍存在着被破坏的危险，因此必须采取以下预防措施：

（1）CMOS 门电路应在导电容器中存放和搬运。例如，可以插在“导电泡沫塑料”，使各电极短接，而绝不能放在易产生静电的泡沫塑料、塑料袋或其他容器中。

（2）电路操作人员的服装、手套等应由无静电效应的材料制成。仪器、工夹具等均应保持“地”低位，特别是电烙铁外壳必须接地良好。

（3）在焊接电路时，必须切断电路电源。

3. 产品型号含义

国内外均有 TTL 和 CMOS 系列的集成门电路，产品型号对比如表 2-3 所示。

表 2-3　国内外产品型号对比

国外型号	国产型号	所属系列
40××	CC40××	CMOS
74××	CT10××	TTL
74H××	CT20××	HTTL（H-高速）
74S××	CT30××	STTL（S-肖特基）
74LS××	CT40××	LSTTL（LS-低功耗肖特基）

注：国产型号中的第一个“C”代表 China。

2.5　应 用 举 例

1. 与门的应用——简单防盗报警器

在工厂、银行等单位都会安装防盗报警器，可以在财产被盗时即时报警。图 2-28 所示是由一个与门、开关、光敏电阻和蜂鸣器等元件组成的简单防盗报警器的电路图。该报警器的功能是：放在保险箱前地板上的开关 S 被脚踩下而闭合，A 点为高电压，用 **1** 表示，同时安装在保险箱里的光敏电阻器 R_0 被手电筒照射，光敏电阻的阻值减小，两端的分压减小，则 B 点为高电压，也表现为 **1**，当 A、B 都为高电压时，与门的输出端 Y 为高电压，蜂鸣器就会发出鸣叫声。如果只是光照并不能使报警器发出声音，用钥匙开箱时，即使有光也不会报警。只有强行打开时，报警器同时满足两个条件便发生报警。

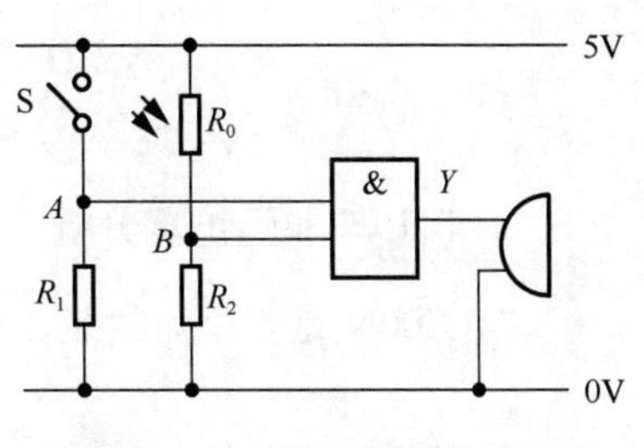

图 2-28　简单防盗报警器电路图

2. 或门的应用——简单车门报警器

汽车给人们的出行带来方便，但其安全性也很重要。图 2-29 所示为简单的车门报警器电路图。图中的两个开关 S_1、S_2 分别装在汽车的两道门上。驾驶员离开汽车时，两车门均处于关闭状态，与两车门对应的开关 S_1、S_2 均闭合，即输入逻辑均为 **0**，输出也是逻辑 **0**，电流不通过发光二极管，这时发光二极管不会发光报警。只要其中任何一个车门打开，S_1 或 S_2 就处于断开状态，即输入为逻辑 **1**，那么输出也是逻辑 **1**，这时就有电流通过发光二极管，使其发光报警。如果有四个门，原理也是一样，通过指示灯发光报警就可以判断门是否都关好了。

3. 非门的应用——自动控制路灯

随着城市化进程的加快发展，城市建设趋于现代化、人文化、科技化，城市道路两旁的路灯也成了一座城市独特的风景线，其自动控制不但节省人力，还节约了能源。图 2-30 所示是自动控制路灯的逻辑电路原理图，其中 R_0 是光敏电阻器，光越强烈，R_0 的阻值越小，R_1 与 R_0 串联时所分的电压就越小，A 点输入低电位，通过非门后，输出端 Y 为高电位，路灯自动熄灭。光越微弱，R_0 的阻值越大，R_1 与 R_0 串联时所分的电压就越大，A 点输入高电位，通过非门后，输出端 Y 为低电位，路灯自动接通。

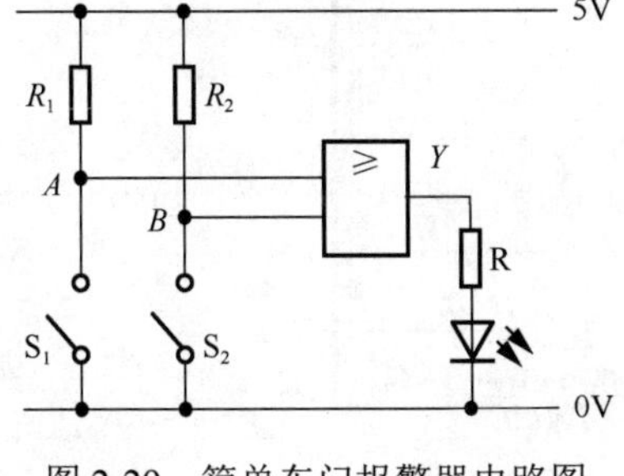

图 2-29　简单车门报警器电路图

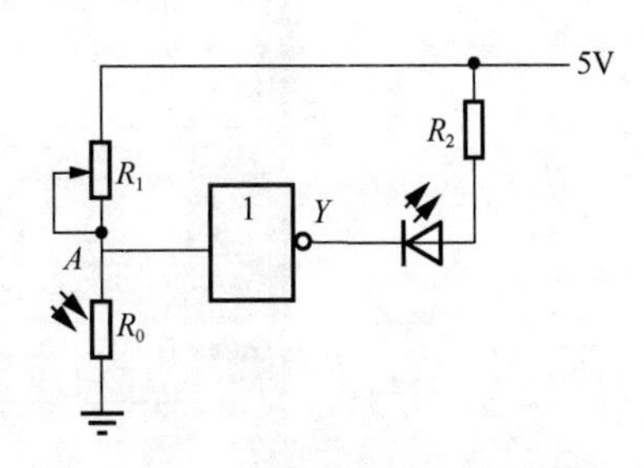

图 2-30　自动控制路灯电路图

如果天很黑时路灯才亮，可以调节可变电阻 R_1 阻值。例如，原来黄昏时路灯开始亮时光敏电阻阻值要比天黑时大，光敏电阻上的分压也大，天黑后 R_0 上的分压变小，若在天黑时维持这样的电压就要减小可变电阻 R_1 阻值，使天黑后 R_0 上的分压仍然等于原来黄昏时使路灯接通时的电压。

2.6　计算机辅助电路分析举例

2.6.1　TTL 与非门仿真分析

74LS00N 是一个 4 封装 2 输入的与非门，测试电路图如图 2-31 所示。

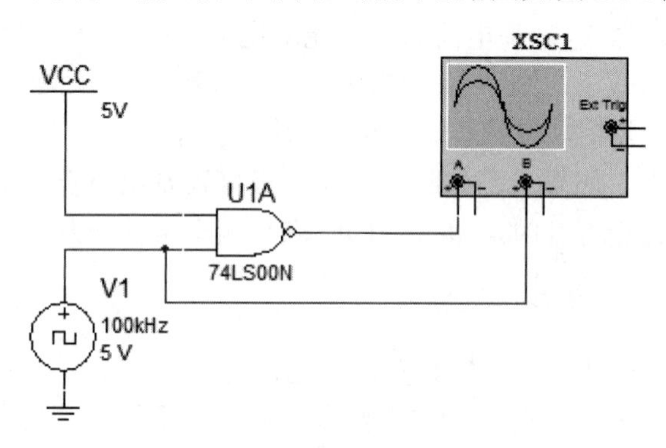

图 2-31　74LS00N 测试电路图

运行仿真开关后，示波器面板显示出如图 2-32 所示的波形（其中，上面的波形为输入 V1 的波形，下面的波形为与非门输出的波形，为了更清楚，此波形下移了−1.8 格）。

选择 Simulate 菜单中的 Digital Simulation Settings…命令，打开 Digital Simulation Settings 对话框，如图 2-33 所示。可以发现，图 2-32 所示的波形是 Ideal（理想的）。如果选择 Real（真实的），再次运行仿真开关，其波形图如图 2-34 所示（示波器面板的设置不变）。

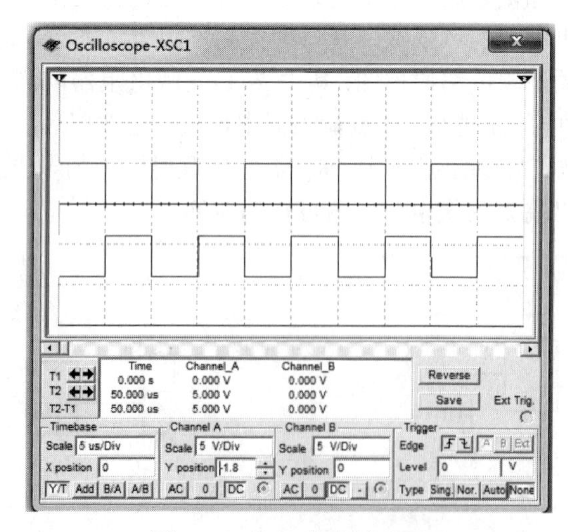

图 2-32　输入/输出波形图

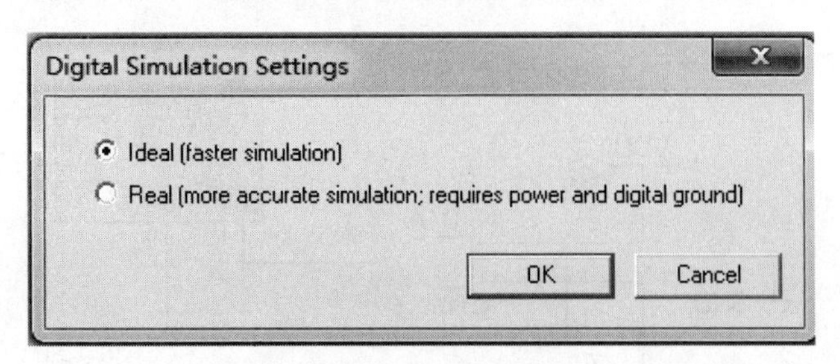

图 2-33　Digital Simulation Settings 对话框

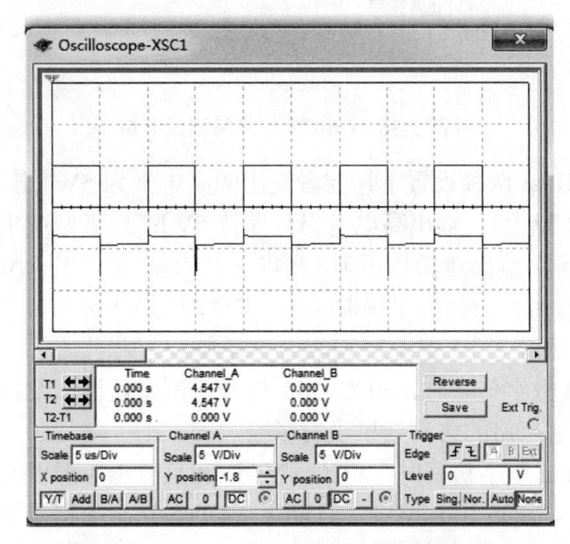

图 2-34　选择 Real 时的波形图

很明显，输出波形产生了错误。原因在于 Multisim 中的现实元器件模型与实际元器件相对应，一个集成门在实际应用时，要为器件本身提供电能。处理方法是在仿真电路的窗口内放置数字电源和数字接地端，如图 2-35 所示。

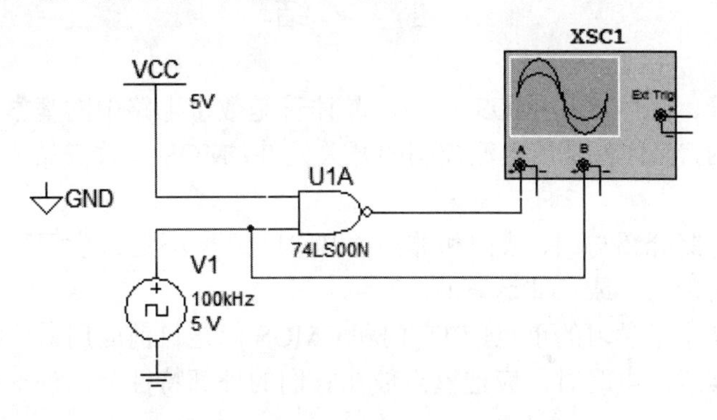

图 2-35　放置数字接地端之后的电路

与图 2-31 比较，只是多了一个数字接地符号。由于数字电源已在电路中，故不必再增加。运行仿真开关，其输出波形相同。

2.6.2　CMOS 与非门仿真分析

4011DB（5V）是一个四 2 输入与非门，测试电路如图 2-36 所示。

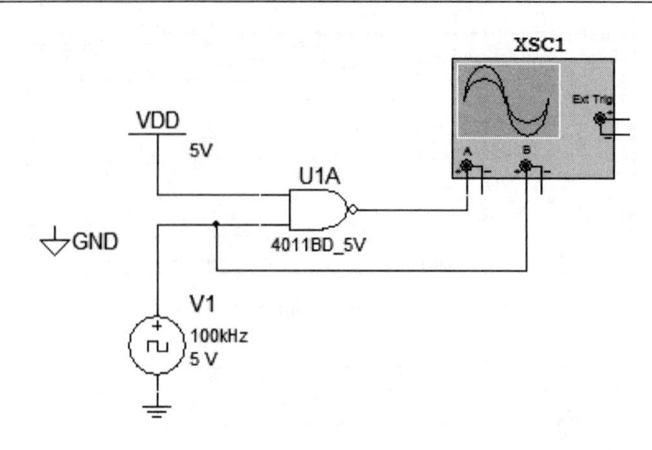

图 2-36　CMOS 与非门测试电路

同样在 Ideal 和 Real 两种设置下，前者输出的高电平为 5V［若适当改变 VDD 或 V1 的幅值（应大于 2.5V 以上），输出高电平仍可保持 5V］；后者则产生输出错误，但当电路窗口中加入数字接地端，输出逻辑将正确，高电平约为 4.8V（如在小范围内适当改变 VDD 或 V1 的幅值，可以看到输出高电平仅取决于 VDD 而与 V1 无关，其数值略小于 VDD）。

需要注意以下问题：

（1）在进行 Ideal 数字仿真时，VCC、VDD 和直流电压源以及接地端和数字接地端可随意调用，彼此对数字电路的仿真结果没有影响。

（2）而在进行 Real 数字仿真时，VCC、VDD 和直流电压源以及接地端和数字接地端不能相互替换。含有 CMOS 的电路中，只能用 VDD，它与数字接地端常示意性地放置在电路窗口上（不与电路的任何部分相连接），给 CMOS 器件提供电能。

（3）TTL 中的元器件常由 VCC 提供电能，其数值一般为 5V；提供电能给 CMOS 元件的正常工作电压 VDD 由各个元件箱所需电压来决定。

小　　结

半导体二极管、晶体管和 MOS 场效应晶体管是数字电路中的基本开关元件。半导体二极管是不可控的，晶体管是用电流控制的开关元件，MOS 场效应晶体管是用电压控制的开关元件。

分立元件门电路介绍与门、或门和非门（也称反相器），通过学习可以具体地体会到用电子电路是怎样实现与、或、非运算的。

集成门电路是本章学习的重点，TTL 门和 CMOS 门是目前应用最广泛的集成电路逻辑门。在学习这些集成门电路时，应把重点放在它们的外部特性上。外部特性包括逻辑功能及电气特性。

逻辑功能是指输入与输出之间的逻辑关系。集成门电路有与门、或门、非门、与非门、或非门、与或非门和异或门。

集成门电路是具体的电子器件，逻辑功能是通过电气特性来实现的，电气特性是应该熟悉的内容。电气特性包括电压传输特性、输入特性、输出特性等。

电气特性是通过 TTL 与非门来具体说明的，TTL 与非门中电气特性的介绍，不仅对

TTL 门电路适用，对整个 TTL 集成电路也适用。本章这些内容同样适用后续章节的各种逻辑电路。

CMOS 和 TTL 门电路在使用时，应掌握正确的使用方法，否则容易造成器件损坏。

习　题

2.1　如图 2-37 所示电路中，VD_1、VD_2 为硅二极管，导通压降为 0.7V。试计算：

（1）B 端接地，A 端接 5V 时，u_O 等于多少伏？

（2）B 端接 10V，A 端接 5V 时，u_O 等于多少伏？

（3）B 端悬空，A 端接 5V，测量 B 端和 u_O 端电压，各应等于多少伏？

（4）A 端接 10kΩ电阻，B 端悬空，测量 B 端和 u_O 端电压，各应为多少伏？

2.2　题 2.1 电路中，若在 A、B 端加如图 2-38 所示的波形，试画出 u_O 端对应的波形，并标明相应的电平值。

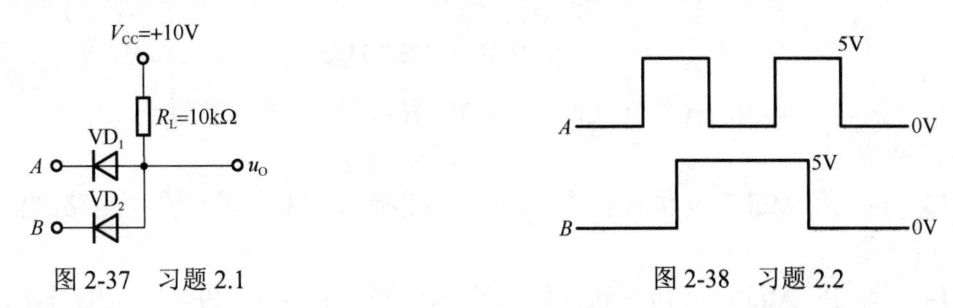

图 2-37　习题 2.1　　　　图 2-38　习题 2.2

2.3　晶体管饱和、截止的条件是什么？饱和区和截止区各有什么特点？

2.4　TTL 与非门有哪些主要外部特性？TTL 与非门有哪些主要参数？

2.5　试判断图 2-39 所示各门的输出状态。（已知逻辑门均为 74 系列 TTL 门电路）

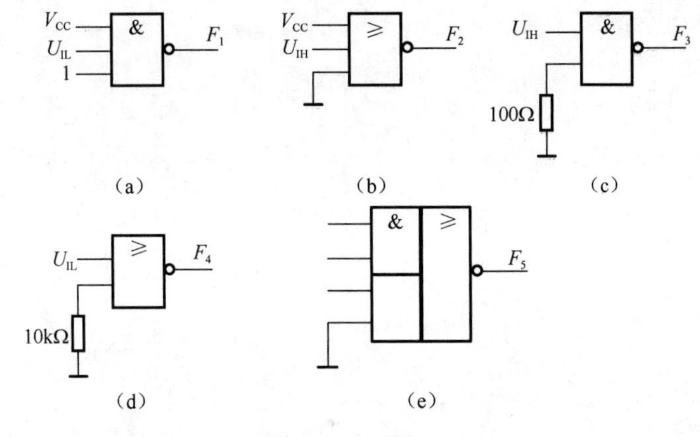

图 2-39　习题 2.5

2.6　简述 CMOS 反相器的电路结构。CMOS 反相器有哪些特点？

2.7　简述 CMOS 传输门的电路结构。如何实现高、低电平的传输？

2.8　CMOS 集成门电路与 TTL 集成门电路相比各有什么特点?

2.9　CMOS 集成门和 TTL 集成门在使用时应注意哪些问题？多余输入端应如何正确处理？

2.10　试比较 TTL 门电路和 CMOS 门电路的优、缺点。

2.11　CMOS 器件 4007 的内部电路和引出端如图 2-40 所示，请用 4007 电路接成：

（1）三个反相器；

（2）一个 3 输入端的或非门；

（3）一个 3 输入端的与非门；

（4）传输门。

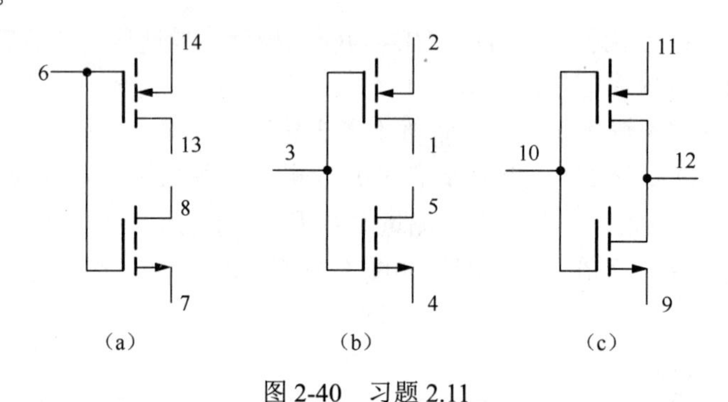

图 2-40　习题 2.11

2.12　试利用 Multisim 仿真软件建立 TTL 异或门 74LS86 仿真测试电路，并观察不同输出下的波形。

2.13　试利用 Multisim 仿真软件画出图 2-12 所示 TTL 与非门典型电路的仿真测试图，并分析其功能。

2.14　试利用 Multisim 仿真软件建立 CMOS 或非门 4001 仿真测试电路，并观察不同输出下的波形。

2.15　利用 Multisim 仿真软件仿真习题 2.1 所示电路图，并观察结果。

2.16　利用 Multisim 仿真软件仿真习题 2.5 所示电路图，并观察结果。

第3章　组合逻辑电路

本章以全加器、数值比较器、编码器、译码器、数据分配器、数据选择器等几种常见的组合逻辑电路为例，介绍组合逻辑电路的功能特点、分析和设计方法。在此基础上，再介绍典型电路的中规模集成电路，并通过实例帮助读者学会由真值表了解中规模集成电路逻辑功能的方法，进而使读者逐步学会灵活应用中规模集成电路。最后简单介绍组合逻辑电路中的竞争冒险问题。

3.1　概　　述

数字电路按照逻辑功能和电路结构的不同特点，可划分为两类：组合逻辑电路（简称组合电路）、时序逻辑电路（简称时序电路）。

在任何时刻，输出状态只决定于该时刻各输入状态的组合，而与电路原来的状态无关的逻辑电路称为组合逻辑电路。

组合逻辑电路的框图如图 3-1 所示。图中 $A_1, A_2, \cdots, A_n$ 表示输入逻辑变量，$F_1, F_2, \cdots, F_m$ 表示输出逻辑变量。组合逻辑电路可以有一个或多个输入端和输出端，输出变量与输入变量之间的逻辑关系可以表示为

$$\begin{cases} F_1 = f_1(A_1、A_2 \cdots A_n) \\ F_2 = f_2(A_1、A_2 \cdots A_n) \\ \qquad \vdots \\ F_m = f_m(A_1、A_2 \cdots A_n) \end{cases}$$

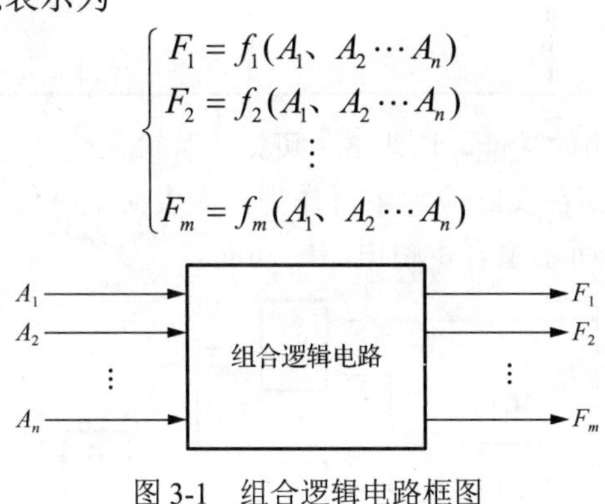

图 3-1　组合逻辑电路框图

组合逻辑电路的特点如下：

（1）输出与输入之间没有反馈延时通路。

（2）电路中没有记忆元件。

（3）通常由门电路构成。

组合逻辑电路的表示方法除逻辑表达式外，还可以由真值表、卡诺图、逻辑电路图来表达，实际应用中，可以根据需要采用其中一种表示方法。

3.2　组合逻辑电路的分析方法

组合逻辑电路的分析是已知逻辑电路，遵循组合电路的分析步骤，分析其逻辑功能。

分析组合逻辑电路的目的是为了确定已知电路的逻辑功能，或者检查电路设计是否合理。组合逻辑电路的分析步骤一般如下：

（1）根据已知的逻辑电路图，从输入到输出逐级写出逻辑函数表达式。

（2）化简，求出输出逻辑函数的最简与或表达式。

（3）由最简表达式列出真值表。

（4）根据真值表或最简表达式确定该电路的逻辑功能。

例 3.1　分析如图 3-2 所示组合逻辑电路的功能。

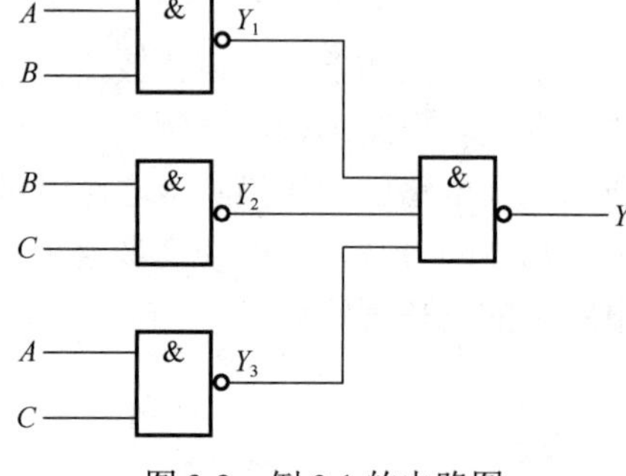

图 3-2　例 3.1 的电路图

解：（1）写出逻辑函数表达式，即

$$Y_1=\overline{AB}\text{，}\quad Y_2=\overline{BC}\text{，}\quad Y_3=\overline{AC}$$

$$Y=\overline{Y_1Y_2Y_3}=\overline{\overline{AB}\,\overline{BC}\,\overline{AC}}$$

（2）对所得表达式进行化简，则有

$$Y=\overline{\overline{AB}\,\overline{BC}\,\overline{AC}}=AB+BC+AC$$

（3）列出真值表，如表 3-1 所示。

表 3-1　例 3.1 的真值表

A	B	C	Y
0	**0**	**0**	**0**
0	**0**	**1**	**0**
0	**1**	**0**	**0**
0	**1**	**1**	**1**
1	**0**	**0**	**0**
1	**0**	**1**	**1**
1	**1**	**0**	**1**
1	**1**	**1**	**1**

（4）确定组合逻辑电路的功能。由表 3-1 可知，若输入两个或者两个以上的 **1**（或 **0**），输出 Y 为 **1**（或 **0**）。此电路在实际应用中可作为三人表决电路使用。

例 3.2　分析如图 3-3 所示组合逻辑电路的功能。

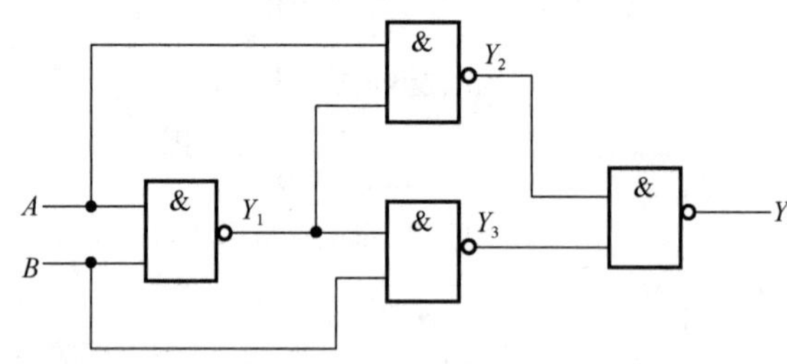

图 3-3　例 3.2 的电路图

解：（1）写出逻辑函数表达式，即

$$Y_1=\overline{AB}$$

$$Y_2=\overline{AY_1}=\overline{A\overline{AB}}$$

$$Y_3=\overline{Y_1B}=\overline{\overline{AB}\cdot B}$$

$$Y=\overline{Y_2Y_3}=\overline{\overline{A\cdot\overline{AB}}\;\overline{\overline{AB}\cdot B}}$$

（2）对所得表达式进行化简，则有

$$
\begin{aligned}
Y &= \overline{\overline{A\cdot\overline{AB}}\;\overline{\overline{AB}\cdot B}} \\
&= \overline{(\overline{A}+AB)\cdot(AB+\overline{B})} \\
&= \overline{\overline{A}\,\overline{B}+AB} \\
&= A\oplus B
\end{aligned}
$$

（3）列出真值表，如表 3-2 所示。

表 3-2 例 3.2 的真值表

A	B	Y
0	0	0
0	1	1
1	0	1
1	1	1

（4）确定组合逻辑电路的功能。从逻辑表达式可以看出，电路具有“异或”功能。由最简表达式发现原电路的设计不经济，可改用一个异或门来实现，如图 3-4 所示。

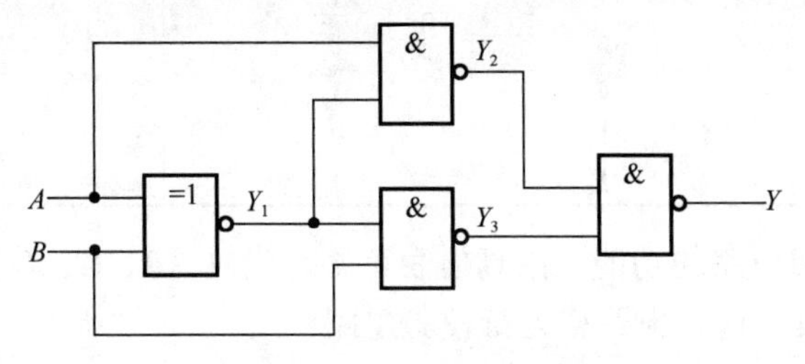

图 3-4 例 3.2 的改进电路图

例 3.3 试分析如图 3-5 所示组合逻辑电路的功能。

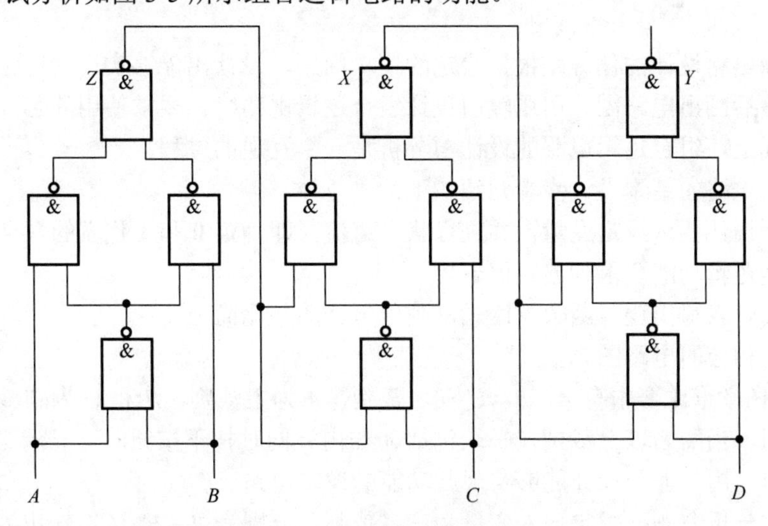

图 3-5 例 3.3 的逻辑电路图

解：（1）写出逻辑函数表达式，即

$$Z = \overline{\overline{A\overline{AB}}\;\overline{\overline{AB}B}} = A\overline{B}+\overline{A}B$$

$$X = \overline{\overline{Z\overline{ZC}}\;\overline{\overline{ZC}C}} = A\overline{B}\,\overline{C}+\overline{A}B\overline{C}+\overline{A}\,\overline{B}C+ABC$$

$$Y=\overline{X\,\overline{XD}\,\overline{XDD}}=A\overline{B}\,\overline{C}\,\overline{D}+\overline{A}B\overline{C}\,\overline{D}+\overline{A}\,\overline{B}C\overline{D}+ABC\overline{D}+\overline{A}\,\overline{B}\,\overline{C}D+\overline{A}BCD+A\overline{B}CD+AB\overline{C}D$$

（2）由 Y 的最简与或表达式列出真值表，如表 3-3 所示

表 3-3　例 3.3 的真值表

A	B	C	D	Y
0	0	0	0	0
0	0	0	1	1
0	0	1	0	1
0	0	1	1	0
0	1	0	0	1
0	1	0	1	0
0	1	1	0	0
0	1	1	1	1
1	0	0	0	1
1	0	0	1	0
1	0	1	0	0
1	0	1	1	1
1	1	0	0	0
1	1	0	1	1
1	1	1	0	1
1	1	1	1	0

（3）确定组合逻辑电路的功能。由真值表可知，当 A、B、C、D 四个变量的取值中有奇数个 **1** 时，函数 Y=**1**，这种电路称为奇校验电路。

3.3　组合逻辑电路的设计方法

组合逻辑电路设计的任务是根据给定的逻辑问题，设计出能够实现其逻辑功能的组合逻辑电路，最后画出电路图。用逻辑门设计组合逻辑电路时，要求使用的芯片最少、连接线最少。实际上，组合逻辑电路的设计与分析是一个互逆的过程。

组合逻辑电路的基本设计步骤归纳如下：

（1）根据设计要求设定变量，并进行状态赋值（即确定 **0** 和 **1** 代表的含义）。

（2）根据逻辑功能要求列出真值表。

（3）由真值表写出逻辑函数表达式，画出卡诺图并化简。

（4）画出相应的电路图。

例 3.4　在举重比赛中有 A，B，C 三名裁判，A 为主裁判，B 和 C 为副裁判。各人面前有一个按钮，当两名以上裁判（必须包括 A 在内）同时按下按钮时，显示“抓举成功”的灯就会亮。请用与非门设计能够实现此功能的逻辑电路。

解：（1）分析命题，确定输入变量为三名裁判，分别为 A、B、C；输出为裁决信号，用 Y 表示。设裁判按下按钮为 **1**，未按下为 **0**；灯亮为 **1**，灯不亮为 **0**。

（2）列出真值表，如表 3-4 所示。

表 3-4　例 3.4 的真值表

A	B	C	Y
0	0	0	0
0	0	1	0
0	1	0	0
0	1	1	0
1	0	0	0
1	0	1	1
1	1	0	1
1	1	1	1

（3）由真值表写出输出函数表达式并用卡诺图（图 3-6）进行化简。

$$\begin{aligned} Y &= A\overline{B}C + AB\overline{C} + ABC \\ &= AB + AC \\ &= \overline{\overline{AB + AC}} \\ &= \overline{\overline{AB} \cdot \overline{AC}} \end{aligned}$$

（4）画出电路图，如图 3-7 所示。

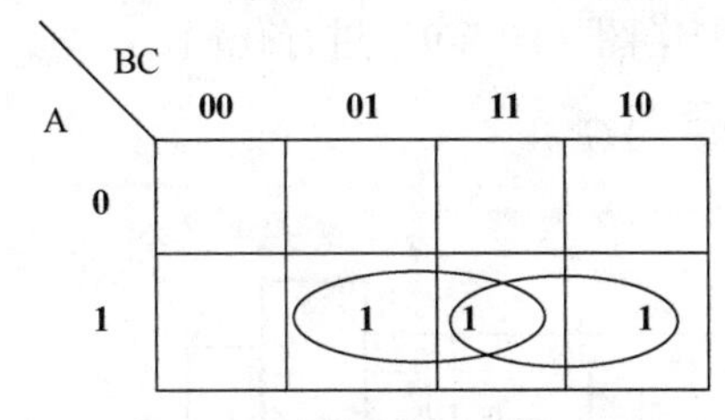

图 3-6　例 3.4 的卡诺图化简

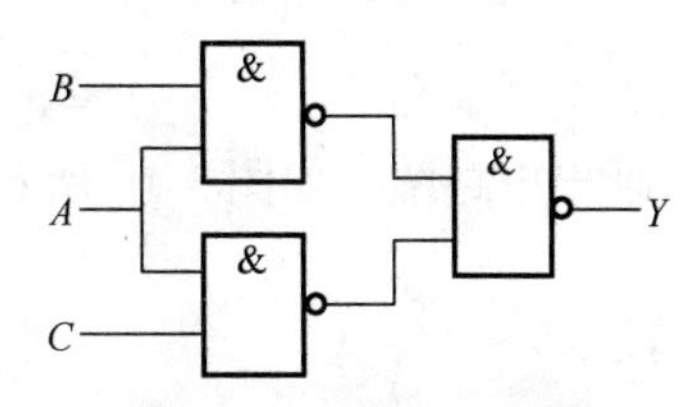

图 3-7　例 3.4 的电路图

实际中，该函数可用一块四-二输入与非门 74LS00 构成，其连线图如图 3-8 所示。

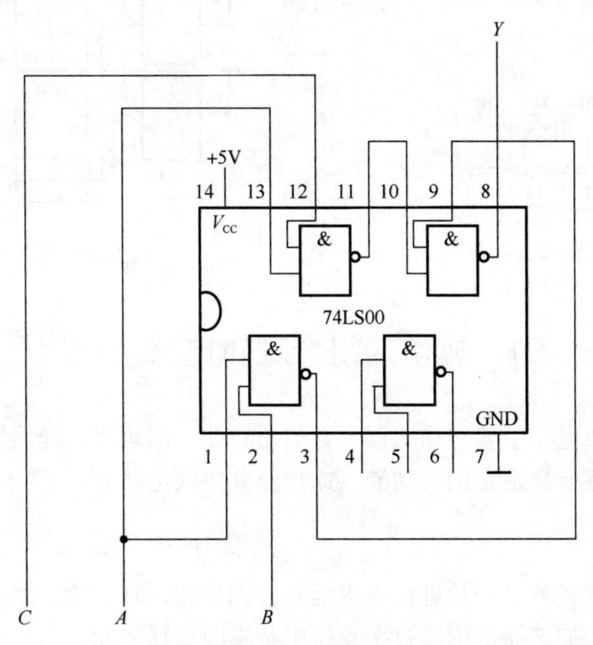

图 3-8　例 3.4 实际连线图

例 3.5　设计一个监视交通信号灯工作状态的逻辑电路。正常情况下，红、黄、绿灯只有一个亮，否则视为故障状态，发出报警信号，提醒有关人员修理。

解：（1）分析命题，确定输入变量为红、黄、绿三个灯，分别为 R、Y、G，设灯亮为 **1**，灯灭为 **0**。输出为有无故障，用 Z 表示，有故障为 **1**，无故障为 **0**。

（2）列出真值表，如表 3-5 所示。

表 3-5　例 3.5 的真值表

R	Y	G	Z
0	**0**	**0**	**1**
0	**0**	**1**	**0**
0	**1**	**0**	**0**
0	**1**	**1**	**1**
1	**0**	**0**	**0**
1	**0**	**1**	**1**
1	**1**	**0**	**1**
1	**1**	**1**	**1**

（3）由真值表写出输出逻辑函数表达式，并用卡诺图（图 3-9）进行化简。

$$Z=\overline{R}\,\overline{Y}\,\overline{G}+RY+RG+YG$$

（4）画出电路图，如图 3-10 所示。

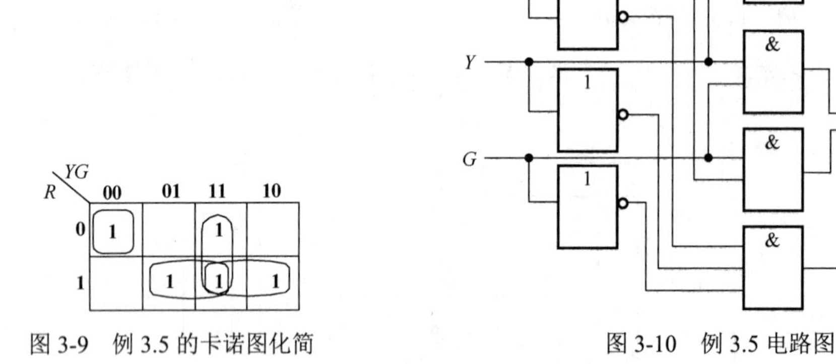

图 3-9　例 3.5 的卡诺图化简

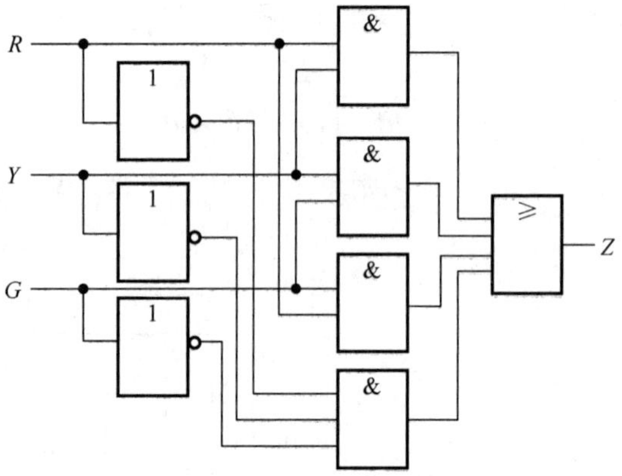

图 3-10　例 3.5 电路图

3.4　典型的组合逻辑电路及应用

常用的组合逻辑电路主要有加法器、数值比较器、编码器、译码器、数据分配器及数据选择器等，下面逐一介绍它们的功能、原理及其集成电路。

3.4.1　加法器

数字系统的基本任务之一是进行算术运算。因为加、减、乘、除均可以化作若干步加法运算来实现，所以加法器是构成数字系统中基本的运算单元。

1. 半加器

半加器是只考虑将两个 1 位二进制数相加，而不考虑来自低位进位的逻辑电路。

设计 1 位二进制半加器，输入变量有两个，分别为加数 A 和被加数 B；输出也有两个，分别为和数 S 和进位 C。列出真值表，如表 3-6 所示。

表 3-6　半加器的真值表

A	B	S	C
0	0	0	0
0	1	1	0
1	0	1	0
1	1	0	1

由真值表写出逻辑函数表达式为

$$S = \overline{A}B + A\overline{B} = A \oplus B$$

$$C = AB$$

画出电路图，如图 3-11 所示，它是由异或门和与门组成的，也可以用与非门实现。

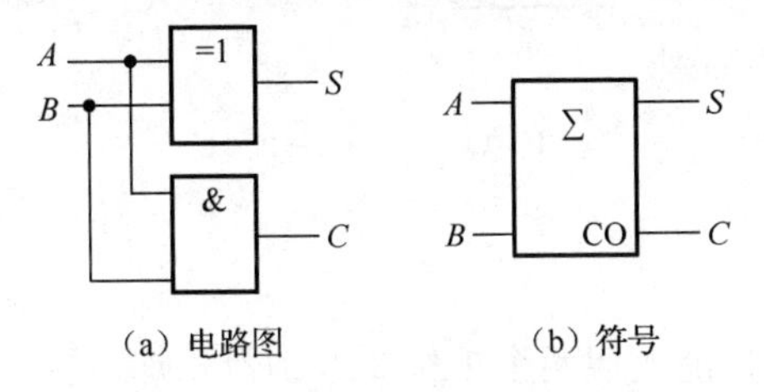

(a) 电路图　　(b) 符号

图 3-11　半加器

2. 全加器

全加器是完成两个 1 位二进制数 A_i、B_i 及来自低位的进位 C_{i-1} 相加的逻辑电路。设计一个 1 位全加器，其中，A_i 和 B_i 分别是被加数和加数，C_{i-1} 为相邻低位的进位，S_i 为本位的和，C_i 为本位向高位的进位。1 位全加器的真值表如表 3-7 所示。

表 3-7　全加器的真值表

输入			输出	
A_i	B_i	C_{i-1}	S_i	C_i
0	0	0	0	0
0	0	1	1	0
0	1	0	1	0
0	1	1	0	1
1	0	0	1	0
1	0	1	0	1
1	1	0	0	1
1	1	1	1	1

由真值表写出逻辑函数表达式为

$$\begin{aligned} S_i &= \overline{A_i}\,\overline{B_i}C_{i-1} + \overline{A_i}B_i\overline{C_{i-1}} + A_i\overline{B_i}\,\overline{C_{i-1}} + A_iB_iC_{i-1} \\ &= (A_i \oplus B_i)\overline{C_{i-1}} + \overline{A_i \oplus B_i}C_{i-1} \\ &= A_i \oplus B_i \oplus C_{i-1} \end{aligned}$$

$$C_i = \overline{A_i}B_iC_{i-1} + A_i\overline{B_i}C_{i-1} + A_iB_i\overline{C_{i-1}} + A_iB_iC_{i-1}$$
$$= A_iB_i + B_iC_{i-1} + A_iC_{i-1}$$

图 3-12（a）所示是 1 位全加器的电路图。图 3-12（b）所示是 1 位全加器的符号，CI 是进位输入端，CO 是进位输出端。

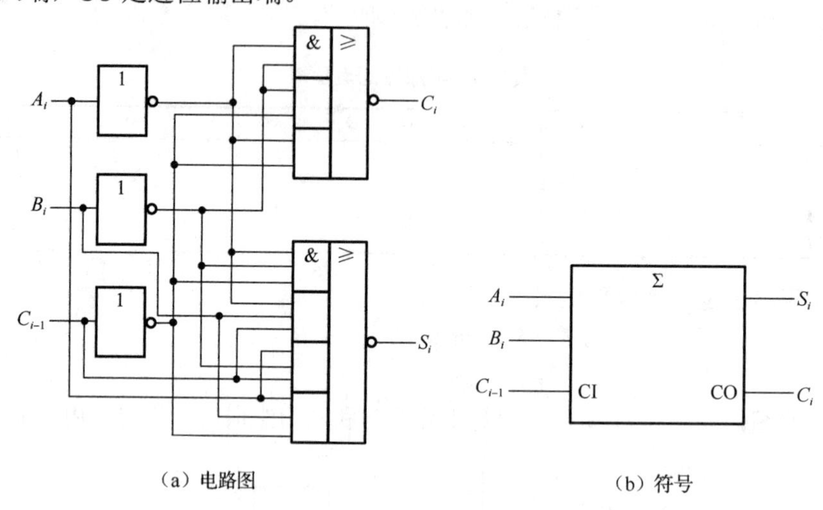

（a）电路图　　（b）符号

图 3-12　1 位全加器

3. 加法器

单个半加器或全加器只能实现两个 1 位二进制数相加。要完成多位二进制数相加，需要使用多个全加器进行连接。实现多位二进制数相加的电路称为加法器。按照进位方式的不同，可分为串行进位加法器和超前进位加法器。

1）串行进位加法器

串行进位加法器的连接方法是将低位全加器的进位输出端 C_i 接到高位的进位输入端 C_{i-1} 上去。例如，有两个 4 位二进制数 $A_3A_2A_1A_0$ 和 $B_3B_2B_1B_0$ 相加，图 3-13 所示为采用串行进位法实现的电路。

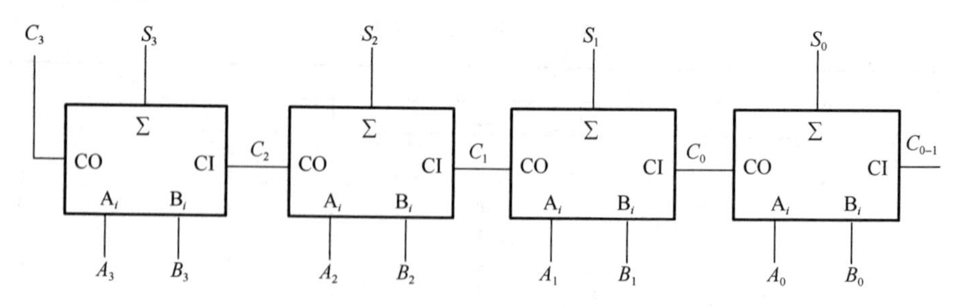

图 3-13　4 位串行进位加法器

其实，串行进位就是任一位的加法运算必须在低一位的加法运算完成之后才能进行。这种逻辑电路结构简单，但运算速度较慢。

2）超前进位加法器

超前进位加法器是在做加法运算时，各位数的低位进位信号经判断直接送到输出端。例如，当 $A_i + B_i = \mathbf{1}$ 且 $C_{i-1} = \mathbf{1}$ 时可将 C_{i-1} 直接送到输出端作 C_i； $A_iB_i = \mathbf{1}$ 也可直接送到输出

端作 C_i。输出进位信号的逻辑函数表达式为

$$C_i = A_iB_i + (A_i + B_i)C_{i-1}$$

如果用门电路实现上述逻辑关系，并将结果送到相应全加器的输入端，则可显著地提高加法运算速度，因此超前进位加法器的最大优点是运算速度快。常见的中规模集成超前进位加法器有 4 位二进制超前进位全加器 CC4008、CT54283、74LS283 等型号。CC4008 的引脚图如图 3-14 所示。

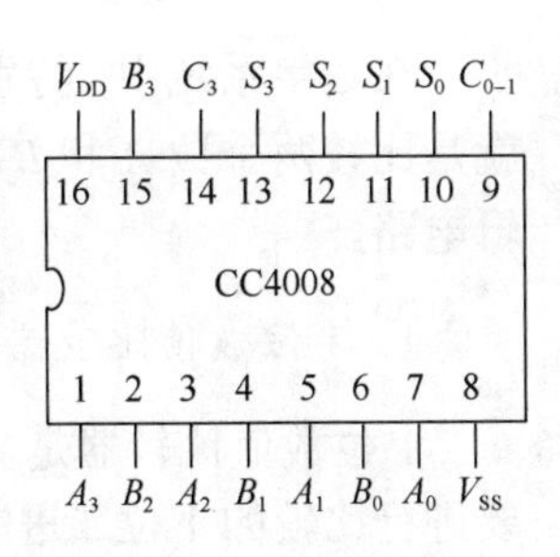

图 3-14　CC4008 引脚图

4. 用加法器设计组合逻辑电路

如果要产生的逻辑函数能化成输入变量与输入变量或者输入变量与常量在数值上相加的形式，那么用加法器来设计这个组合逻辑电路会非常简单。

例 3.6　设计一个将 8421BCD 码转换成余 3 码的代码转换电路。

解：以 8421BCD 码为输入、余 3 码为输出，可列出代码转换电路的真值表，如表 3-8 所示。

表 3-8　例 3.6 的真值表

输入				输出			
D	C	B	A	Y_3	Y_2	Y_1	Y_0
0	0	0	0	0	0	1	1
0	0	0	1	0	1	0	0
0	0	1	0	0	1	0	1
0	0	1	1	0	1	1	0
0	1	0	0	0	1	1	1
0	1	0	1	1	0	0	0
0	1	1	0	1	0	0	1
0	1	1	1	1	0	1	0
1	0	0	0	1	0	1	1
1	0	0	1	1	1	0	0

从表中可以发现，$Y_3Y_2Y_1Y_0$ 和 $DCBA$ 所代表的二进制数始终相差 0011，即十进制数的 3，故可得

$$Y_3Y_2Y_1Y_0 = DCBA + \mathbf{0011}$$

用一片 4 位加法器 CC4008 便可接成要求的代码转换电路，其电路图如图 3-15 所示。

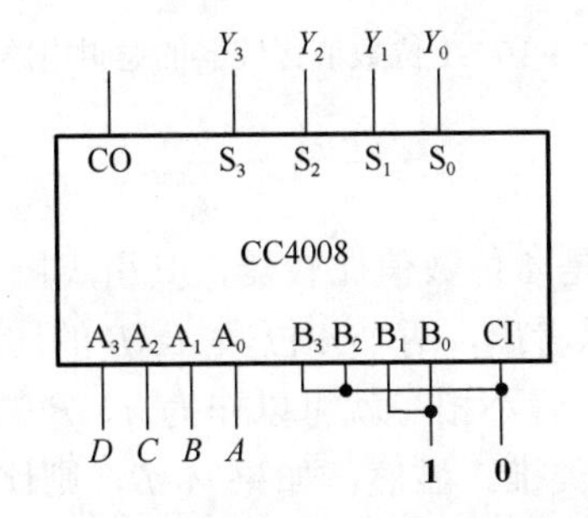

图 3-15　例 3.6 的代码转换电路图

3.4.2 数值比较器

在数字系统中，特别是计算机中的CPU具有多种运算功能，其中一种简单的运算功能就是比较两个数 A 和 B 的大小。数值比较器是对两数 A、B 进行比较，以判断其大小的逻辑电路。

1. 1位数值比较器

1位数值比较器是多位比较器的基础。两个1位二进制数进行比较，输入信号是两个要进行比较的1位二进制数，用 A、B 表示；输出是比较结果，有3种情况：$A>B$、$A<B$、$A=B$，分别用 F_1、F_2、F_3 表示。设 $A>B$ 时 $F_1=\mathbf{1}$；$A<B$ 时 $F_2=\mathbf{1}$；$A=B$ 时 $F_3=\mathbf{1}$。由此可列出1位数值比较器的真值表，如表3-9所示。

表3-9　1位数值比较器的真值表

输入		输出		
A	B	F_1（$A>B$）	F_2（$A<B$）	F_3（$A=B$）
0	**0**	**0**	**0**	**1**
0	**1**	**0**	**1**	**0**
1	**0**	**1**	**0**	**0**
1	**1**	**0**	**0**	**1**

根据此表可写出各输出端的逻辑函数表达式为

$$\begin{cases} F_1 = A\overline{B} \\ F_2 = \overline{A}B \\ F_3 = \overline{A}\,\overline{B} + AB = \overline{\overline{A}B + A\overline{B}} = \overline{A \oplus B} \end{cases}$$

由以上逻辑表达式可画出1位数值比较器的逻辑电路图，如图3-16所示。

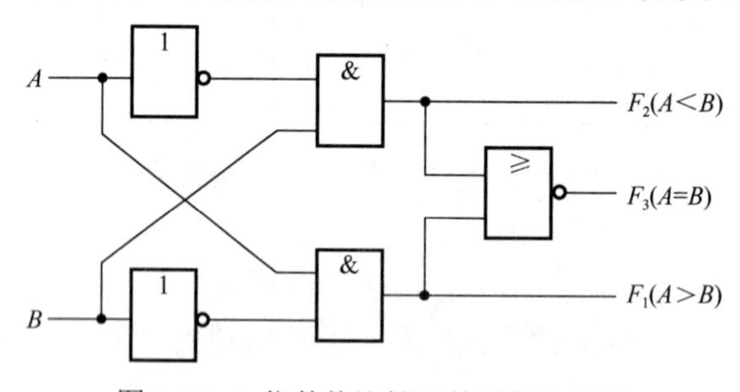

图3-16　1位数值比较器的逻辑电路图

2. 集成数值比较器

集成数值比较器74LS85是4位数值比较器，其引脚图和符号如图3-17所示，其功能表如表3-10所示。从表中可以看出，两个4位数 A、B 的比较，是先将 A 的最高位 A_3 和 B 的最高位 B_3 进行比较，如果二者不相等就可以作为 A、B 的比较结果；如果二者相等，则再比较次高位 A_2 和 B_2，依次类推。显然，如果 $A=B$，则比较步骤必须进行到最低位上才能得到结果。

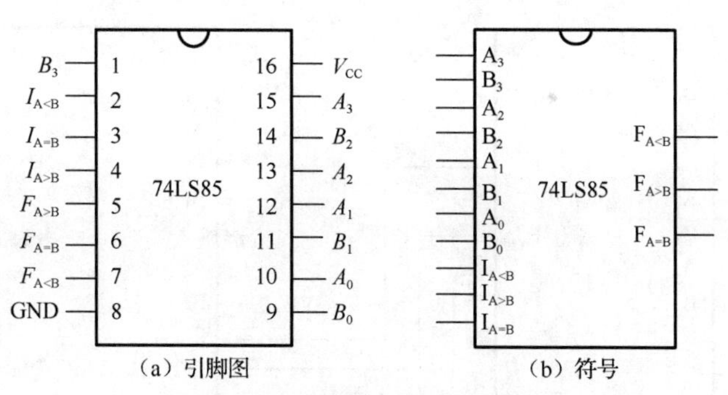

（a）引脚图　　（b）符号

图 3-17　集成比较器 74LS85

表 3-10　4 位数值比较器 74LS85 的功能表

比较输入				级联输入			输出		
A_3　B_3	A_2　B_2	A_1　B_1	A_0　B_0	$I_{A>B}$	$I_{A<B}$	$I_{A=B}$	$F_{A>B}$	$F_{A<B}$	$F_{A=B}$
$A_3>B_3$	×	×	×	×	×	×	**1**	**0**	**0**
$A_3<B_3$	×	×	×	×	×	×	**0**	**1**	**0**
$A_3=B_3$	$A_2>B_2$	×	×	×	×	×	**1**	**0**	**0**
$A_3=B_3$	$A_2<B_2$	×	×	×	×	×	**0**	**1**	**0**
$A_3=B_3$	$A_2=B_2$	$A_1>B_1$	×	×	×	×	**1**	**0**	**0**
$A_3=B_3$	$A_2=B_2$	$A_1<B_1$	×	×	×	×	**0**	**1**	**0**
$A_3=B_3$	$A_2=B_2$	$A_1=B_1$	$A_0>B_0$	×	×	×	**1**	**0**	**0**
$A_3=B_3$	$A_2=B_2$	$A_1=B_1$	$A_0<B_0$	×	×	×	**0**	**1**	**0**
$A_3=B_3$	$A_2=B_2$	$A_1=B_1$	$A_0=B_0$	**1**	**0**	**0**	**1**	**0**	**0**
$A_3=B_3$	$A_2=B_2$	$A_1=B_1$	$A_0=B_0$	**0**	**1**	**0**	**0**	**1**	**0**
$A_3=B_3$	$A_2=B_2$	$A_1=B_1$	$A_0=B_0$	**0**	**0**	**1**	**0**	**0**	**1**

真值表中的输入变量包括 A_3 与 B_3、A_2 与 B_2、A_1 与 B_1、A_0 与 B_0，输出变量为 A 与 B 的比较结果。其中低位片第 5、6、7 脚的输出信号 $F_{A>B}$、$F_{A<B}$、$F_{A=B}$ 是这两个 4 位二进制数的比较结果。设置级联输入端第 2、3、4 脚是为了进行数值比较器的扩展，以便组成位数更多的数值比较器。

常见的 4 位集成数值比较器还有 CT54LS85、CC14585、CC74HC85 等型号。

3. 集成数值比较器的功能扩展

利用集成数值比较器的级联输入端，很容易构成更多位的数值比较器。数值比较器的扩展方式有串联和并联两种。采用串联方式扩展数值比较器时，随着位数的增加，从数据输入到稳定输出的延迟时间增加，当位数较多且要满足一定的速度要求时，可以采用并联方式。下面以串联方式为例说明数值比较器的扩展方法。

如图 3-18 所示，两个 4 位数值比较器 74LS85 串联为一个 8 位数值比较器。由于两个 8 位数，若高 4 位相同，它们的大小则由低 4 位的比较结果确定。因此，低 4 位的比较结果应作为高 4 位的条件，即低 4 位比较器的输出端应分别与高 4 位比较器的 $I_{A>B}$、$I_{A<B}$、$I_{A=B}$ 的级联输入端连接。

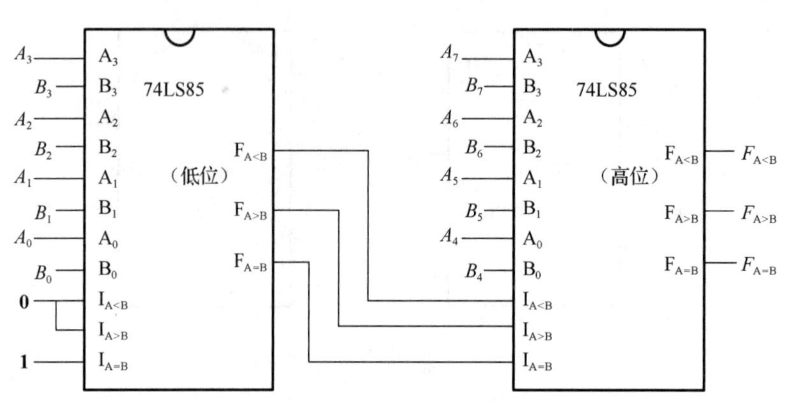

图 3-18　数值比较器的位数扩展连接图

3.4.3　编码器

在许多数字设备中，数字信号的运算都是按照二进制代码进行的，而运算的结果往往又必须转换成十进制形式并显示出来，因此存在数的编码和译码问题。

编码是将特定含义的输入信号（文字、数字、符号）转换成二进制代码的过程。实现编码操作的数字电路称为编码器。按照编码方式不同，编码器可分为普通编码器和优先编码器；按照输出代码种类的不同，可分为二进制编码器和非二进制编码器。

1. 二进制编码器

将一般的信号（如文字、数字、符号等）编成二进制代码的电路称为二进制编码器。1 位二进制代码可以表示两个信号，n 位二进制代码可以表示 2^n 个不同的信号。故对 N 个输入信号的编码，可由 $2^n \geqslant N$ 来确定输出二进制编码的位数 n。当 $N = 2^n$ 时，称为全编码；当 $N < 2^n$ 时，称为部分编码。

任何时刻只能对其中一个输入信息进行编码，即输入的 N 个信号是互相排斥的，它属于普通编码器。若编码器输入为 4 个信号，输出为 2 位代码，则称为 4 线-2 线编码器（或 4-2 线编码器）。

例 3.7　设计一个 4 线-2 线的编码器。

解：（1）确定输入、输出变量个数，由题意知输入为 I_0、I_1、I_2、I_3 四个信息，输出为 Y_0、Y_1，当对 I_i 编码时为 1，不编码为 0，并依此按 I_i 下角标的值与 Y_0、Y_1 二进制代码的值相对应进行编码。

（2）列出真值表，如表 3-11 所示。

表 3-11　例 3.7 的真值表

输入				输出	
I_0	I_1	I_2	I_3	Y_1	Y_0
1	0	0	0	0	0
0	1	0	0	0	1
0	0	1	0	1	0
0	0	0	1	1	1

（3）由真值表写出逻辑函数表达式并化简得

$$Y_0 = I_1 + I_3$$
$$Y_1 = I_2 + I_3$$

（4）画出编码器的电路图，如图 3-19 所示。

2. 二-十进制编码器

二-十进制编码器是指用 4 位二进制代码表示 1 位十进制数的编码电路，也称 10 线-4 线编码器。最常见的是 8421BCD 码编码器，其电路图如图 3-20 所示。其中，输入信号 $I_0 \sim I_9$ 代表 0～9 共 10 个十进制信号，输出信号 $Y_0 \sim Y_3$ 为相应二进制代码。

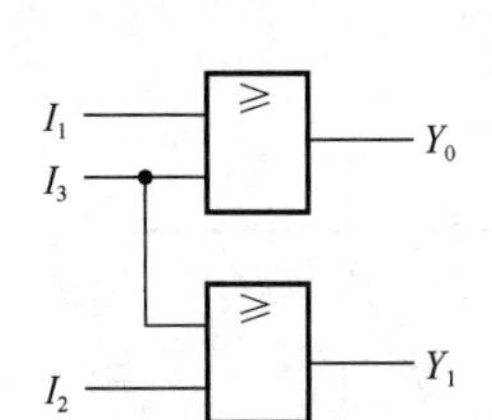

图 3-19　4 线-2 线编码器电路图

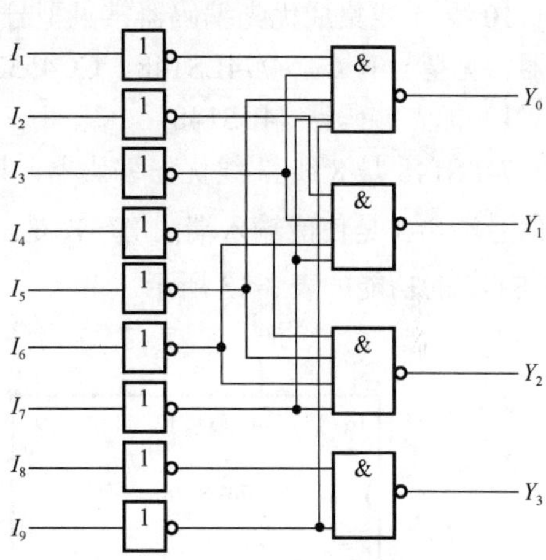

图 3-20　8421BCD 码编码电路图

由图可以写出各输出逻辑函数表达式为

$$Y_3 = \overline{\overline{I_9}\,\overline{I_8}}$$
$$Y_2 = \overline{\overline{I_7}\,\overline{I_6}\,\overline{I_5}\,\overline{I_4}}$$
$$Y_1 = \overline{\overline{I_7}\,\overline{I_6}\,\overline{I_3}\,\overline{I_2}}$$
$$Y_0 = \overline{\overline{I_9}\,\overline{I_7}\,\overline{I_5}\,\overline{I_3}\,\overline{I_1}}$$

根据逻辑函数表达式，列出真值表，如表 3-12 所示。

表 3-12　8421BCD 码编码器真值表

输入										输出			
I_0	I_1	I_2	I_3	I_4	I_5	I_6	I_7	I_8	I_9	Y_3	Y_2	Y_1	Y_0
1	0	0	0	0	0	0	0	0	0	0	0	0	0
0	1	0	0	0	0	0	0	0	0	0	0	0	1
0	0	1	0	0	0	0	0	0	0	0	0	1	0
0	0	0	1	0	0	0	0	0	0	0	0	1	1
0	0	0	0	1	0	0	0	0	0	0	1	0	0
0	0	0	0	0	1	0	0	0	0	0	1	0	1
0	0	0	0	0	0	1	0	0	0	0	1	1	0
0	0	0	0	0	0	0	1	0	0	0	1	1	1
0	0	0	0	0	0	0	0	1	0	1	0	0	0
0	0	0	0	0	0	0	0	0	1	1	0	0	1

3. 优先编码器

上述编码器中，如果同时输入两个以上的信号，输出将会发生错乱。而在实际应用中，往往要求几个工作部件能同时向主机输入信号，而主机在同一时刻内只能对其中一个输入信号做出服务响应。为此，要按轻重缓急，排除允许操作的先后次序，即按优先级别来控制好这些操作对象。

在优先编码器电路中，允许同时输入两个以上的编码信号。在设计优先编码器时已经将所有的输入信号按优先顺序排了队，当几个输入信号同时出现时，只对优先权最高的一个进行编码。

10 线-4 线集成优先编码器常见型号有 CT54/74LS147、CC40147 等，8 线-3 线优先编码器常见型号有 CT54/74LS148、CC4532 等。

1）优先编码器 74LS148

74LS148 是 8 线-3 线优先编码器，其引脚图和符号如图 3-21 所示。图中，$\overline{I_0}$～$\overline{I_7}$ 为输入信号端，$\overline{S}$ 是使能输入端，$\overline{Y_0}$～$\overline{Y_2}$ 是三个输出端，$\overline{Y_{EX}}$ 和 $\overline{Y_S}$ 是用于扩展功能的输出端。74LS148 的功能如表 3-13 所示。

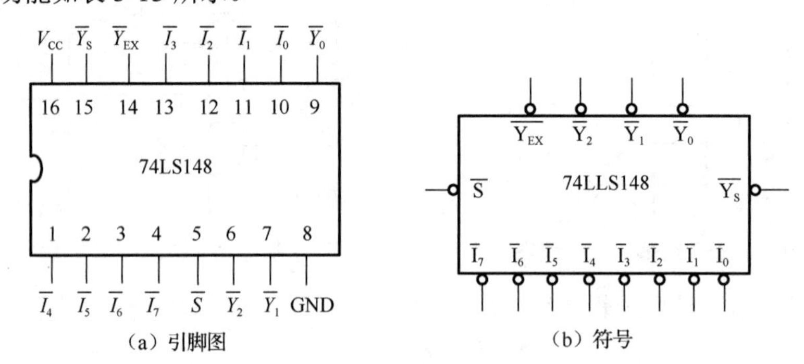

（a）引脚图　（b）符号

图 3-21　74LS148 优先编码器

表 3-13　优先编码器 74LS148 的功能表

使能输入	输入								输出			扩展输出	使能输出
$\overline{S}$	$\overline{I_7}$	$\overline{I_6}$	$\overline{I_5}$	$\overline{I_4}$	$\overline{I_3}$	$\overline{I_2}$	$\overline{I_1}$	$\overline{I_0}$	$\overline{Y_2}$	$\overline{Y_1}$	$\overline{Y_0}$	$\overline{Y_{EX}}$	$\overline{Y_S}$
1	×	×	×	×	×	×	×	×	**1**	**1**	**1**	**1**	**1**
0	**1**	**1**	**1**	**1**	**1**	**1**	1	1	**1**	**1**	**1**	**1**	**0**
0	**0**	×	×	×	×	×	×	×	**0**	**0**	**0**	**0**	**1**
0	**1**	**0**	×	×	×	×	×	×	**0**	**0**	**1**	**0**	**1**
0	**1**	**1**	**0**	×	×	×	×	×	**0**	**1**	**0**	**0**	**1**
0	**1**	**1**	**1**	**0**	×	×	×	×	**0**	**1**	**1**	**0**	**1**
0	**1**	**1**	**1**	**1**	**0**	×	×	×	**1**	**0**	**0**	**0**	**1**
0	**1**	**1**	**1**	**1**	**1**	**0**	×	×	**1**	**0**	**1**	**0**	**1**
0	**1**	**1**	**1**	**1**	**1**	**1**	**0**	×	**1**	**1**	**0**	**0**	**1**
0	**1**	**1**	**1**	**1**	**1**	**1**	**1**	**0**	**1**	**1**	**1**	**0**	**1**

在表中，输入 $\overline{I_0}$～$\overline{I_7}$ 低电平有效，$\overline{I_7}$ 为最高优先级，$\overline{I_0}$ 为最低优先级。只要 $\overline{I_7}=\mathbf{0}$，不管其他输入端是 **0** 还是 **1**，输出只对 $\overline{I_7}$ 编码，且对应的输出为反码有效，即 $\overline{Y_0}\,\overline{Y_1}\,\overline{Y_2}=\mathbf{000}$。

$\overline{S}$ 为使能输入，只有 $\overline{S}=\mathbf{0}$ 时编码器工作，$\overline{S}=\mathbf{1}$ 时编码器不工作。$\overline{Y_S}$ 为使能输出端，

当 $\overline{S}=\mathbf{0}$ 允许工作时，如果 $\overline{I_0}\sim\overline{I_7}$ 端有信号输入，$\overline{Y_S}=\mathbf{1}$；若 $\overline{I_0}\sim\overline{I_7}$ 端无信号输入，$\overline{Y_S}=\mathbf{0}$。$\overline{Y_{EX}}$ 为扩展输出端，当 $\overline{S}=\mathbf{0}$ 时，$\overline{Y_{EX}}$ 只要有编码信号，其输出就是低电平。

2）优先编码器 74LS148 的扩展

用 74LS148 优先编码器可以多级连接进行功能扩展，如用两块 74LS148 可以扩展成为一个 16 线-4 线优先编码器，如图 3-22 所示。由图可知，高位片 $\overline{S_2}=\mathbf{0}$，允许高位片对输入 $\overline{I_8}\sim\overline{I_{15}}$ 进行编码。当 $\overline{I_8}\sim\overline{I_{15}}$ 中任一端输入为低电平时，如 $\overline{I_{11}}=\mathbf{0}$，则高位片的 $\overline{Y_{EX}}=\mathbf{0}$，$\overline{Y_3}=\mathbf{0}$，$\overline{Y_2}\,\overline{Y_1}\,\overline{Y_0}=\mathbf{100}$。同时高位片的 $\overline{Y_{S2}}=\mathbf{1}$，将低位片封锁，使它的输出 $\overline{Y_2}\,\overline{Y_1}\,\overline{Y_0}=\mathbf{111}$。于是在最后的输出端得到 $\overline{Y_3}\,\overline{Y_2}\,\overline{Y_1}\,\overline{Y_0}=0100$。如果 $\overline{I_8}\sim\overline{I_{15}}$ 中同时有几个输入端为低电平，则只对其中优先权最高的一个信号进行编码。

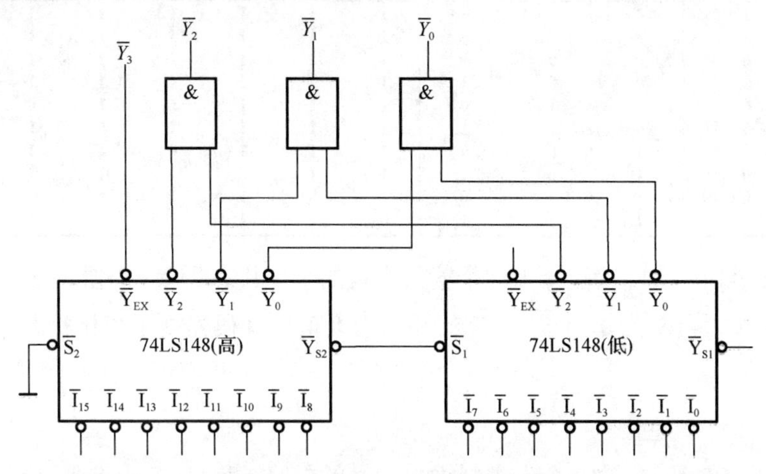

图 3-22　16 线-4 线优先编码器

当 $\overline{I_8}\sim\overline{I_{15}}$ 全部为高电平（没有编码输入信号）时，高位片的 $\overline{Y_{S2}}=\mathbf{0}$，故低位片的 $\overline{S_1}=\mathbf{0}$，处于编码工作状态，对 $\overline{I_0}\sim\overline{I_7}$ 输入的低电平信号中优先权最高的一个进行编码，如 $\overline{I_5}=\mathbf{0}$，则高位片的 $\overline{Y_2}\,\overline{Y_1}\,\overline{Y_0}=\mathbf{010}$，而此时高位片的 $\overline{Y_{EX}}=\mathbf{1}$，$\overline{Y_3}=\mathbf{1}$，高位片的 $\overline{Y_2}\,\overline{Y_1}\,\overline{Y_0}=\mathbf{111}$。于是在输出端得到 $\overline{Y_3}\,\overline{Y_2}\,\overline{Y_1}\,\overline{Y_0}=\mathbf{1010}$。

3）优先编码器 74LS148 的应用

74LS148 编码器的应用是非常广泛的。例如，计算机键盘的内部就是一个字符编码器。它将键盘上的大、小写英文字母和数字、符号及一些功能键（回车、空格）等编成一系列的 7 位二进制代码，送到计算机的 CPU，然后再进行处理、存储、输出到显示器或打印机上。又如，用 74LS148 编码器监控炉罐的温度，若其中任何一个炉温超过标准温度或低于标准温度，则检测传感器输出一个 **0** 电平到 74LS148 编码器的输入端，编码器编码后输出 3 位二进制代码到微处理器进行控制。

3.4.4　译码器

译码是编码的逆过程，即将每一组输入二进制代码“翻译”成一个特定的输出信号。实现译码功能的数字电路称为译码器。译码器按照功能分为通用译码器和显示译码器。显示译码器按照显示材料分为荧光、发光二极管译码器和液晶显示译码器；按照显示内容分为文字、数字和符号译码器。

1. 二进制译码器

将二进制代码译成对应输出信号的电路称为二进制译码器，它有 2 线-4 线、3 线-8 线、4 线-16 线等多种类型。

常用的型号有 TTL 系列中的 54/74HC139、54/74LS138；CMOS 系列中的 54/74HC139、54/74HCT138 等。图 3-23 所示为 74LS138 的引脚图，其逻辑功能表如表 3-14 所示。

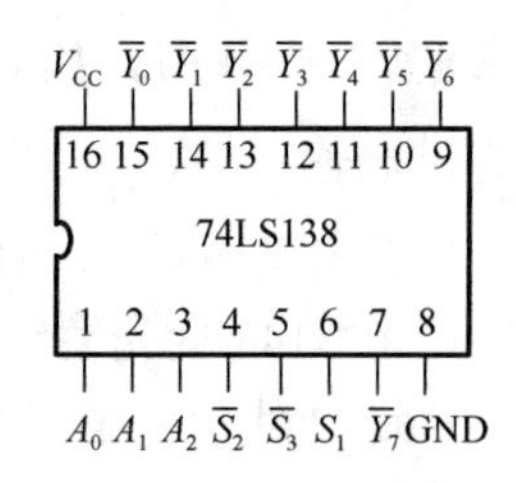

图 3-23　74LS138 译码器引脚图

表 3-14　74LS138 译码器功能表

输入					输出							
S_1	$\overline{S_2}+\overline{S_3}$	A_2	A_1	A_0	$\overline{Y_7}$	$\overline{Y_6}$	$\overline{Y_5}$	$\overline{Y_4}$	$\overline{Y_3}$	$\overline{Y_2}$	$\overline{Y_1}$	$\overline{Y_0}$
×	1	×	×	×	1	1	1	1	1	1	1	1
0	×	×	×	×	1	1	1	1	1	1	1	1
1	0	0	0	0	1	1	1	1	1	1	1	0
1	0	0	0	1	1	1	1	1	1	1	0	1
1	0	0	1	0	1	1	1	1	1	0	1	1
1	0	0	1	1	1	1	1	1	0	1	1	1
1	0	1	0	0	1	1	1	0	1	1	1	1
1	0	1	0	1	1	1	0	1	1	1	1	1
1	0	1	1	0	1	0	1	1	1	1	1	1
1	0	1	1	1	0	1	1	1	1	1	1	1

由功能表 3-14 可知，它能译出三个输入变量的全部状态。该译码器设置了 S_1、$\overline{S_2}$、$\overline{S_3}$ 三个使能输入端，当 S_1 为 **1** 且 $\overline{S_2}$、$\overline{S_3}$ 的和均为 **0** 时，译码器处于工作状态，否则译码器不工作。

2. 二-十进制译码器

将输入的 BCD 码译成 10 个十进制输出信号的电路，称为二-十进制译码器。

二-十进制译码器的输入是十进制数的 4 位二进制 BCD 码，分别用 A_3、A_2、A_1、A_0 表示；输出的是与 10 个十进制数字相应的 10 个信号，用 Y_0～Y_9 表示。由于二-十进制译码器有 4 根输入线，10 根输出线，因此又称为 4 线-10 线译码器。8421BCD 码二-十进制码译码器 74LS42 的真值表如表 3-15 所示。

表 3-15　74LS42 真值表

十进制数	输入				输出									
	A_3	A_2	A_1	A_0	$\overline{Y_0}$	$\overline{Y_1}$	$\overline{Y_2}$	$\overline{Y_3}$	$\overline{Y_4}$	$\overline{Y_5}$	$\overline{Y_6}$	$\overline{Y_7}$	$\overline{Y_8}$	$\overline{Y_9}$
0	0	0	0	0	0	1	1	1	1	1	1	1	1	1
1	0	0	0	0	1	0	1	1	1	1	1	1	1	1
2	0	0	1	1	1	1	0	1	1	1	1	1	1	1
3	0	0	1	1	1	1	1	0	1	1	1	1	1	1
4	0	1	0	0	1	1	1	1	0	1	1	1	1	1
5	0	1	0	1	1	1	1	1	1	0	1	1	1	1
6	0	1	1	0	1	1	1	1	1	1	0	1	1	1
7	0	1	1	1	1	1	1	1	1	1	1	0	1	1
8	1	0	0	0	1	1	1	1	1	1	1	1	0	1
9	1	0	0	1	1	1	1	1	1	1	1	1	1	0
无效输入	1	0	1	0	1	1	1	1	1	1	1	1	1	1
	1	0	1	1	1	1	1	1	1	1	1	1	1	1
	1	1	0	0	1	1	1	1	1	1	1	1	1	1
	1	1	0	1	1	1	1	1	1	1	1	1	1	1
	1	1	1	0	1	1	1	1	1	1	1	1	1	1
	1	1	1	1	1	1	1	1	1	1	1	1	1	1

表中，A_3、A_2、A_1、A_0 是输入的 8421BCD 码，$\overline{Y_0}$～$\overline{Y_9}$ 是译码输出。其中 **1010～1111** 六种状态没有使用，是无效状态，在正常工作状态下不会出现。

在中规模集成二-十进制译码器 74LS42 中，对 BCD 码采用了完全译码方案，即输出函数没有利用任意项化简。这样做的好处是，输入端代码出现无效状态时，译码器不予响应，各个输入信号之间没有约束。

采用完全译码方案的输出逻辑函数表达式，可直接由真值表 3-15 写出，分别为

$$\overline{Y_0} = \overline{\overline{A_3}\,\overline{A_2}\,\overline{A_1}\,\overline{A_0}}，\quad \overline{Y_1} = \overline{\overline{A_3}\,\overline{A_2}\,\overline{A_1}A_0}$$
$$\overline{Y_2} = \overline{\overline{A_3}\,\overline{A_2}A_1\overline{A_0}}，\quad \overline{Y_3} = \overline{\overline{A_3}\,\overline{A_2}A_1A_0}$$
$$\overline{Y_4} = \overline{\overline{A_3}A_2\overline{A_1}\,\overline{A_0}}，\quad \overline{Y_5} = \overline{\overline{A_3}A_2\overline{A_1}A_0}$$
$$\overline{Y_6} = \overline{\overline{A_3}A_2A_1\overline{A_0}}，\quad \overline{Y_7} = \overline{\overline{A_3}A_2A_1A_0}$$
$$\overline{Y_8} = \overline{A_3\overline{A_2}\,\overline{A_1}\,\overline{A_0}}，\quad \overline{Y_9} = \overline{A_3\overline{A_2}\,\overline{A_1}A_0}$$

3．显示译码器

显示译码器常见的是数字显示电路，通常由译码器、驱动器和显示器等组成。

1）显示器

数码显示器按显示方式分为有分段式、字形重叠式和点阵式。其中，七段数字显示器的应用最普遍，其发光段组合图如图 3-24 所示。图 3-25 所示的发光二极管显示器是数字电路中使用最多的显示器，它有共阳极和共阴极两种接法。图 3-25（b）所示为发光二极管的共阴极接法，共阴极接法是各发光二极管的阴极相接，对应阳极接高电平时亮。共阳极接法［图 3-25（c）］是各发光二极管阳极相接，对应阴极接低电平时亮。

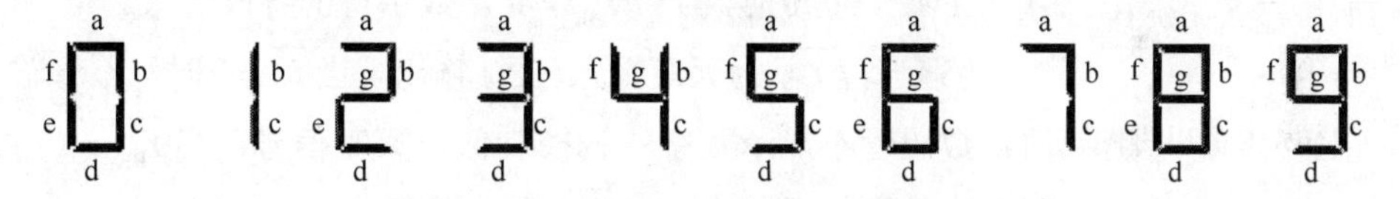

图 3-24　七段数字显示器发光段组合图

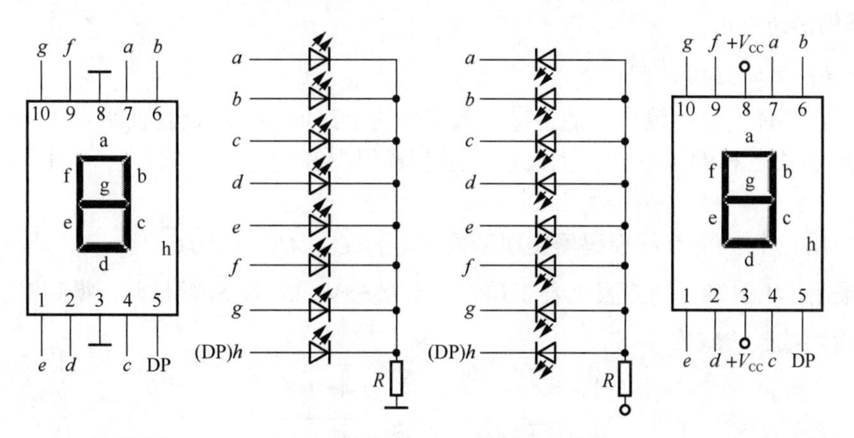

（a）LED引脚图　（b）共阴极接线图　（c）共阳极接线图　（d）共阳极LED引脚图

图 3-25　发光二极管显示器

2）集成电路 74LS48

图 3-26 为显示译码器 74LS48 的引脚图，表 3-16 所示为 74LS48 的逻辑功能表，它有三个辅助控制端 $\overline{\mathrm{LT}}$、$\overline{I_{\mathrm{BR}}}$、$\overline{I_{\mathrm{B}}}/\overline{Y_{\mathrm{BR}}}$。

表 3-16　74LS48 显示译码器的功能表

十进制数	输入							输出						
	$\overline{\mathrm{LT}}$	$\overline{I_{\mathrm{BR}}}$	A_3	A_2	A_1	A_0	$\overline{I_{\mathrm{B}}}/\overline{Y_{\mathrm{BR}}}$	Y_a	Y_b	Y_c	Y_d	Y_e	Y_f	Y_g
0	1	1	1	0	0	0	1	1	1	1	1	1	1	0
1	1	×	0	0	0	1	1	0	1	1	0	0	0	0
2	1	×	0	0	1	0	1	1	1	0	1	1	0	1
3	1	×	0	0	1	1	1	1	1	1	1	0	0	1
4	1	×	0	1	0	0	1	0	1	1	0	0	1	1
5	1	×	0	1	0	1	1	1	0	1	1	0	1	1
6	1	×	0	1	1	0	1	0	0	1	1	1	1	1
7	1	×	0	1	1	1	1	1	1	1	0	0	0	0
8	1	×	1	0	0	0	1	1	1	1	1	1	1	1
9	1	×	1	0	0	1	1	1	1	1	0	0	1	1
灭灯	×	×	×	×	×	×	0	0	0	0	0	0	0	0
灭零	1	0	0	0	0	0	0	0	0	0	0	0	0	0
试灯	0	×	×	×	×	×	1	1	1	1	1	1	1	1

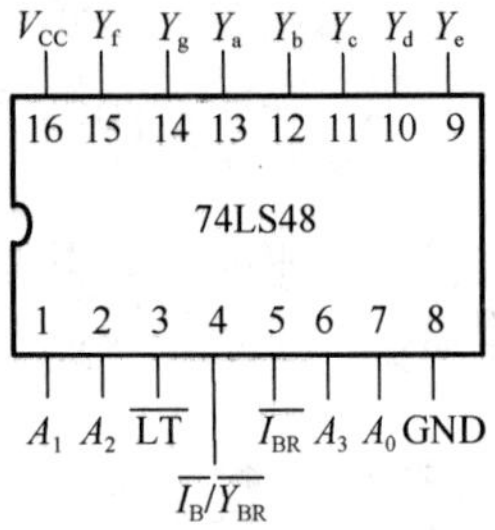

对上表的说明如下。

（1）$\overline{\mathrm{LT}}$ 为试灯输入，当 $\overline{\mathrm{LT}}=\mathbf{0}$，$\overline{I_{\mathrm{B}}}/\overline{Y_{\mathrm{BR}}}=\mathbf{1}$ 时，若七段均完好，显示字形是“8”，该输入端常用于检查 74LS48 显示器的好坏；当 $\overline{\mathrm{LT}}=\mathbf{1}$ 时，译码器方可进行译码显示。

（2）$\overline{I_{\mathrm{BR}}}$ 用来动态灭零，当 $\overline{\mathrm{LT}}=\mathbf{1}$，且 $\overline{I_{\mathrm{BR}}}=\mathbf{0}$，输入 $A_3A_2A_1A_0=\mathbf{0000}$ 时，$\overline{I_{\mathrm{B}}}/\overline{Y_{\mathrm{BR}}}=\mathbf{0}$，数字符的各段熄灭。

（3）$\overline{I_{\mathrm{B}}}/\overline{Y_{\mathrm{BR}}}$ 为灭灯输入/灭灯输出，当 $\overline{I_{\mathrm{B}}}=\mathbf{0}$ 时，不管输入如何，数码管不显示数字；为控制低位灭零信号，当 $\overline{Y_{\mathrm{BR}}}=\mathbf{1}$ 时，说明本位处于显示状态；若 $\overline{Y_{\mathrm{BR}}}=\mathbf{0}$，且低位为零，则低位零被熄灭。

图 3-26　74LS48 的引脚图

4. 译码器的应用

1）用译码器实现组合逻辑函数

由于二进制译码器的输出端能提供输入变量的全部最小项，而任何组合逻辑函数都可以变换为最小项之和的标准式，因此用二进制译码器和门电路可实现任何组合逻辑函数功能。

例 3.8 用一个 3 线-8 线译码器实现函数 $Y=\overline{A}\,\overline{B}\,\overline{C}+\overline{A}B\overline{C}+A\overline{B}\,\overline{C}$。

解：采用 74LS138，功能表见表 3-14，当 S_1 接+5V，$\overline{S_2}$ 和 $\overline{S_3}$ 接地时，得到对应输入端的输出逻辑函数表达式为

$$\overline{Y_0}=\overline{\overline{A_2}\,\overline{A_1}\,\overline{A_0}},\quad \overline{Y_1}=\overline{\overline{A_2}\,\overline{A_1}A_0}$$

$$\overline{Y_2}=\overline{\overline{A_2}A_1\overline{A_0}},\quad \overline{Y_3}=\overline{\overline{A_2}A_1A_0}$$

$$\overline{Y_4}=\overline{A_2\overline{A_1}\,\overline{A_0}},\quad \overline{Y_5}=\overline{A_2\overline{A_1}A_0}$$

$$\overline{Y_6}=\overline{A_2A_1\overline{A_0}},\quad \overline{Y_7}=\overline{A_2A_1A_0}$$

若将输入变量 A、B、C 分别代替 A_2、A_1、A_0，则可得到函数 Y 的逻辑函数表达式为

$$
\begin{aligned}
Y &= \overline{A}\,\overline{B}\,\overline{C} + A\overline{B}\,\overline{C} + \overline{A}B\overline{C} \\
&= \overline{\overline{\overline{A}\,\overline{B}\,\overline{C}} \cdot \overline{A\overline{B}\,\overline{C}} \cdot \overline{\overline{A}B\overline{C}}} \\
&= \overline{\overline{Y}_0\overline{Y}_4\overline{Y}_2}
\end{aligned}
$$

可见，用 3 线-8 线译码器再加上一个与非门就可实现函数 Y 的逻辑功能，其电路图如图 3-27 所示。

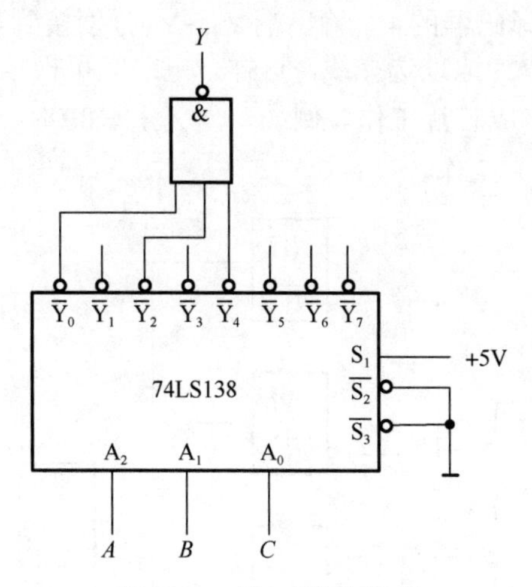

图 3-27　例 3.8 的电路图

2）译码器的功能扩展

如果将使能端作为变量输入端，还可以扩展译码输入端的位数，扩大芯片的功能。例如，用两片 74LS138 组成 4 线-16 线译码器，其逻辑电路图如图 3-28 所示。

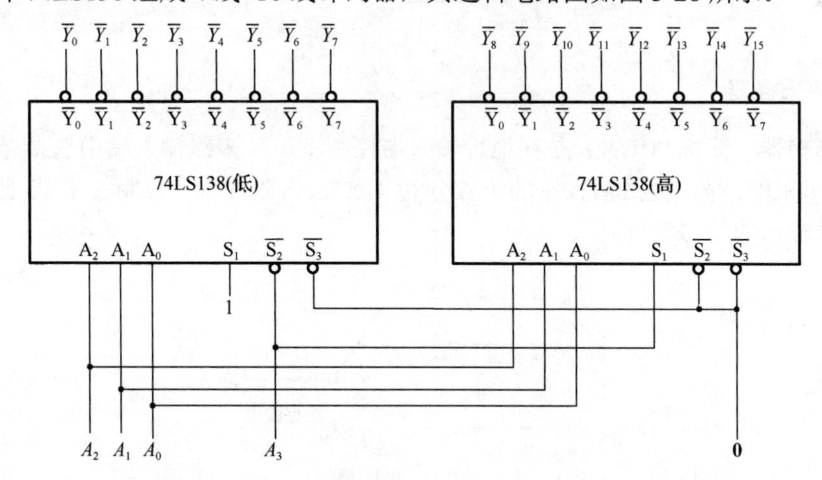

图 3-28　两片 74LS138 组成的 4 线-16 线译码器逻辑电路图

将高位片的 S_1 和低位片的 $\overline{S_2}$ 相连作 A_3，同时将低位片的 $\overline{S_3}$ 和高位片 $\overline{S_2}$ 、$\overline{S_3}$ 相连作使能端 $\overline{S}$，便组成了 4 线-16 线译码器。

工作情况为：当 $\overline{S}=\mathbf{1}$ 时，两个译码器都不工作，输出 $\overline{Y}_{15}$～$\overline{Y}_0$ 都为高电平 **1**。当 $\overline{S}=\mathbf{0}$ 时，译码器工作。此时，当 $A_3=\mathbf{0}$ 时，低位片工作，这时，输出 $\overline{Y}_7$～$\overline{Y}_0$ 由输入二进制代码 $A_2A_1A_0$

决定。由于高位片的 $S_1 = A_3 = \mathbf{0}$ 而不能工作，输出 $\overline{Y}_{15} \sim \overline{Y}_8$ 又都为高电平 **1**。当 $A_3 = \mathbf{1}$ 时，低位片的 $\overline{S_2} = A_3 = \mathbf{1}$ 不工作，输出 $\overline{Y}_7 \sim \overline{Y}_0$ 都为高电平 **1**。高位片的 $S_1 = A_3 = \mathbf{1}$，$\overline{S_3} = \overline{S_2} = \mathbf{0}$，处于工作状态，输出 $\overline{Y}_{15} \sim \overline{Y}_8$ 由输入二进制代码 $A_2A_1A_0$ 决定。

综上所述，该电路实现了 4 线-16 线译码器的功能。

3）译码器作为其他芯片的片选信号

如果使若干片集成芯片轮流工作，方法之一是利用译码器的输出提供片选信号。例如，在图 3-29 中，将 2 位二进制译码器的 4 个输出端 $\overline{Y}_0 \sim \overline{Y}_3$ 分别接到 4 片集成芯片的使能端 $\overline{EN}$ 上，将译码器输入端 A_1A_0 作为地址选择线，这样，电路就可根据输入地址码 A_1A_0 的不同取值，轮流选中其中的一片集成芯片工作。例如，当 $A_1A_0 = \mathbf{00}$ 时，选中片（1）工作，……，当 $A_1A_0 = \mathbf{11}$ 时，选中片（4）工作。

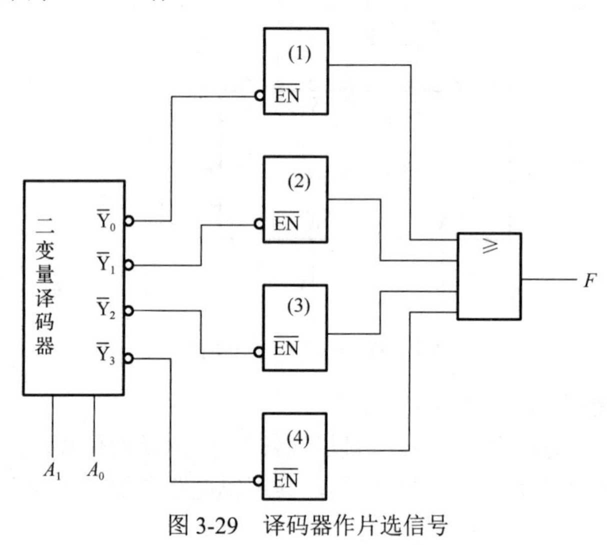

图 3-29　译码器作片选信号

3.4.5　数据选择器

数据选择器（简称 MUX）是在地址输入端控制下，从多路输入端中选择一个输入端的数据作为输出信号，根据输入端的个数分为 4 选 1、8 选 1 等。实际上相当于如图 3-30 所示的多个输入的单刀多掷开关。

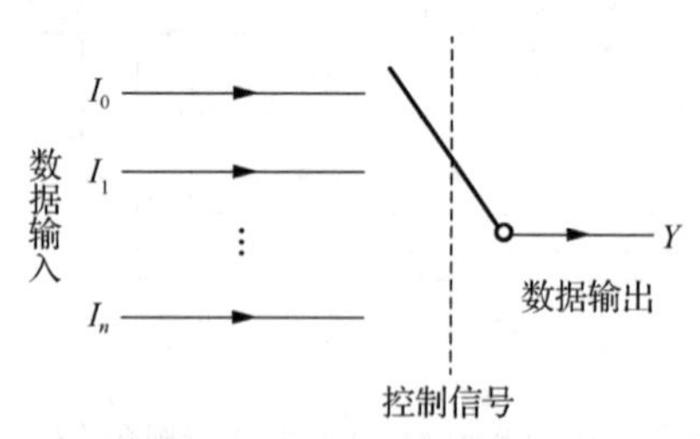

图 3-30　数据选择器示意图

图 3-31 所示是 4 选 1 数据选择器的电路图和符号。其中 A_1、A_0 为控制数据准确传送的地址输入信号，$D_0 \sim D_3$ 供选择的电路并行输入信号，$\overline{EN}$ 为选通端或使能端，低电平有效。当 $\overline{EN} = \mathbf{1}$ 时，选择器不工作，禁止数据输入。$\overline{EN} = \mathbf{0}$ 时，选择器正常工作，允许数据选通。

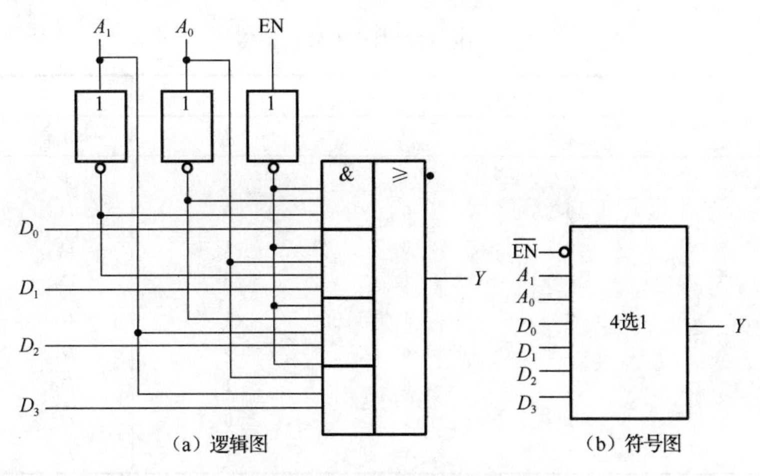

图 3-31　4 选 1 数据选择器

由图可写出 4 选 1 数据选择器输出逻辑函数表达式为

$$Y = (\overline{A_1}\,\overline{A_0}D_0 + \overline{A_1}A_0D_1 + A_1\overline{A_0}D_2 + A_1A_0D_3)\overline{\mathrm{EN}}$$

由逻辑函数表达式可列出功能表，如表 3-17 所示。

表 3-17　4 选 1 数据选择器功能表

输入			输出
$\overline{\mathrm{EN}}$	$\overline{A_1}$	$\overline{A_0}$	Y
1	×	×	0
0	0	0	D_0
0	0	1	D_1
0	1	0	D_2
0	1	1	D_3

1. 集成数据选择器

74LS151 是一种典型的集成 8 选 1 数据选择器。图 3-32 所示是 74LS151 的引脚图。它有三个地址输入端 $A_2A_1A_0$，可选择 D_0～D_7 八个数据，具有两个互补输出端 W 和 $\overline{W}$。其功能表如表 3-18 所示。

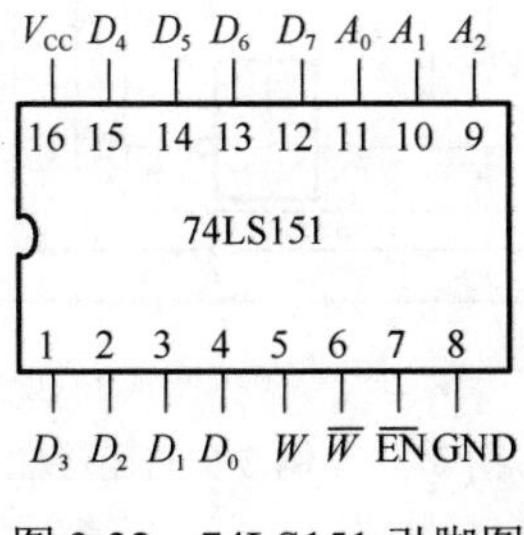

图 3-32　74LS151 引脚图

表 3-18　74LS151 的功能表

$\overline{EN}$	输　入			输出	
	A_2	A_1	A_0	W	$\overline{W}$
1	×	×	×	**0**	**1**
0	**0**	**0**	**0**	D_0	$\overline{D_0}$
0	**0**	**0**	**1**	D_1	$\overline{D_1}$
0	**0**	**1**	**0**	D_2	$\overline{D_2}$
0	**0**	**1**	**1**	D_3	$\overline{D_3}$
0	**1**	**0**	**0**	D_4	$\overline{D_4}$
0	**1**	**0**	**1**	D_5	$\overline{D_5}$
0	**1**	**1**	**0**	D_6	$\overline{D_6}$
0	**1**	**1**	**1**	D_7	$\overline{D_7}$

2. 数据选择器的扩展

例 3.9　用两片 74LS151 连接成一个 16 选 1 的数据选择器。

解： 16 选 1 的数据选择器的地址输入端有 4 位 $A_3A_2A_1A_0$，最高位 A_3 的输入可以由两片 8 选 1 数据选择器的使能端接非门来实现，低 3 位地址输入端由两片 74LS151 的地址输入端相连而成，连接图如图 3-33 所示。由表 3-18 知，当 $A_3=\mathbf{0}$ 时，低位片 74LS151 工作，根据地址控制信号 $A_3A_2A_1A_0$ 选择数据 $D_0\sim D_7$ 输出；当 $A_3=\mathbf{1}$ 时，高位片工作，选择 $D_8\sim D_{15}$ 进行输出。

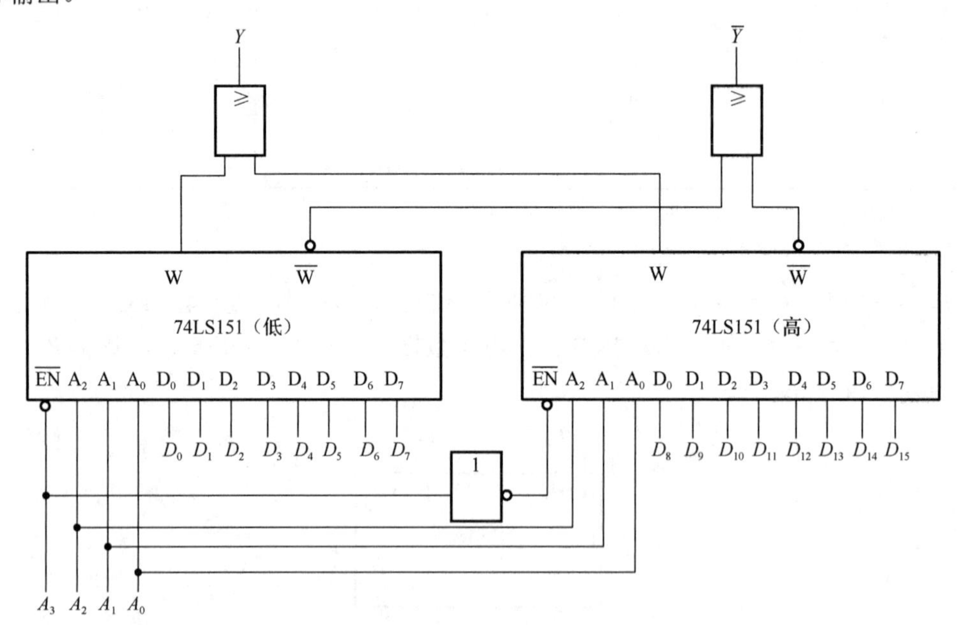

图 3-33　例 3.9 的连接图

3. 数据选择器的应用

当使能端有效时，利用数据选择器分别将地址输入、数据输入赋予逻辑函数中的变量，从而实现具有一定逻辑功能的逻辑函数。

1）地址变量数等于逻辑变量数时

因为数据选择器的输出逻辑函数表达式为 $Y=\sum_{i=0}^{2^n-1} m_i D_i$，式中 m_i 是地址变量的最小项，而 $m_i D_i$ 仅比逻辑函数的最小项多了一个因子 D_i，故只有令地址变量为逻辑变量，并设法令与函数所含的最小项相对应的 $D_i=\mathbf{1}$，与函数未含的最小项相对应的 $D_i=\mathbf{0}$，就可以用数据选择器来产生逻辑函数了。

例 3.10　试用 8 选 1 数据选择器 74LS151 产生逻辑函数 $Y=AB\overline{C}+\overline{A}BC+\overline{A}\,\overline{B}$。

解：把逻辑函数变换成最小项表达式为

$$\begin{aligned}Y&=AB\overline{C}+\overline{A}BC+\overline{A}\,\overline{B}\\&=AB\overline{C}+\overline{A}BC+\overline{A}\,\overline{B}C+\overline{A}\,\overline{B}\,\overline{C}\\&=m_0+m_1+m_3+m_6\end{aligned}$$

8 选 1 数据选择器的输出逻辑函数表达式为

$$\begin{aligned}Y=&\overline{A_2}\,\overline{A_1}\,\overline{A_0}D_0+\overline{A_2}\,\overline{A_1}A_0D_1+\overline{A_2}A_1\overline{A_0}D_2+\overline{A_2}A_1A_0D_3+A_2\overline{A_1}\,\overline{A_0}D_4\\&+A_2\overline{A_1}A_0D_5+A_2A_1\overline{A_0}D_6+A_2A_1A_0D_7\\=&m_0D_0+m_1D_1+m_2D_2+\cdots+m_6D_6+m_7D_7\end{aligned}$$

若将式中 A_2、A_1、A_0 用 A、B、C 来代替，比较上两式可得，$D_0=D_1=D_3=D_6=\mathbf{1}$，$D_2=D_4=D_5=D_7=\mathbf{0}$。画出该逻辑函数的电路图，如图 3-34 所示。

2）地址变量数 n 小于逻辑函数 m 时

要用 n 个地址变量来反映 m 个变量函数的最小项，则必定会在函数的最小项中缺少（$m-n$）个因子，但由式 $Y=\sum_{i=0}^{2^n-1} m_i D_i$ 可知，只要设法将 D_i 当作所缺的因子，就可用此数据选择器来产生逻辑函数了。当然，从 N 中选出的 n 个变量不同时，数据选择器输入端的连接方式也会不同。下面举例说明。

例 3.11　用 4 选 1 数据选择器实现函数 $F=\overline{A}BC+A\overline{B}C+AB\overline{C}+ABC$。

解：将逻辑变量 A、B 作为地址变量 A_1、A_0，逻辑变量 C 将在数据输入端 D_i 中反映，按照 4 选 1 选择器的逻辑函数表达式，将函数转化为

$$\begin{aligned}F&=\overline{A}\,\overline{B}\cdot\mathbf{0}+\overline{A}B\cdot C+A\overline{B}\cdot C+AB(\overline{C}+C)\\&=\overline{A}\,\overline{B}\cdot\mathbf{0}+\overline{A}B\cdot C+A\overline{B}\cdot C+AB\cdot\mathbf{1}\end{aligned}$$

4 选 1 数据选择器的输出表达式为

$$Y=\overline{A_1}\,\overline{A_0}D_0+\overline{A_1}A_0D_1+A_1\overline{A_0}D_2+A_1A_0D_3$$

将上两式作比较，可得

$$D_0=\mathbf{0},\quad D_1=C,\quad D_2=C,\quad D_3=\mathbf{1}$$

可用两个地址变量的 4 选 1 数据选择器来实现 3 变量的逻辑函数，其电路图如图 3-35 所示。

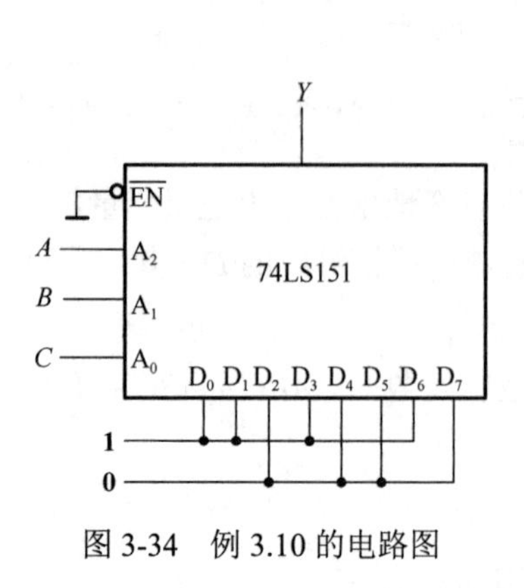

图 3-34　例 3.10 的电路图

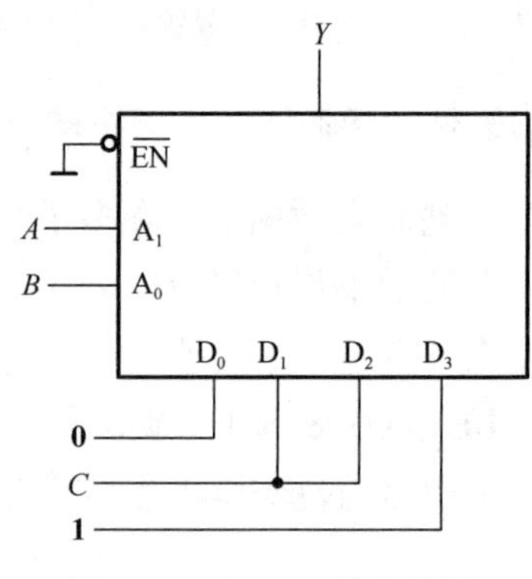

图 3-35　例 3.11 的电路图

3.4.6 数据分配器

数据分配器的功能和数据选择器相反，它能根据地址信号将某一路输入数据按需要分配到多路装置中某一对应的输入端。它有一个数据输入端，多个数据输出端及与输出端数相对应的地址输入端。它的功能类似于一个多输出的单刀多掷开关，图 3-36 形象地说明了数据选择器和数据分配器组合起来，可实现多路分配，即在一条信号线上传送多路信号，这种分时传送多路数字信息的方法在数字系统中经常被采用。

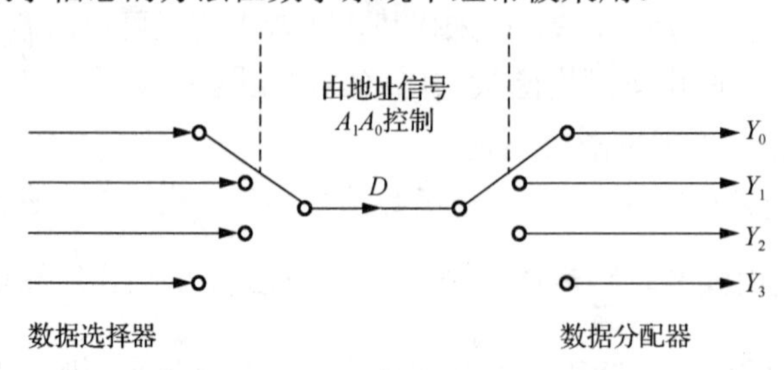

图 3-36　4 路数据分配器示意图

由图可以看出，经由数据总线送来的数 D，根据 A_1A_0 的地址输入信号，分配到相应的输出端 Y_0～Y_3，其功能表如表 3-19 所示。

表 3-19　4 路数据分配器功能表

A_1	A_0	Y_0	Y_1	Y_2	Y_3
0	**0**	D_0	**0**	**0**	**0**
0	**1**	**0**	D_1	**0**	**0**
1	**0**	**0**	**0**	D_2	**0**
1	**1**	**0**	**0**	**0**	D_3

由上述分析可以看出，数据分配器的电路结构类似于带使能端的译码器，所不同的是多了一个输入端。实际上可以用译码器集成芯片充当数据分配器，如图 3-37 所示。

将 $\overline{S_3}$ 接低电平，S_1 作为使能端，A_2、A_1 和 A_0 作为选择通道地址输入，$\overline{S_2}$ 作为数据输入端时，译码器便成为一个数据分配器。例如，当 $S_1=\mathbf{1}$，D=**0** 时，$S_1\overline{S_2}\,\overline{S_3}=\mathbf{100}$，译码器允许译码。如果这时 $A_2A_1A_0=\mathbf{010}$，则相应的 $\overline{Y_2}$ 端输出低电平，即 $\overline{Y_2}=\mathbf{0}$，数据 D 从 $\overline{Y_2}$ 端同向输出。当 $S_1=\mathbf{1}$，D=**1** 时，$S_1\overline{S_2}\,\overline{S_3}=\mathbf{110}$，译码器禁止译码，电路无输出，这时各输出

端（包括$\overline{Y_2}$端在内）均为高电平，即数据 D 从$\overline{Y_2}$端同向输出。

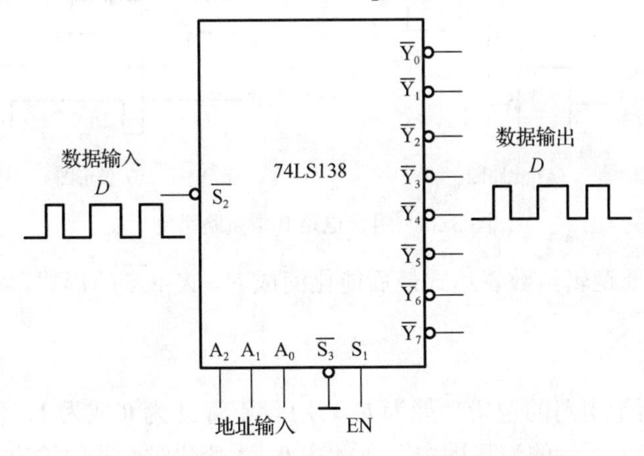

图 3-37　74LS138 构成的 1～8 路数据分配器

3.4.7　组合逻辑电路中的竞争-冒险

1. 竞争-冒险的概念

前面讨论的组合逻辑电路设计是在理想情况下进行的，即都是在稳态情况下研究如何实现输入与输出之间的逻辑关系，并没有考虑电路中连线及逻辑门的延迟时间，也没有考虑电路中信号变化的过渡时间，即没有考虑瞬态的工作情况。事实上信号经过导线及门电路的传输需要一定的响应时间，信号的变化也存在一定的过渡时间，多个信号发生变化时，也可能有先后快慢的差别。由于各个门电路的传输时间差异，或者输入信号经过不同的路径（即门的级数）造成了传输时间的差异，这种现象成为竞争。竞争的结果就有可能使真值表所描述的逻辑关系受到短暂的破坏，产生错误的输出，也有可能在输出端出现过渡过程中的干扰脉冲，常被称为尖脉冲或称毛刺，此现象称为冒险。

2. 竞争-冒险的产生

本节仅讨论常见的一个变量的竞争-冒险，多变量的竞争-冒险比较复杂，在此不做讨论。为分析方便，讨论时假设各个门电路的传输延迟时间 t 均相等。

根据干扰脉冲的极性不同，冒险可分为 **0** 型冒险和 **1** 型冒险。

1）**0** 型冒险

图 3-38（a）所示电路的逻辑功能为$F = A + \overline{A}$。不管 A 为 **0** 或为 **1**，稳态输出 F 总为 **1**。但是，在图 3-38（b）所示的波形图中，当 A 由 **1→0** 变化时，非门输出$\overline{A}$应由 **0→1**，由于非门的延迟，使$\overline{A}$的变化滞后于 A 的变化。这样在或门的两个输入端上便会出现同时为 **0** 的一段时间，从而在输出端将出现一个短暂的 **0** 脉冲，即发生了瞬时的错误输出。因为此干扰脉冲是负向的，故称为 **0** 型冒险。

当然 A 变量竞争的结果也可能不冒险。例如，当 A 信号由低电平突变到高电平时，虽然非门和或门的输出不能跟着 A 一起突变，但仍然有$F = A + \overline{A} = \mathbf{1}$（高电平），而无冒险产生，如图 3-38（b）所示。

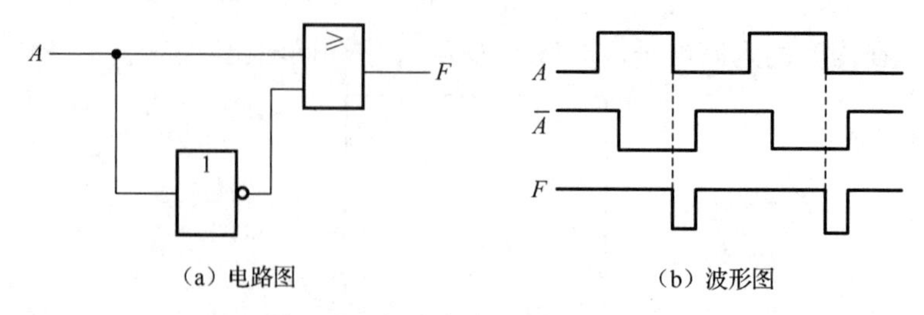

图 3-38　组合电路 0 型冒险举例

由此可知，只要逻辑函数表达式最后能化简成 $F = X + \overline{X}$ 的形式，在 X 发生变化时，就可能存在 **0** 型冒险。

2）**1** 型冒险

图 3-39（a）所示电路的逻辑功能为 $F = A\overline{A}$。不管 A 为 **0** 或为 **1**，稳态输出 F 总为 **0**。但是，在图 3-39（b）所示的波形图中，当 A 由 **0→1** 变化时，非门输出 $\overline{A}$ 应由 **1→0**，由于非门的延迟，使 $\overline{A}$ 的变化滞后于 A 的变化。这样在或门的两个输入端上便会出现同时为 **1** 的一段时间，从而在输出端出现一个短暂的 **1** 脉冲，即发生了瞬时的错误输出。因为此干扰脉冲是正向的，故称为 **1** 型冒险。

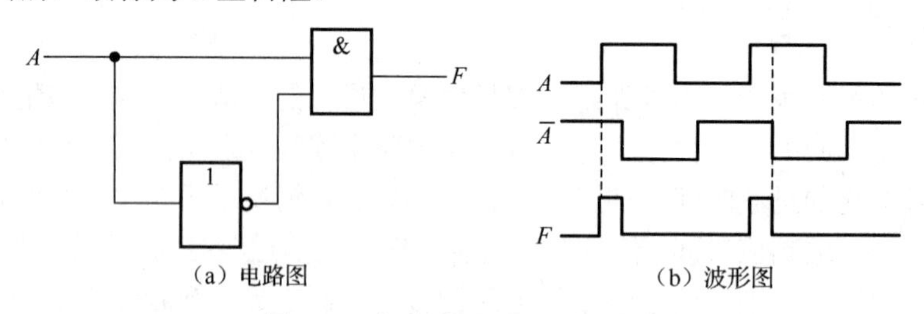

图 3-39　组合电路 **1** 型冒险举例

由图中也可看出，当信号 A 由高电平变到低电平的瞬间，无冒险产生。

由此可知，只要逻辑函数表达式最后能化简成 $F = X\overline{X}$ 的形式，在 X 发生变化时，就可能存在 **1** 型冒险。

3. 竞争-冒险的判别及消除

1）竞争-冒险的判别

检查一个组合电路中是否存在竞争-冒险，有多种方法。对简单的组合电路，一般可采用代数法、卡诺图法来判别。对那些复杂的组合电路，通常需要采用实验的方法来判别。

（1）代数法是在逻辑表达式中找出具有竞争能力的变量（既含有一个变量的原变量又含有该变量的反变量），然后改变其他变量的值，求出相应的输出函数表达式，如果式中出现 $X + \overline{X}$ 或 $X\overline{X}$ 的形式，则可能存在竞争-冒险。例如，判断 $F = AB + A\overline{B}C$ 是否存在竞争-冒险。由函数表达式看出，变量 B 具有竞争能力，当 A=C=**1** 时，$F = B + \overline{B}$，电路中可能存在 **0** 型冒险。

（2）卡诺图判别法：凡在卡诺图中存在两个卡诺圈相切（相邻而不相交），则该逻辑函数可能产生冒险现象。例如，用卡诺图法判别 $F = AC + \overline{A}B$ 的冒险情况。函数 F 的卡诺图如图 3-40 所示，图中两个卡诺圈相切处 B=C=**1**，故当 A 变量变化时可能产生冒险。

（3）实验的方法就是在电路的输入端加入使输入变量可能发生突变的波形，观察输出是否有干扰脉冲。也可用计算机辅助分析法，在计算机上运用数字电路的模拟程序，迅速查找是否存在干扰脉冲。

2）竞争-冒险的消除

对于某一数字电路在竞争-冒险存在的情况下，有竞争能力的变量发生变化时可能会产生错误的输出，应该设法消除。消除竞争-冒险常用的方法有：引入选通脉冲、接入滤波电容、修改逻辑设计等。

在电路的输入端引入选通脉冲，选通脉冲使静态时电路工作，动态时电路封锁。例如，在图 3-3（a）中的电路中，引入一个选通脉冲 S，如图 3-41 所示。当有冒险时，选通信号 S=**1**，将或门封住，待电路稳定后，再让选通信号 S=0，使电路有正常的输出。

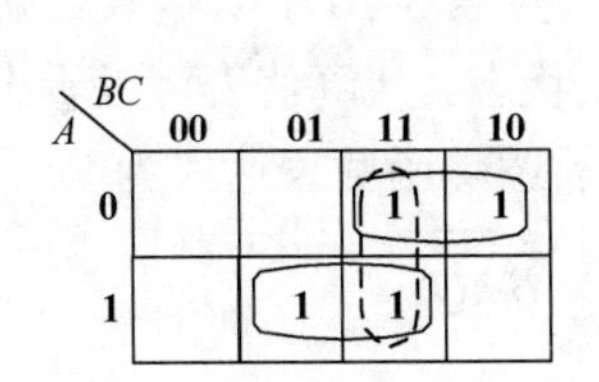

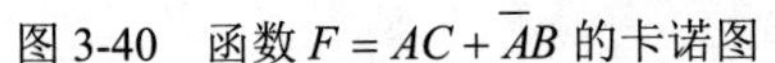

图 3-40　函数 $F = AC + \overline{A}B$ 的卡诺图

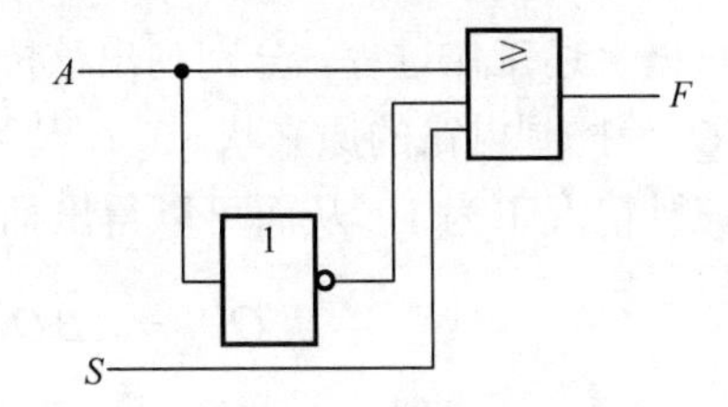

图 3-41　引入选通脉冲消除冒险逻辑电路图

由于竞争-冒险所产生的干扰脉冲一般很窄，可以在输出端并联一个很小的滤波电容，将很窄的干扰脉冲吸收，从而消除干扰脉冲，即消除竞争-冒险。

对于简单的逻辑电路可以采用修改逻辑设计的方法消除竞争-冒险，用增加多余项的方法消去互补变量 $X + \overline{X}$ 和 $X\overline{X}$。例如，逻辑函数 $F = AC + \overline{A}B$，当 B=C=**1** 时，$F = A + \overline{A}$，电路中可能存在 **0** 型冒险。由于 $F = AC + \overline{A}B + BC = AC + \overline{A}B$，设法增加一个多余项 BC，就可使 F 恒为 **1**，从而消除冒险现象。从图 3-40 所示的卡诺图上看，就是在两个卡诺圈相切处增加一个 BC 圈，这样，在 B=C=**1** 时，可使 A 变量的变化在 BC 圈内部移动，而不会从一个圈跳入另一个圈。

由此可知，最简单、最经济的设计并不一定就是最佳的设计方案，只有在最简的基础上，加入必要的多余项，能够消除掉冒险，才算是最佳的设计。

3.5　应用举例——抽水电动机数控电路

抽水电动机数控电路是一个实用性很强的电路，其自动控制原理图如图 3-42 所示。

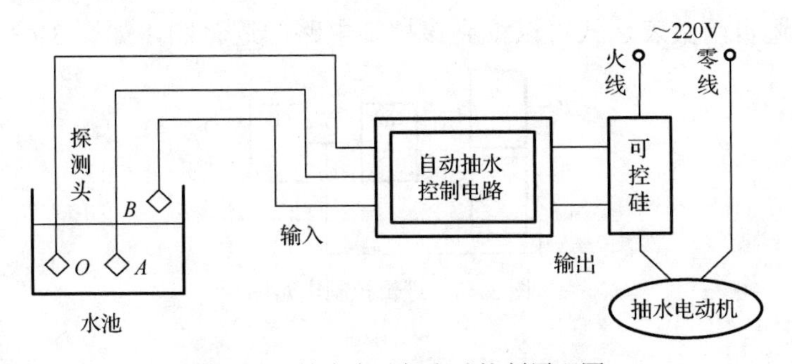

图 3-42　抽水电动机自动控制原理图

（1）当水池里没有水时，A 和 B 两个探测头都与探头 O 不相通，则 A 和 B 输入都为低电平，此时不管控制电路原来是什么状态，输出都为高电平，控制可控硅导通，使得电动机接通电源进行抽水。

（2）当水池里的水浸到 *A* 探头而未浸到 *B* 探头时，由于水里含有少量的电解质，会导电，*A*、*O* 相通，*A* 为高电平，*B* 为低电平，此时控制电路就要分析当时抽水机是处在“抽水”状态还是处在“非抽水”状态。如果当时处于“抽水”状态，则控制电路输出高电平，电动机继续抽水；如果当时处于“非抽水”状态，则输出低电平，电动机不抽水。

（3）当水池里的 *A*、*B*、*O* 三个探头都浸到水中时，*A*、*B* 探头都与 *O* 探头相通，*A*、*B* 都为高电平，此时不管控制电路原来是什么状态，输出都为低电平，使得可控硅截止，控制电动机停止抽水。

根据上述工作过程，分别列出该控制电路的功能表（见表 3-20），真值表（见表 3-21），设以 Q^n 为控制电路的原来状态，Q^{n+1} 为控制电路的现在状态。从真值表可以看出，控制电路在三种情况下为 **1**，从而可以得出抽水自动控制电路的逻辑函数表达式为

$$Q^{n+1}=\overline{A}\,\overline{B}\,\overline{Q}^n+\overline{A}\,\overline{B}Q^n+A\overline{B}Q^n=\overline{\overline{B}\,\overline{A\overline{Q}^n}}$$

表 3-20　功能表

探头 *A*	探头 *B*	电路原态	电路现态
不浸	不浸	不抽	抽水
浸水	不浸	抽水	抽水
浸水	不浸	不抽	不抽
浸水	浸水	不抽	停止
不浸	浸水	不会出现	不会出现

表 3-21　真值表

A	*B*	Q^n	Q^{n+1}
0	**0**	**0**	**1**
0	**0**	**1**	**1**
1	**0**	**1**	**1**
1	**0**	**0**	**0**
1	**1**	**0**	**0**
1	**1**	**1**	**0**
0	**1**	无	无

根据上述逻辑函数表达式可以得到该控制电路的逻辑图，如图 3-43 所示。

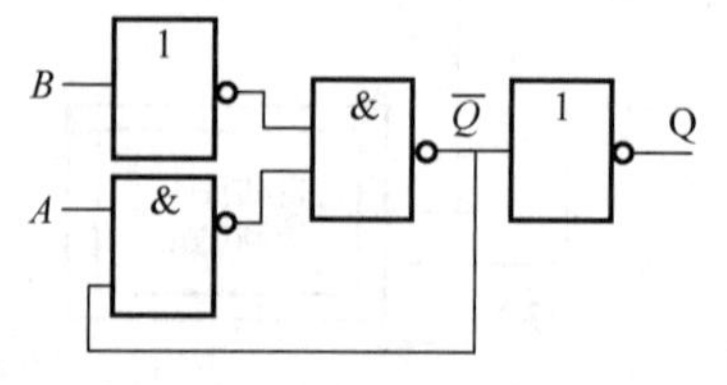

图 3-43　逻辑控制电路图

3.6　计算机辅助电路分析举例

3.6.1　译码显示电路仿真分析

译码显示电路是将输入的二进制码转换为七段 LED 数码显示器相应的电平，并通过七段 LED 数码显示器显示出相应的数码。根据显示要求的不同，通常有十六进制的显示译码器和 BCD 显示译码器。常用的显示译码器有 4511、774LS48 等。

图 3-44 所示为 4511 构成的译码显示器测试电路。它是一种 BCD 译码驱动器。图中 DA～DD 的输入由数字信号发生器输入。

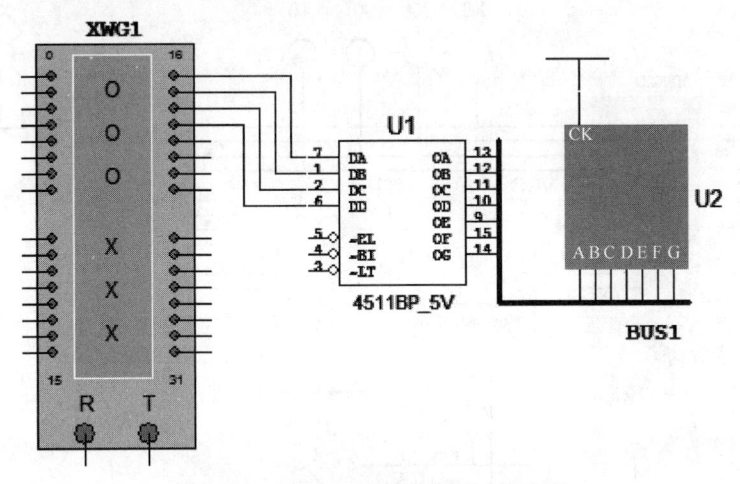

图 3-44　4511 译码显示器测试电路图

按照图 3-44 所示电路要求，在 Multisim 中绘制相应的电路。按照表 3-22 所示的输入状态要求，改变输入状态后观察数码管的显示。

表 3-22　4511 测试功能表

$\overline{LT}$	$\overline{BI}$	LE	DD～DA	备注
0	×	×	××××	试灯
1	**0**	×	××××	灭灯
1	**1**	**1**	××××	保持
1	**1**	**0**	**0000**	正常显示
1	**1**	**0**	**0001**	正常显示
1	**1**	**0**	**0010**	正常显示
1	**1**	**0**	**0011**	正常显示
1	**1**	**0**	**0100**	正常显示
1	**1**	**0**	**0101**	正常显示
1	**1**	**0**	**0110**	正常显示
1	**1**	**0**	**0111**	正常显示
1	**1**	**0**	**1001**	正常显示
1	**1**	**0**	**1010～1111**	非 BCD 码

当 DD～DA 的输入在 **1010～1111** 时，尽管其他使能端处于正常工作状态，但由于这些码不是 BCD 码，因此数码显示器上不显示内容。

3.6.2　数据选择器电路仿真分析

数据选择器逻辑功能是从一组输入数据中选出某一个输出。双 4 选 1 数据选择器 74LS153 包含两个 4 选 1 数据选择器。它们有公共的地址输入端，而数据输入端、输出端及使能控制端是独立的。给定地址代码，就能从四个输入数据中选出相应的一个，从输出端 *Y* 输出。

建立数据选择器 74LS153 仿真实验电路，如图 3-45 所示。地址输入开关设置为由键盘的 A、B 键控制。控制端的开关用键盘的空格键控制。数据输入由字符发生器产生，字符发生器选择按递增编码 Up counter 输出，起始值选择 0000，终值选择 000F，频率选择 2Hz。输入、输出均用逻辑探针监视。

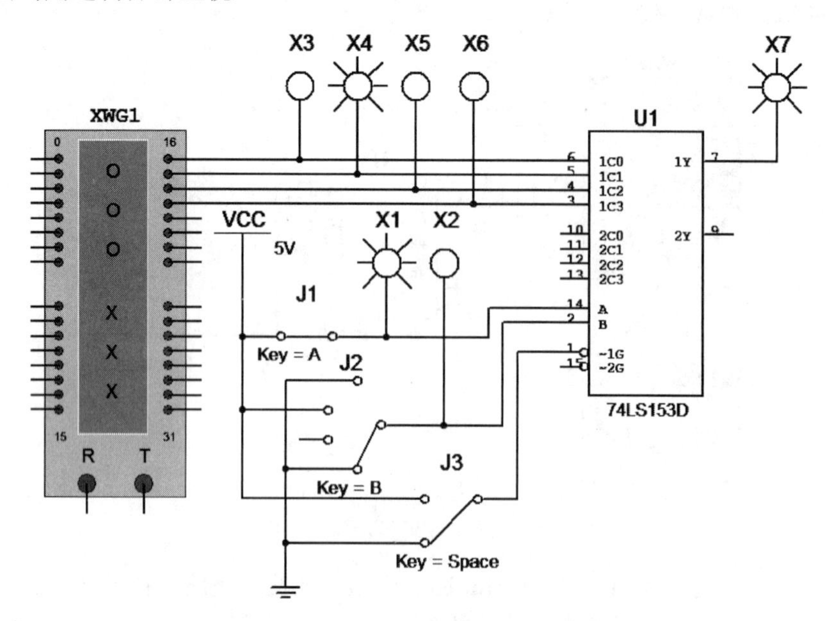

图 3-45　双 4 选 1 数据选择器 74LS153 电路图

打开仿真开关，单击字符发生器循环 Cycle 按钮，四个输入信号逻辑探针将按不同频率闪烁。通过空格键控制，令～1G=**1**，再按 A、B 键改变地址输入 BA，观察输出 1Y 有无变化。

令～1G=**0**，通过按 A、B 键改变地址输入 BA，观察监视输出 lY 逻辑探针的闪烁频率，与输入加以比较，并记录下来。

数据选择器 74LS153 仿真实验结果如表 3-23 所示。控制信号低电平有效，控制信号～1G 为低电平时，电路处于工作状态；控制信号～1G 为高电平时，无论地址码是什么，输出总为 0。

表 3-23　74LS153 功能测试真值表

~1G	*B*	*A*	1*Y*
1	×	×	0
0	**0**	**0**	1C0
0	**0**	**1**	1C1
0	**1**	**0**	1C2
0	**1**	**1**	1C3

3.6.3　组合电路中竞争-冒险现象仿真分析

建立如图 3-46 所示组合电路，并写出逻辑表达式：$Y = AB + \overline{A}C$，输入 B、C 均接高电平，输入 A 接时钟，时钟频率设为 10Hz。用示波器观察输入 A 与输出 Y。

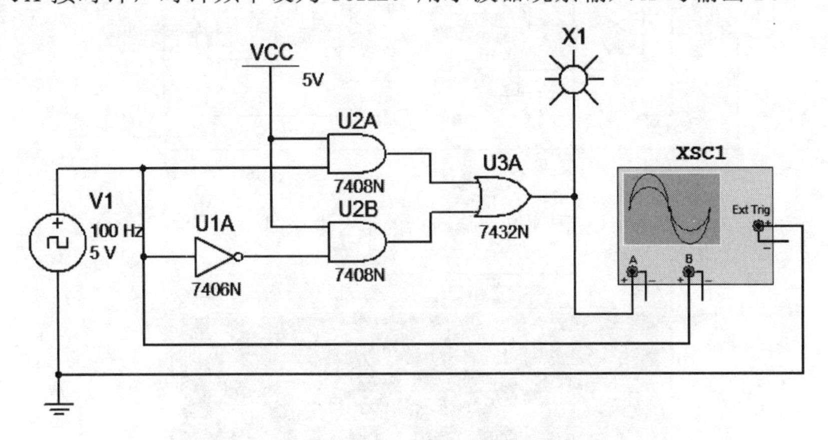

图 3-46　组合电路图

当 B=C=**1** 时，组合电路的输出表达式 Y=**1**，即输出始终为高电平，但是输出波形出现负尖脉冲，如图 3-47 所示，电路有竞争-冒险现象。

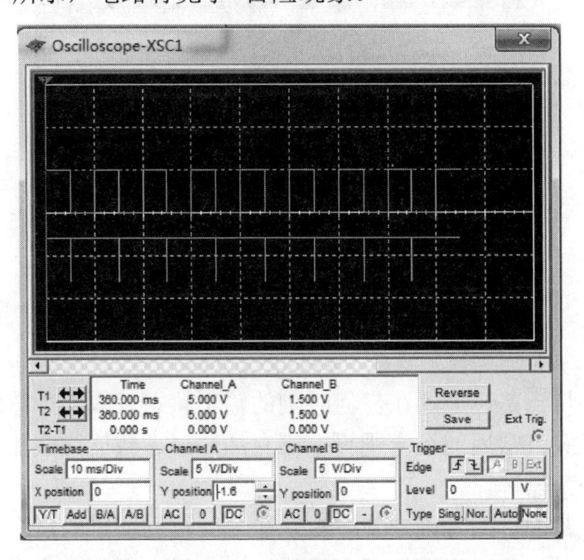

图 3-47　图 3-46 组合电路输入、输出波形图

可以采用修改设计的方法消除组合电路的竞争-冒险现象，然后再进行观察。由于电路输出 $Y = AB + \overline{A}C$，当 B=C=**1** 时，如果 A 发生变化，就会产生竞争冒险。修改设计，增加 BC 项，即 $Y = AB + \overline{A}C + BC$。当 B=C=1 时，无论 A 如何变化，Y 始终保持为 **1**，不会再出现竞争-冒险现象。修改后的电路图如图 3-48 所示。用示波器观察波形，如图 3-49 所示，竞争-冒险现象消除了。

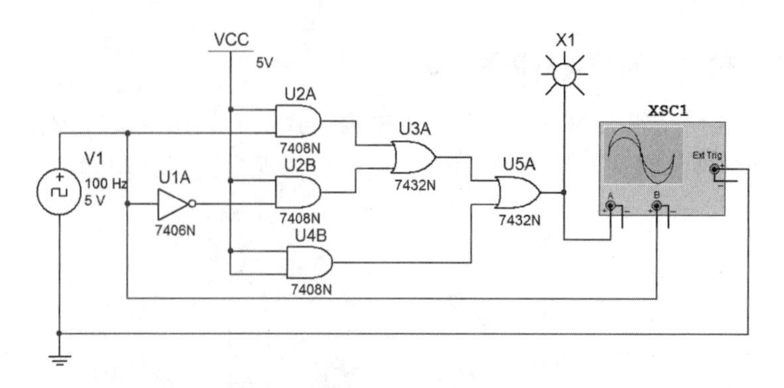

图 3-48　修改后的组合电路图

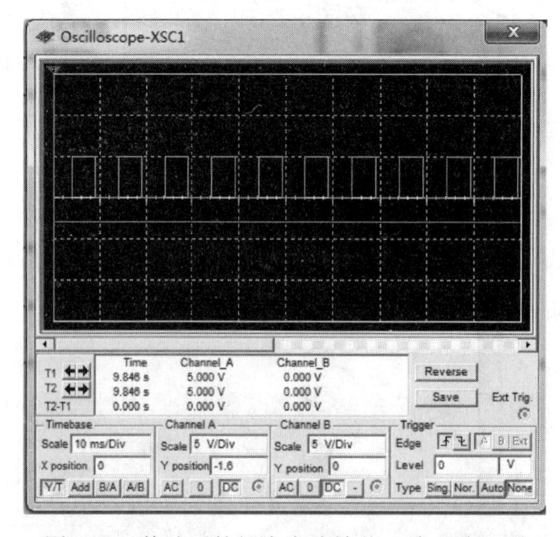

图 3-49　修改后的组合电路输入、输出波形图

小　结

组合逻辑电路的特点是：电路在任何时刻的输出状态只取决于该时刻的输入状态，而与电路原来的状态无关。常用的组合逻辑电路有加法器、数值比较器、编码器、译码器、数据选择器、数据分配器等。

分析组合逻辑电路的目的是确定其逻辑功能，即根据给定的组合逻辑电路，确定该电路实现的具体功能，具体分析步骤如下：根据给定的组合逻辑电路图→写出逻辑函数表达式→用公式法或卡诺图法进行化简→根据最简式列出函数真值表→确定电路的逻辑功能。

组合逻辑电路的设计任务是根据给定的逻辑问题设计一个符合要求的最佳逻辑电路，设计的过程实际上是分析的反过程，其中最关键也是最难的一步是如何对实际逻辑问题进行逻辑抽象，确定输入与输出变量，并建立它们之间的逻辑关系。

考虑工程实际的需要，本章介绍了一些常用的中规模集成电路芯片，包括逻辑功能、特点、型号及使用方法。这些组合逻辑器件除了具有基本功能外，通常还具有输入使能、输出使能、输入扩展、输出扩展等功能，便于构成其他较复杂的组合逻辑电路。通过对这些典型芯片的应用分析，达到初步掌握运用这类芯片的目的。

习　　题

3.1　什么是组合逻辑电路？它有何特点？如何分析这类电路？

3.2　试分析如图 3-50 所示的四个组合逻辑电路，并写出逻辑表达式，列出真值表。

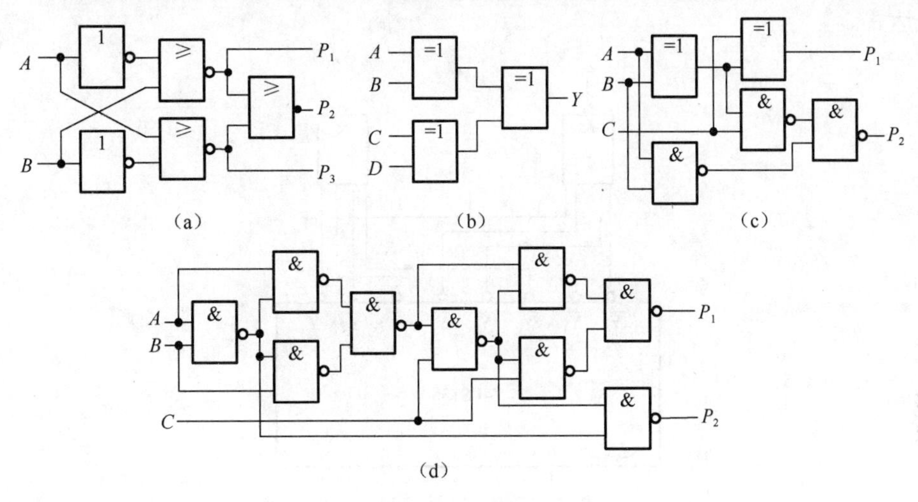

图 3-50　习题 3.2

3.3　试分析如图 3-51 所示的逻辑电路，写出逻辑表达式，化简后画出新的逻辑图。

3.4　试分析如图 3-52 所示的逻辑电路，化简并画出新的逻辑图。

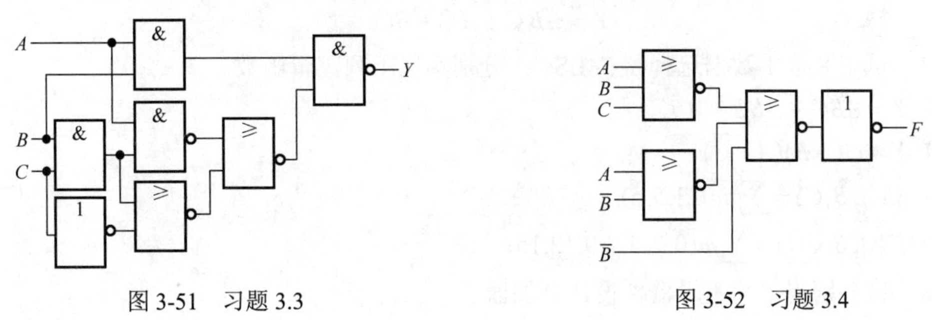

图 3-51　习题 3.3　　　　　　　　　　　　图 3-52　习题 3.4

3.5　试设计组合逻辑电路，有四个输入端和一个输出端，当输入全为 **1** 或输入全为 **0** 时，或者输入为奇数个 **1** 时，输出为 **1**，请列出真值表，写出最简与或表达式，并画出电路图。

3.6　试设计 1 位二进制数减法器，包括低位的借位和向高位的借位，并画出电路图。

3.7　试设计一个组合电路，当输入 4 位二进制数大于 2 而小于等于 7 时，输出为 **1**，画出电路图。

3.8　若使用 4 位数值比较器 74LS85 组成 10 位数值比较器，需要用几个芯片？各芯片之间应如何连接？

3.9　试用 3 线-8 线译码器 74LS138 和与非门实现下列逻辑函数。

（1）$Y = \overline{A}\overline{C} + BC + A\overline{B}\overline{C}$

（2）$Y = (A + B)(\overline{A} + \overline{C})$

（3）$Y = AB + BC$

（4）$Y = ABC + A\overline{C}$

3.10　用 3 线-8 线译码器 74LS138 和门电路设计 1 位二进制全减器，输入为被减数、减数和来自低位的借位；输出为两数之差和向高位的借位信号。

3.11　如图 3-53 所示，试写出由 3 线-8 线译码器 74LS138 构成的输出 Z_1 和 Z_2 的最简与或表达式。

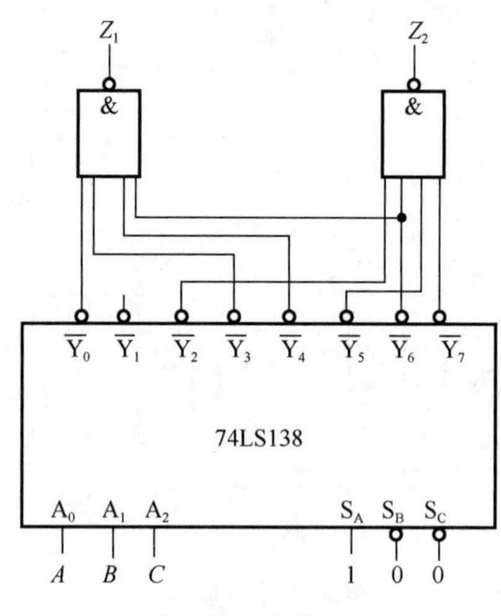

图 3-53　习题 3.11

3.12　试用 4 选 1 数据选择器产生如下逻辑函数：

$$Y = A\overline{B}\,\overline{C} + \overline{A}\,\overline{C} + BC$$

3.13　试用 8 选 1 数据选择器 74LS151 分别实现下列逻辑函数。

（1）$Y = \overline{A}BC + A\overline{B}C + AB$

（2）$Y = (A + B)(\overline{A} + \overline{C})$

（3）$F(A,B,C) = \sum m(0,1,5,6)$

（4）$F(A,B,CD) = \sum m(0,2,5,7,9,12,15)$

3.14　试分别用下列逻辑器件设计全加器。

（1）与非门

（2）异或门和与非门

（3）4 选 1 数据选择器

3.15　判断用下列函数构成的电路是否存在竞争-冒险？竞争-冒险的类型是哪种？

（1）$Y = AB + A\overline{B}C$

（2）$Y = (A + \overline{B})(A + B)$

（3）$Y = AB + \overline{A}\,\overline{B}$

（4）$Y = A(\overline{A} + B)$

3.16　消除下列函数中的竞争-冒险现象。

（1）$Y = \overline{A}B + \overline{B}\,\overline{D} + A\overline{B}\,\overline{C}$

（2）$Y(A, B, C, D) = \sum(0, 1, 2, 6, 10, 13, 14, 15)$

3.17　利用 Multisim 仿真软件仿真习题 3.2 所示电路图，给定输入用示波器观察其输出波形。

3.18　利用 Multisim 仿真软件搭建习题 3.11 电路图，给定输入用示波器观察其输出波形。

3.19　利用 Multisim 仿真软件搭建习题 3.12 逻辑函数的逻辑图，给定输入用示波器观察其输出波形。

3.20　利用 Multisim 仿真软件搭建习题 3.15 各逻辑函数的逻辑图，并用示波器观察是否存在竞争-冒险现象。

3.21　利用 Multisim 仿真软件搭建习题 3.16 各逻辑函数的逻辑图，并用示波器观察其竞争-冒险现象，用修改逻辑设计法消除冒险后，再观察其输出波形。

第4章 触 发 器

本章介绍构成数字系统的另一种基本逻辑单元电路——触发器。首先介绍电平型基本RS触发器，在此基础上重点介绍几种常用的同步触发器；然后介绍维持阻塞触发器、主从触发器和边沿触发器；最后举例探讨触发器的时序。

4.1 概 述

前面章节所述各种集成电路均属于组合逻辑电路。在这些电路中，某一时刻的输出状态由该时刻的输入状态决定。该时刻的输入状态发生变化，输出状态随之跟着改变，而与原来的输入状态无关。

在数字系统中，除了能够进行逻辑运算和算术运算的组合逻辑电路外，还需要具有记忆功能的逻辑电路，这类电路称为时序逻辑电路。有关时序逻辑电路的基本概念、基本分析方法与设计方法将在第 5 章中详细介绍，本章主要介绍构成时序逻辑电路的基本单元——触发器。触发器是一种具有记忆功能的单元电路，能够存储 1 位二值信号的基本单元电路统称为触发器。

为了实现记忆 1 位二值信号的功能，触发器必须具备以下两个基本特点：

（1）两个能自行保持的稳定状态，分别用逻辑状态 **0** 和 **1** 或二进制代码 **0** 和 **1** 来表示。

（2）根据不同的输入信号可以置成稳定状态 **0** 或 **1**。

触发器有各种各样的分类方法。根据电路结构形式的不同，可以将它们分为基本 RS 触发器、同步触发器、主从触发器、维持阻塞触发器、CMOS 边沿触发器等。由于控制方式的不同，触发器的逻辑功能在细节上又有所不同。根据逻辑功能的不同可将触发器分为 RS 触发器、D 触发器、JK 触发器、T 和 T′ 触发器等几种类型。此外，根据存储数据的原理不同，还可将触发器分为静态触发器和动态触发器两大类。静态触发器是靠电路状态的自锁存储数据的，而动态触发器是通过在 MOS 场效应晶体管栅极输入电容上存储电荷来存储数据的。本章只介绍静态触发器。

4.2 基本 RS 触发器

基本 RS 触发器是一种最简单的触发器，也称为基本触发器，它是构成各种触发器的基础。根据不同的电路形式可将其分为由与非门构成的基本 RS 触发器和由或非门构成的基本 RS 触发器。

4.2.1 由与非门构成的基本 RS 触发器

由两个与非门交叉耦合构成的基本 RS 触发器如图 4-1 所示。

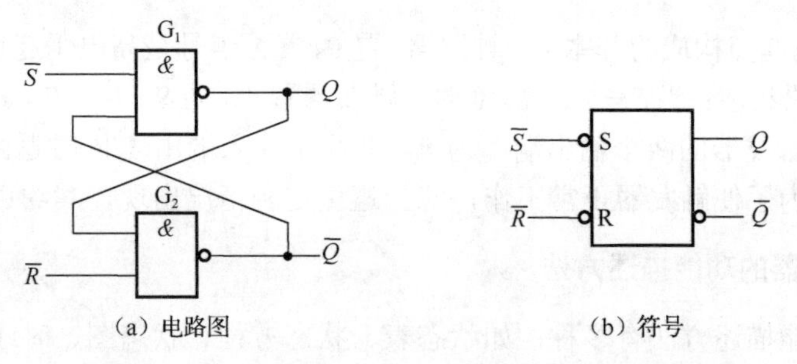

(a) 电路图 (b) 符号

图 4-1 两个与非门交叉耦合构成的基本 RS 触发器

两个与非门的输出端分别为 Q 和 $\overline{Q}$，有时也称为**1**和**0**。触发器有两个稳定状态：$Q=\mathbf{1}$、$\overline{Q}=\mathbf{0}$ 和 $Q=\mathbf{0}$、$\overline{Q}=\mathbf{1}$。正常工作时，Q 和 $\overline{Q}$ 是互为取反的关系。通常把 Q 端的状态定义为触发器的状态，即 $Q=\mathbf{1}$ 时触发器处于**1**状态；$Q=\mathbf{0}$ 时称触发器处于**0**状态。

基本 RS 触发器有两个输入端，$\overline{S}$ 端和 $\overline{R}$ 端，$\overline{S}$ 端称为置**1**端，$\overline{R}$ 端称为置**0**端。当 $\overline{R}=\mathbf{0}$，$\overline{S}=\mathbf{1}$ 时，有 $Q=\mathbf{0}$，$\overline{Q}=\mathbf{1}$。由于与非门 G_1 的输出端 Q 反馈连接到与非门 G_2 的输入端，因此即使 $\overline{R}=\mathbf{0}$，信号消失（即 $\overline{R}$ 回到**1**），电路仍能保持**0**状态不变。$\overline{R}$ 端加入有效的低电平时使触发器置**0**，故称 $\overline{R}$ 端为置**0**端或复位端。当 $\overline{R}=\mathbf{1}$，$\overline{S}=\mathbf{0}$ 时，有 $Q=\mathbf{1}$，$\overline{Q}=\mathbf{0}$。因为 $\overline{Q}=\mathbf{0}$，所以在 $\overline{S}=\mathbf{0}$ 信号消失后，电路仍能保持**1**状态。$\overline{S}$ 端加入有效的低电平时使触发器置**1**，故称 $\overline{S}$ 端为置**1**端或置位端。

当 $\overline{R}=\overline{S}=\mathbf{1}$ 时，电路维持原来的状态不变。例如，$Q=\mathbf{0}$，$\overline{Q}=\mathbf{1}$，与非门 G_2 由于 $Q=\mathbf{0}$ 而保持**1**，与非门 G_1 则由于 $\overline{Q}=\mathbf{1}$，$\overline{S}=\mathbf{1}$ 而继续为**0**。

当 $\overline{R}=\overline{S}=\mathbf{0}$ 时，有 $Q=\overline{Q}=\mathbf{1}$，对于触发器来说，破坏了两个输出端信号互补的规则，是一种不正常状态或失效状态。若该状态结束后，跟随的是 $\overline{R}$ 有效（$\overline{R}=\mathbf{0}$，$\overline{S}=\mathbf{1}$）或 $\overline{S}$ 有效（$\overline{R}=\mathbf{1}$，$\overline{S}=\mathbf{0}$）的情况，那么触发器进入正常的置**0**或置**1**状态。但是若 $\overline{R}$ 和 $\overline{S}$ 信号同时消失后，$\overline{R}$ 和 $\overline{S}$ 都没有有效信号输入，即 $\overline{R}=\overline{S}=\mathbf{1}$，则触发器是置**0**状态还是置**1**状态将无法确定，故称为不定状态。因此正常工作时，是不允许 $\overline{R}$ 和 $\overline{S}$ 同时有效的，并以此作为输入端加信号的约束条件。

综上所述，$\overline{R}=\overline{S}=\mathbf{1}$ 时，触发器保持原状态不变；$\overline{S}=\mathbf{0}$、$\overline{R}=\mathbf{1}$ 时，触发器置**1**；$\overline{S}=\mathbf{1}$、$\overline{R}=\mathbf{0}$ 时，触发器置**0**；正常工作时，应避免出现 $\overline{R}=\overline{S}=\mathbf{0}$ 的情况。

4.2.2 由或非门构成的基本 RS 触发器

基本 RS 触发器也可以由或非门构成。由两个或非门组成的基本 RS 触发器逻辑电路图和符号如图 4-2 所示。

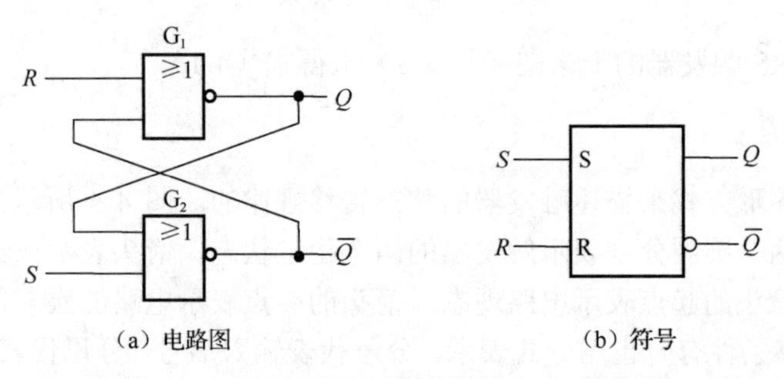

(a) 电路图 (b) 符号

图 4-2 由两个或非门构成的基本 RS 触发器

由图可知，或非门构成的基本 RS 触发器，置 **0**、置 **1** 信号是高电平起作用。当 $S=R=\mathbf{0}$ 时，触发器保持原状态；当 $S=\mathbf{1}$ 、$R=\mathbf{0}$ 时，触发器置 **1**；当 $S=\mathbf{0}$ 、$R=\mathbf{1}$ 时，触发器置 **0**；当 $S=R=\mathbf{1}$ 时，触发器的两个输出端都为 **0**。若两个输入端由 **1** 同时返回 **0**，则触发器出现不确定状态。为了使触发器正常工作，应当避免这种情况出现，其约束条件为 $RS=\mathbf{0}$ 。

4.2.3　基本触发器的功能描述方法

触发器的功能描述方法有多种，如状态表、状态方程、状态图、时序图等。

1. 状态表

状态表是用表格的方式表示触发器的状态转换关系的。状态表反映了从一个状态变化到另一个状态或保持原状态不变时对输入信号的要求。变化后的新状态称为次态，用 Q^{n+1} 表示；变化前的状态称为现态，也可称为初态或原态，用 Q^n 表示。状态表是真值表的一种。

基本 RS 触发器状态表如表 4-1 所示。从表中可以看出触发器的次态 Q^{n+1} 不仅与输入信号有关，还与它的现态 Q^n 有关，这正是时序逻辑电路的特点。

表 4-1　基本 RS 触发器状态表

$\overline{R}$	$\overline{S}$	Q^n	Q^{n+1}	说明
0	**0**	**0**	×	触发器状态不定
0	**0**	**1**	×	
0	**1**	**0**	**0**	触发器置 **0**
0	**1**	**1**	**0**	
1	**0**	**0**	**1**	触发器置 **1**
1	**0**	**1**	**1**	
1	**1**	**0**	**0**	触发器保持原状态不变
1	**1**	**1**	**1**	

2. 状态方程

触发器次态 Q^{n+1} 与输入信号状态及现态 Q^n 之间关系的逻辑表达式称为触发器的状态方程，也可称为特性方程或特征方程或次态方程。这是一种函数形式的表示方式，是实际电路分析中用得较多的一种方式。根据表 4-1 可以求得基本 RS 触发器的状态方程为

$$\begin{cases} Q^{n+1}=S+\overline{R}Q^n \\ \overline{S}+\overline{R}=\mathbf{1}\text{（约束条件）} \end{cases} \tag{4-1}$$

也可由基本 RS 触发器的卡诺图（图 4-3）求得式（4-1）。

3. 状态图

状态图是用图形方式来描述触发器的状态转移规律的。图 4-4 所示为基本 RS 触发器的状态图。图中两个圆圈分别表示触发器的两个稳定状态，箭头表示在输入信号作用下状态转移的方向，箭头的起点表示电路现态，箭头的终点表示电路的次态，箭头旁的标注表示转移条件。转移条件有时也用分式表示，分子代表输入信号，分母代表对应的输出信号。

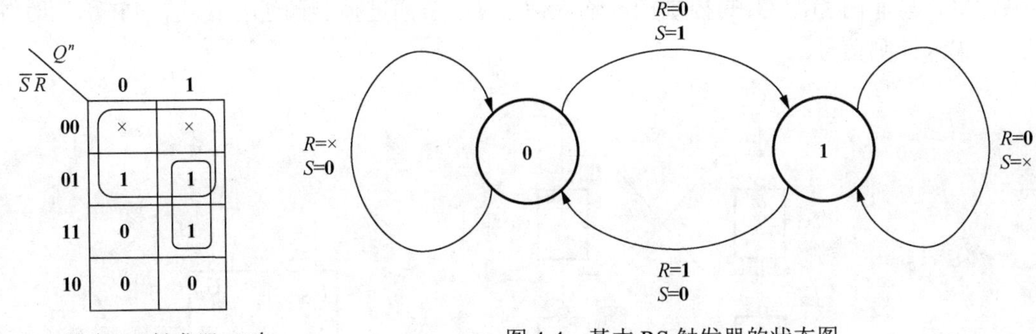

图 4-3　基本 RS 触发器 Q^{n+1} 卡诺图

图 4-4　基本 RS 触发器的状态图

注：图中，“×”号表示取任意值（**0** 或 **1**）。

4. 时序图

时序图也称工作波形图，它反映了触发器的输出状态随时间和输入信号变化的规律，是描述时序逻辑电路工作情况的一种基本方法。

图 4-5 所示为基本 RS 触发器的时序图。图中虚线部分表示状态不确定。从图中可以看出，对于基本 RS 触发器，当 $\overline{S}=\overline{R}=\mathbf{1}$ 时，触发器保持原状态；当 $\overline{S}=\mathbf{0}$、$\overline{R}=\mathbf{1}$ 时，触发器置 **1**；当 $\overline{S}=\mathbf{1}$、$\overline{R}=\mathbf{0}$ 时，触发器置 **0**；当 $\overline{S}=\overline{R}=\mathbf{0}$ 时，触发器的两个输出端出现了都为 **1** 的不正常状态。当 $\overline{R}$ 和 $\overline{S}$ 端撤消时，电路 Q 端状态取决于后撤消的信号；若两个输入信号同时撤消，即同时由 **0** 返回 **1**，则触发器出现不确定状态。

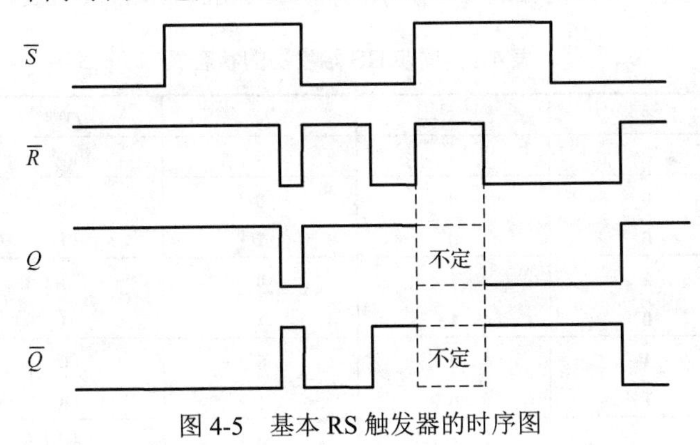

图 4-5　基本 RS 触发器的时序图

4.3　同步触发器

基本 RS 触发器的输入信号直接加在输出门的输入端上，在其存在期间直接控制 Q、$\overline{Q}$ 端的状态，被称为直接置位、复位触发器。这不仅使电路的抗干扰能力下降，而且不便于多个触发器同步工作，于是工作受时钟脉冲电平控制的同步触发器便应运而生了。

4.3.1　同步 RS 触发器

1. 电路结构

图 4-6 所示为同步 RS 触发器的逻辑电路图和符号。图中与非门 G_1、G_2 构成基本 RS

触发器，与非门 G_3、G_4 是控制门，输入信号 R、S 通过控制门进行传送，CP 称为时钟脉冲，输入控制信号。

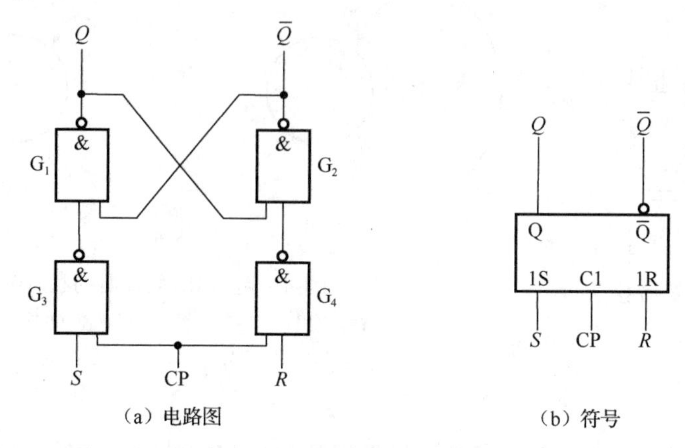

（a）电路图　　（b）符号

图 4-6　同步 RS 触发器

2. 状态表、状态方程及状态图

1）状态表

从图 4-6 所示电路可以看出，CP=**0** 时控制门 G_3、G_4 被封锁，基本 RS 触发器保持原来状态不变。只有当 CP=**1** 时控制门被打开后，输入信号才会被接收，而且工作情况与图 4-2 所示电路相同。因此，可列出如表 4-2 所示的同步 RS 触发器的状态表。

表 4-2　同步 RS 触发器的状态表

CP	R	S	Q^n	Q^{n+1}	说明
0	×	×	×	Q^n	保持
1	**0**	**0**	**0**	**0**	保持
1	**0**	**0**	**1**	**1**	
1	**0**	**1**	**0**	**1**	触发器置 **1**
1	**0**	**1**	**1**	**1**	
1	**1**	**0**	**0**	**0**	触发器置 **0**
1	**1**	**0**	**1**	**0**	
1	**1**	**1**	**0**	不用	不允许
1	**1**	**1**	**1**	不用	

2）状态方程

由状态表可列出状态方程为

$$\begin{cases} Q^{n+1} = S + \overline{R}Q^n \\ \overline{S} + \overline{R} = \mathbf{1} \end{cases} \quad \text{CP} = \mathbf{1}\ \text{期间有效}$$

该状态方程也可以由图 4-6（a）所示电路直接推理得到。

上述状态表和状态方程准确表达了同步 RS 触发器的逻辑功能，即电路在 CP 脉冲控制下，其次态 Q^{n+1} 与现态 Q^n 和输入 R、S 之间的逻辑关系。

3）状态图

同步 RS 触发器的状态图与前面所述基本 RS 触发器状态图一致，如图 4-4 所示。

3. 主要特点

1）时钟电平控制

在 CP=**1** 期间触发器接收输入信号，CP=**0** 时触发器保持状态不变。多个这样的触发器可以在同一个时钟脉冲控制下同步工作，给用户的使用带来了方便。由于这种触发器只在 CP=**1** 时工作，CP=**0** 时被禁止，因此其抗干扰能力要比基本 RS 触发器强得多。

2）R、S 之间有约束

同步 RS 触发器在使用过程中，如果违反了 R、S 的约束条件，则可能出现下列四种情况：

（1）CP=**1** 期间，若 $R=S=\mathbf{1}$，则将出现 Q 端和 $\overline{Q}$ 端均为高电平的不正常情况。

（2）CP=**1** 期间，若 R、S 分时撤销，即由 **1** 跳变到 **0**，则触发器的状态决定于后撤销者。

（3）CP=**1** 期间，若 R、S 同时从 **1** 跳变到 **0**，则会出现竞争现象，而竞争结果是不能预先确定的。

（4）若 $R=S=\mathbf{1}$ 时 CP 突然撤销，也会出现竞争现象，且竞争结果也不能预先确定。

如图 4-7 所示时序图清楚地说明了以上几种情况。

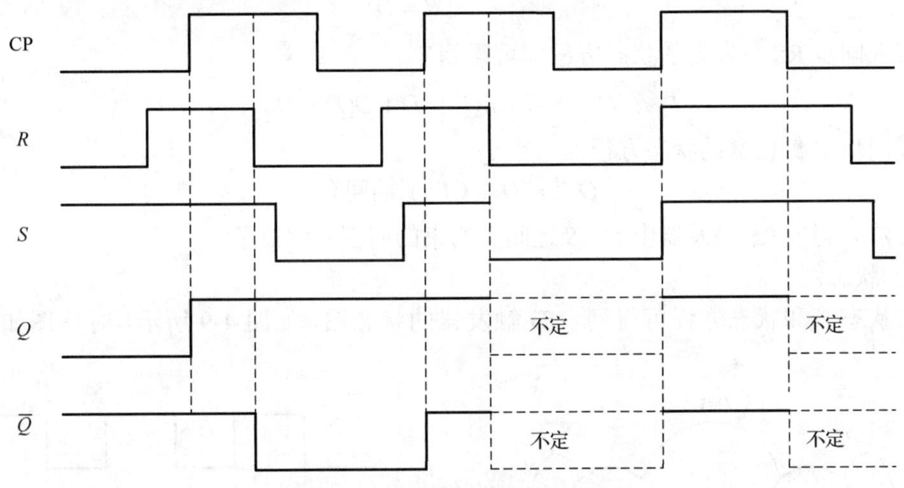

图 4-7 违反约束条件时的时序图

4.3.2 同步 D 触发器

同步 RS 触发器存在禁止条件，R、S 不能同时为 **1**。这给使用者带来不便。为此，只要保证 R、S 始终不能同时为 **1** 即可排除禁止条件。把 RS 触发器按照图 4-8 连接，即 $S=D$ 而 $R=\overline{D}$，只有一个输入端 D，这样就构成了 D 触发器。

1. 电路结构

图 4-8 所示是同步 D 触发器的逻辑电路图。注意观察很容易发现，在同步 RS 触发器的基础上，增加了反相器与非门 G_5，通过它把加在 S 端的 D 信号反相之后送到了 R 端，这样保证了 R、S 不能同时为 **1**。除此之外，该电路与同步 RS 触发器电路没有别的差异。

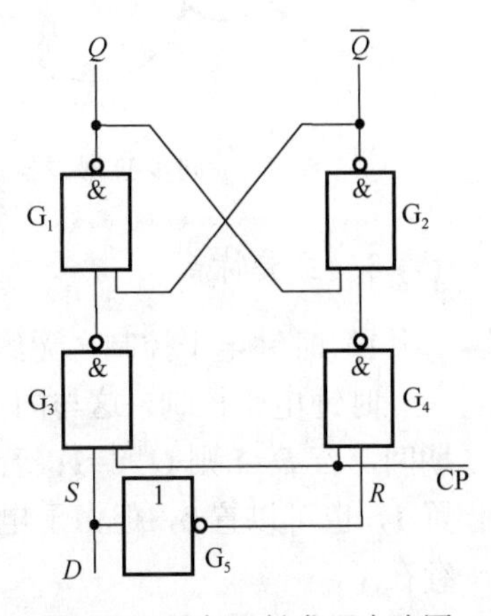

图 4-8 同步 D 触发器电路图

2. 状态表、状态方程及状态图

1）状态表

同步 D 触发器的状态表如表 4-3 所示。

表 4-3　同步 D 触发器的状态表

D	Q^n	Q^{n+1}	说明
0	**0**	**0**	置 **0**
0	**1**	**0**	
1	**0**	**1**	置 **1**
1	**1**	**1**	

2）状态方程

由图 4.8 所示电路可得状态方程为

$$\begin{cases} S = D \\ R = \overline{D} \end{cases}$$

代入同步 RS 触发器的状态方程即可得到

$$Q^{n+1} = S + \overline{R}Q^n = D + \overline{\overline{D}}Q^n = D$$

即同步 D 触发器的状态方程为

$$Q^{n+1} = D\text{，CP=}\mathbf{1}\text{ 期间有效} \tag{4-2}$$

显然，同步 RS 触发器中 R、S 之间有约束的问题就解决了。

3）状态图

由状态表和状态方程可得同步 D 触发器的状态图，如图 4-9 所示，时序图如图 4-10 所示。

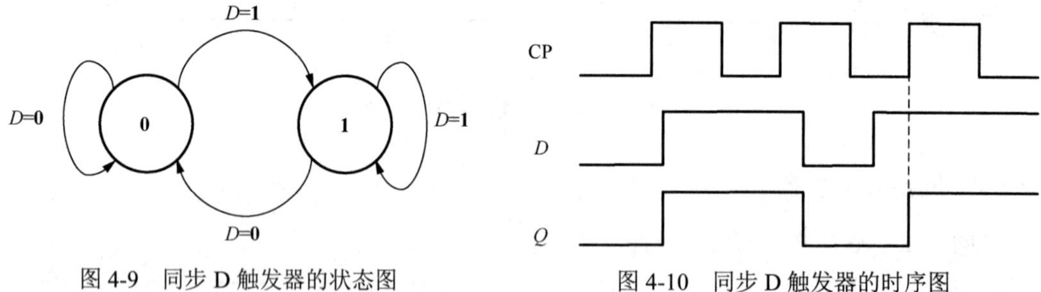

图 4-9　同步 D 触发器的状态图　　图 4-10　同步 D 触发器的时序图

3. 主要特点

1）时钟电平控制，无约束问题

时钟电平控制，这与同步 RS 触发器没有什么区别。从时序图上也可以看出，在 CP=**1** 期间，若 D=**1** 则 Q^{n+1}=**1**；若 D=**0** 则 Q^{n+1}=**0**，即根据输入信号 D 取值不同，触发器既可以置 **1**，也可以置 **0**，但由于电路是在同步 RS 触发器基础上经过改进得到的，约束问题就不存在了。

2）CP=**1** 时跟随，下降沿到来时才锁存

在 CP=**1** 期间，输出端 Q 和 $\overline{Q}$ 的状态跟随 D 变化，D 怎么变，Q 端的状态就跟着怎么

变，D若变为**1**则Q随之变为**1**，$\overline{Q}$随之变为**0**。只有当CP脉冲下降沿到来时才锁存，锁存的内容是CP下降沿瞬间D的值。

3）简化电路

如果把与非门G_3的输出同时送到R端，即将R与G_3的输出连接，可得到如图4-11所示的电路，与图4-8比较省略了反相器G_5。

在图4-11所示电路中，当CP=**1**时，门G_3的输出为

$$\overline{S\cdot \text{CP}}=\overline{S\cdot \mathbf{1}}=\overline{S}=R$$

因为$S=D$，所以$R=\overline{D}$。

图4-11　同步D触发器简化电路图

4.3.3　同步T触发器和同步T′触发器

1. T触发器

从上述触发器的功能可以看出，当输入条件决定的新状态与原状态一致，CP信号到来时，触发器状态保持不变。而在实际应用中常常要求每来一个CP信号，触发器必须翻转一次，即原态是**0**则翻为**1**，原态是**1**则翻为**0**。这种触发器称为T触发器。具体地说，当$T=\mathbf{0}$时，CP到达后，触发器的状态保持不变，而当$T=\mathbf{1}$时，每来一个CP信号，触发器的状态就翻转一次。

1）电路结构

为了保证触发器每来一个CP必须翻一次，在电路上应加反馈线，记住原来的状态并且导致必翻，只要满足这个条件，对RS触发器和D触发器都可以做适当的改进得到T触发器。由RS触发器改进的称为对称型T触发器，由D触发器改进的称为非对称型T触发器。两种触发器电路结构分别如图4-12所示。图中$\overline{S_\text{d}}$端为直接置位端，$\overline{R_\text{d}}$端为直接复位端。

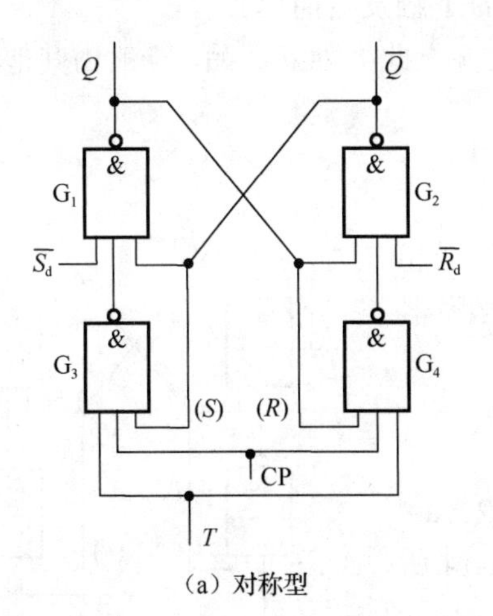

（a）对称型

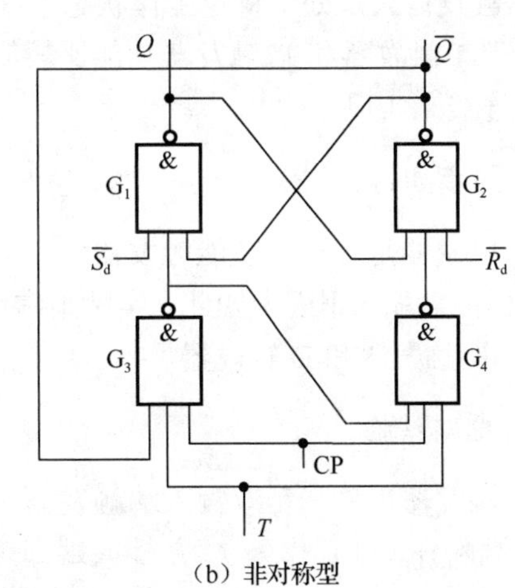

（b）非对称型

图4-12　同步T触发器逻辑电路图

2）状态表、状态方程和状态图

T触发器的状态表如表4-4所示。

表 4-4　同步 T 触发器的状态表

T	Q^n	Q^{n+1}	说明
0	0	0	保持（$Q^{n+1}=Q^n$）
0	1	1	
1	0	1	翻转（$Q^{n+1}=\overline{Q^n}$）
1	1	0	

由 T 触发器的状态表写出 T 触发器的特性方程为

$$Q^{n+1}=T\overline{Q^n}+\overline{T}Q^n=T\oplus Q^n \tag{4-3}$$

T 触发器的状态转换图如图 4-13 所示。

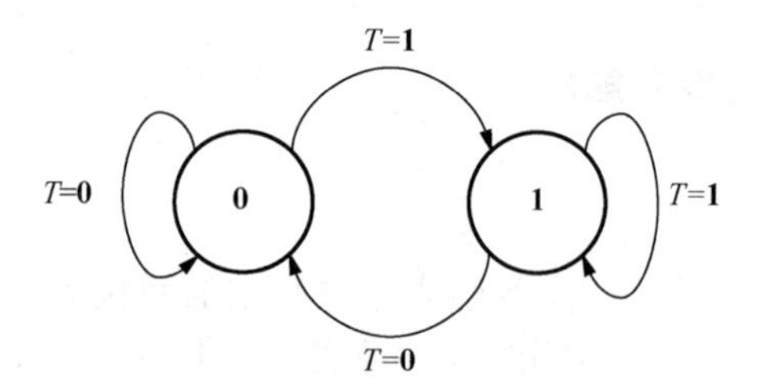

图 4-13　同步 T 触发器的状态转换图

3）主要特点

当 T=**0** 时，触发器保持原来的状态，当 T=**1** 时，每来一个 CP 脉冲，输出 Q 就会翻转一次。

2. T′ 触发器

在 CP 控制下，只具有翻转功能的触发器称为T′ 触发器。T′ 触发器的特性方程为

$$Q^{n+1}=\overline{Q^n} \tag{4-4}$$

T′ 触发器只是处于特定工作状态下（$T=\mathbf{1}$）的 T 触发器而已。

由于 T 触发器和T′ 触发器功能比较简单，因此并无此类独立产品，一般由其他触发器作适当连线来实现。

4.3.4　同步 JK 触发器

JK 触发器是一种多功能触发器。它具有 RS 触发器和 T 触发器的功能。正因为如此，实际中常用的集成触发器大多是 JK 触发器和 D 触发器。

1. 电路结构

JK 触发器也是一种双输入端触发器，将图 4-12（a）中的 T 端断开，分别作为 J、K 输入端即可，如图 4-14 所示。图中 $\overline{S_d}$ 端为直接置位端，$\overline{R_d}$ 端为直接复位端。

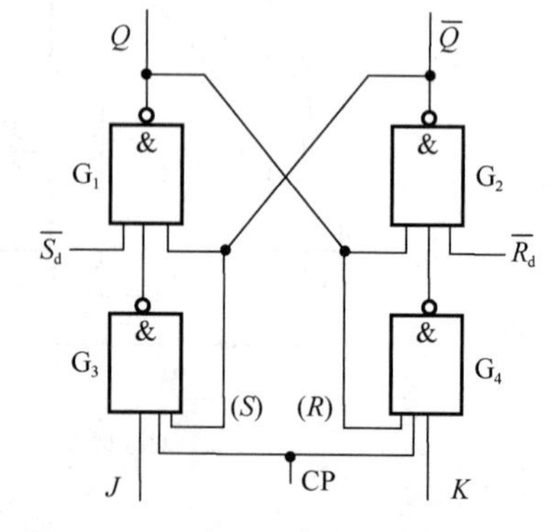

图 4-14　同步 JK 触发器逻辑电路图

2. 状态表、状态方程及状态图

从 JK 触发器的电路结构可知，当 CP=**0** 时，与非门 G_3、G_4 被封死，J、K 变化对这两

个门不起作用，所以 G_3、G_4 的输出始终为 **1**，触发器处于保持状态。

当 CP=**1** 时，其状态表如表 4-5 所示。由状态表可看出，当 J、K 为 **0**、**0**，**0**、**1**，**1**、**0** 时，具有 RS 触发器功能，当 J、K 为 **1**、**1** 时具有 T 触发器功能。

表 4-5 同步 JK 触发器的状态表

J	K	Q^n	Q^{n+1}	说明
0 **0**	**0** **0**	**0** **1**	**0** **1**	$Q^{n+1}=Q^n$ 保持
0 **0**	**1** **1**	**0** **1**	**0** **0**	Q^{n+1}=**0** 置 **0**
1 **1**	**0** **0**	**0** **1**	**1** **1**	Q^{n+1}=**1** 置 **1**
1 **1**	**1** **1**	**0** **1**	**1** **0**	$Q^{n+1}=\overline{Q}$ 翻转

同步 JK 触发器的状态转换图如图 4-15 所示。

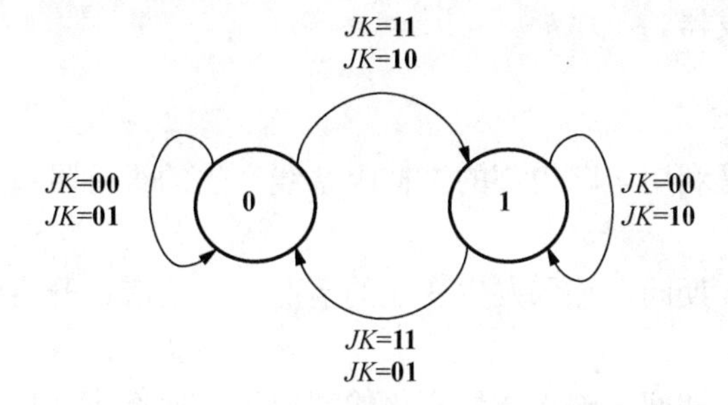

图 4-15 同步 JK 触发器的状态转换图

由表 4-5 可写出 JK 触发器的特性方程为

$$Q^{n+1}=J\overline{Q^n}+\overline{K}Q^n \tag{4-5}$$

3. 主要特点

同步 JK 触发器涵盖了 RS 触发器和 T 触发器的功能，所以是比较常用的触发器。

4.3.5 电平触发方式的工作特点

以上分析的四种类型钟控触发器均由四个与非门组成，当钟控信号 CP 为低电平（CP=**0**）时，触发器不接收信号，状态维持不变；当钟控信号 CP 为高电平（CP=**1**）时，触发器接收输入信号，状态发生变化。这种钟控方式称为电平触发方式。

电平触发方式的特点是，在约定钟控信号电平（CP=**1** 或 CP=**0**）期间，触发器的状态对输入信号敏感，输入信号的变化都会引起触发器的状态变化。而在非约定钟控信号电平（CP=**0**）期间，不论输入信号如何变化，都不会影响输出，触发器的状态维持不变。但是必须指出，这种电平触发方式，对于 T′ 触发器，其状态转移为 $Q^{n+1}=\overline{Q}$，当在 CP=**1** 且脉冲宽度较宽时，T′ 触发器将在 CP=**1** 期间一直发生翻转，直至 CP=**0** 为止，这种现象称为空翻。

如果要求每来一个 CP 触发器仅发生一次翻转，则对钟控信号约定电平（通常 CP=**1**）的宽度要求是极为苛刻的。例如，对 T′ 触发器必须要求触发器输出端的新状态返回到输入端之前，CP 应回到低电平，也就是 CP 脉冲的宽度 t_{cp} 不能大于 $3t_{pd}$（t_{pd} 为与非门的传输延迟时间），而为了保证触发器能可靠翻转，至少在第一次翻转过程中，CP 应保持在高电平，即宽度不应小于 2 t_{pd}，因此 CP 的宽度应限制在 2 t_{pd}<t_{cp}<3 t_{pd} 范围内。但 TTL 门电路的传输时间 t_{pd} 通常在 50 ns 以内，产生或传送这样的脉冲很困难，尤其是每个门的延迟时间 t_{pd} 各不相同。因此在一个包括许多触发器的数字系统中，实际上无法确定时钟脉冲应有的宽度。为了避免空翻现象，必须对以上钟控触发器在电路结构上加以改进，变成比较实用的触发器。

4.4　集成触发器

为了设计生产出实用的触发器，必须在电路的结构上，克服、解决“空翻”与“振荡”问题。解决的思路是将 CP 脉冲电平触发改为边沿触发(即仅在 CP 脉冲的上升沿或下降沿，触发器才会按其功能翻转，其余时刻均处于保持状态)。常采用的电路为维持阻塞触发器、边沿触发器和主从触发器。

4.4.1　维持阻塞触发器

维持阻塞触发器是利用电路内部的维持阻塞线产生的维持阻塞作用来克服“空翻”现象的。

维持：是指在 CP 期间，输入发生变化的情况下，使应该开启的门维持畅通无阻，并完成预定的操作。

阻塞：是指在 CP 期间，输入发生变化的情况下，使不应开启的门处于关闭状态，阻止产生不应该的操作。

维持阻塞触发器一般是在 CP 脉冲的上升沿接收输入控制信号并改变其状态，其他时间均处于保持状态。以 D 维持阻塞触发器为例，其符号如图 4-16（a）所示，若已知 CP 和输入控制信号，设初始状态 Q=**0**，则其时序图如图 4-16（b）所示。图中 $\overline{S_D}$ 为直接置位端，当 $\overline{S_D}=\mathbf{0}$ 时，无论有效时钟沿是否来临，都会有输出 Q=**1**；$\overline{R_D}$ 为直接复位端，当 $\overline{R_D}=\mathbf{0}$ 时，无论有效时钟沿是否来临，都会有输出 Q=**0**。从图 4-16（b）中还可以看出 Q 只接受时钟 CP 上升沿来临时 D 的值。

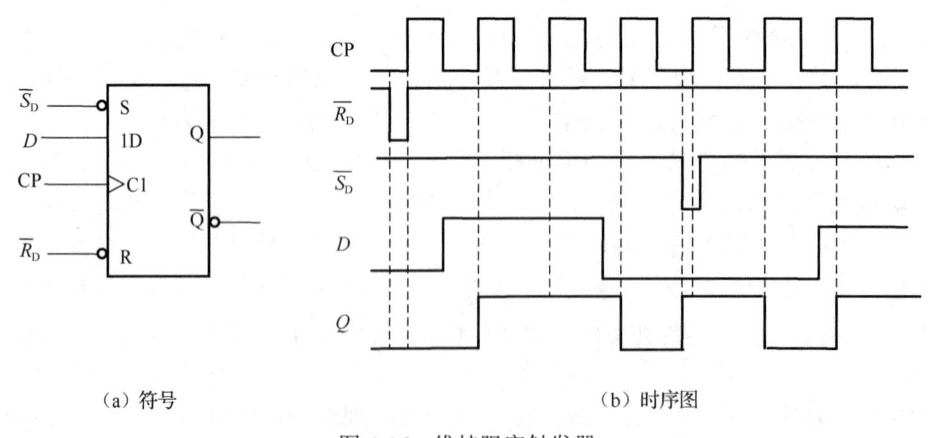

（a）符号　　（b）时序图

图 4-16　维持阻塞触发器

4.4.2 边沿触发器

前面提到的同步触发器正常使用时，要求输入信号在 CP=**1** 期间保持不变，否则触发器将接收干扰信号，且把干扰信号记忆下来，造成错误翻转。若用在工业控制领域，有时就会造成难以估量的损失。下面介绍的边沿触发器，只能在时钟脉冲的有效边沿（上升沿或下降沿，也称为正边沿或负边沿）按输入信号决定的状态翻转，而在 CP=**1** 或 CP=**0** 期间输入信号的变化对触发器的状态无影响，不会产生空翻和误翻。

以负边沿触发的 JK 触发器为例，其符号如图 4-17（a）所示。若已知 CP 和输入控制端，设触发器初始状态 Q=**0**，则时序图如图 4-17（b）所示。从图中可以看出，触发器只接受 CP 脉冲的负边沿来临时 J、K 的状态，其他时刻 J、K 的任何变化都不会影响输出。

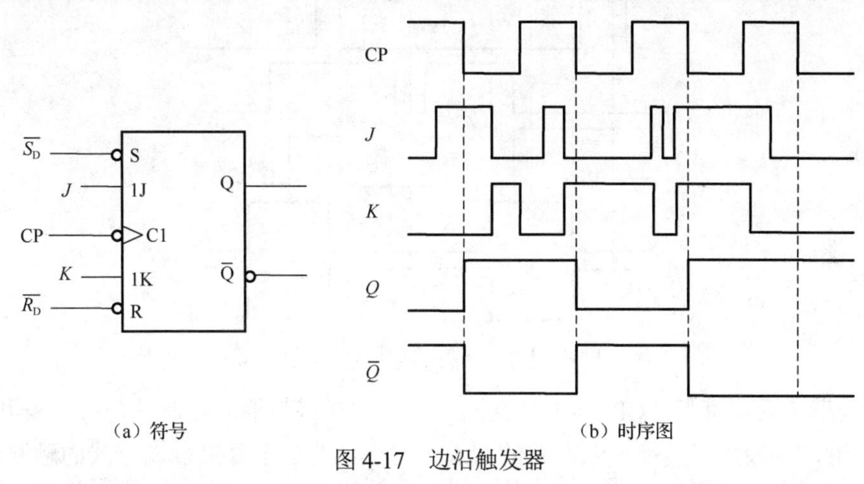

（a）符号 （b）时序图

图 4-17 边沿触发器

4.4.3 主从触发器

主从触发器具有主从结构，以此克服空翻现象。

图 4-18 所示为主从 JK 触发器，它由主触发器、从触发器和非门组成，$Q_{主}$、$\overline{Q}_{主}$ 为内部输出端；Q、$\overline{Q}$ 是触发器的输出端。

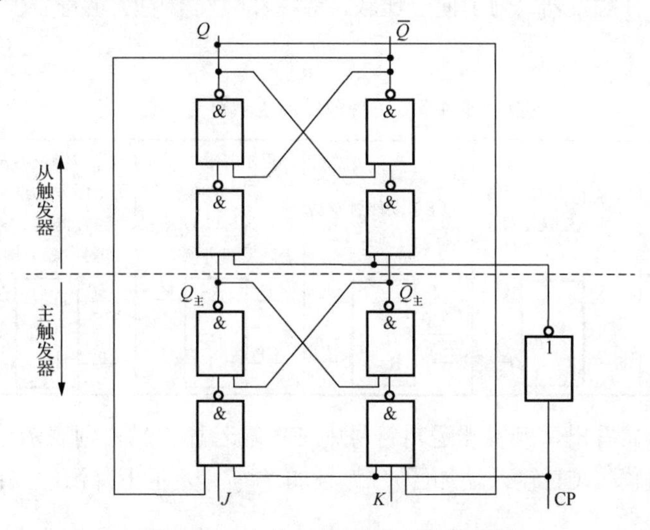

图 4-18 主从 JK 触发器逻辑电路图

主从触发器是双拍式工作方式，即将一个时钟脉冲分为两个阶段。

（1）CP 高电平期间主触发器接收输入控制信号。主触发器根据 J、K 输入端的情况和 JK 触发器的功能，主触发器的状态 $Q_{主}$ 改变一次（这是主从触发器的一次性翻转特性，说明从略），而从触发器被封锁，保持原状态不变。

（2）在 CP 由 **1→0** 时（即下降沿）主触发器被封锁，保持 CP 高电平所接收的状态不变，而从触发器解除封锁，接受主触发器的状态，即 $Q=Q_{主}$。

若已知 CP、J、K 波形，则其主从 JK 触发器的时序如图 4-19 所示。

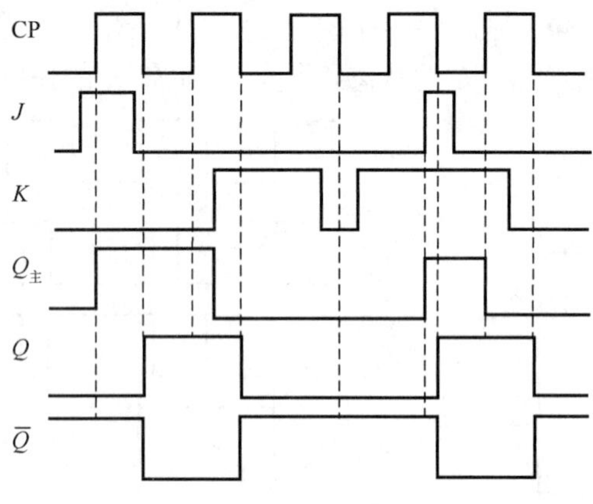

图 4-19　主从 JK 触发器时序图

观察波形关系，可见，CP 高电平期间，主触发器接收输入控制信号并改变状态；在 CP 的下降沿，从触发器接受主触发器的状态。这点需要与下降沿触发方式的触发器区分。

4.5　触发器的逻辑符号及时序图

4.5.1　触发器的逻辑符号

前面介绍了各种触发器，为了便于比较，将各种触发器的逻辑符号罗列出来，如表 4-6 所示。

表 4-6　各种触发器逻辑符号

说明	由与非门构成的基本 RS 触发器	由或非门构成的基本 RS 触发器	同步式时钟触发器（以 SR 功能触发器为例）	维持阻塞触发器和上升沿触发的边沿触发器（以 D 功能触发器为例）	边沿式触发器及下降沿触发的维持阻塞触发器（以 JK 功能触发器为例）	主从式触发器（以 JK 功能触发器为例）
符号	$\bar{S}$ S Q $\bar{R}$ R $\bar{Q}$	S S Q R R $\bar{Q}$	S 1S Q CP C1 R 1R $\bar{Q}$	D 1D Q CP C1 $\bar{Q}$	J 1J Q CP C1 K 1K $\bar{Q}$	J 1J Q CP C1 K 1K $\bar{Q}$

从表中可以明显看出，触发器逻辑符号中 CP 端若加“^”，则表示边沿触发；不加此“^”，则表示电平触发。CP 输入端加了“^”且加“∘”，表示下降沿触发；不加“∘”表示上升沿触发。

有些集成触发器的控制输入端不只一个，其总的控制输入信号是它们各个输入信号相与。如 7472 带预置和清除的“与”选通主从 JK 触发器就是这样的集成芯片，其符号如图 4-20 所示。

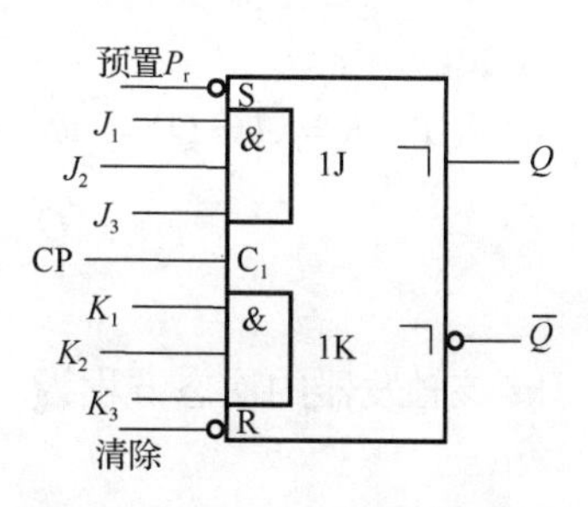

图 4-20 多输入主从触发器符号

4.5.2 触发器的时序图

为了加强对触发器时序的认识，本节举例介绍电平触发和边沿触发两种类型的触发器的时序。

例 4.1 已知同步 RS 触发器的输入信号波形如图 4-21（a）所示，试画出 Q、$\overline{Q}$ 端的电压波形。设触发器的初始状态 Q=**0**。

解：由给定的输入电压波形可见，在第一个 CP 高电平期间先是 S=**1**、R=**0**，输出被置成 Q=**1**、$\overline{Q}=\mathbf{0}$。随后输入变成了 S=R=**0**，因而输出状态保持不变。最后输入又变为 S=**0**、R=**1**，将输出置成 $Q=\mathbf{0}$、$\overline{Q}=\mathbf{1}$，故 CP 回到低电平以后触发器停留在 $Q=\mathbf{0}$、$\overline{Q}=\mathbf{1}$ 的状态。在第二个 CP 高电平期间若 S=R=**0**，则触发器的输出状态应保持不变。但由于在此期间 S 端出现了一个干扰脉冲，因而触发器被置成了 Q=**1**。输出波形如图 4-21（b）所示。

例 4.2 某一负边沿触发的 JK 触发器中，若 CP、J、K 的波形如图 4-22（a）所示，试画出 Q、$\overline{Q}$ 端对应的电压波形。假定触发器的初始状态为 $Q=\mathbf{0}$。

解：由于每一时刻 J、K 的状态均已由波形图给定，而且 CP=**1** 期间 J、K 的状态不变，只要根据 CP 下降沿到达时 JK 的状态就可逐段画出 Q 和 $\overline{Q}$ 端的电压波形了。由图可以看出，触发器输出端状态的改变均发生在 CP 信号的下降沿，而且即使 CP=**1** 时 J=K=**1**，CP 下降沿到来时触发器的次态也是确定的。输出波形如图 4-22（b）所示。

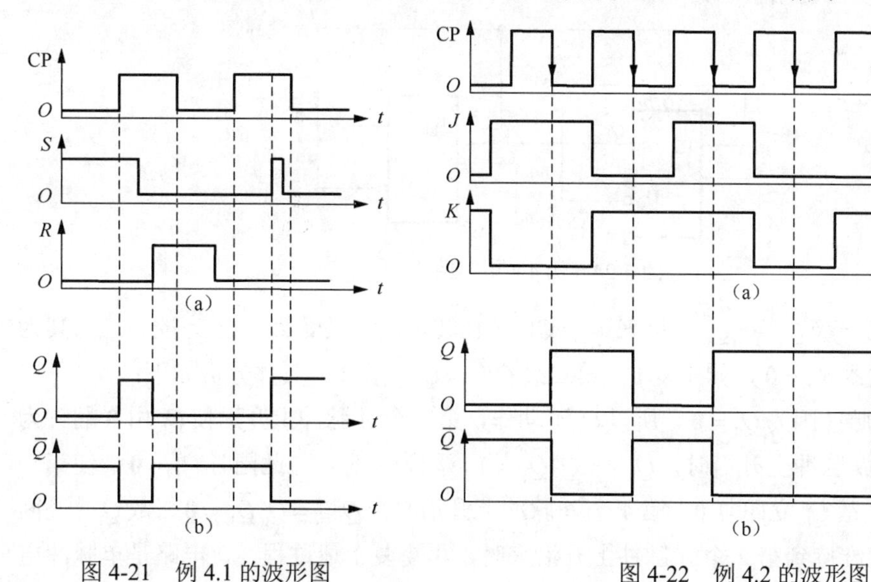

图 4-21 例 4.1 的波形图

图 4-22 例 4.2 的波形图

例 4.3 某触发器电路图及相关波形图如图 4-23（a）、（b）所示。

（1）写出该触发器的次态方程；

（2）对应给定波形画出 Q 端电压波形（设初始状态 Q=**0**）。

解：（1）JK 触发器的状态方程为

$$Q^{n+1} = J\overline{Q^n} + \overline{K}Q^n$$

将 $J = K = A \oplus Q^n = \overline{A}Q^n + A\overline{Q^n}$ 代入得

$$Q^{n+1} = (\overline{A}Q^n + A\overline{Q^n})\overline{Q^n} + (\overline{\overline{A}Q^n + A\overline{Q^n}})Q^n$$
$$= A\overline{Q^n} + AQ^n = A$$

该触发器的次态方程为

$$Q^{n+1} = A$$

（2）Q 端输出波形图如图 4-23（c）所示。若画成如 Q' 所示显然是错误的，因为 $Q^{n+1} = A$，仅在 CP 下降沿有效。

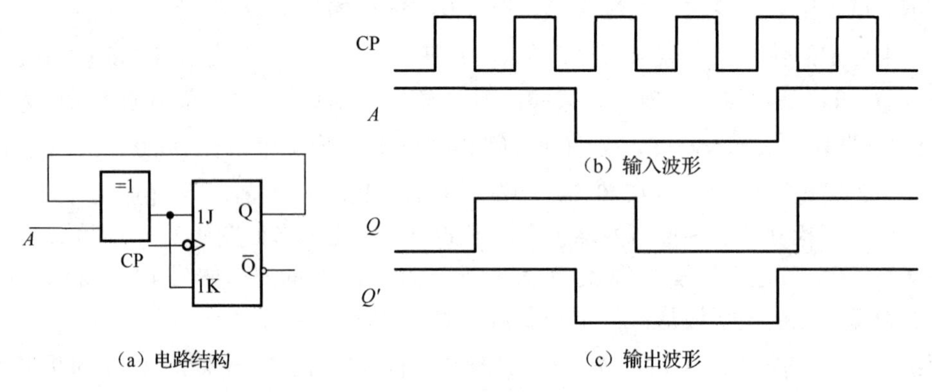

图 4-23　例 4.3 图

例 4.4　如图 4-24 所示触发器构成的电路中，A 和 B 波形如图 4-25（a）所示，对应画出 Q_1 的波形。触发器初始状态为 **0**。

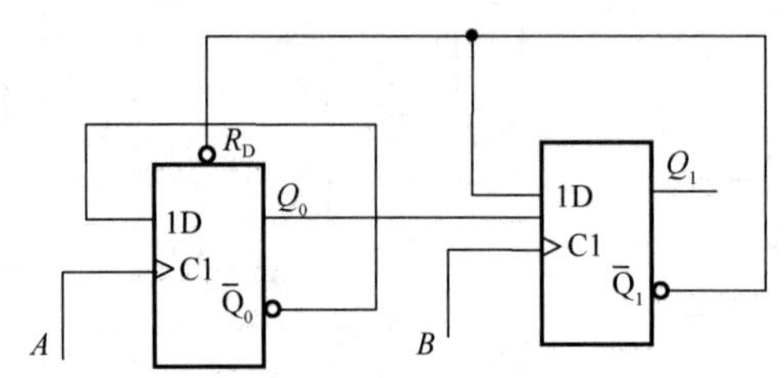

图 4-24　例 4.4 电路图

解：图中，第一级 $Q_0^{n+1} = \overline{Q}_0^n$，每来一个 CP 必翻转，但它又受第二级 $\overline{Q}_1$ 控制，当其为 **0** 时，第一级触发器 $R_D = \mathbf{0}$，异步复 **0**。第二级 $Q_1^{n+1} = Q_0^n\overline{Q}_1^n = \mathbf{1}$，具体分析如下：

第 1、2 个 B 脉冲因为 $Q_0 = \mathbf{0}$，所以 Q_1 不动作，第 1 个 A 脉冲上升沿使 Q_0 由 **0** 翻转为 **1**，因此在第 3 个 B 脉冲上升沿时，$Q_1^{n+1} = Q_0^n\overline{Q}_1^n = \mathbf{1}$，翻为 **1** 态，与此同时 $\overline{Q}_1^n = \mathbf{0}$，使第一级触发器 $R_D = \mathbf{0}$，故 Q_0^n 立即复 **0**。第 4 个 B 脉冲上升沿时，$Q_1^{n+1} = Q_0^n\overline{Q}_1^n = \mathbf{0}$，故 Q_1^{n+1} 又回到 **0**，此状态一直维持到第 2 个 A 脉冲上升沿来时，再重复上述过程。该电路是单脉冲电路，输出波形图如图 4-25（b）所示。

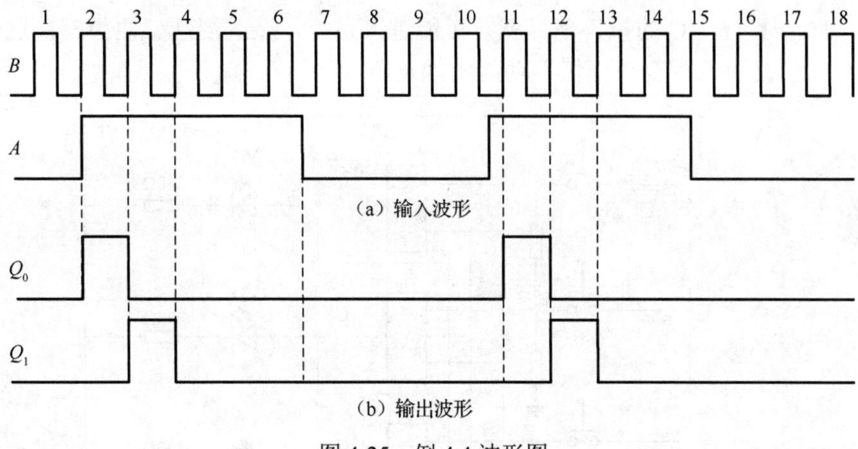

图4-25　例4.4波形图

4.6　应 用 举 例

例4.5　八度音产生器。

解： 八度音产生器可以模拟乐器的声音，每经过一次2分频，音频频率降低一半，也就是下降一个八度音。图4-26所示为简易八度音产生电路，其中反相器G_1、G_2组成音频振荡电路，G_3用来提高电路驱动能力，双JK触发器组成一个4分频电路（或异步四进制计数器），$\overline{Q_1}$对音频时钟信号进行2分频，$\overline{Q_2}$进行4分频，开关每改变一次输出，音频声音下降（或上升）八度。

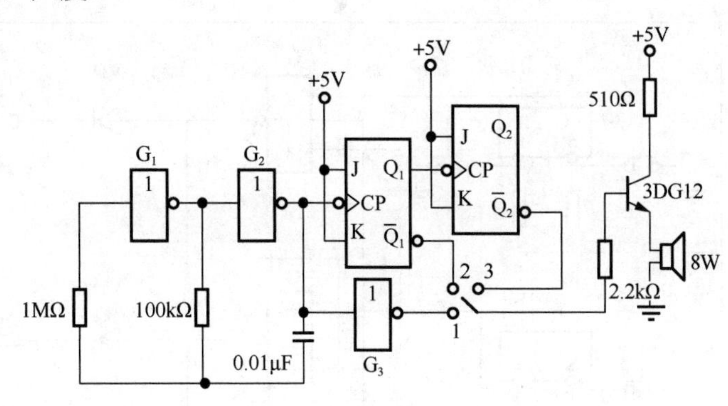

图4-26　八度音产生器电路图

例4.6　设计一个三人抢答电路。要求A、B、C三个人各控制一个按键开关K_A、K_B、K_C和一个发光二极管VD_A、VD_B、VD_C。谁先按下开关，谁的发光二极管亮，同时其他人的抢答信号无效。

解： 用门电路组成的基本电路图如图4-27所示。抢答前，按键开关K_A、K_B、K_C均不按下，A、B、C信号都为**0**。G_A、G_B、G_C输出都为**1**，三个发光二极管均不亮。开始抢答，若K_A第一个被按下，则A=**1**，G_A门的输出U_{OA}=**0**，点亮发光二极管VD_A，同时U_{OA}的**0**信号封锁G_B、G_C门，K_B、K_C按下无效。

基本电路实现了抢答的功能，但是该电路有一个很严重的缺陷，当K_A第一个被按下后，必须总是按着，才能保持A=**1**，U_{OA}=**0**，禁止B、C信号进入。但是K_A稍一放松，就

会使 A=**0**，U_{OA}=**1**，B、C 的抢答信号就有可能进入系统，造成混乱。要想解决这一问题，最有效的方法就是引入具有“记忆”功能的触发器。

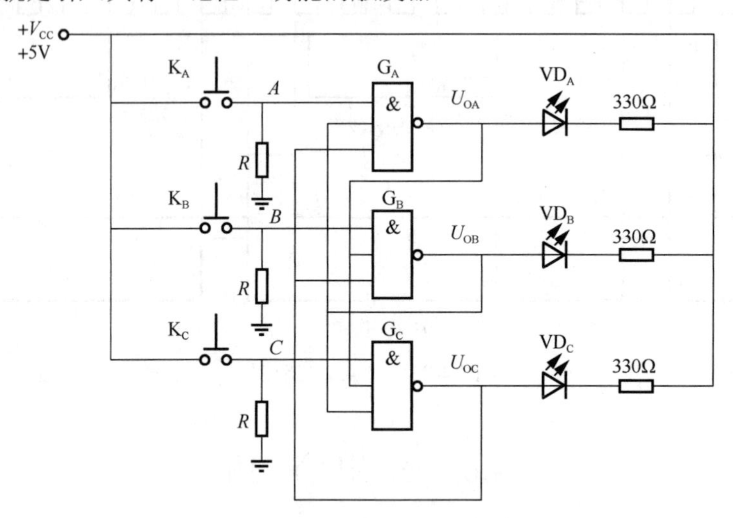

图 4-27　三人抢答器门电路的基本结构

用基本 RS 触发器组成的电路图如图 4-28 所示。其中 K_R 为复位键，由裁判控制。抢答前，先按一下复位键 K_R，即三个触发器的 R 信号都为 **0**，使 Q_A、Q_B、Q_C 均为 **0**，三个发光二极管均不亮。抢答后，若 K_A 第一个被按下，则 FF_A 的 S=**0**，使 Q_A 置 **1**，G_A 门的输出变为 V_{OA}=**0**，点亮发光二极管 VD_A，同时，V_{OA} 的 **0** 信号封锁了 G_B、G_C 门，K_B、K_C 再按下无效。

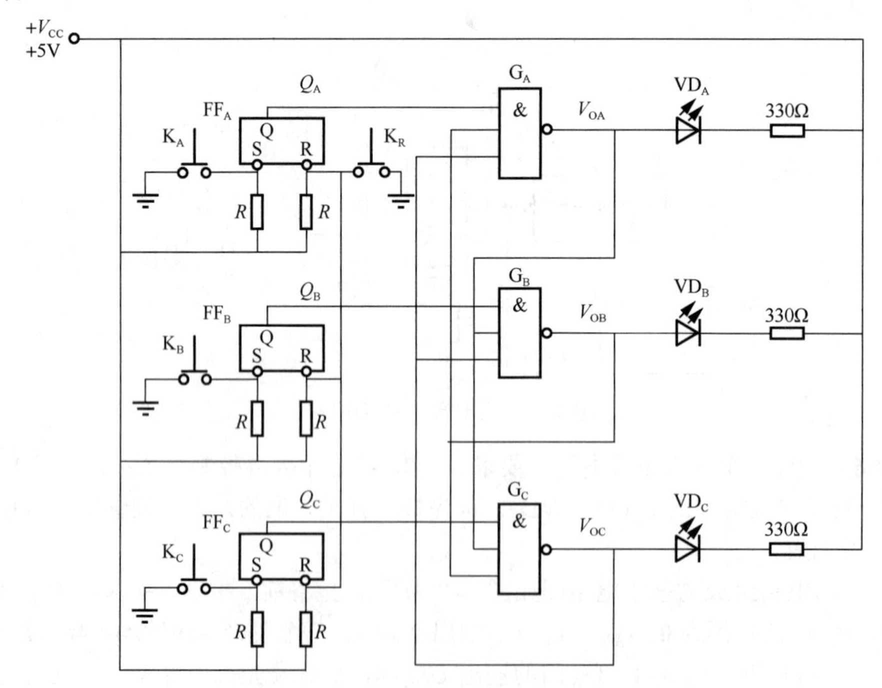

图 4-28　引入基本 RS 触发器的抢答器

该电路由于使用了触发器，按键开关只要按下，触发器就能记忆这个信号，若 K_A 第一个被按下，则 FF_A 的 S=**0**，使 Q_A 置 **1**，然后松开 K_A，此时 FF_A 的 S=R=**1**，触发器保持原态，Q_A=**1**，直到裁判重新按下 K_R 键，新一轮抢答开始。这就是触发器的“记忆”作用。

例 4.7　用 D 触发器组成数字逻辑电路测试笔。

解：测试笔电路图如图 4-29 所示。S 端作被测线路输入端，当 S=**1** 时，D 触发器置位，Q=**1**。当输入是逻辑 **0** 电平，发光二极管 VD 不亮；当输入是 **1** 电平时，发光二极管发光。该电路类似于测电笔。电路的电源可用干电池也可用被测电路的工作电压（3～18V），用此测试笔可进行在线检测数字逻辑电路的工作状态是否正常。测试时只需将 S 端接触待测的数字逻辑电路的输入端或输出端。C_1、R_1 用作开机清零，在电路接通电源瞬间，有一经过 C_1、R_1 微分后的尖脉冲作用于 IC 的复位端 R，使 IC 复位，Q 端为低电平。

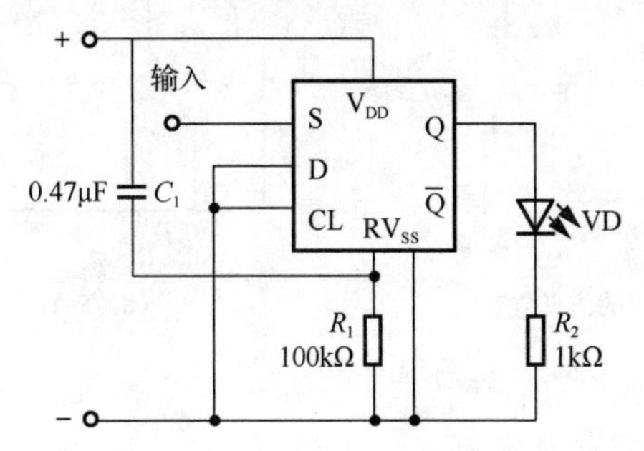

图 4-29　D 触发器组成的数字逻辑电路测试笔电路图

4.7　计算机辅助电路分析举例

例 4.8　用或非门构成的基本 RS 触发器仿真举例。

解：对或非门构成的基本 RS 触发器进行仿真，分别设置 S=**0**，R=**0**；S=**1**，R=**0**；S=**0**，R=**1**；S=**1**，R=**1**，所得仿真结果如图 4-30 所示。Q 设为蓝灯（图中深灰色小太阳），$\overline{Q}$ 设为绿灯（图中浅灰色小太阳）。从仿真结果可看出，S=**0**，R=**1** 时，Q=**0**；S=**1**，R=**0** 时，Q=**1**；当 S=**0**，R=**0** 时，保持；S=**1**，R=**1** 时，状态不定。

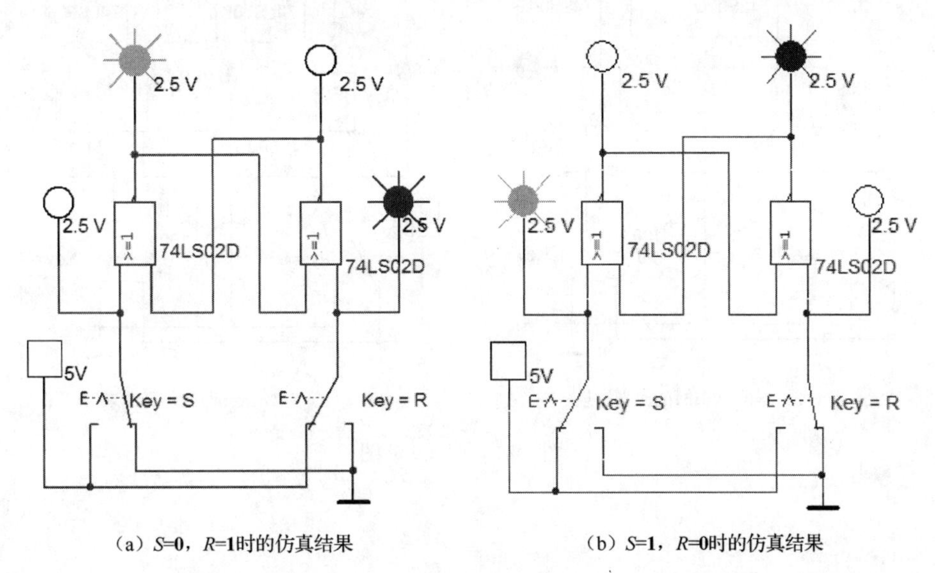

（a）S=**0**，R=**1**时的仿真结果　　　　（b）S=**1**，R=**0**时的仿真结果

图 4-30　例 4.8 解图

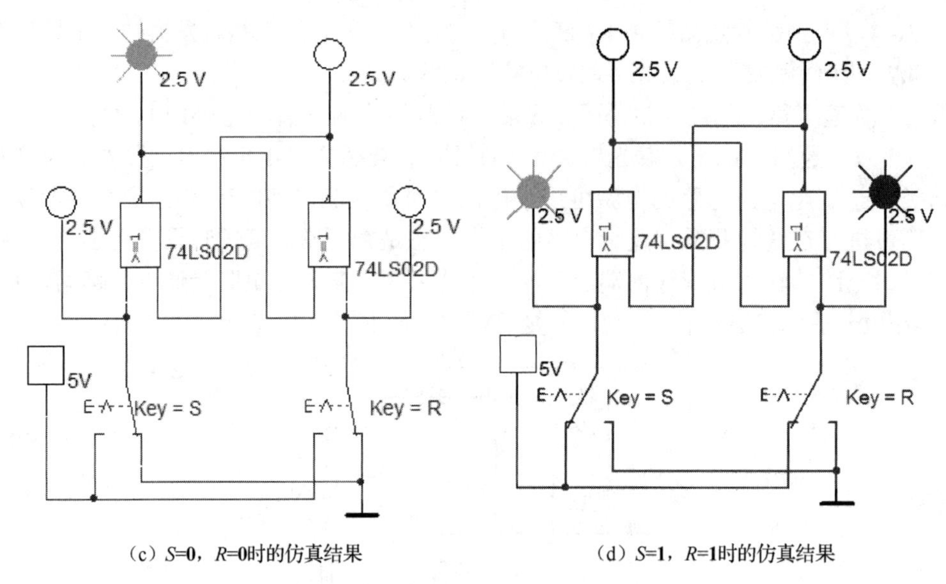

（c）S=0，R=0时的仿真结果　　（d）S=1，R=1时的仿真结果

图 4-30（续）

例 4.9　同步 RS 触发器仿真举例。

解：同步 RS 触发器在时钟信号 CP=**1** 时改变状态。设 Q 为红灯（图中灰色小太阳），$\overline{Q}$ 为蓝灯（图中深灰色小太阳）。从仿真结果（图 4-31）可看出，S=**0**，R=**1** 时，Q=**0**；S=**1**，R=**0** 时，Q=**1**；当 S=**0**，R=**0** 时，保持；S=**1**，R=**1** 时，状态不定。

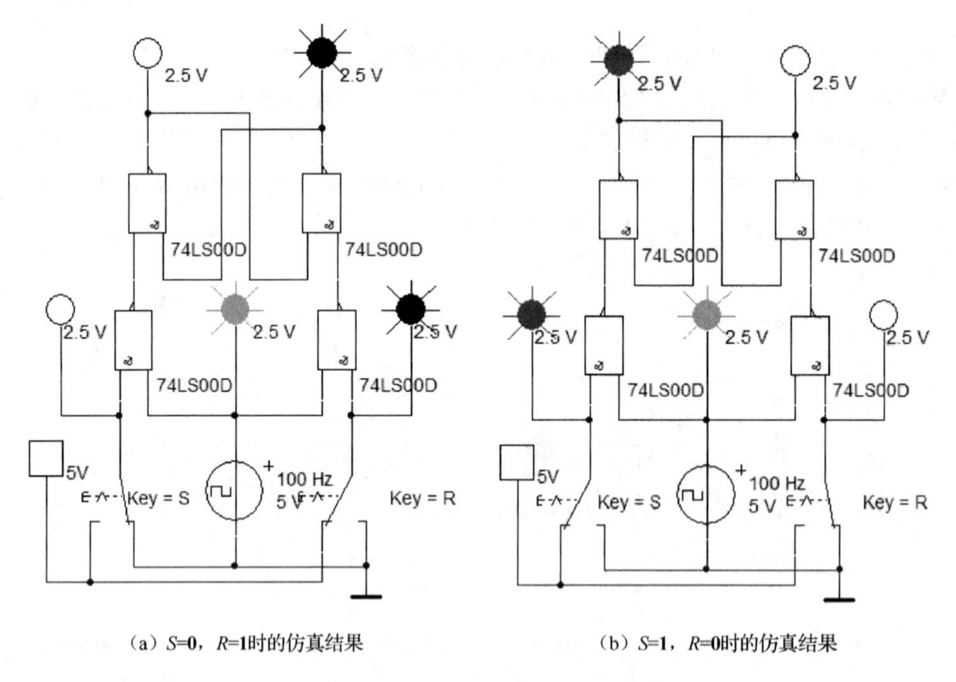

（a）S=0，R=1时的仿真结果　　（b）S=1，R=0时的仿真结果

图 4-31　例 4.9 解图

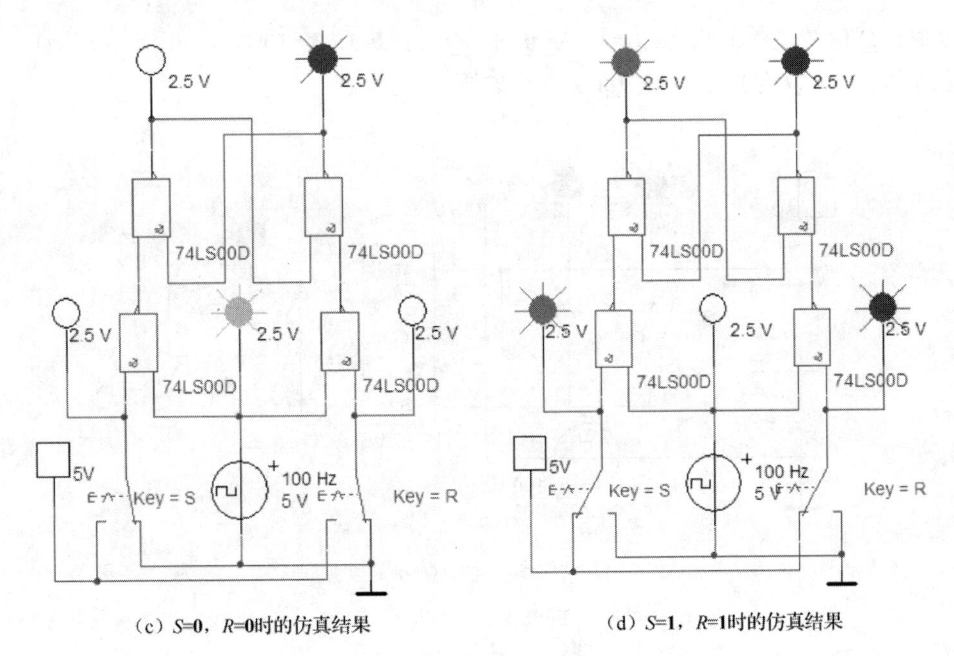

（c）S=**0**，R=**0**时的仿真结果　　　　（d）S=**1**，R=**1**时的仿真结果

图 4-31（续）

例 4.10　同步 D 触发器仿真举例。

解：设 Q 为红灯（图中灰色小太阳），$\overline{Q}$ 为蓝灯（图中深灰色小太阳）。CP=**1** 时，D=**0**，Q=**0**；CP=**1** 时，D=**1**，Q=**1** 的仿真结果如图 4-32 所示。

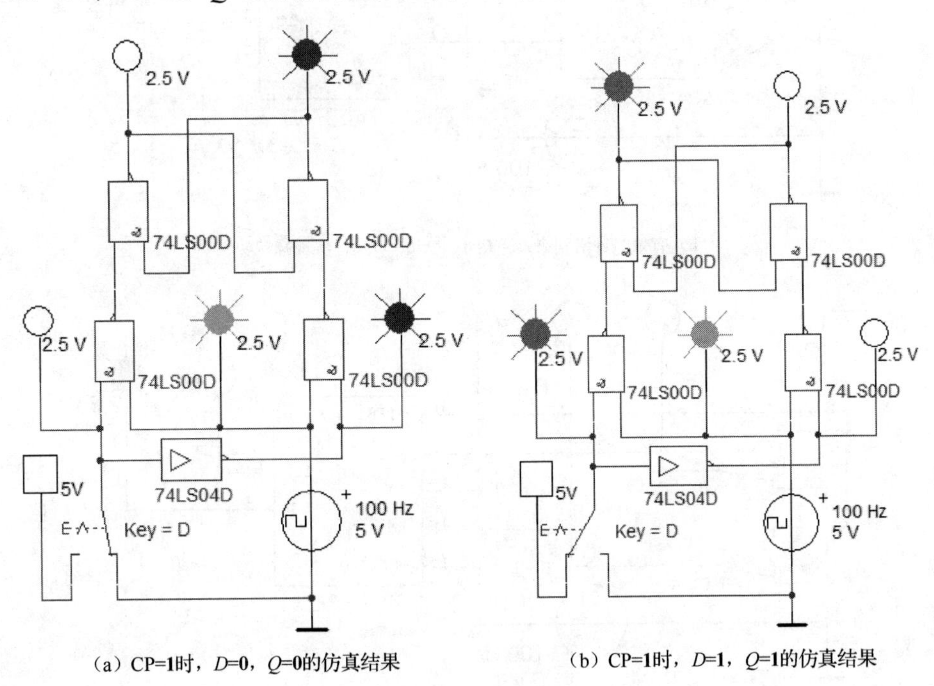

（a）CP=**1**时，D=**0**，Q=**0**的仿真结果　　　　（b）CP=**1**时，D=**1**，Q=**1**的仿真结果

图 4-32　例 4.10 解图

例 4.11　集成主从 JK 触发器 74LS76 仿真举例。

解：由仿真结果（图 4-33）可看出，在 CP 脉冲下降沿到来时，J=K=**1** 时，Q 翻转；

$J=K=\mathbf{0}$ 时，Q 保持之前的状态；$J=\mathbf{1}$，$K=\mathbf{0}$ 时，$Q=\mathbf{1}$；$J=\mathbf{0}$，$K=\mathbf{1}$ 时，$Q=\mathbf{0}$。设 Q 为红灯（图中灰色小太阳），$\overline{Q}$ 为蓝灯（图中深灰色小太阳）。

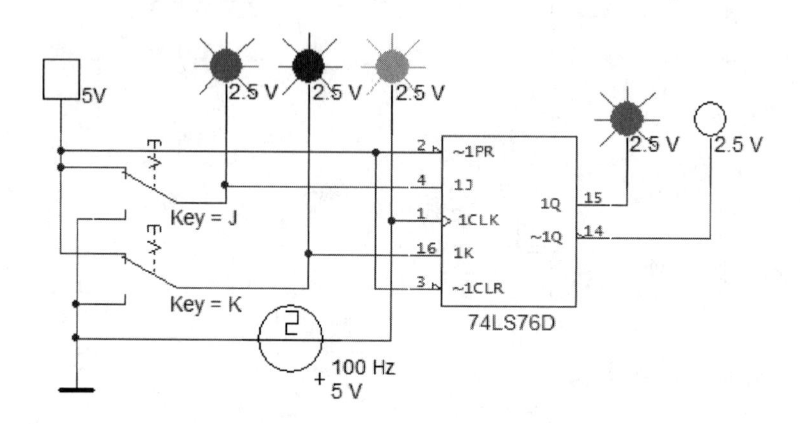

（a）现态：J=K=**1**，Q=**1**，$\overline{Q}$=**0**

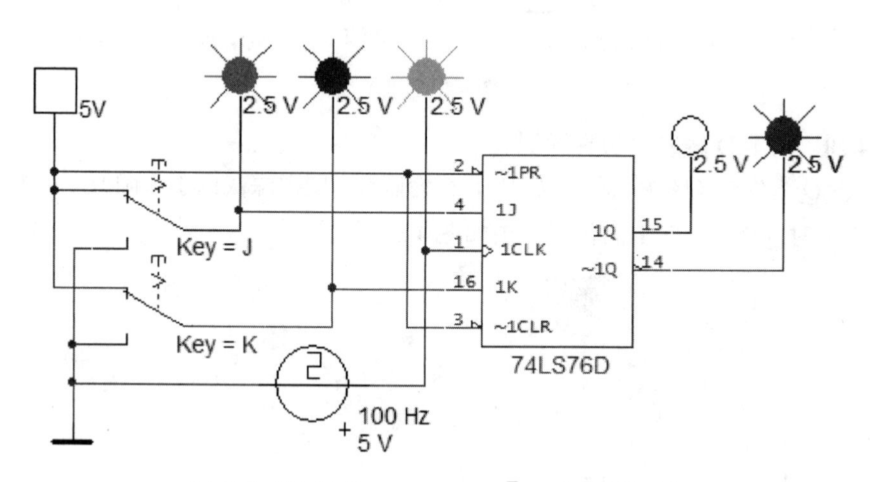

（b）有效时钟沿到来：$J=K=\mathbf{1}$，$Q=\mathbf{0}$，$\overline{Q}=\mathbf{0}$，实现翻转功能

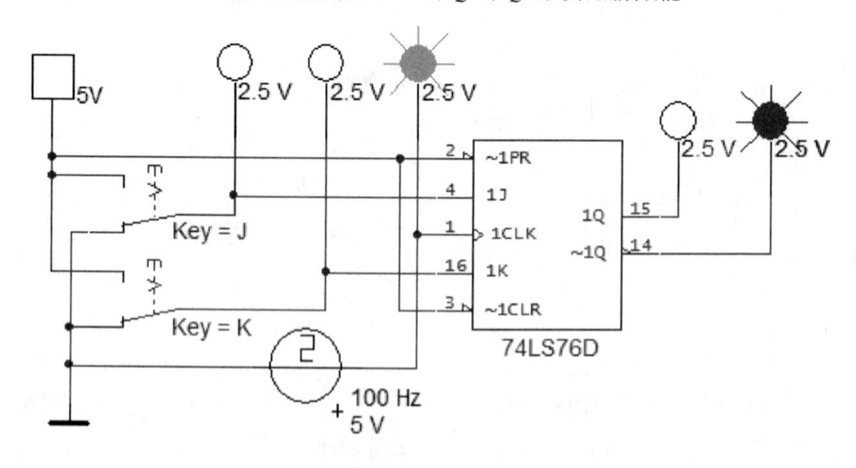

（c）有效时钟沿到来：$J=K=\mathbf{0}$，$Q=\mathbf{0}$，$\overline{Q}=\mathbf{1}$，保持

图 4-33　例 4.11 解图

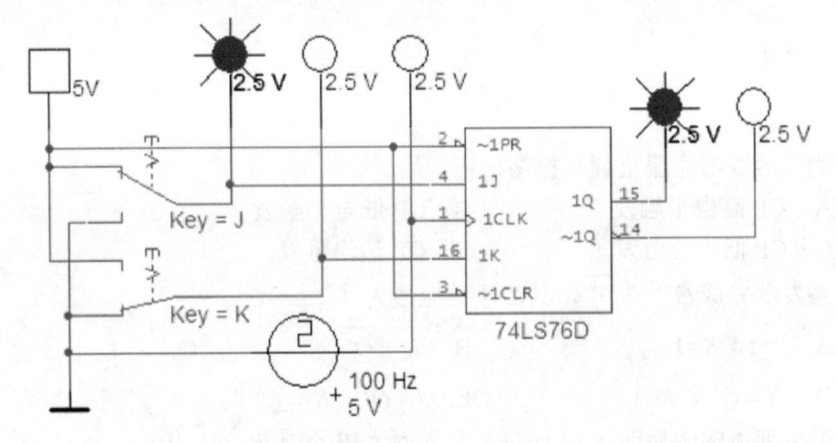

（d）有效时钟沿到来：J=1，K=0，$\bar{Q}$=1，Q=0，置1

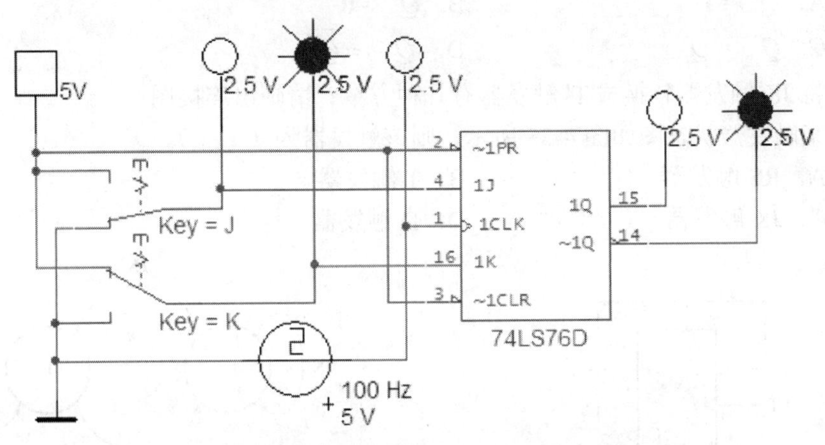

（e）有效时钟沿到来：J=0，K=1，Q=0，$\bar{Q}$=1，置0

图 4-33（续）

小　　结

本章所讲述的触发器是构成各种复杂数字系统的一种基本逻辑单元。

触发器逻辑功能的基本特点是可以保存 1 位二值信息。因此，又把触发器称为半导体存储单元或记忆单元。

由于输入方式及触发器状态随输入信号变化的规律不同，各种触发器在具体的逻辑功能上又有所差别。根据这些差异，将触发器分成了 RS 型、JK 型、T 型和 T′ 型、D 型等几种逻辑功能类型。这些逻辑功能可以用状态表、状态方程或状态图描述。

此外，从电路结构形式上又可以把触发器分为同步触发器、维持阻塞触发器、边沿触发器和主从触发器。介绍这些类型的主要目的，在于说明由于电路结构不同而带来的不同动作特点。只有了解这些不同的动作特点，才能正确地使用这些触发器。

特别需要指出，触发器的电路结构形式和逻辑功能是两个不同的概念，两者没有固定的对应关系。同一种逻辑功能的触发器可以用不同的电路结构实现；同一种电路结构的触发器可以做成不同的逻辑功能。当选用触发器电路时，不仅要知道它的逻辑功能，还必须知道它的电路结构类型。只有这样才能把握住它的动作特点，做出正确的设计。

习　　题

4.1　为使触发器克服空翻与振荡，应采用（　　）。

A．CP 高电平触发　　B．CP 低电平触发

C．CP 低电位触发　　D．CP 边沿触发

4.2　触发器完成$Q^{n+1}=\overline{Q^n}$，其激励端应该为（　　）。

A．J=**1**，K=**1**　　B．$D=\overline{Q^n}$　　C．T=**1**

D．$S=\overline{Q^n}$，R=**1**　　E．$J=Q^n$，$K=\overline{Q^n}$

4.3　触发器电路图如图 4-34 所示，其次态方程Q^{n+1}为（　　）。

A．Q^{n+1}=**1**　　B．Q^{n+1}=**0**

C．$Q^{n+1}=Q^n$　　D．$Q^{n+1}=\overline{Q^n}$

4.4　将 JK 触发器转换成 T′ 触发器有几种方案？请画出连接图。

4.5　某触发器状态图如图 4-35 所示，则该触发器为（　　）。

A．RS 触发器　　B．T 触发器

C．JK 触发器　　D．D 触发器

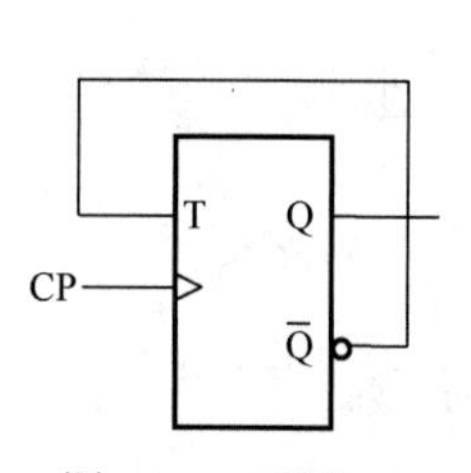

图 4-34　习题 4.3

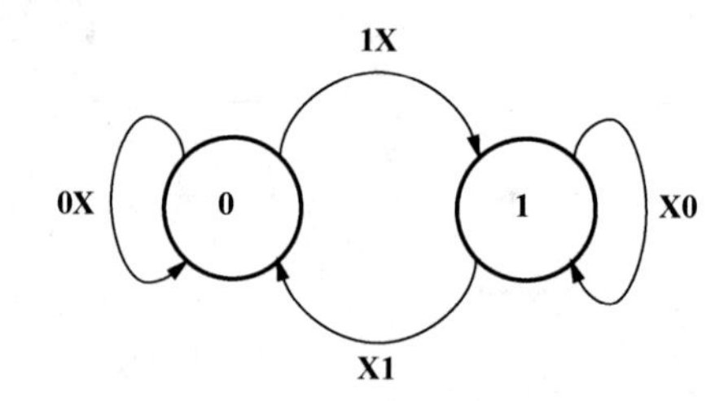

图 4-35　习题 4.5

4.6　画出由或非门组成的基本 RS 触发器（如图 4-36 所示）输出端 Q、$\overline{Q}$ 的电压波形，输入端 S、R 的波形图如图 4-37 所示。

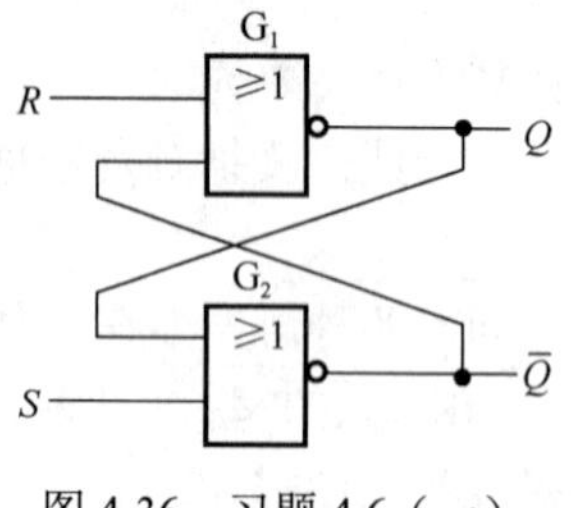

图 4-36　习题 4.6（一）

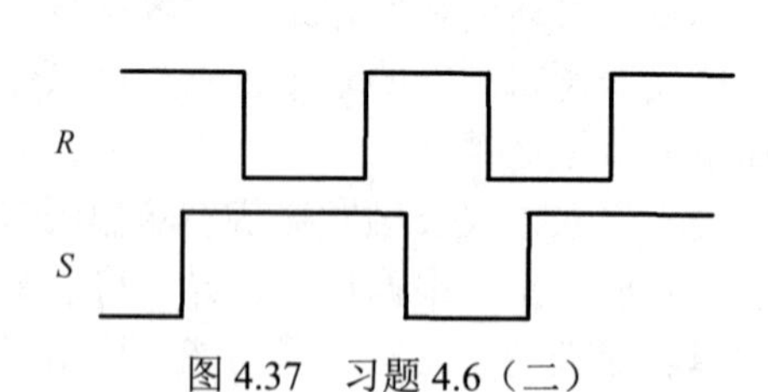

图 4.37　习题 4.6（二）

4.7　试分析图 4-38 所示电路的逻辑功能，列出状态表，写出逻辑函数式。

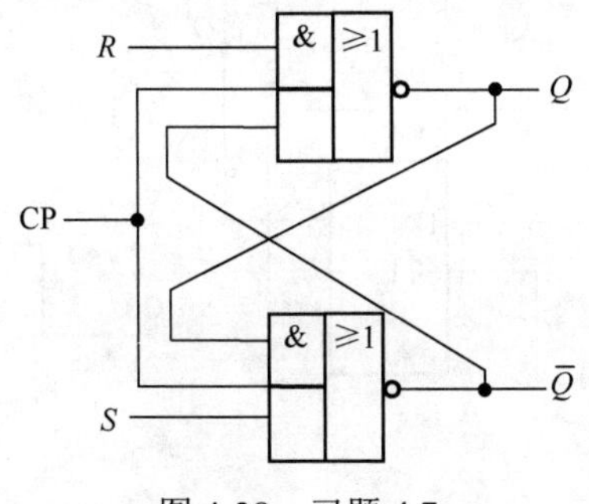

图4-38　习题4.7

4.8　触发器电路图如图4-39所示，端子CP、A、B的波形图如图4-40所示。

（1）写出该触发器的次态方程；

（2）画出Q端波形（设初态Q=**0**）。

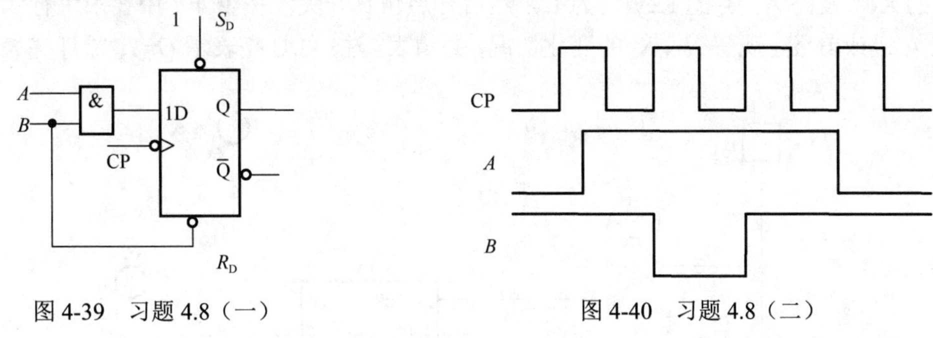

图4-39　习题4.8（一）　　　　图4-40　习题4.8（二）

4.9　图4-41所示为各种边沿JK触发器，初始状态均为**1**，画出对应Q端波形。

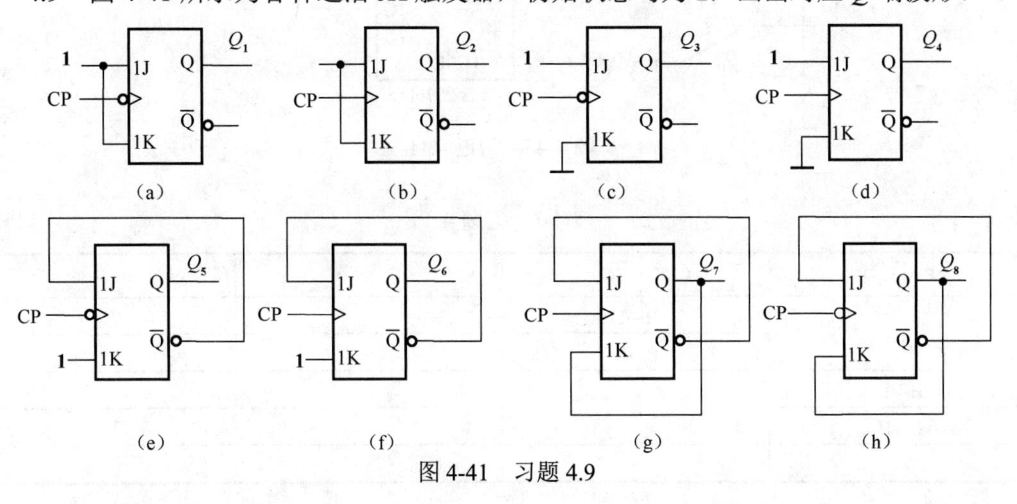

图4-41　习题4.9

4.10　在图4-42所示电路中，F_1是JK触发器，F_2是D触发器，初始状态均为**0**，试画出在CP作用下Q_1、Q_2的波形。

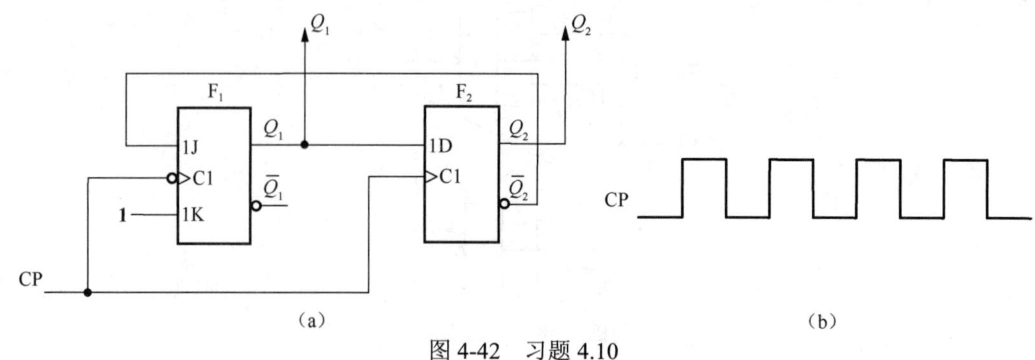

图 4-42　习题 4.10

4.11　PR（即 $\overline{S}_D$）异步置位及 CLR（即 $\overline{R}_D$）异步复位功能的测试。

在 Multisim 软件中连接好如图 4-43 所示电路。其中，灯光 X_1 用红灯，X_2 用蓝灯。将 J_1 的 Key 设为 A；J_2 的 Key 设为 B。然后开启仿真开关，按表 4-7 中要求进行实验，分别按 A 键或 B 键，观察 X_1、X_2 的变化情况，并填表。注：红灯亮表示 Q=**1**；绿灯亮表示 $\overline{Q}=\mathbf{1}$。

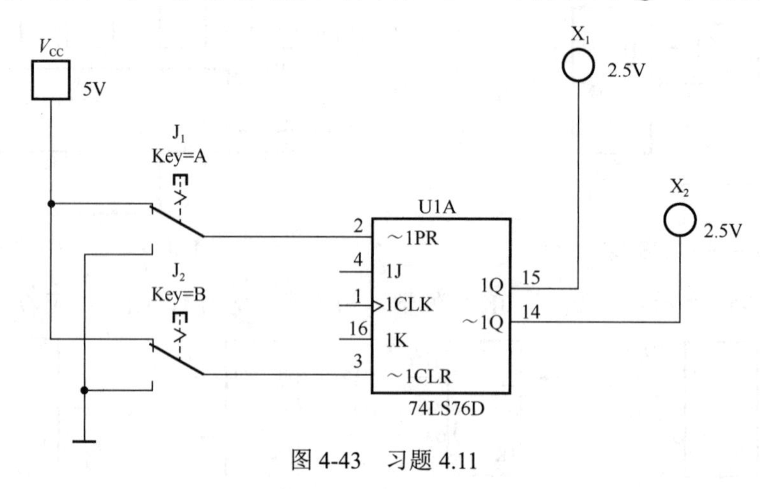

图 4-43　习题 4.11

表 4-7　习题 4.11

PR（$\overline{S_D}$）	CLK（$\overline{S_D}$）	Q	$\overline{Q}$
H	H→L		
	L→H		
H→L	H		
L→H			

4.12　JK 触发器逻辑功能的测试。在 Multisim 软件中连接好如图 4-44 所示电路。其中，指示灯 X_1 调红灯，X_2 调蓝灯。将 J_1 的 Key 设为 A，J_2 的 Key 设为 B，J_3 的 Key 设为 C，J_4 的 Key 设为 D。开启仿真开关，按照表 4-8 要求进行实验，并将结果填入表中。注意：初态 $Q_n=\mathbf{0}$ 用 CLR 复位，复位后 J_4 置高电平；初态 $Q_n=\mathbf{1}$ 用 PR 置位，置位后 J_1 置高电平。

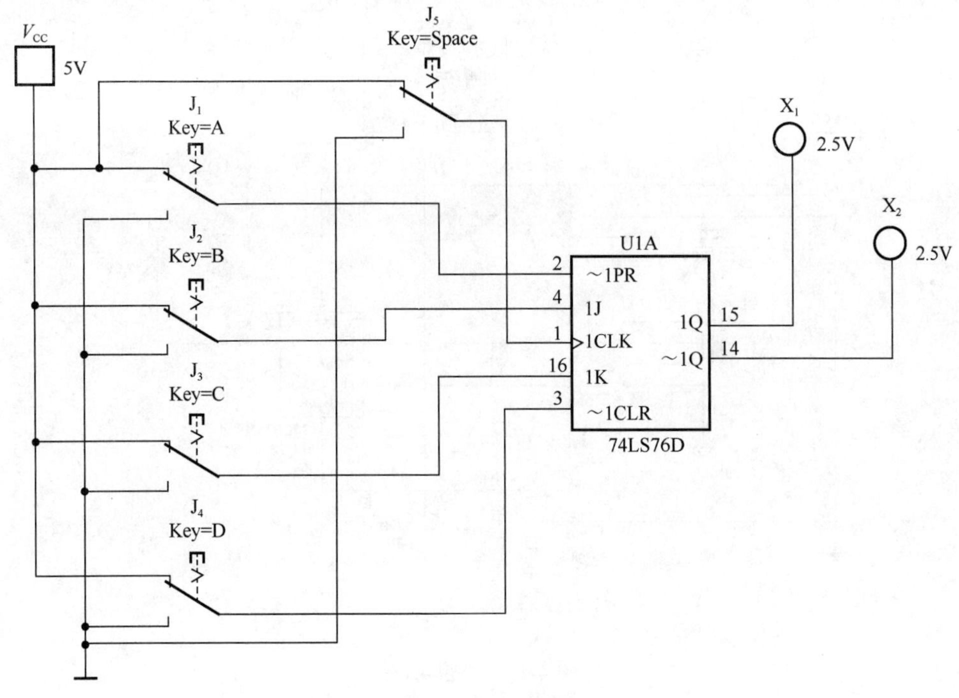

图 4.44 习题 4.12

表 4-8 习题 4.12

J	K	CLK	Q_{n+1}	
			Q_n=0	Q_n=1
0	0	0→1		
		1→0		
0	1	0→1		
		1→0		
1	0	0→1		
		1→0		
1	1	0→1		
		1→0		

4.13 图 4-45 所示是一个负边沿 JK 触发器的测试电路。在 Multisim 软件中连接好如图 4-45 所示电路。控制触发器的置位端 PR（S_D）和复位端 CLR（R_D）的状态，并将两控制端的功能测试结果填入表 4-9 中。

表 4-9 习题 4.13

S_D	R_D	Q	$\overline{Q}$
1	1→0		
	0→1		
1→0	1		
0→1			
1	1		
0	0		

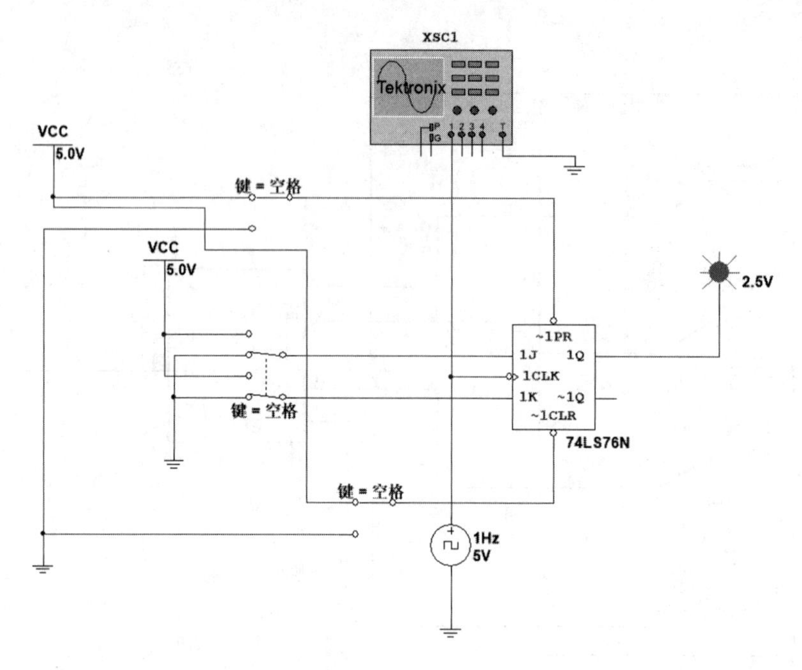

图 4-45　习题 4.13

4.14　在 Multisim 软件中仿真习题 4.7。

4.15　在 Multisim 软件中仿真习题 4.11。

第 5 章　时序逻辑电路

与组合逻辑电路一样，时序逻辑电路同样包括两类问题，一类是电路分析，即根据给定的时序逻辑电路图，确定该电路的逻辑功能；另一类是电路设计，即根据给定的功能要求，设计相应的逻辑电路图。本章首先介绍时序逻辑电路的特点、分类及功能描述方法，然后详细介绍时序逻辑电路的基本分析方法与设计方法，最后介绍计数器、寄存器、顺序脉冲发生器等几种常用时序逻辑电路的工作原理。

5.1　概　　述

5.1.1　时序逻辑电路的特点及分类

逻辑电路可分为两大类，一类是组合逻辑电路，另一类是时序逻辑电路。在时序逻辑电路中，任一时刻的输出不仅与该时刻电路的输入信号有关，还与电路原来的状态有关，其结构框图如图 5-1 所示。

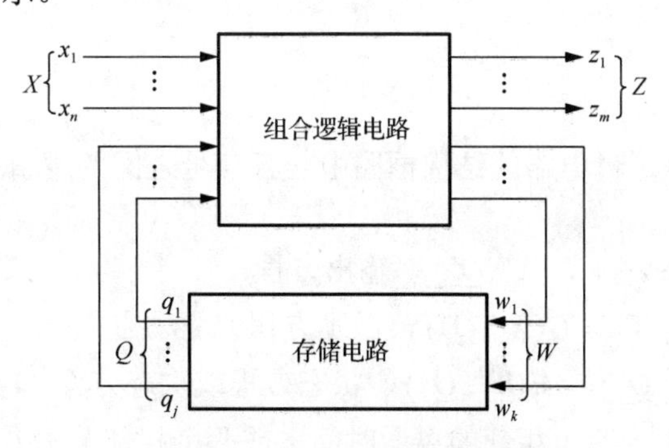

图 5-1　时序逻辑电路框图

图中，$X(x_1,x_2,\cdots,x_n)$ 为时序逻辑电路的输入信号；$Z(z_1,z_2,\cdots,z_m)$ 为时序逻辑电路的输出信号；$Q(q_1,q_2,\cdots,q_j)$ 为存储电路的状态输出信号，也称状态输出函数，简称状态函数，同时是组合逻辑电路的内部输入信号；$W(w_1,w_2,\cdots,w_k)$ 为时序逻辑电路的激励信号，也称激励函数或驱动函数，同时是组合逻辑电路的内部输出信号。

1．时序逻辑电路的特点

时序逻辑电路简称时序电路，具有如下特点：

（1）时序逻辑电路由组合逻辑电路和存储电路两部分组成，其中组合逻辑电路可选，但存储电路是必不可少的。存储电路具有记忆功能，一般由触发器构成。

（2）存储电路的输出端反馈到组合逻辑电路的输入端，与输入信号共同决定组合逻辑电路的输出，所以时序逻辑电路任一时刻的输出由输入信号和电路原来的状态共同决定。

2. 时序逻辑电路的分类

（1）按照构成时序逻辑电路的触发器状态变化是否同步，时序逻辑电路分为同步时序逻辑电路和异步时序逻辑电路。同步时序逻辑电路中，存储电路所有触发器的时钟使用统一的 CP 脉冲信号，状态变化发生在同一时刻，即各触发器的状态翻转同步。异步时序逻辑电路中，没有统一时钟脉冲信号，各触发器的状态翻转是异步完成的。

（2）按照电路中输出变量是否与输入变量直接相关，时序逻辑电路又分为米利（Mealy）型和摩尔（Moore）型时序电路。在米利型时序逻辑电路中，外部输出 Z 既与电路状态 Q 有关，又与外部输入 X 有关，其输出函数为 $Z = F(X,Q)$。摩尔型时序逻辑电路中，外部输出 Z 仅与电路状态 Q 有关，而与外部输入 X 无关，其输出函数为 $Z = F(Q)$。

（3）按照功能不同，时序逻辑电路可分为计数器、寄存器、移位寄存器、顺序脉冲发生器、读/写存储器等。

（4）其他分类方法：按照能否编程，时序逻辑电路分为可编程时序逻辑电路和不可编程时序逻辑电路；按照时序电路集成度不同可分为 SSI、MSI、LSI、VLSI 等时序逻辑电路；按照使用开关元件类型不同可分为 TTL 型和 CMOS 型时序逻辑电路。

5.1.2 时序逻辑电路的功能描述

第 4 章讲过的触发器是一个最简单的时序逻辑电路。时序逻辑电路的描述方法与触发器的描述方法类似。

1. 逻辑表达式

在图 5-1 所示时序逻辑电路的结构框图中，各信号之间的逻辑关系可用如下三个方程表示：

$$Z^n = F(X^n, Q^n)，输出方程$$

$$W^n = G(X^n, Q^n)，激励方程或驱动方程$$

$$Q^{n+1} = H(W^n, Q^n)，状态方程或次态方程$$

其中，n 和 $n+1$ 表示两个相邻的离散时间（或两个相邻节拍），Q^n 表示电路的当前状态，称为现态，Q^{n+1} 表示电路下一个时刻的新状态，称为次态。通常情况下，人们习惯将外部输入、输出及激励右上角的 n 省略。由以上关系可以看出，时序逻辑电路某时刻的输出 Z 决定于该时刻的外部输入 X 和内部状态 Q，时序逻辑电路下一个时刻的状态 Q^{n+1} 同样取决于该时刻的外部输入 X 和内部状态 Q。对于触发器来说，输出就是状态 Q，激励就是外部输入 X，即 $Z=Q^n$，$W=X$，就只剩下状态方程了。

2. 状态表、状态图、卡诺图、时序图

在前面几章中已介绍过状态表、状态图、卡诺图、时序图的概念。时序逻辑电路的状态表也称为状态转移表或状态迁移表，是用列表的方式描述时序逻辑电路的输出 Z、次态 Q^{n+1} 与外部输入 X、现态 Q^n 之间的逻辑关系。时序逻辑电路的状态图也称为状态迁移图，是以几何图形的方式描述时序逻辑电路的状态转移规律及输出与输入之间的关系。时序逻辑电路的时序图即时序逻辑电路的工作波形图，是以波形的形式描述时序逻辑电路状态 Q、输出 Z 随着输入信号 X 变化的规律。

由于时序逻辑电路的现态和次态是由构成该时序电路的触发器的现态和次态来表示的，根据第4章触发器中介绍过的有关知识可以得出时序电路的状态表、状态图、时序图。

5.2　时序逻辑电路的基本分析

时序逻辑电路的基本分析解决的问题是，对于给定的时序逻辑电路，求出状态表、状态图或时序图，确定该电路的逻辑功能。

1. *分析方法*

时序逻辑电路的分析过程一般按照以下步骤进行：

（1）首先判断电路是同步时序电路还是异步时序电路。

（2）根据给定的逻辑电路图写出各级方程，包括时钟方程、激励方程、次态方程、输出方程。

若是同步时序电路，则时钟方程可省略；若是异步时序电路，则应写出各级时钟方程；激励方程又称为驱动方程，即触发器输入端的函数表达式；次态方程又称为状态方程，即Q^{n+1}的方程；若有输出端则应根据输出电路写出输出方程。

（3）根据各级方程建立状态表、画出状态图。

（4）确定电路的逻辑功能。对电路的功能可用文字描述，也可作出时序图。

2. *分析举例*

例5.1　时序逻辑电路图如图5-2所示，试画出其状态图和时序图，并确定其逻辑功能。

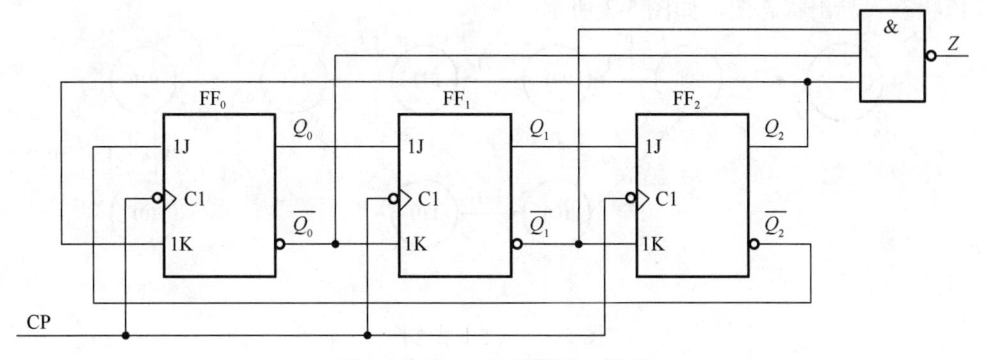

图5-2　例5.1时序逻辑电路图

解：（1）判断同步、异步时序电路。各级触发器在同一时钟脉冲控制下变化，故为同步时序电路，时钟方程如下：

$$CP_0 = CP_1 = CP_2 = CP$$

对于同步时序电路，时钟方程也可省略。

（2）写出各级方程。由给出的逻辑电路图可写出电路的激励方程为

$$\begin{cases} J_0 = \overline{Q_2^n}, K_0 = Q_2^n \\ J_1 = Q_0^n, K_1 = \overline{Q_0^n} \\ J_2 = Q_1^n, K_2 = \overline{Q_1^n} \end{cases}$$

将激励方程代入相应 JK 触发器的特性方程，可得电路的次态方程为

$$\begin{cases} Q_0^{n+1} = \overline{Q_2^n}\,\overline{Q_0^n} + \overline{Q_2^n} Q_0^n = \overline{Q_2^n} \\ Q_1^{n+1} = Q_0^n \overline{Q_1^n} + Q_0^n Q_1^n = Q_0^n \\ Q_2^{n+1} = Q_1^n \overline{Q_2^n} + Q_1^n Q_2^n = Q_1^n \end{cases}$$

由给出的逻辑电路图写出电路的输出方程为

$$Z = \overline{\overline{Q_0^n}\,\overline{Q_1^n}\,Q_2^n} = Q_0^n + Q_1^n + \overline{Q_2^n}$$

（3）列出状态表，画出状态图。依次假设电路现态，并代入所求次态方程，列出状态表，如表 5-1 所示。

表 5-1　例 5.1 状态表

现态			次态			输出
Q_2^n	Q_1^n	Q_0^n	Q_2^{n+1}	Q_1^{n+1}	Q_0^{n+1}	Z
0	0	0	0	0	1	1
0	0	1	0	1	1	1
0	1	0	1	0	1	1
0	1	1	1	1	1	1
1	0	0	0	0	0	0
1	0	1	0	1	0	1
1	1	0	1	0	0	1
1	1	1	1	1	0	1

依状态表画出状态图，如图 5-3 所示。

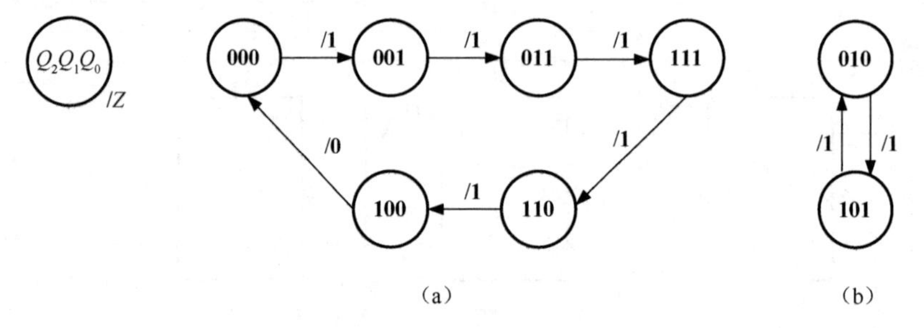

图 5-3　例 5.1 状态图

（4）作出时序图，分析确定逻辑功能。画出时序图，如图 5-4 所示。

观察电路的状态图和时序图可知，在 CP 脉冲作用下，电路在 **000-001-011-111-110-100-000** 之间形成有效循环，有六个有效状态，两个无效状态（**010-101**），故电路称为同步六进制计数器。

下面补充介绍在时序电路中常用的两个概念。

（1）自启动能力。自启动能力是指当合上电源开关以后，无论电路处于何种状态，均能自动地经过若干节拍以后进入有效循环，否则称无自启动能力。由此判断图 5-2 的时序电路不具备自启动能力。

（2）分频器。分频器是将输入的高频信号变为低频信号输出的电路。有时又将计数器称为分频器，如六进制计数器又称为六分频器，即输出信号的频率为输入信号频率的六分

之一，可表示为

$$f_{o}=\frac{1}{6}f_{CP}$$

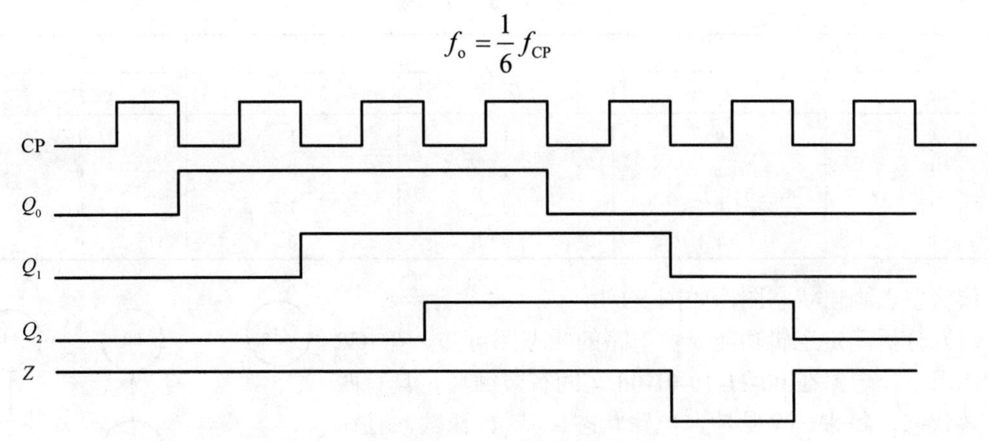

图 5-4　例 5.1 时序图

例 5.2　时序逻辑电路图如图 5-5 所示，试分析其逻辑功能。

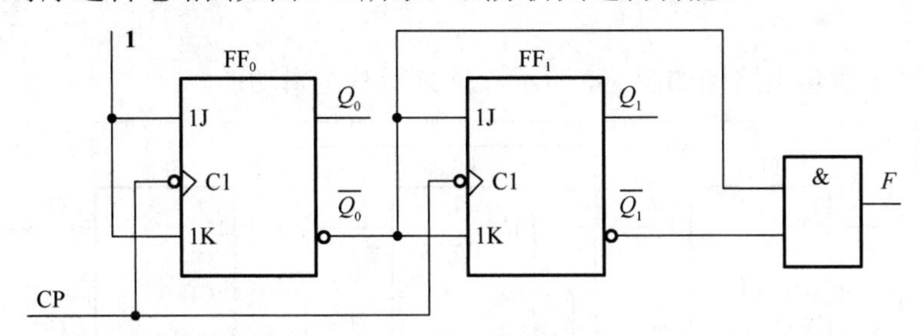

图 5-5　例 5.2 时序逻辑电路图

解：（1）判断同步、异步时序电路。该电路为同步时序电路，时钟方程省略。

（2）由时序逻辑电路图写出各级方程。

激励方程为

$$\begin{cases}J_{0}=K_{0}=\mathbf{1}\\J_{1}=K_{1}=\overline{Q_{0}^{n}}\end{cases}$$

将激励方程代入相应的 JK 触发器的特性方程，可得电路的次态方程为

$$\begin{cases}Q_{0}^{n+1}=J_{0}\overline{Q_{0}^{n}}+\overline{K_{0}}Q_{0}^{n}=\overline{Q_{0}^{n}}\\Q_{1}^{n+1}=J_{1}\overline{Q_{1}^{n}}+\overline{K_{1}}Q_{1}^{n}=\overline{Q_{1}^{n}}\,\overline{Q_{0}^{n}}+Q_{1}^{n}Q_{0}^{n}\end{cases}$$

由时序逻辑电路图写出输出方程为

$$F=\overline{Q_{1}^{n}Q_{0}^{n}}$$

（3）列出状态表，画出状态图。依次假设电路现态，并代入所求次态方程中，列出状态表，如表 5-2 所示。

表 5-2　例 5.2 状态表

现态		次态		输出
Q_1^n	Q_0^n	Q_1^{n+1}	Q_0^{n+1}	F
0	0	1	1	1
1	1	1	0	0
1	0	0	1	0
0	1	0	0	0

依状态表画出状态图，如图 5-6 所示。

（4）分析确定逻辑功能。由电路的状态图可知，在 CP 脉冲作用下，电路在 **00-11-10-01-00** 之间有效循环，具有四个有效状态，每来一个脉冲，电路状态作减 **1** 计数，且在 **01→00** 时输出一个 **1**，所以该电路是一个同步四进制递减计数器。由于电路所有状态连到有效循环中，故电路具备自启动能力。

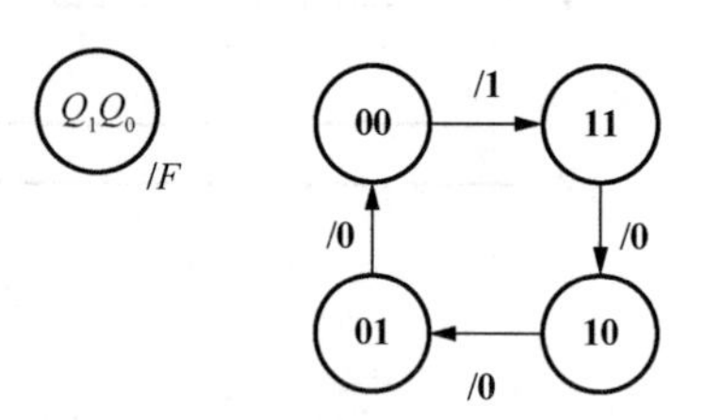

图 5-6　例 5.2 状态图

例 5.3　时序逻辑电路图如图 5-7 所示，试分析其逻辑功能。

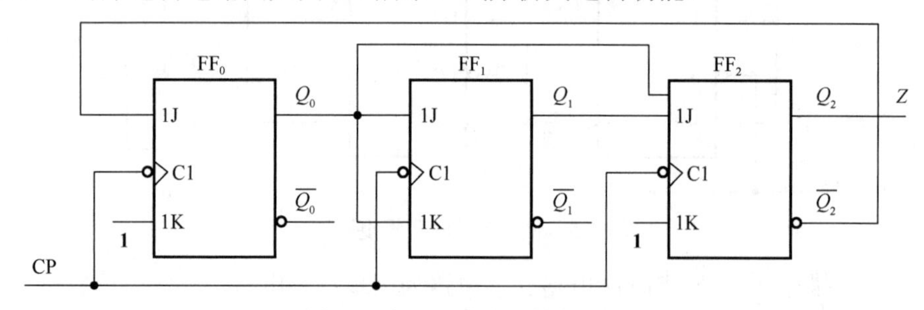

图 5-7　例 5.3 时序逻辑电路图

解：（1）判断同步、异步时序电路。该电路为同步时序电路。

（2）写出各级方程。

由时序逻辑电路图写出激励方程为

$$\begin{cases} J_0 = \overline{Q_2^n}, K_0 = \mathbf{1} \\ J_1 = Q_0^n, K_1 = Q_0^n \\ J_2 = Q_0^n Q_1^n, K_2 = \mathbf{1} \end{cases}$$

将激励方程代入相应的 JK 触发器特性方程，可得电路的次态方程为

$$\begin{cases} Q_0^{n+1} = \overline{Q_2^n}\,\overline{Q_0^n} + 0 = \overline{Q_2^n}\,\overline{Q_0^n} \\ Q_1^{n+1} = Q_0^n \overline{Q_1^n} + \overline{Q_0^n} Q_1^n = Q_0^n \oplus Q_1^n \\ Q_2^{n+1} = Q_0^n Q_1^n \overline{Q_2^n} + 0 = Q_0^n Q_1^n \overline{Q_2^n} \end{cases}$$

由时序逻辑电路图写出输出方程为

$$Z = Q_2^n$$

（3）列出状态表，画出状态图。依次假设电路现态，并代入所求次态方程，列出状态

表，如表 5-3 所示。

表 5-3 例 5.3 状态表

现态			次态			输出
Q_2^n	Q_1^n	Q_0^n	Q_2^{n+1}	Q_1^{n+1}	Q_0^{n+1}	Z
0	0	0	0	0	1	0
0	0	1	0	1	0	0
0	1	0	0	1	1	0
0	1	1	1	0	0	0
1	0	0	0	0	0	1
1	0	1	0	1	0	1
1	1	0	0	1	0	1
1	1	1	0	0	0	1

依状态表画出状态图，如图 5-8 所示。

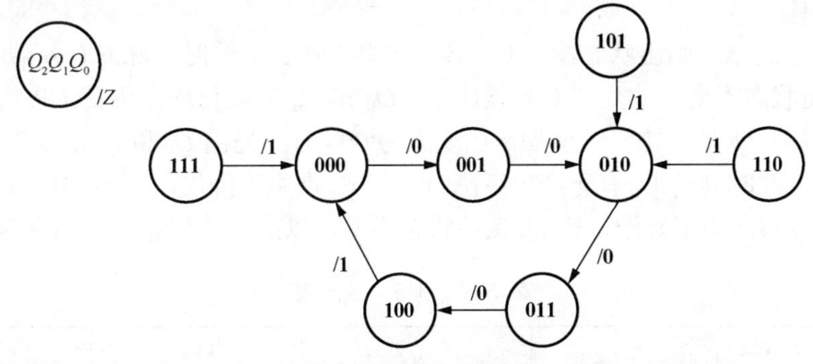

图 5-8 例 5.3 状态图

（4）分析确定逻辑功能。由电路的状态图可知，在 CP 脉冲作用下，电路在 **000-001-010-011-100-001** 之间有效循环，具有五个有效状态，每来一个脉冲，电路状态作加 **1** 计数，且在 **100→000** 时输出一个 **1**，所以该电路是一个同步五进制递增计数器。由于电路所有状态连到有效循环中，故电路具备自启动能力。

例 5.4 时序逻辑电路图如图 5-9 所示，试分析其逻辑功能。

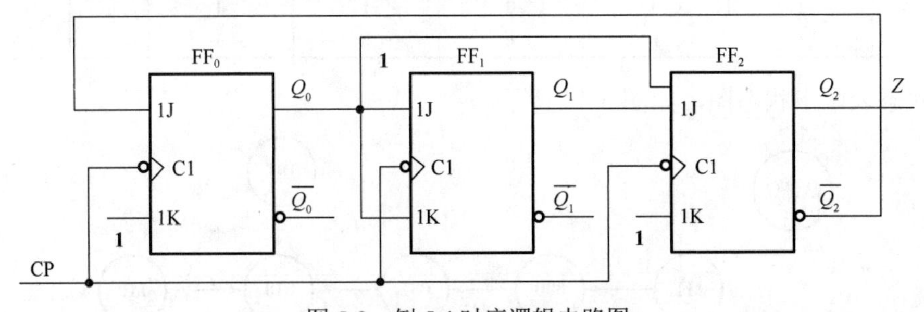

图 5-9 例 5.4 时序逻辑电路图

解：（1）判断同步、异步时序电路。由于各触发器并没有共用统一的时钟脉冲，故该电路为异步时序电路。

（2）写出各级方程。

由时序逻辑电路图写出时钟方程为

$$\begin{cases} CP_0 = CP_2 = CP \\ CP_1 = Q_0{}^n \end{cases}$$

由时序逻辑电路图写出激励方程为

$$\begin{cases} J_0 = \overline{Q_2^n}, K_0 = \mathbf{1} \\ J_1 = K_1 = \mathbf{1} \\ J_2 = Q_0^n Q_1^n, K_2 = \mathbf{1} \end{cases}$$

激励方程代入相应的 JK 触发器特性方程，可得电路的次态方程为

$$\begin{cases} Q_0^{n+1} = \overline{Q_2^n}\,\overline{Q_0^n} \\ Q_1^{n+1} = \overline{Q_1^n} \\ Q_2^{n+1} = Q_0^n Q_1^n \overline{Q_2^n} \end{cases}$$

（3）列出状态表，画出状态图。由于各触发器仅在自己的时钟脉冲有效沿下发生动作，其他时刻保持状态不变，故列状态表须注意：Q_0 和 Q_2 的变化均发生在 CP 的下降沿，而 Q_1 的变化发生在 Q_0 的下降沿。例如，当现态为 000 时，先由 Q_0 和 Q_2 的次态方程求得 Q_0 和 Q_2 的次态，此时判断 Q_0 有无产生下降沿，若 Q_0 产生下降沿，则 Q_1 要按照其次态方程动作；若 Q_0 没有产生下降沿，则 Q_1 保持状态不变，以此列出状态表，如表 5-4 所示。

表 5-4　例 5.4 状态表

现态			次态			时钟		
Q_2^n	Q_1^n	Q_0^n	Q_2^{n+1}	Q_1^{n+1}	Q_0^{n+1}	CP_2	CP_1	CP_0
0	0	0	0	0	1	↓	↑	↓
0	0	1	0	1	0	↓	↓	↓
0	1	0	0	1	1	↓	↑	↓
0	1	1	1	0	0	↓	↓	↓
1	0	0	0	0	0	↓		↓
1	0	1	0	1	0	↓	↓	↓
1	1	0	0	1	0	↓		↓
1	1	1	0	0	0	↓	↓	↓

依状态表画出状态图，如图 5-10 所示。

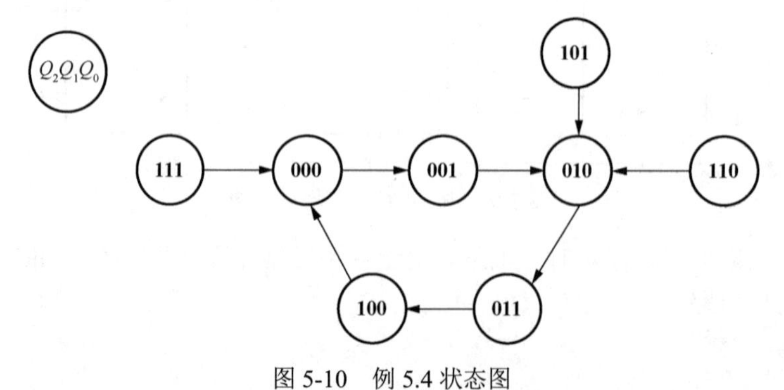

图 5-10　例 5.4 状态图

（4）分析确定逻辑功能。由电路的状态图可知，在 CP 脉冲作用下，电路在 **000-001-010-011-100-001** 之间有效循环，具有五个有效状态，每来一个脉冲，电路状态作加 **1** 计数，故该电路是一个异步五进制递增计数器。由于电路所有状态连到有效循环中，故电路具备自启动能力。

5.3　时序逻辑电路的基本设计

时序电路的基本设计解决的问题是，对于给定的功能要求，设计出相应的逻辑电路。由于异步时序逻辑电路的设计过程比较复杂，本节只介绍同步时序电路的设计。

1. 设计方法

同步时序电路的设计过程可按照如图 5-11 所示的设计流程进行。

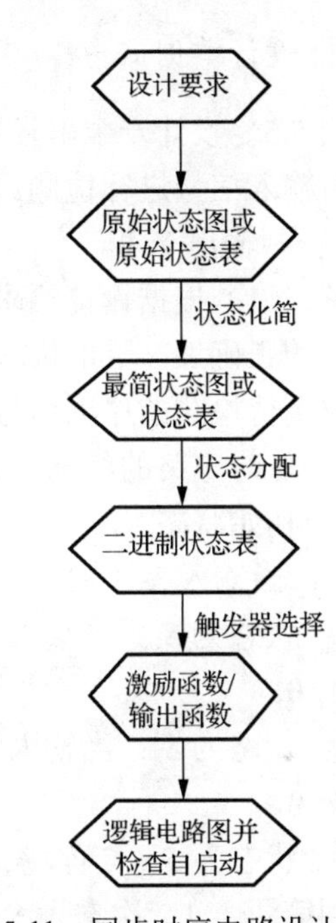

图 5-11　同步时序电路设计流程图

1）画出原始状态图

根据设计要求，确定输入变量、输出变量个数、符号及含义；确定有多少种需要记忆的信息，对每一种需要记忆的信息设置一个状态并用字母表示，进而确定电路状态个数及其之间的关系，画出原始状态图或状态表。

2）状态化简

在建立原始状态图时，重点在反映设计要求上，因而可能会多设置一些状态，但状态数的多少将直接影响触发器的级数。状态数越多所需触发器级数越多，电路越复杂。因此，需要进行状态化简，以得到最简的状态图或状态表。

（1）确定等价状态。在原始状态图中，凡是在输入条件相同时，有相同的输出、相同的次态，则它们都是等价状态。或者在输入相同时，有相同的输出、不同的次态，但这两个次态等价，那么这些状态也是等价的。

（2）合并等价状态。将等价的状态合并成一个状态，去掉多余的状态，即可得到最简状态图。

3）列二进制状态表，即状态分配

状态分配也称为状态编码，即把一组适当的二进制代码分配给最简状态图中的各个状态。二进制代码的位数 n 即为所需触发器的个数，由下式确定：

$$2^{n-1} < M \leqslant 2^n$$

其中，M 为最简状态图中的状态个数。

4）选择触发器，确定激励函数、输出函数

采用不同类型的触发器作为存储单元来设计电路时，也会影响设计出来的电路是否最简。目前可供选择的触发器主要是 JK 触发器和 D 触发器两类，前者功能齐全、使用灵活；后者控制简单、设计容易，两者在中、大规模集成电路中应用广泛。

对于时钟方程，若采用同步方案，则各个时钟信号都为输入 CP 脉冲信号即可。若采用异步方案，则应根据状态图画出时序图，从翻转要求出发选择合适的时钟信号。

对于次态方程，可由状态图画出卡诺图，再经化简写出次态的最简与或式。

对于激励方程，可将触发器的特性方程与次态的最简与或式进行比较，找出激励函数。

对于输出方程，可由状态图画出输出变量的卡诺图，进而化简找出其最简表达式。

注意：画卡诺图时无效状态对应的最小项应视为约束项处理，因为在电路正常工作时，这些状态是不会出现的。

5）画出逻辑电路图，并检查自启动能力

依据已确定的激励方程、输出方程、时钟方程，连线，画出逻辑电路图。最后将无效状态代入次态方程求出相应的次态，观察在 CP 脉冲作用下，能否最终回到有效循环中。若无效状态形成了循环，则所设计的电路不具备自启动能力，否则具备自启动能力。

2. 设计举例

例 5.5　设计一个串行数据检测器。该检测器有一个输入端 X 和一个输出端 Y，它的功能是对输入信号进行检测。当检测到连续输入四个 **1**（以及四个以上 **1**）时，该电路输出 Y=**1**，否则输出 Y=**0**。

解：（1）根据设计要求，建立原始状态图。建立原始状态图主要遵循的原则是确保逻辑功能的正确性，至于状态数的多少是下一步考虑的问题。假设用 S_0 表示初始状态，表示未接收到待检测的序列信号，用 S_1、S_2、S_3、S_4 分别表示连续检测到一个 **1**、两个 **1**、三个 **1**、四个 **1** 时电路的状态，则该检测电路原始状态的建立过程如下。

① 初始状态 S_0：未接收到待检测的序列信号，当输入信号 X=**0** 时，次态仍为 S_0，输出 Y=**0**；当输入 X=**1** 时，次态为 S_1，输出 Y=**0**。

② 状态为 S_1：当输入 X=**0** 时，次态返回 S_0，输出 Y=**0**；当输入 X=**1** 时，次态为 S_2，输出 Y=**0**。

③ 状态为 S_2：当输入 X=**0** 时，次态返回 S_0，输出 Y=**0**；当输入 X=**1** 时，次态为 S_3，输出 Y=**0**。

④ 状态为 S_3：当输入 X=**0** 时，次态返回 S_0，输出 Y=**0**；当输入 X=**1** 时，此时已连续接收到第四个 **1**，次态为 S_4，输出 Y=**1**。

⑤ 状态为 S_4：当输入 X=**0** 时，次态返回 S_0，输出 Y=**0**；当输入 X=**1** 时，此时仍为连续接收四个 **1**，次态仍为 S_4，输出 Y=**1**。

由上述分析过程，建立原始状态图，如图 5-12 所示。

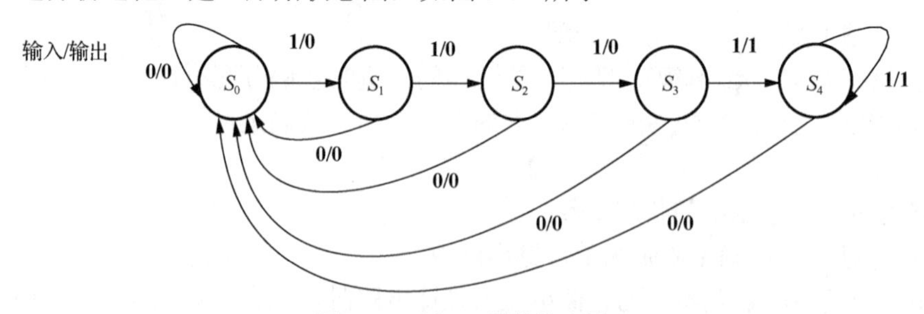

图 5-12　例 5.5 原始状态图

（2）状态化简，得最简状态图。观察原始状态图可知，S_3 与 S_4 是等价的，可合并为一个状态，用 S_3 表示。于是状态由五个变成四个，无其他等价状态，最简状态图如图 5-13 所示。

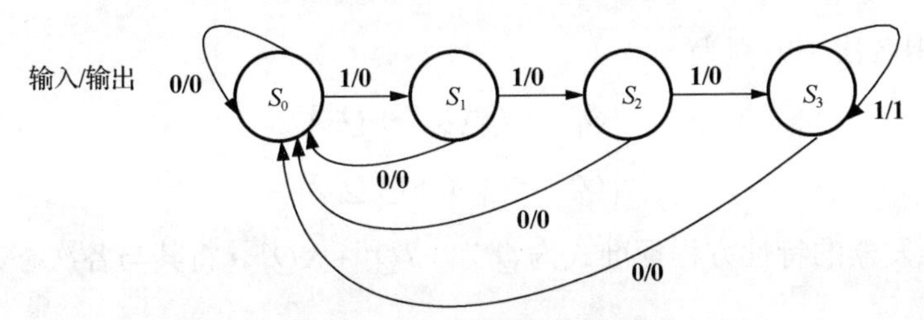

图 5-13　例 5.5 最简状态图

（3）状态分配。由于状态数 M=4，故编码位数 n=2，且需要 2 级触发器 Q_1Q_0。由于它有四种状态 **00**、**01**、**10**、**11**，故对 S_0、S_1、S_2、S_3 有多种编码方案。分配方案不同，设计的结果也不一样。取 S_0=**00**、S_1=**01**、S_2=**10**、S_3=**11**，编码后的状态图如图 5-14 所示。

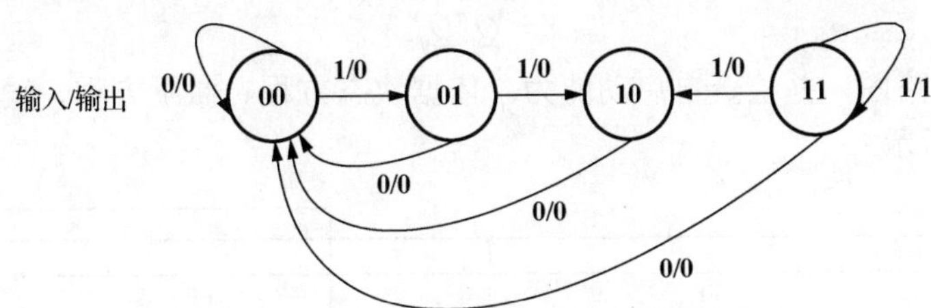

图 5-14　例 5.5 编码后状态图

状态分配后的状态表如表 5-5 所示。

表 5-5　例 5.5 状态表

输入	现态		次态		输出
X	Q_1^n	Q_0^n	Q_1^{n+1}	Q_0^{n+1}	Y
0	0	0	0	0	0
0	0	1	0	0	0
0	1	0	0	0	0
0	1	1	0	0	0
1	0	0	0	1	0
1	0	1	1	0	0
1	1	0	1	1	0
1	1	1	1	1	1

（4）选择触发器，求出次态方程、激励方程、输出方程。由题设条件选择 JK 触发器，且同步电路，时钟方程为

$$\mathrm{CP}_0=\mathrm{CP}_1=\mathrm{CP}$$

利用状态表画出各次态的卡诺图，如图 5-15 所示。

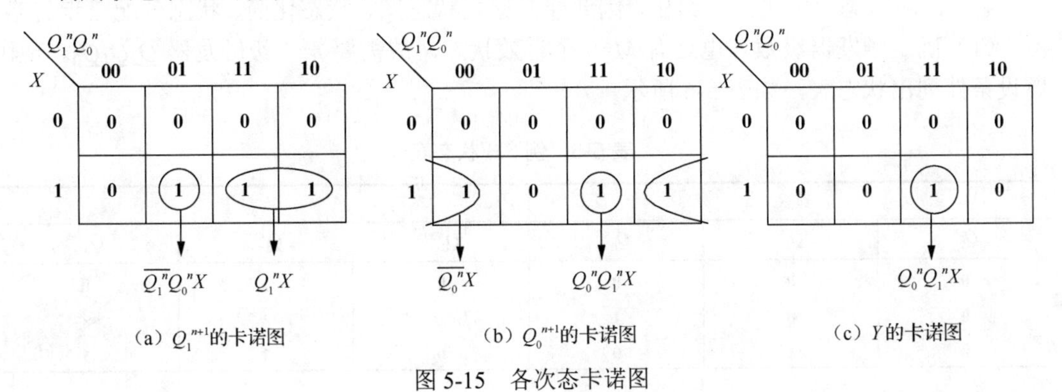

图 5-15　各次态卡诺图

由上图可得各次态方程为

$$\begin{cases} Q_1^{n+1} = \overline{Q_1^n} Q_0^n X + Q_1^n X \\ Q_0^{n+1} = \overline{Q_0^n} X + Q_0^n Q_1^n X \end{cases}$$

由于 JK 触发器的特性方程标准式为 $Q^{n+1} = J\overline{Q^n} + \overline{K}Q^n$，将其与各次态方程比较，可得激励方程为

$$\begin{cases} J_1 = Q_0{}^n X,\ K_1 = \overline{X} \\ J_0 = X,\ K_0 = \overline{Q_1{}^n X} \end{cases}$$

输出方程为

$$Y = Q_1{}^n Q_0{}^n X$$

（5）画出电路图，并检查自启动能力。依据次态方程、激励方程、输出方程画出电路图，如图 5-16 所示。

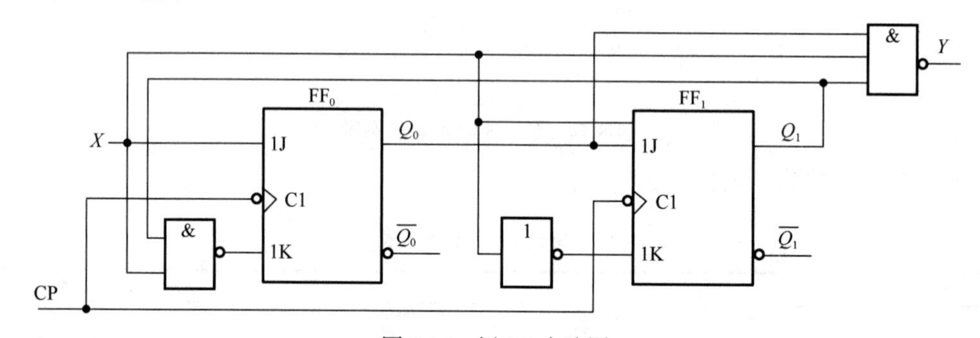

图 5-16　例 5.5 电路图

此题所有状态均为有效状态，故能够自启动。

在有些时序电路的命题中，已经确定了状态数和状态分配关系，则设计起来就容易得多，如计数器的设计就是如此。

例 5.6　用 JK 触发器设计一个同步五进制计数器，已知其状态分配关系如图 5-17 所示。

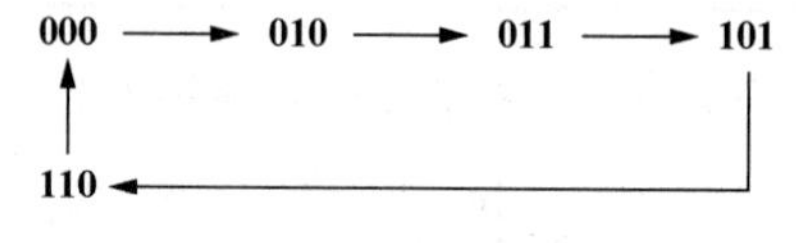

图 5-17　例 5.6 状态分配关系

解：此题状态分配关系已给出，因此建立原始状态图、状态化简、状态分配三步省略。

（1）确定触发器级数。电路有 M=5 个有效状态，故需要 n=3 级触发器 $Q_2Q_1Q_0$。现由题设条件列出状态表，如表 5-6 所示。

表 5-6　例 5.6 状态表

现态			次态		
$Q_2{}^n$	$Q_1{}^n$	$Q_0{}^n$	$Q_2{}^{n+1}$	$Q_1{}^{n+1}$	$Q_0{}^{n+1}$
0	0	0	0	1	0
0	0	1	×	×	×
0	1	0	0	1	1

续表

现态			次态		
Q_2^n	Q_1^n	Q_0^n	Q_2^{n+1}	Q_1^{n+1}	Q_0^{n+1}
0	1	1	1	0	1
1	0	0	×	×	×
1	0	1	1	1	0
1	1	0	0	0	0
1	1	1	×	×	×

无效状态所对应的最小项为无关项。

（2）确定次态方程、激励方程、输出方程。因是同步电路，故各触发器共用时钟脉冲 CP，时钟方程为

$$CP_0 = CP_1 = CP_2 = CP$$

利用状态表画出各次态的卡诺图，如图 5-18 所示。

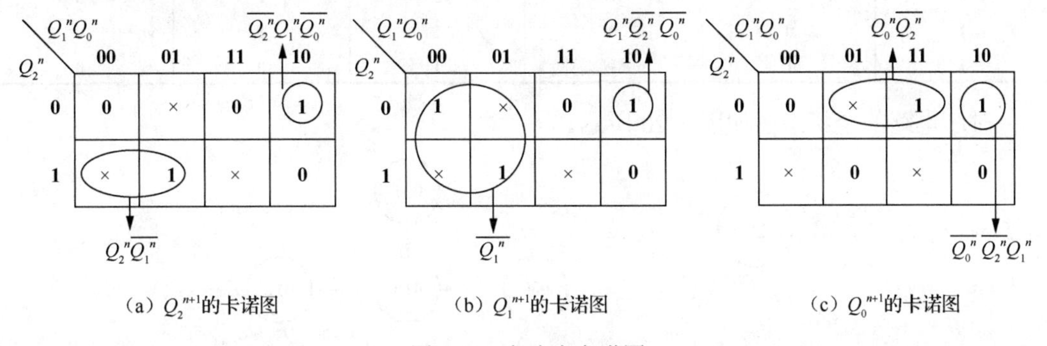

（a）Q_2^{n+1}的卡诺图　　（b）Q_1^{n+1}的卡诺图　　（c）Q_0^{n+1}的卡诺图

图 5-18　各次态卡诺图

由上图可得各次态方程为

$$\begin{cases} Q_2^{n+1} = \overline{Q_2^n}Q_1^n\overline{Q_0^n} + Q_2^n\overline{Q_1^n} \\ Q_1^{n+1} = Q_1^n\overline{Q_2^n}\,\overline{Q_0^n} + \overline{Q_1^n} \\ Q_0^{n+1} = \overline{Q_0^n}\,\overline{Q_2^n}Q_1^n + Q_0^n\overline{Q_2^n} \end{cases}$$

由于 JK 触发器的特性方程标准式为 $Q^{n+1} = J\overline{Q^n} + \overline{K}Q^n$，将其与各次态方程比较，可得激励方程为

$$\begin{cases} J_2 = Q_1^n\overline{Q_0^n},\ K_2 = Q_1^n \\ J_1 = \mathbf{1},\ K_1 = Q_2^n + Q_0^n \\ J_0 = \overline{Q_2^n}Q_1^n,\ K_0 = Q_2^n \end{cases}$$

（3）画出电路图，检查自启动能力。依据次态方程、激励方程、输出方程画出电路图，如图 5-19 所示。

对存在无效状态的时序电路应检查其自启动能力。其方法是，将无效状态代入所求的次态方程，求得次态，再画出全状态图，判断其自启动能力。无效状态迁移关系如表 5-7 所示。

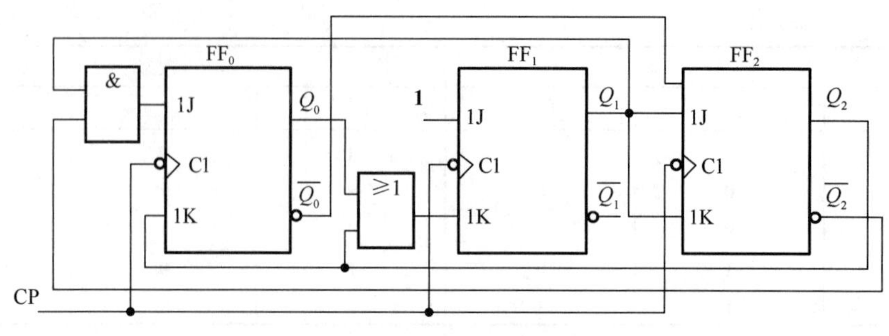

图 5-19　例 5.6 电路图

表 5-7　无效状态迁移关系

现态			次态		
Q_2^n	Q_1^n	Q_0^n	Q_2^{n+1}	Q_1^{n+1}	Q_0^{n+1}
0	**0**	**1**	**0**	**1**	**0**
1	**0**	**0**	**1**	**1**	**0**
1	**1**	**1**	**1**	**0**	**0**

时序电路的全状态图如图 5-20 所示。

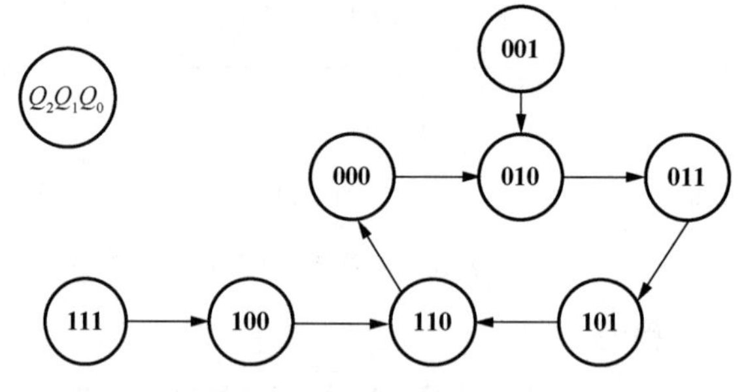

图 5-20　例 5.6 全状态图

显然无效状态都进入了有效循环中，该电路具备自启动能力。

例 5.7　用 D 触发器设计一个同步七进制加法计数器。

解：(1) 确定触发器级数。电路有 M=7 个有效状态，故需要 n=3 级触发器 $Q_2Q_1Q_0$。由于该计数器是加法计数，故每来一个时钟脉冲，电路状态作加 **1** 计数的变化，假设初始状态为 **000**，则依题意列状态表如表 5-8 所示。

表 5-8　例 5.7 状态表

现态			次态		
Q_2^n	Q_1^n	Q_0^n	Q_2^{n+1}	Q_1^{n+1}	Q_0^{n+1}
0	**0**	**0**	**0**	**0**	**1**
0	**0**	**1**	**0**	**1**	**0**
0	**1**	**0**	**0**	**1**	**1**
0	**1**	**1**	**1**	**0**	**0**
1	**0**	**0**	**1**	**0**	**1**
1	**0**	**1**	**1**	**1**	**0**
1	**1**	**0**	**0**	**0**	**0**
1	**1**	**1**	×	×	×

（2）确定次态方程、激励方程、输出方程。因为是同步电路，故各触发器共用时钟脉冲 CP，时钟方程为

$$CP_0 = CP_1 = CP_2 = CP$$

利用状态表画出各次态的卡诺图，如图 5-21 所示。因选用 D 触发器，故此时画卡诺图要求最简式。

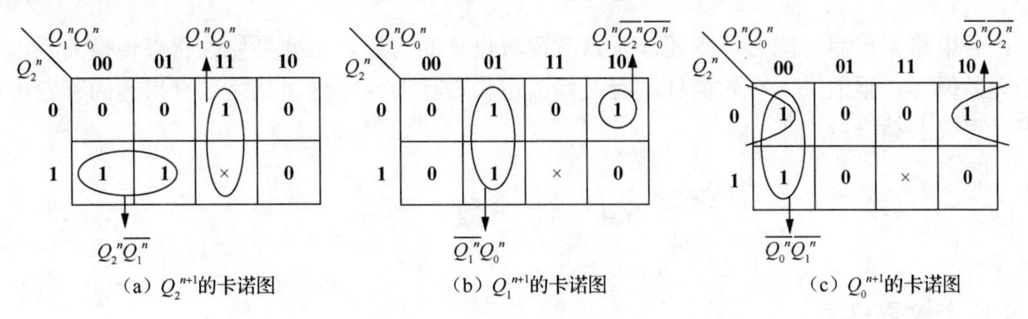

（a）Q_2^{n+1}的卡诺图　（b）Q_1^{n+1}的卡诺图　（c）Q_0^{n+1}的卡诺图

图 5-21　各次态卡诺图

由上图可得各次态方程为

$$\begin{cases} Q_2^{n+1} = Q_1^n Q_0^n + Q_2^n \overline{Q_1^n} \\ Q_1^{n+1} = \overline{Q_1^n} Q_0^n + \overline{Q_2^n} Q_1^n \overline{Q_0^n} \\ Q_0^{n+1} = \overline{Q_2^n Q_1^n}\,\overline{Q_0^n} \end{cases}$$

由于 D 触发器的特性方程标准式为$Q^{n+1} = D$，将其与各次态方程比较，可得激励方程为

$$\begin{cases} D_2 = Q_2^{n+1} = Q_2^n \overline{Q_1^n} + Q_1^n Q_0^n \\ D_1 = \overline{Q_1^n} Q_0^n + \overline{Q_2^n} Q_1^n \overline{Q_0^n} \\ D_0 = \overline{Q_2^n Q_1^n}\,\overline{Q_0^n} \end{cases}$$

（3）画出电路图，检查自启动能力。依据次态方程、激励方程、输出方程画出电路图，如图 5-22 所示。

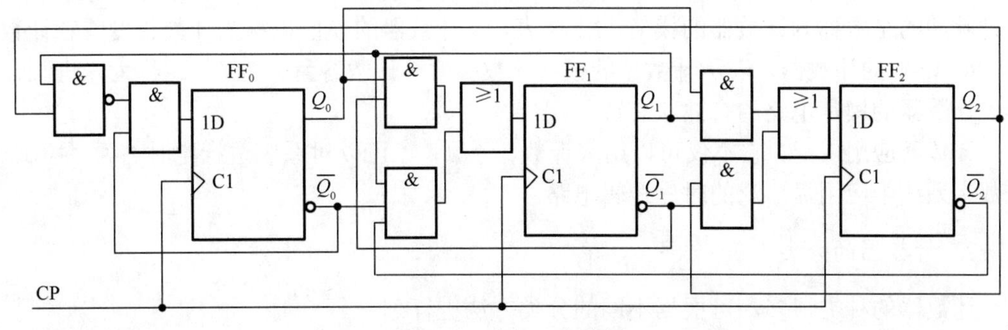

图 5-22　例 5.7 电路图

将无效状态 **111** 代入所求得的次态方程中，求得次态为 **100**，进入有效循环中，故该电路具备自启动能力。时序电路的全状态图如图 5-23 所示。

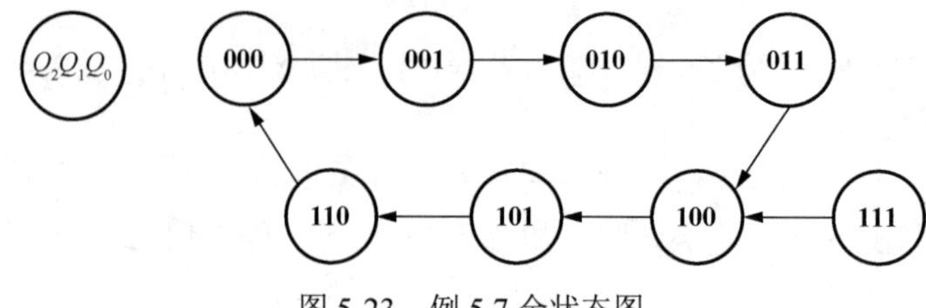

图 5-23　例 5.7 全状态图

若电路无自启动能力，则还涉及修改逻辑设计的问题，主要是修改状态转换关系，切断无效循环，强迫进入有效循环。有关修改逻辑设计的问题这里从略，有兴趣的读者可以参考有关书籍资料。

5.4　计　数　器

5.4.1　计数器概述

1. 计数器的特点

广义上讲，一切能够完成计数功能的器件都是计数器，如算盘、钟表、里程表、温度计等。而数字电路中的计数器则是指用以累计和寄存输入 CP 脉冲个数的电子电路。一般来说，这种计数器除了输入计数脉冲 CP 信号外，很少有其他的输入信号，输出通常是现态的函数，是一种 Moore 型的时序电路。计数器的示意框图如图 5-24 所示。

图 5-24　计数器示意框图

从电路组成上看，输入计数脉冲 CP 是当作触发器的时钟信号对待的，计数器的主要组成单元是时钟触发器。

计数器是一个周期性的时序电路，其状态图是一个闭合环，闭合环循环一次所需要的时钟脉冲的个数称为计数器的模值，用 M 表示。计数器的模值也称为计数长度或者计数容量。如 M=6 的计数器，表示计数器的模（计数长度、计数容量）为 6，也称为六进制计数器。计数器的模是电路的有效状态数。

计数器应用广泛，它不仅可以用来计数、分频，还可以对系统进行定时、顺序控制等，是数字系统中应用最广泛的时序逻辑电路。

2. 计数器的分类

计数器的种类很多，可根据不同的分类方法进行划分。

（1）按时钟控制方式来分，有同步计数器和异步计数器两大类。同步计数器中所有时钟触发器共用一个时钟脉冲信号，各触发器同时翻转动作。而在异步计数器中，触发器的翻转有先有后，不是同时发生的。

（2）按计数过程中数字的增减趋势来分，有加法计数器、减法计数器和可逆计数器三类。当输入计数脉冲到来时，按递增规律计数的电路称为加法计数器，按递减规律计数的电路称为减法计数器，既可实现加法计数也可实现减法计数的电路称为可逆计数器。

（3）按模值来分，有二进制计数器和非二进制计数器。进位模为 2^n 的计数器称为二进制计数器或者 2^n 进制计数器，其中 n 为触发器的级数。非二进制计数器包括十进制计数器和任意进制计数器，其中十进制计数器用得较多。

（4）按集成度来分，有小规模、中规模集成计数器。由若干个集成触发器和门电路经外部连线，构成具有计数功能的电路称为小规模计数器。一般由四个以集成触发器和若干门电路经内部连线集成在一块硅片上构成的计数器为中规模集成计数器，它是计数功能比较完善并能进行扩展的逻辑部件。

常用计数器的名称和特点如表 5-9 所示。

表 5-9　常用计数器的名称和特点

名称	模值	状态编码方式	自启动情况	
二进制计数器	$M=2^n$	二进制码	无多余状态，能自启动	
十进制计数器	$M=10$	BCD 码	有六个多余状态	检查多余状态以判断自启动
任意进制计数器	$M<2^n$	多种方式	2^n-M 个多余状态	
环型计数器	$M=n$		2^n-n 个多余状态	
扭环型计数器	$M=2n$		2^n-2n 个多余状态	

5.4.2　2^n 进制计数器

计数器是时序电路，其分析与设计过程与时序电路的分析与设计过程完全一样。本节从计数器设计的角度来讨论 2^n 进制计数器的组成规律，用下降沿有效的 JK 触发器实现。

1. 2^n 进制同步加法计数器

同步计数器中，各触发器的翻转与时钟脉冲同步。现以 3 位二进制同步加法计数器为例说明其组成规律。

（1）3 位二进制同步加法计数器状态表。根据二进制递增规律，可得到 3 位二进制加法计数器的状态表，如表 5-10 所示。

表 5-10　3 位二进制加法计数器状态表

现态			次态			输出
Q_2^n	Q_1^n	Q_0^n	Q_2^{n+1}	Q_1^{n+1}	Q_0^{n+1}	C
0	0	0	0	0	1	0
0	0	1	0	1	0	0
0	1	0	0	1	1	0
0	1	1	1	0	0	0
1	0	0	1	0	1	0
1	0	1	1	1	0	0
1	1	0	1	1	1	0
1	1	1	0	0	0	1

（2）求次态方程、输出方程、激励方程、时钟方程。根据状态表可画出计数器各个触发器次态的卡诺图，如图 5-25 所示，进而求得各个方程。

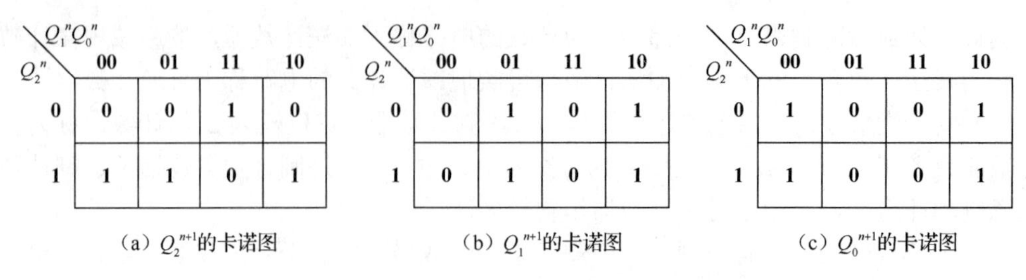

（a）Q_2^{n+1}的卡诺图　（b）Q_1^{n+1}的卡诺图　（c）Q_0^{n+1}的卡诺图

图 5-25　各次态卡诺图

根据卡诺图可得到其次态方程为

$$\begin{cases} Q_2^{n+1} = \overline{Q_2^n}Q_1^nQ_0^n + Q_2^n\overline{Q_1^nQ_0^n} \\ Q_1^{n+1} = \overline{Q_1^n}Q_0^n + Q_1^n\overline{Q_0^n} \\ Q_0^{n+1} = \overline{Q_0^n} \end{cases}$$

由于 JK 触发器的特性方程标准式为 $Q^{n+1} = J\overline{Q^n} + \overline{K}Q^n$，可得激励方程为

$$\begin{cases} J_2 = K_2 = Q_1^nQ_0^n \\ J_1 = K_1 = Q_0^n \\ J_0 = K_0 = \mathbf{1} \end{cases}$$

时钟方程为

$$\mathrm{CP}_0 = \mathrm{CP}_1 = \mathrm{CP}_2 = \mathrm{CP}$$

输出方程为

$$C = Q_2^nQ_1^nQ_0^n$$

（3）画出电路图。依据次态方程、激励方程和输出方程画出电路图，如图 5-26 所示。

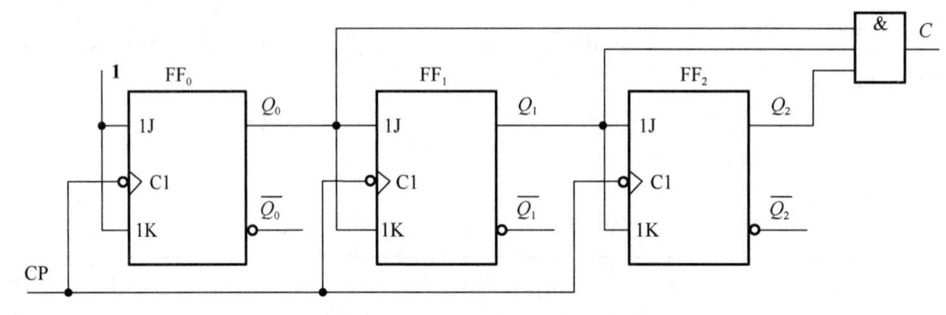

图 5-26　3 位二进制同步加法计数器电路图

由图 5-26 可以发现，图中的各 JK 触发器均已接成 T 触发器，则各激励方程可重写为

$$T_2 = J_2 = K_2 = Q_1^nQ_0^n$$
$$T_1 = J_1 = K_1 = Q_0^n$$
$$T_0 = J_0 = K_0 = \mathbf{1}$$

（4）推广到 n 位二进制同步加法计数器。从 3 位二进制同步加法计数器的组成规律可推导得到任意 n 位二进制同步加法计数器的组成规律为

$$\mathrm{CP}_i = \mathrm{CP}$$

$$T_i = J_i = K_i = Q_{i-1}{}^n Q_{i-2}{}^n \cdots Q_1^n Q_0^n$$

$$C = Q_{n-1}{}^n \cdots Q_2^n Q_1^n Q_0^n$$

对于 n 位二进制同步加法计数器，有 i=1, 2,⋯, n−1，T_i 是第 i 位触发器的激励信号。

2．2^n 进制同步减法计数器

2^n 进制同步减法计数器分析过程同上述同步加法计数器，其激励方程为

$$\begin{cases} T_0 = J_0 = K_0 = \mathbf{1} \\ T_1 = J_1 = K_1 = \overline{Q_0^n} \\ T_2 = J_2 = K_2 = \overline{Q_1^n}\,\overline{Q_0^n} \\ \qquad\vdots \\ T_i = J_i = K_i = \overline{Q_{i-1}{}^n}\,\overline{Q_{i-2}{}^n} \cdots \overline{Q_1^n}\,\overline{Q_0^n} \end{cases}$$

时钟方程为

$$\mathrm{CP}_i = \mathrm{CP}$$

输出方程为

$$B = \overline{Q_{n-1}{}^n} \cdots \overline{Q_2^n}\,\overline{Q_1^n}\,\overline{Q_0^n}$$

3．2^n 进制异步加法计数器

异步计数器的计数脉冲没有加到所有触发器的 CP 端，各触发器有各自对应的时钟信号。当计数脉冲到来时，各触发器的翻转时刻不同。现以 3 位二进制异步加法计数器为例来说明其组成规律。

（1）3 位二进制异步加法计数器状态表。因为是加法计数，根据二进制递增规律，可知 3 位二进制异步加法计数器的状态表与 3 位二进制加法计数器的状态表一样（见表 5-10）。

（2）求次态方程、输出方程、激励方程、时钟方程。为了找到异步计数器中各触发器的翻转时刻，现根据状态表画出计数器的时序图，如图 5-27 所示。

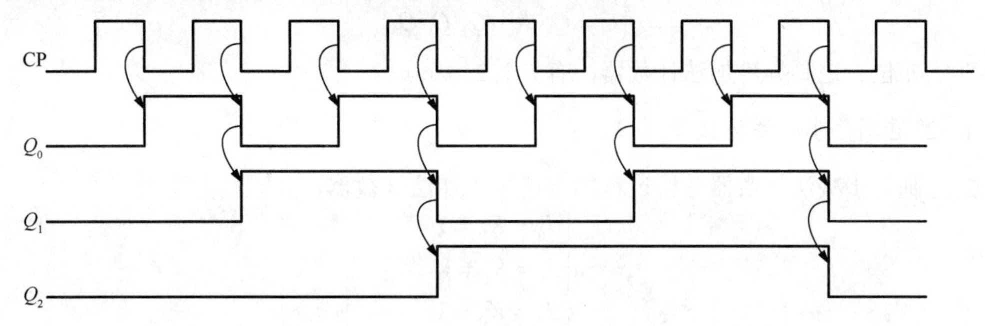

图 5-27　3 位二进制异步加法计数器时序图

根据时序图得到时钟方程为

$$\begin{cases} \mathrm{CP}_0 = \mathrm{CP} \\ \mathrm{CP}_1 = Q_0^n \\ \mathrm{CP}_2 = Q_1^n \end{cases}$$

由时序图和时钟方程可以发现，各时钟触发器均只有翻转动作，且在各自的时钟有效沿翻转，故均应连成T'触发器，由此得次态方程为

$$\begin{cases} Q_0^{n+1} = \overline{Q_0^n}, & \text{CP}\downarrow \\ Q_1^{n+1} = \overline{Q_1^n}, & Q_0^n\downarrow \\ Q_2^{n+1} = \overline{Q_2^n}, & Q_1^n\downarrow \end{cases}$$

激励方程为

$$\begin{cases} J_0 = K_0 = \mathbf{1} \\ J_1 = K_1 = \mathbf{1} \\ J_2 = K_2 = \mathbf{1} \end{cases}$$

输出方程为

$$C = Q_2^n Q_1^n Q_0^n$$

（3）画出电路图。依据次态方程、激励方程和输出方程画出电路图，如图 5-28 所示。

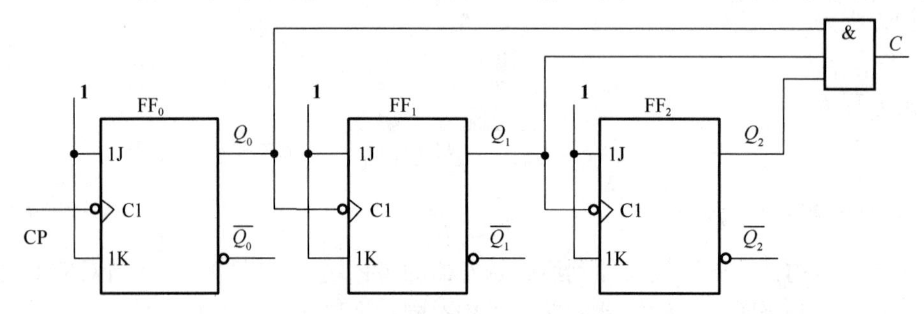

图 5-28　3 位二进制异步加法计数器电路图

（4）推广到 n 位二进制异步加法计数器。由 3 位二进制异步加法计数器的组成规律可推导得到任意 n 位二进制异步加法计数器的组成规律为

$$\begin{cases} \text{CP}_i = \text{CP} \\ J_i = K_i = \mathbf{1} \\ C = Q_{n-1}^n \cdots Q_2^n Q_1^n Q_0^n \end{cases}$$

对于 n 位二进制异步加法计数器，有 i=1, 2, ⋯, n−1。

4. 2^n 进制异步减法计数器

2^n 进制异步减法计数器分析过程同上述异步加法计数器，其激励方程为

$$\begin{cases} J_0 = K_0 = \mathbf{1} \\ J_1 = K_1 = \mathbf{1} \\ J_2 = K_2 = \mathbf{1} \\ \quad\vdots \\ J_i = K_i = \mathbf{1} \end{cases}$$

时钟方程为

$$\begin{cases} CP_0 = CP \\ CP_1 = \overline{Q_0^n} \\ CP_2 = \overline{Q_1^n} \\ \vdots \\ CP_i = \overline{Q_{i-1}^n} \end{cases}$$

输出方程为

$$B = \overline{Q_{n-1}^n} \cdots \overline{Q_2^n}\,\overline{Q_1^n}\,\overline{Q_0^n}$$

以 3 位二进制异步减法计数器为例，其电路图如图 5-29 所示。

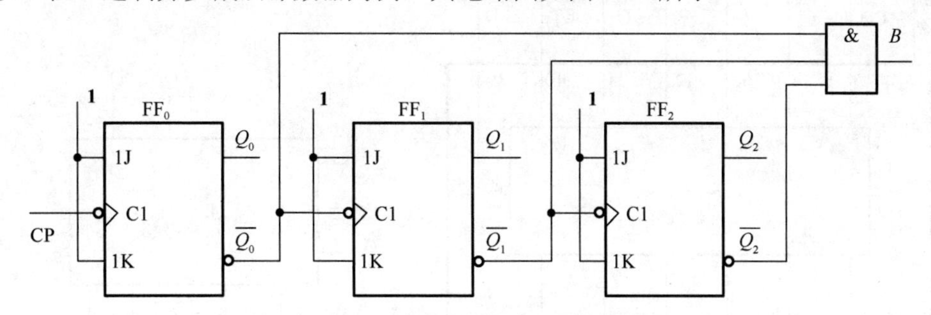

图 5-29　3 位二进制异步减法计数器电路图

以上分析讨论的是用下降沿有效的 JK 触发器来实现 2^n 进制计数器的，若采用上升沿有效的 JK 触发器来实现，或者采用 D 触发器来实现，又该如何分析呢？

5.4.3　集成计数器及其应用

目前 TTL 和 CMOS 电路构成的 MSI 计数器具有功能完善、通用性强、功耗低、可扩展等优点，得到广泛应用。表 5-11 列出了常用 TTL 型 MSI 计数器的型号及特点。

表 5-11　常用 TTL 型 MSI 计数器

类型	名称	型号	预置	清零	工作频率/MHz
异步计数器	二-五-十进制计数器	74LS90	异步置 9　高电平	异步　高电平	32
		74LS290	异步置 9　高电平	异步　高电平	32
		74LS196	异步　低电平	异步　低电平	30
	二-八-十六进制计数器	74LS293	无	异步　高电平	32
		74LS197	异步　低电平	异步　低电平	30
	双 4 位二进制计数器	74LS393	无	异步　高电平	35
同步计数器	十进制计数器	74LS160	同步　低电平	异步　低电平	25
		74LS162	同步　低电平	同步　低电平	25
	十进制加/减计数器	74LS190	异步　低电平	无	20
		74LS168	同步　低电平	无	25
	十进制加/减计数器（双时钟）	74LS192	异步　低电平	异步　高电平	25
	4 位二进制计数器	74LS161	同步　低电平	异步　低电平	25
		74LS163	同步　低电平	同步　低电平	25
	4 位二进制加/减计数器	74LS169	同步　低电平	无	25
		74LS191	异步　低电平	无	20
	4 位二进制加/减计数器（双时钟）	74LS193	异步　低电平	异步　高电平	25

由表 5-11 可见，集成计数器可分为异步和同步两大类，且主要为 BCD 码十进制计数器和 4 位二进制计数器。下面将以 74LS161、74LS290、74LS192、74LS191 为例介绍集成计数器的功能及应用。

1. 集成 4 位二进制同步加法计数器 74LS161

集成 4 位二进制同步加法计数器与前面介绍的 3 位二进制同步加法计数器的工作原理相同。为了使用和扩展功能的方便，在制作集成电路时增加了一些辅助功能。

1）引脚图与功能表

74LS161 的引脚图、符号如图 5-30 所示。

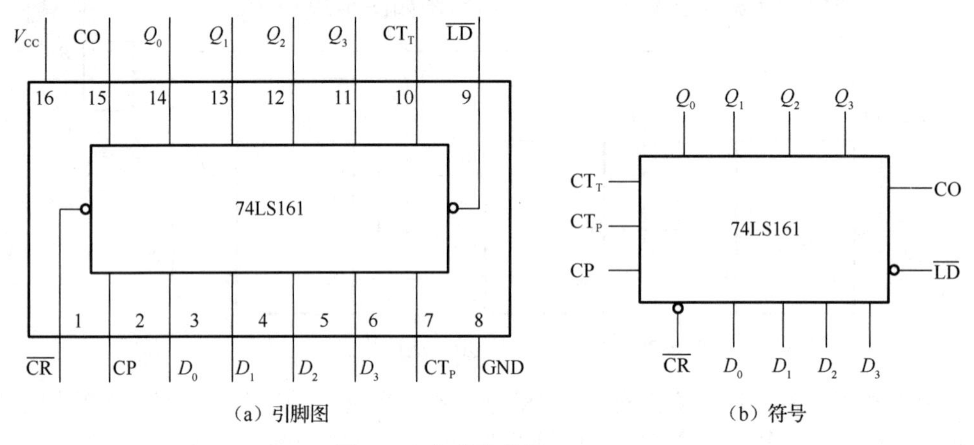

（a）引脚图　（b）符号

图 5-30　集成计数器 74LS161

集成计数器 74LS161 的功能表如表 5-12 所示。

表 5-12　集成计数器 74LS161 的功能表

输入									输出				备注
CP	$\overline{CR}$	$\overline{LD}$	CT_P	CT_T	D_0	D_1	D_2	D_3	Q_0	Q_1	Q_2	Q_3	
×	**0**	×	×	×	×	×	×	×	**0**	**0**	**0**	**0**	异步清零
↑	**1**	**0**	×	×	d_0	d_1	d_2	d_3	d_0	d_1	d_2	d_3	同步置数
×	**1**	**1**	**0**	×	×	×	×	×	保持				$CO=Q_3^nQ_2^nQ_1^nQ_0^n$
×	**1**	**1**	×	**0**	×	×	×	×	保持				$CO=Q_3^nQ_2^nQ_1^nQ_0^n$
↑	**1**	**1**	**1**	**1**	×	×	×	×	计数				$CO=CT_TQ_3^nQ_2^nQ_1^nQ_0^n$

注：“↑”表示 CP 脉冲上升沿有效。

2）功能分析

（1）异步清零：当异步清零端 $\overline{CR}$ 有效时（$\overline{CR}=\mathbf{0}$），计数器立即清零。从功能表可以看出，异步输入端信号是优先的，当 $\overline{CR}$ 有效时，其他输入端都不起作用。

（2）同步置数：当同步置数端 $\overline{LD}$ 有效时（$\overline{LD}=\mathbf{0}$，$\overline{CR}=\mathbf{1}$），计数器处于置数状态，可事先在并行数据输入端 $D_0D_1D_2D_3$ 预置某个数 $d_0d_1d_2d_3$，在 CP 上升沿的时刻，将 $d_0d_1d_2d_3$ 置进计数器 $Q_0Q_1Q_2Q_3$，即置数必须在 CP 脉冲作用下进行。

（3）保持功能：当 $\overline{CR}=\overline{LD}=\mathbf{1}$ 时，只要 CT_P 或 CT_T 中有一个以上为低电平，则计数器处于保持状态。

（4）二进制同步加法计数功能：当 $\overline{CR}=\overline{LD}=\mathbf{1}$ 且 $CT_P=CT_T=\mathbf{1}$ 时，计数器为 2^4 进制同步加法计数器，即十六进制加法计数器，完成对 CP 脉冲信号进行自然二进码顺序（8421 编码）的加法计数。

（5）扩展功能：74LS161 可以利用异步清零端 $\overline{CR}$、同步置数端 $\overline{LD}$ 进行功能扩展，构成任意进制计数器。

由以上分析可知，74LS161 是一个具有异步清零、同步置数、可保持状态不变的十六进制加法计数器。集成计数器 74LS163 也是一个十六进制同步加法计数器，其工作原理、逻辑功能、外引线排列都与 74LS161 相同，只是 74LS163 采用同步清零方式。

3）应用举例

例 5.8　试用 74LS161 的异步清零端和同步置数端构成十进制计数器。

解：十进制计数器有十个独立状态，而 74LS161 有十六个有效状态，要构成十进制计数器，只需要选择其中十个状态即可，即采用一定的方法使它跨越其余六个无效状态。下面分别介绍用异步清零法和同步置数法实现十进制计数器。

（1）用异步清零法实现。用异步清零法实现十进制计数只能选择前十个状态，即 0000～1001。设初始状态为 0000，状态转换关系如图 5-31 所示。

当计数 N=10 时，即第 10 个计数脉冲到来时，十六进制计数器 74LS161 本身输出端状态为 $Q_3Q_2Q_1Q_0$=**1010**，将此状态反馈给异步清零端，即 $\overline{CR}=\overline{Q_3Q_1}$，使 $\overline{CR}=\mathbf{0}$，强迫计数器清零，使得 $Q_3Q_2Q_1Q_0$ 返回为 0000，即第 10 个脉冲到来时，电路状态又返回到起始状态，实现十进制计数。异步清零法实现的电路图如图 5-32 所示。

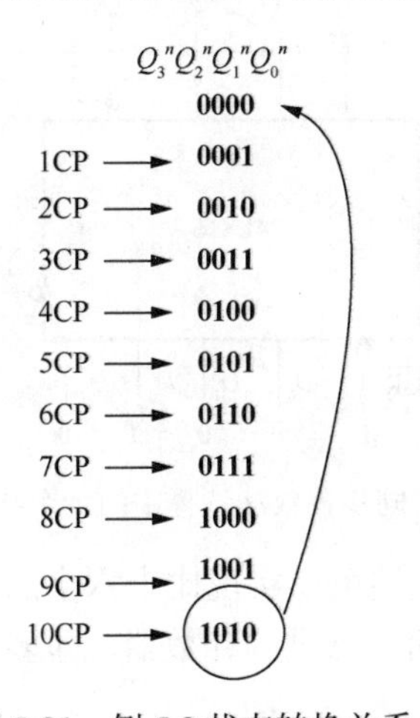

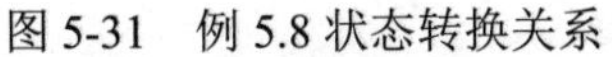
图 5-31　例 5.8 状态转换关系

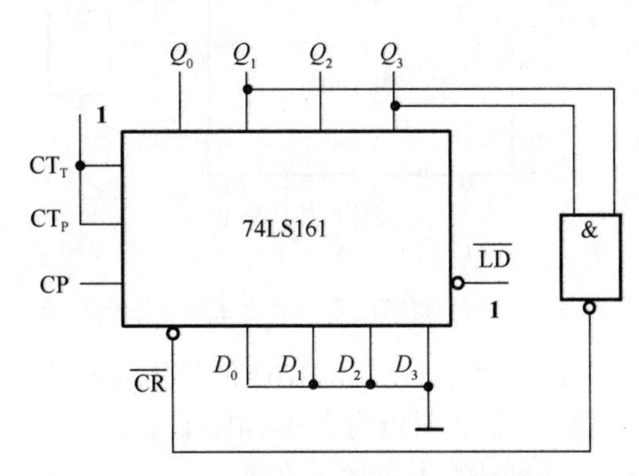

图 5-32　异步清零法实现的电路图

上述功能扩展是利用反馈清零法使计数器清零，将大模计数器变为小模计数器。由于 74LS161 是异步清零，在引入反馈清零信号时，会多出一个短暂的状态，称为过渡态，如上例中十进制计数器，**1010** 是过渡态。

（2）用同步置数法实现。用同步置数法实现十进制计数可选择前十个状态，或者中间连续的十个状态，或者后面十个状态。

若选择前面十个状态，即 **0000～1001**，则当 N=9 时，计数器输出为 $Q_3Q_2Q_1Q_0$=**1001**，将此状态反馈给同步置数端，使 $\overline{LD}$=**0**，74LS161 处于置数的模式，当第 10 个脉冲到来时，

74LS161 完成置数动作，将 $D_3D_2D_1D_0$ =**0000**（D 是大写，与图中的对应）置进计数器，使 $Q_3Q_2Q_1Q_0$ =**0000**，其电路图如图 5-33 所示。

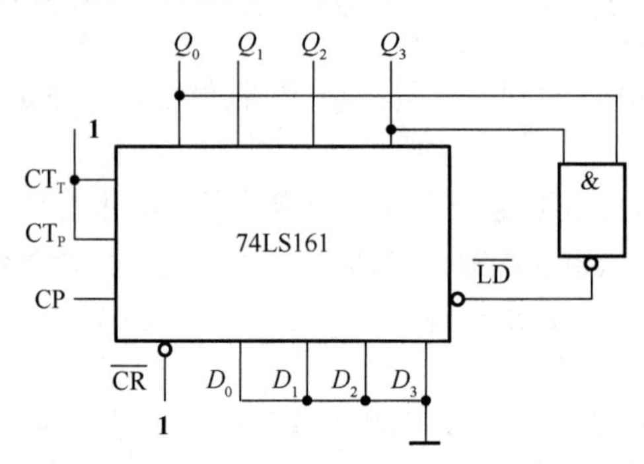

图 5-33　同步置数法选择前十个状态的电路图

若选择后十个状态，即 **0110**～**1111**，此时首先对 74LS161 完成置数，将“6”置进计数器，使其从 **0110** 开始计数。当 N=9 时，计数器输出为 **1111**，将此状态反馈给同步置数端，使 $\overline{\mathrm{LD}}$ =**0**，则 74LS161 处于置数模式，当第 10 个脉冲到来时，74LS161 完成置数动作，将 $D_3D_2D_1D_0$ =**0110** 置进计数器，使 $Q_3Q_2Q_1Q_0$ =**0110**。其电路图如图 5-34 所示。

若选中间十个状态，如 **0100**～**1101**，此时也要先对 74LS161 完成置数，将“4”置进计数器，使其从 **0100** 开始计数。当 N=9 时，计数器输出为 **1101**，将此状态反馈给同步置数端，使 $\overline{\mathrm{LD}}$ =**0**，其电路图如图 5-35 所示。

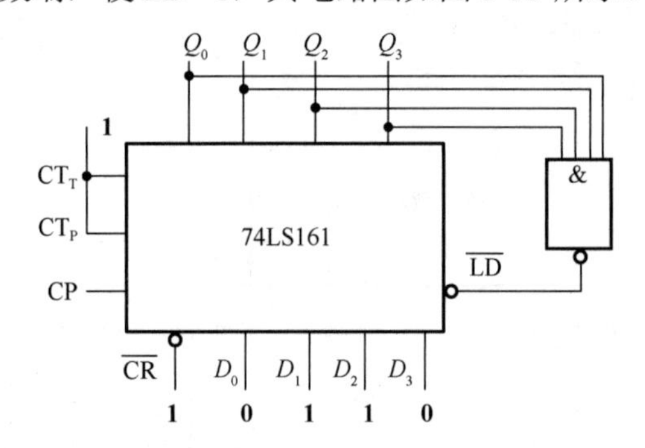

图 5-34　同步置数法选择后十个状态的电路图

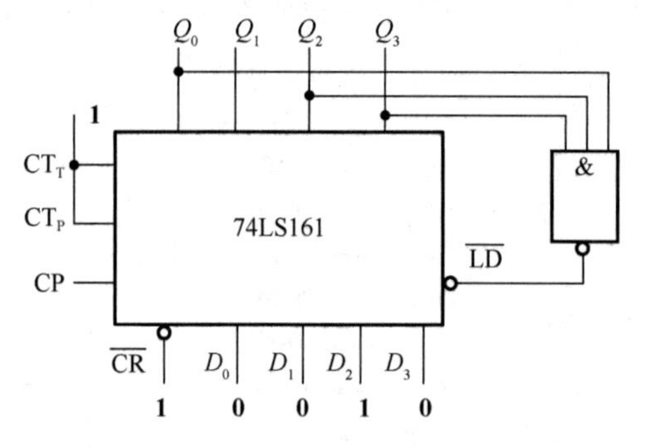

图 5-35　同步置数法选择中间十个状态的电路图

由此可见，用 74LS161 的异步清零端或者同步置数端可以实现比十六小的任意进制计数器。当然也可以用多片 74LS161 实现比十六进制大的任意进制计数器，即多个集成计数器级联可获得大容量计数器。

例 5.9　试用 74LS161 实现二十三进制计数器，配合与非门实现。

解：因为 16<M=23<256，故需要两片 74LS161 来实现。用同步置数法实现二十三进制计数，选择状态为 **00000001**～**00010111**（即 1～23）。运用上题同样的方法分析得到电路图如图 5-36 所示。

这里利用了控制端 $\mathrm{CT_P}$ 和 $\mathrm{CT_T}$，高位片(II)计数的条件是必须使 $\mathrm{CT_P}$=$\mathrm{CT_T}$=**1**。只有低位片（I）输出为 **1111** 时，其 CO=**1**，则高位片处于计数模式，下一个 CP 脉冲到来时就计一次数。当高位片计一次数后，低位片重新计数使得低位片的 CO=**0**，高位片停止计数。于是，只有低位片每循环一轮计数时高位片才计数一次。

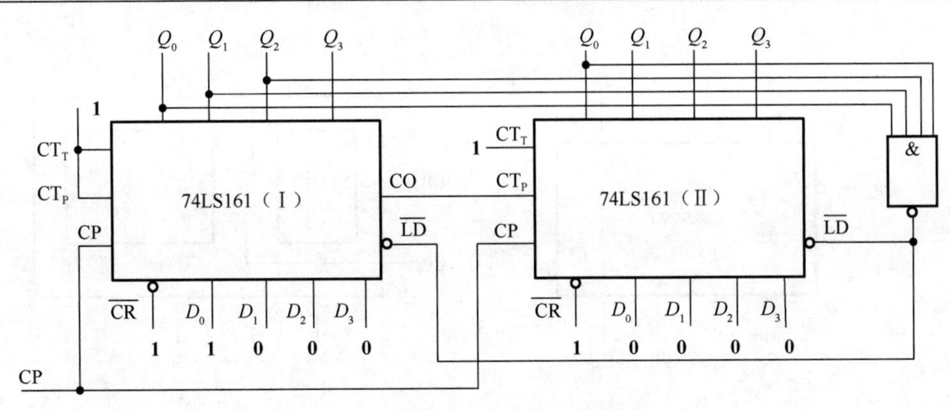

图 5-36　74LS161 构成 23 进制计数器

按照上例的方法还可以构成 2^{16} 进制计数器，如图 5-37 所示，其中片Ⅳ是高位片。

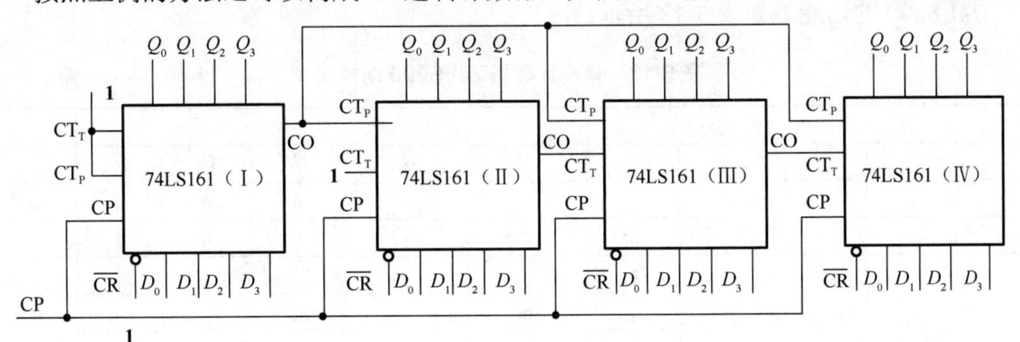

图 5-37　74LS161 构成 2^{16} 进制计数器

2. 集成二-五-十进制异步加法计数器 74LS290

集成二-五-十进制异步加法计数器 74LS290 内部由四个 JK 触发器和两个与非门组成。

1）引脚图与功能表

74LS290 的引脚图、符号、结构框图如图 5-38 所示。

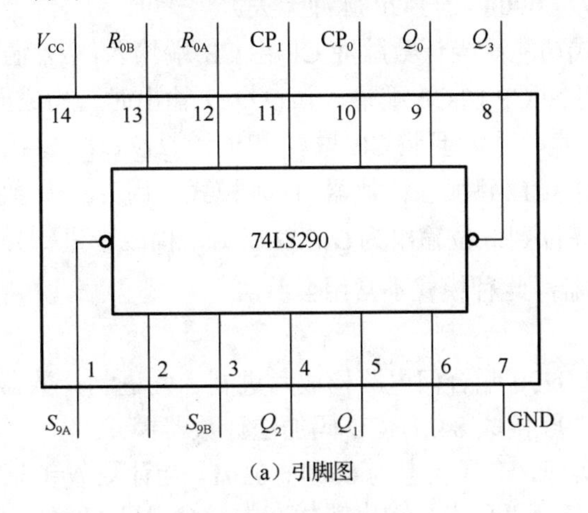

（a）引脚图

图 5-38　集成计数器 74LS290

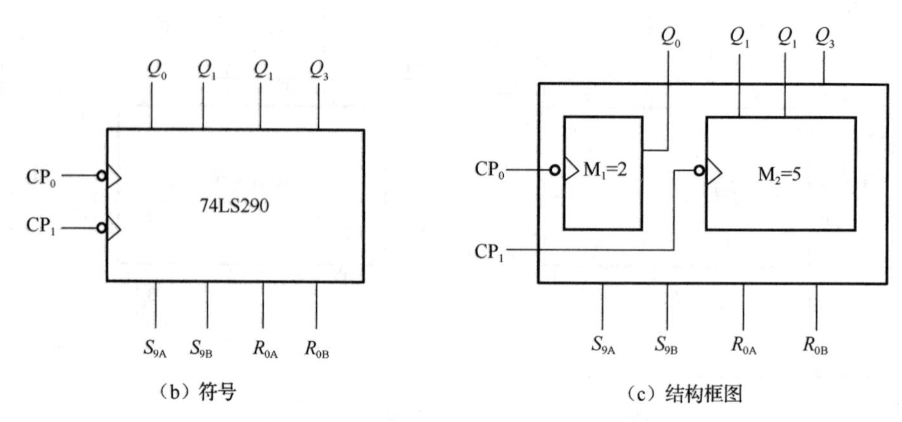

（b）符号　　（c）结构框图

图 5-38（续）

74LS290 的功能表如表 5-13 所示。

表 5-13　集成计数器 74LS290 功能表

输入				输出				备注
$R_{0A}\cdot R_{0B}$	$S_{9A}\cdot S_{9B}$	CP_1	CP_0	Q_0	Q_1	Q_2	Q_3	
1	**0**	×	×	**0**	**0**	**0**	**0**	清零
0	**1**	×	×	**1**	**0**	**0**	**1**	置 9
$R_{0A}\cdot R_{0B}=\mathbf{0}$	$S_{9A}\cdot S_{9B}=\mathbf{0}$	**0**	↓	二进制计数				计数
		↓	**0**	五进制计数				
		Q_0	↓	十进制计数（8421BCD 码）				
		↓	Q_3	十进制计数（5421BCD 码）				

2）功能分析

（1）异步清零。当异步清零端 R_{0A}、R_{0B} 有效时（$R_{0A}\cdot R_{0B}=\mathbf{1}$，$S_{9A}\cdot S_{9B}=\mathbf{0}$），计数器立即清零，与 CP 脉冲无关。

（2）异步置 9。当异步置数端 S_{9A}、S_{9B} 有效时（$S_{9A}\cdot S_{9B}=\mathbf{1}$，$R_{0A}\cdot R_{0B}=\mathbf{0}$），计数器立即置 9，即 $Q_0Q_1Q_2Q_3=\mathbf{0000}$，与 CP 脉冲无关。

（3）四种计数模式功能：当计数脉冲 CP 由 CP_0 端输入，Q_0 输出时，构成 1 位二进制加法计数器；当计数脉冲 CP 由 CP_1 端输入，$Q_3Q_2Q_1$ 输出时，构成五进制异步加法计数器；当计数脉冲 CP 由 CP_0 端输入，且将 CP_1 与 Q_0 相连，$Q_3Q_2Q_1Q_0$ 输出时，构成十进制异步加法计数器（此时为 8421BCD 码加法计数器，此种模式常用）；当计数脉冲 CP 由 CP_1 端输入，且将 CP_0 与 Q_3 相连，高位到低位输出为 $Q_0Q_1Q_2Q_3$ 时，构成十进制异步加法计数器（此时为 5421BCD 码加法计数器，此种模式不常用）。

3）应用举例

例 5.10　试用 74LS290 配合门电路构成六进制、九进制计数器。

解：首先将 74LS290 接成 8421BCD 码加法计数器模式。

利用反馈清零法实现，选择状态为 **0000**～**0101**。当计数 N=6 时，即第六个计数脉冲到来时，十进制计数器 74LS290 本身输出端状态为 $Q_3Q_2Q_1Q_0$=**0110**，将此状态反馈给异步清零端，使 $R_{0A}\cdot R_{0B}=\mathbf{1}$，计数器清零，使 $Q_3Q_2Q_1Q_0$=**0000**，即第六个脉冲到来时，电路状态又返回到初始状态，实现六进制计数，电路图如图 5-39（a）所示。用同样的方法可实现九进制计数器，如图5-39（b）所示。

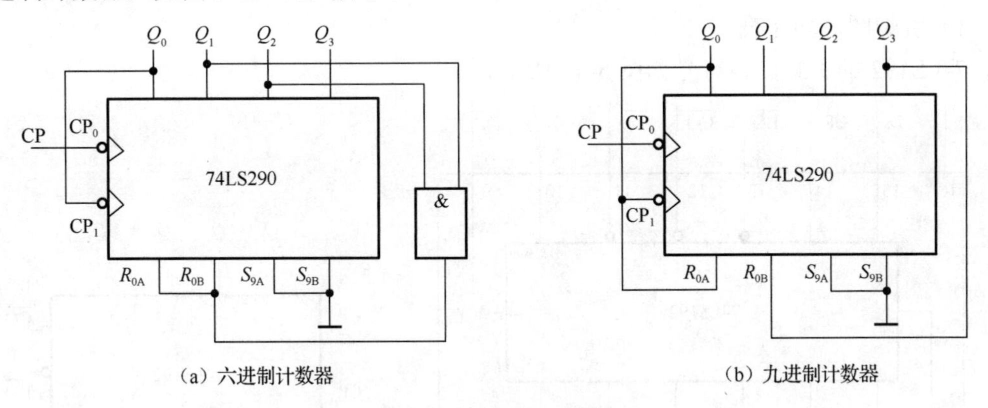

（a）六进制计数器　　（b）九进制计数器

图5-39　74LS290应用

例5.11　试用两片74LS290实现60进制计数器。

解：同上例一样，首先将74LS290接成十进制8421BCD码加法计数模式，也可以接成十进制5421BCD码加法计数模式。本例采用8421BCD码加法计数模式。显然需要两片74LS290，设片Ⅱ为高位片，片Ⅰ为低位片，片Ⅱ接成五进制计数器，片Ⅰ为十进制计数器，电路图如图5-40所示。

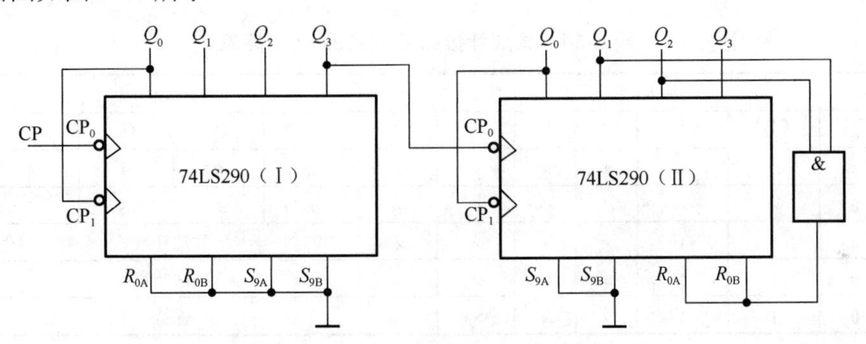

图5-40　74LS290构成60进制计数器

同样，将两片串联起来构成一百进制计数器，如图5-41所示。

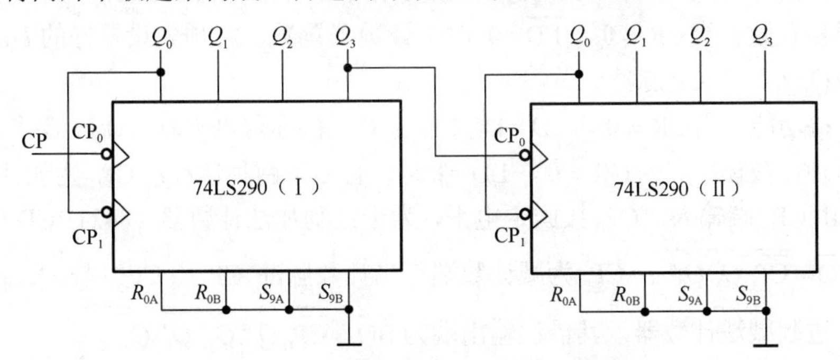

图5-41　74LS290构成一百进制计数器

3. 集成十进制同步可逆计数器74LS192

集成十进制同步可逆计数器74LS192是一个具有双时钟、异步清零、异步置数同步十进制计数器。

1）引脚图与功能表

74LS192 的引脚图、符号如图 5-42 所示。

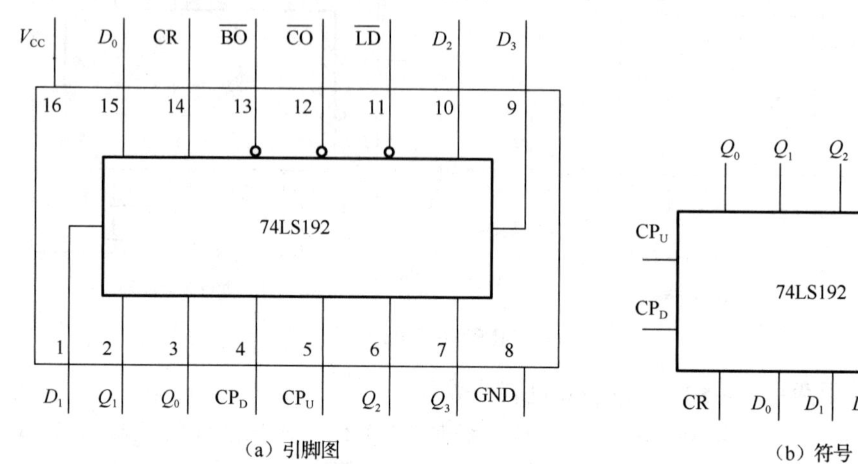

图 5-42　集成计数器 74LS192

74LS192 的功能表如表 5-14 所示。

表 5-14　集成计数器 74LS192 的功能表

输入								输出				备注
CR	$\overline{LD}$	CP_U	CP_D	D_0	D_1	D_2	D_3	Q_0	Q_1	Q_2	Q_3	
1	×	×	×	×	×	×	×	**0**	**0**	**0**	**0**	清零
0	**0**	×	×	d_0	d_1	d_2	d_3	d_0	d_1	d_2	d_3	置数
1	**0**	↑	**1**	×	×	×	×	加法计数				计数
1	**0**	**1**	↑	×	×	×	×	减法计数				
1	**0**	**1**	**1**	×	×	×	×	保持				

2）功能分析

（1）异步清零。当 CR = **1** 时，计数器立即清零，与 CP 脉冲无关。

（2）异步置数。当 CR = **0**，$\overline{LD}$ =**0** 时，计数器置数，将预先设置好的 $D_0D_1D_2D_3$ 置进计数器 $Q_0Q_1Q_2Q_3$，与 CP 脉冲无关。

（3）保持功能。当 CR = **0**，$\overline{LD}$ =**1**，CP_U、CP_D 接固定电平时，计数器处于保持状态。

（4）两种计数模式。当 CR = **0**，$\overline{LD}$ =**1** 时，有如下两种情况：CP_U 为加计数端，当计数脉冲 CP 由 CP_U 端输入，CP_D 接固定电平，为十进制加法计数器（8421BCD 码），其进位输出端为 $\overline{CO}=\overline{\overline{CP_U}Q_3^nQ_0^n}$；$CP_D$ 为减计数端，当计数脉冲 CP 由 CP_D 端输入，CP_U 接固定电平，为十进制减法计数器，其借位输出端为 $\overline{BO}=\overline{\overline{CP_D}\,\overline{Q_3^n}\,\overline{Q_2^n}\,\overline{Q_1^n}\,\overline{Q_0^n}}$。

3）应用举例

例 5.12　试用 74LS192 实现模七加法计数器和模七减法计数器。

解：74LS192 是十进制计数器，利用它可以构成模值比它小的计数器。首先选状态，并将初始状态预置给计数器，采用反馈转数法实现。

（1）实现模七加法计数器。令计数脉冲 CP 由 CP_U 端输入，CP_D 接固定电平，将 74LS192 设置成加法计数模式。选择状态 **0010**～**1000**，将并行数据输入端 $D_0D_1D_2D_3$ 设置成 **0010**，置进计数器作为初始状态。由于是异步置数，故当第七个 CP 脉冲信号到来时，将 74LS192 的输出端状态 $Q_3Q_2Q_1Q_0$=**1001** 反馈给异步置数端 $\overline{LD}$（$\overline{LD}=\overline{Q_3Q_0}$），使 $\overline{LD}$=**0**，计数器置数，强迫计数器状态返回初始状态 **0010**。模七加法计数器的电路图如图 5-43（a）所示。

（2）实现模七减法计数器。令计数脉冲 CP 由 CP_D 端输入，CP_U 接固定电平，将 74LS192 设置成减法计数模式。选择状态 **1000**～**0010**，将并行数据输入端 $D_3D_2D_1D_0$ 设置成 **1000**（D_3 是高位），置进计数器作为初始状态。由于是异步置数，故当第七个 CP 脉冲信号到来时，将 74LS192 的输出端状态 $Q_3Q_2Q_1Q_0$ =**0001** 反馈给异步置数端 $\overline{LD}$（$\overline{LD}=\overline{Q_3Q_2Q_1Q_0}$），使 $\overline{LD}$=**0**，计数器置数，强迫计数器状态返回初始状态 **1000**。模七减法计数器的电路图如图 5-43（b）所示。

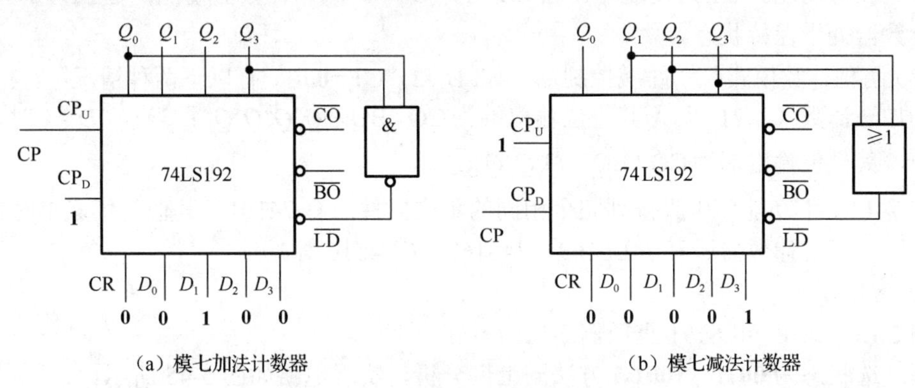

图 5-43　74LS192 构成模七计数器

4. 集成十六进制同步可逆计数器 74LS191

1）引脚图与功能表

集成十六进制同步可逆计数器 74LS191 引脚图、符号如图 5-44 所示。

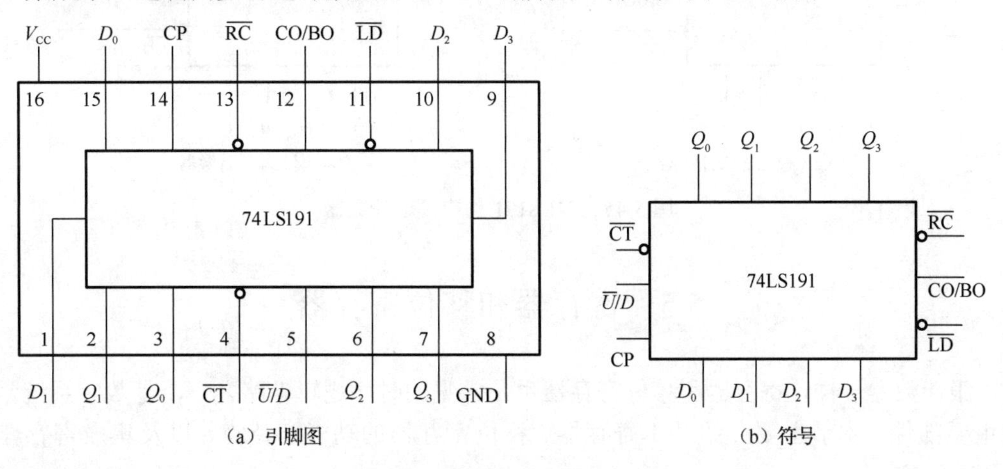

图 5-44　集成计数器 74LS191

74LS191 的功能表如表 5-15 所示。

表 5-15　集成计数器 74LS191 的功能表

输入								输出				备注
$\overline{LD}$	$\overline{CT}$	$\overline{U}/D$	CP	D_0	D_1	D_2	D_3	Q_0	Q_1	Q_2	Q_3	
0	×	×	×	d_0	d_1	d_2	d_3	d_0	d_1	d_2	d_3	置数
1	**0**	**0**	↑	×	×	×	×	加法计数				计数
1	**0**	**1**	↑	×	×	×	×	减法计数				
1	**1**	×	×	×	×	×	×	保持				

2）功能分析

（1）异步置数。当异步置数端 $\overline{LD}$ 有效（$\overline{LD}$=**0**）时，计数器置数，将预先设置好的 $d_0d_1d_2d_3$ 置进计数器 $Q_0Q_1Q_2Q_3$，与 CP 脉冲无关。

（2）保持功能。$\overline{CT}$ 为使能端，当 $\overline{LD}$=**1**，$\overline{CT}$=**0** 时，计数器使能；当 $\overline{LD}$=**1**，$\overline{CT}$=**1** 时，计数器处于保持状态。

（3）两种计数模式：为加/减控制端，当 $\overline{LD}$=**1**，$\overline{CT}$=**0** 时，有以下两种情况：当 $\overline{U}/D$=**0** 时，为加法计数（8421 码），其进位输出端为 $CO/BO = Q_3^nQ_2^nQ_1^nQ_0^n$；当 $\overline{U}/D$=**1** 时，为减法计数，其借位输出端为 $CO/BO = \overline{Q}_3^n\overline{Q}_2^n\overline{Q}_1^n\overline{Q}_0^n$。

与 74LS191 功能和引脚排列完全相同的集成器件还有 74191。其他的集成单时钟 4 位二进制同步可逆计数器还有 74LS169、74S169、CC4516 等。

3）应用举例

例 5.13　改用 74LS191 重做例 5.12。

解：选状态为 **0011**～**1001**，方法同上例分析，实现电路如图 5-45 所示。

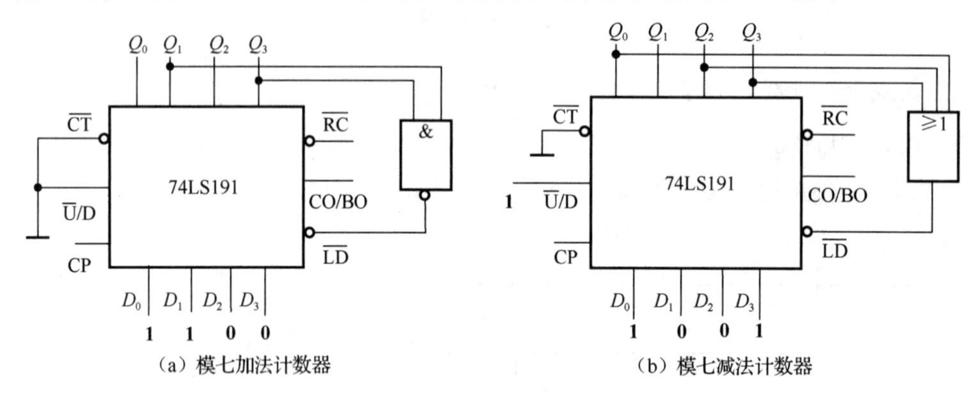

图 5-45　74LS191 构成模七计数器

5.5　寄存器和移位寄存器

跟计数器一样，寄存器和移位寄存器也是常见的时序逻辑电路之一，是数字系统常用的主要部件。本节主要介绍基本寄存器、移位寄存器的功能和特点，以及集成寄存器的应用。

5.5.1　基本寄存器

基本寄存器（又称数码寄存器）是存储二进制数码的时序电路组件，具有接收和寄存二进制数码信息的逻辑功能，主要由触发器和若干控制门组成。一个触发器只能存放一位二进制数码，存放 n 位数码则需要 n 个触发器，组成 n 位寄存器。控制门组成的控制电路是为了保证寄存器电路正常工作。

1）寄存器接收数码的方式

寄存器接收数码的方式有两种，一种是双拍式，另一种是单拍式。由基本 RS 触发器组成的 3 位二进制寄存器如图 5-46 所示。

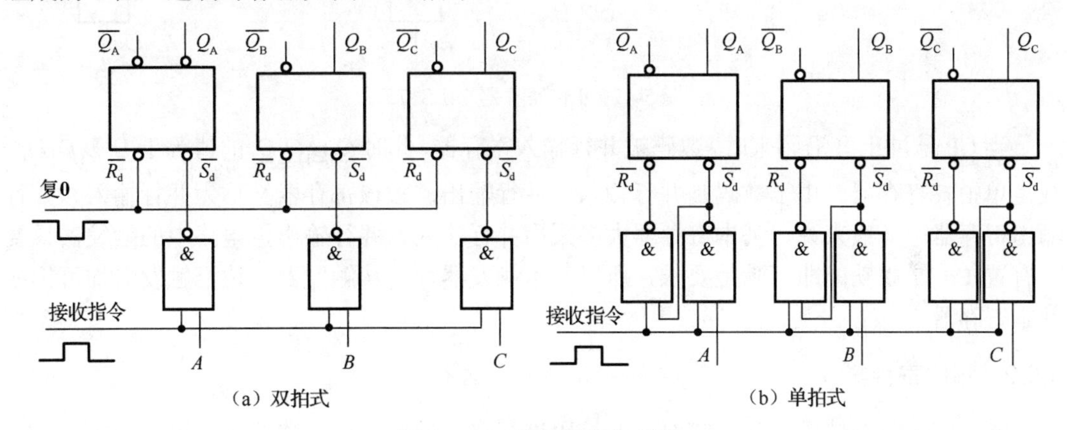

（a）双拍式　　（b）单拍式

图 5-46　3 位二进制寄存器

双拍式工作方式如图 5-46（a）所示。数码寄存器存放 3 位二进制数码需二拍完成，第一拍，发出清零信号（一个负脉冲），使寄存器清零（$Q_AQ_BQ_C=\mathbf{000}$）；第二拍，发出接收指令信号，把各与非门打开，接收待保存的数码 ABC。

单拍式工作方式如图 5-46（b）所示。发出接收指令信号，将全部与非门打开，若接收数码为 **1**，则使触发器的 $\overline{R_d}=\mathbf{1}$，$\overline{S_d}=\mathbf{0}$，无论接触器原来是何种状态，均将完成置“**1**”动作，即将数码 **1** 写入触发器；如接收数码为 **0**，则使触发器的 $\overline{R_d}=\mathbf{0}$，$\overline{S_d}=\mathbf{1}$，触发器置“**0**”，即将数码 **0** 写入触发器，实现 $Q_AQ_BQ_C=ABC$，完成寄存。

2）4 位寄存器 74LS175

由 D 触发器组成的 4 位寄存器 74LS175 电路图如图 5-47 所示。图中，CP 为时钟脉冲端，CR 为清零端，$D_0D_1D_2D_3$ 为并行数据输入端，$Q_0Q_1Q_2Q_3$ 为并行数据输出端。

74LS175 的功能表如表 5-16 所示。

表 5-16　74LS175 的功能表

输入			输出	
$\overline{\text{CR}}$	CP	D_0	Q_0	$\overline{Q_0}$
0	×	×	**0**	**1**
1	↑	**0**	**0**	**1**
1	↑	**1**	**1**	**0**
1	**0**	×	保持	

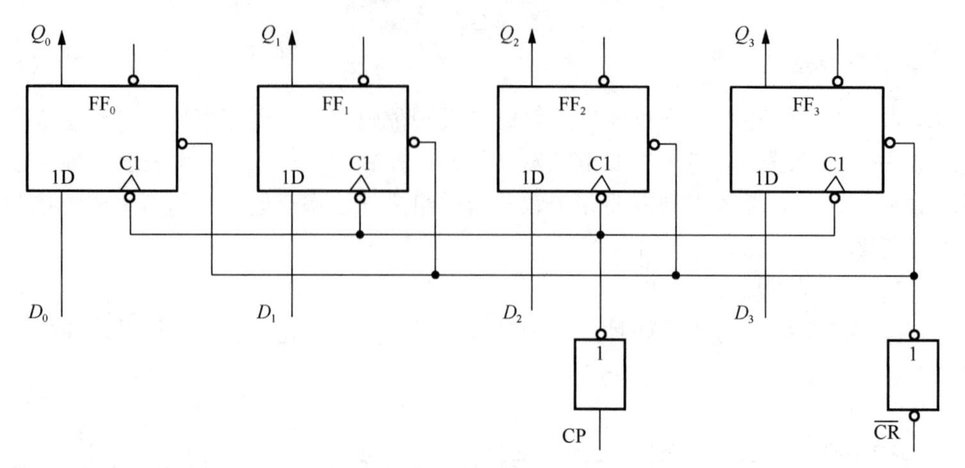

图 5-47　4 位寄存器 74LS175

当 CP 脉冲上升沿到来时，数码被并行输入寄存器，此时 $Q_0Q_1Q_2Q_3$ 的值等于 $D_0D_1D_2D_3$，故是单拍式寄存器。由于数码是并行输入、并行输出，故该寄存器又称为并行输入、并行输出寄存器。一般来说，基本寄存器大多采用并行输入、并行输出，电路中的触发器只要具有置 **1**、置 **0** 功能即可满足要求，所以基本触发器、主从触发器、边沿触发器均可构成基本寄存器。

5.5.2　移位寄存器

既能够接收存储码，又能够对所存储码进行移位的电路称为移位寄存器。

若在移位脉冲（一般为时钟脉冲 CP）作用下，寄存器中的存储码依次向左移动一位，则称为左移移位寄存器；若寄存器中的存储码依次向右移动一位，则称为右移移位寄存器。二者均称为单向移位寄存器。既可实现左移，又可实现右移功能的寄存器称为双向移位寄存器。

1．*右移移位寄存器*

以 4 位右移移位寄存器为例，右移输入信号用 S_R 表示。若现态为 $Q_0^nQ_1^nQ_2^nQ_3^n$=**0010**，当移进 **1**（S_R=**1**），其次态变为 **1001**，当移进 **0**（S_R=**0**），其次态变为 **0001**，则次态方程为

$$\begin{cases} Q_0^{n+1} = S_R \\ Q_1^{n+1} = Q_0^n \\ Q_2^{n+1} = Q_1^n \\ Q_3^{n+1} = Q_2^n \end{cases}$$

用 D 触发器实现时，其激励方程为

$$\begin{cases} D_0 = S_R \\ D_1 = Q_0^n \\ D_2 = Q_1^n \\ D_3 = Q_2^n \end{cases}$$

用 JK 触发器实现时，将次态方程与 JK 触发器特性方程比较，得出其激励方程为

$$\begin{cases} J_0 = S_R, \ K_0 = \overline{S_R} \\ J_1 = Q_0^n, \ K_1 = \overline{Q_0^n} \\ J_2 = Q_1^n, \ K_2 = \overline{Q_1^n} \\ J_3 = Q_2^n, \ K_3 = \overline{Q_2^n} \end{cases}$$

用 D 触发器、JK 触发器实现电路，其电路图分别如图 5-48 所示。

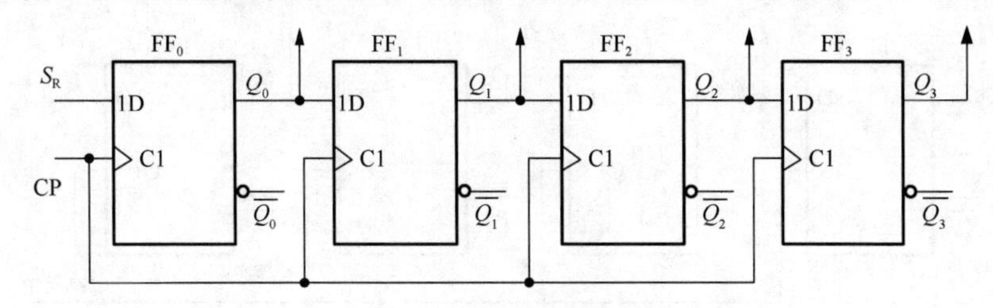

（a）D触发器实现电路图

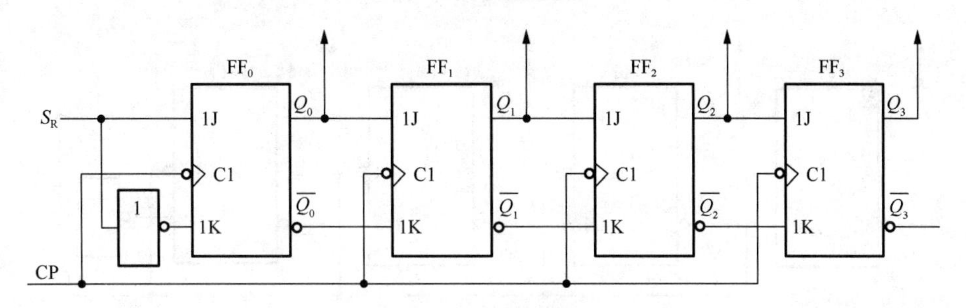

（b）JK触发器实现电路图

图 5-48　4 位右移移位寄存器

以上分析可推广到一般，任意 m 位右移移位寄存器的激励方程为 $D_m = Q_{m-1}^n$ 或 $J_m = Q_{m-1}^n$、$K_m = \overline{Q_{m-1}^n}$。

2. *左移移位寄存器*

同样以 4 位左移移位寄存器为例，左移输入信号用 S_L 表示。依据左移规律可得次态方程为

$$\begin{cases} Q_0^{n+1} = Q_1^n \\ Q_1^{n+1} = Q_2^n \\ Q_2^{n+1} = Q_3^n \\ Q_3^{n+1} = S_L \end{cases}$$

用 D 触发器实现时，其激励方程为

$$\begin{cases} D_0 = Q_1^n \\ D_1 = Q_2^n \\ D_2 = Q_3^n \\ D_3 = S_L \end{cases}$$

用 JK 触发器实现时，将次态方程与 JK 触发器特性方程比较，得出其激励方程为

$$
\begin{cases}
J_0 = Q_1^n, & K_0 = \overline{Q_1^n} \\
J_1 = Q_2^n, & K_1 = \overline{Q_2^n} \\
J_2 = Q_3^n, & K_2 = \overline{Q_3^n} \\
J_3 = S_L, & K_3 = \overline{S_L}
\end{cases}
$$

用 D 触发器、JK 触发器实现电路，其电路图分别如图 5-49 所示。

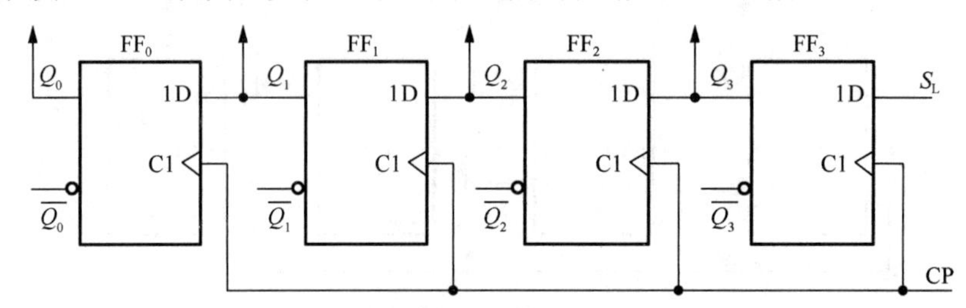

(a) D触发器实现电路图

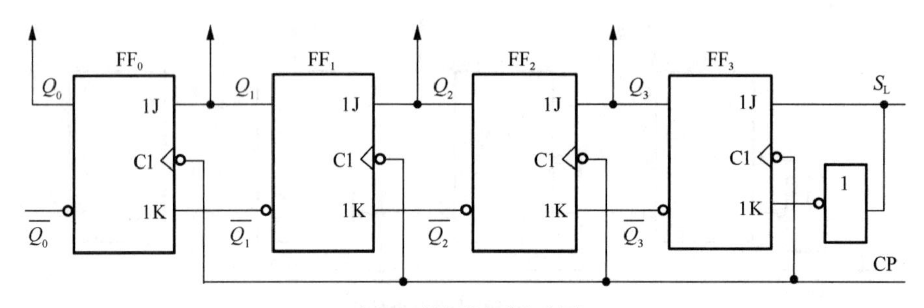

(b) JK触发器实现电路图

图 5-49　4 位左移移位寄存器

以上分析可推广到一般，任意 m 位左移移位寄存器的激励方程为 $D_m = Q_{m+1}^n$ 或 $J_m = Q_{m+1}^n$、$K_m = \overline{Q_{m+1}^n}$。

3. 双向移位寄存器

同样以 4 位双向移位寄存器为例，右移输入信号用 S_R 表示，左移输入信号用 S_L 表示，控制信号用 M 表示，M=**1** 时，实现右移，M=**0** 时，实现左移。以 D 触发器为例，其激励方程为

$$
\begin{cases}
D_0 = MQ_1^n + \overline{M}S_R \\
D_1 = MQ_2^n + \overline{M}Q_0^n \\
D_2 = MQ_3^n + \overline{M}Q_1^n \\
D_3 = MS_L + \overline{M}Q_2^n
\end{cases}
$$

用 D 触发器实现，其电路图如图 5-50 所示。

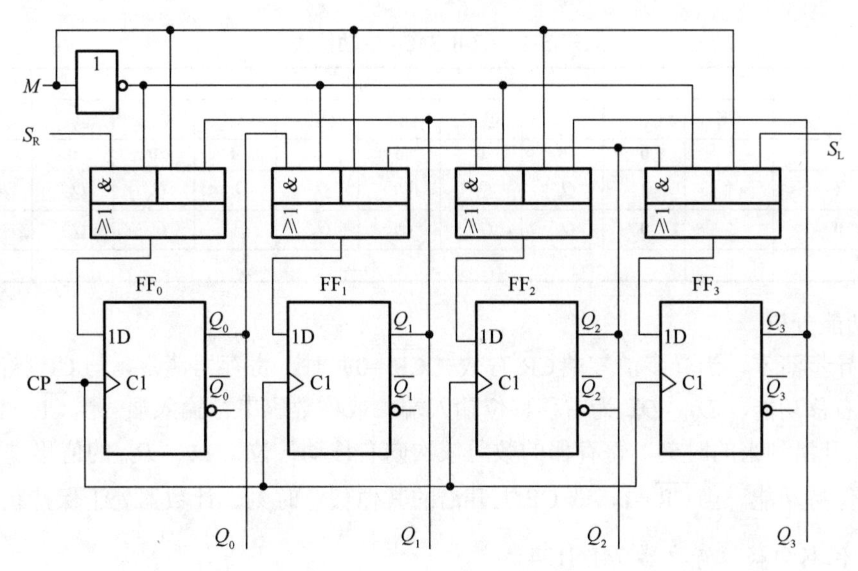

图 5-50　4 位双向移位寄存器

5.5.3　集成移位寄存器

为便于扩展功能和增加使用灵活性，在生产移位寄存器集成电路时附加了左右控制、数据并行输入、保持、清零等功能。本节介绍两种比较典型的集成移位寄存器，8 位单向移位寄存器 74LS164 和 4 位双向移位寄存器 74LS194。

1. 8 位单向移位寄存器 74LS164

1）引脚图与功能表

74LS164 是一个 8 位右移移位寄存器，其引脚图、符号如图 5-51 所示。

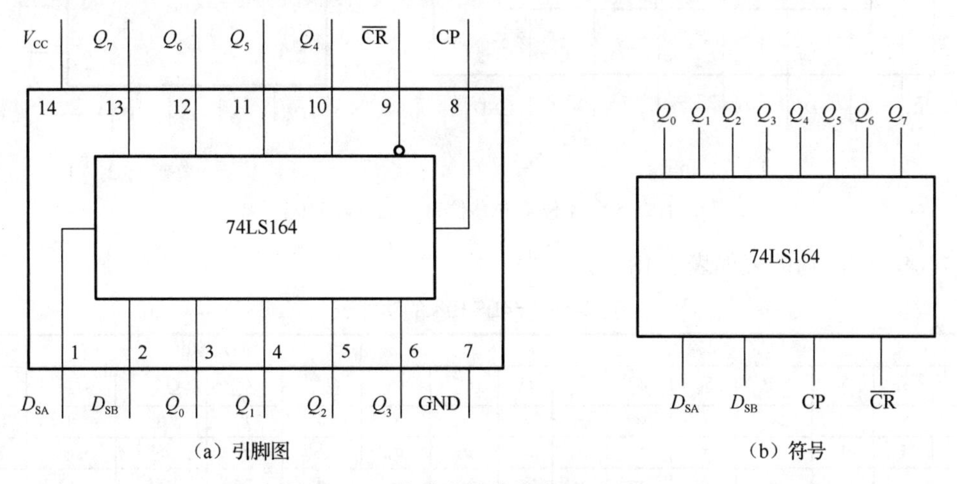

图 5-51　8 位单向移位寄存器 74LS164

74LS164 的功能表如表 5-17 所示。

表 5-17　74LS164 的功能表

输入			输出								备注
$\overline{CR}$	$D_{SA}\cdot D_{SB}$	CP	Q_0^{n+1}	Q_1^{n+1}	Q_2^{n+1}	Q_3^{n+1}	Q_4^{n+1}	Q_5^{n+1}	Q_6^{n+1}	Q_7^{n+1}	
0	×	×	**0**	**0**	**0**	**0**	**0**	**0**	**0**	**0**	置数
1	**1**	↑	**1**	Q_0^n	Q_1^n	Q_2^n	Q_3^n	Q_4^n	Q_5^n	Q_6^n	右移进 1
1	**0**	↑	**0**	Q_0^n	Q_1^n	Q_2^n	Q_3^n	Q_4^n	Q_5^n	Q_6^n	右移进 0
1	×	**0**	保持								

2）功能分析

（1）异步清零。当异步清零端 $\overline{CR}$ 有效（$\overline{CR}$ =**0**）时，寄存器清零，与 CP 脉冲无关。

（2）右移功能。$D_{SA}\cdot D_{SB}$ 为右移移位输入端，或称数码串行输入端，当 $\overline{CR}$ =**1** 时，在 CP 脉冲上升沿到来的时刻，寄存器的数码依次向右移动一位，$D_{SA}\cdot D_{SB}$ 的值移进 Q_0。

（3）保持功能。当 $\overline{CR}$ =**1**，非 CP 上升沿的其他任意时刻，计数器处于保持状态。

2. 4 位双向移位寄存器 74LS194

1）引脚图与功能表

74LS194 是一个 4 位双向移位寄存器，既可实现左移，又可实现右移功能，其引脚图、符号如图 5-52 所示。

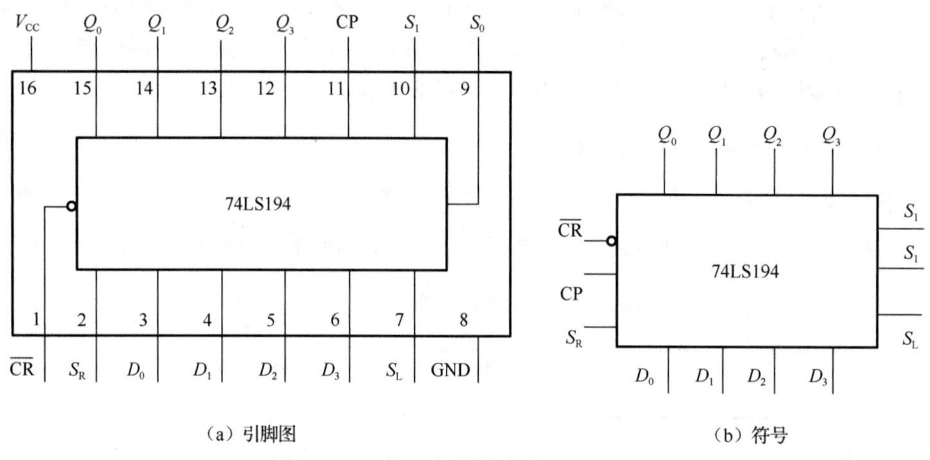

（a）引脚图　　（b）符号

图 5-52　4 位双向移位寄存器 74LS194

74LS194 的功能表如表 5-18 所示。

表 5-18　74LS194 的功能表

输入										输出				备注
$\overline{CR}$	S_1	S_0	CP	S_R	S_L	D_0	D_1	D_2	D_3	Q_0^{n+1}	Q_1^{n+1}	Q_2^{n+1}	Q_3^{n+1}	
0	×	×	×	×	×	×	×	×	×	**0**	**0**	**0**	**0**	清零
1	**1**	**1**	↑	×	×	d_0	d_1	d_2	d_3	d_0	d_1	d_2	d_3	置数
1	**0**	**1**	↑	**0**	×	×	×	×	×	**0**	Q_0^n	Q_1^n	Q_2^n	右移
1				**1**	×	×	×	×	×	**1**	Q_0^n	Q_1^n	Q_2^n	
1	**1**	**0**	↑	×	**0**	×	×	×	×	Q_1^n	Q_2^n	Q_3^n	**0**	左移
1				×	**1**	×	×	×	×	Q_1^n	Q_2^n	Q_3^n	**1**	
1	**0**	**0**	×	×	×	×	×	×	×	保持				
1	×	×	0	×	×	×	×	×	×	保持				

2）功能分析

（1）异步清零。当 $\overline{\mathrm{CR}}=\mathbf{0}$ 时，寄存器立即清零，与 CP 脉冲无关。

（2）四种工作模式。S_1S_0 为移位寄存器工作模式控制端，当 $\overline{\mathrm{CR}}=\mathbf{1}$ 时有：当 S_1S_0 =**01** 时，为右移工作模式，将右移数码输入端 S_R 的值移进寄存器；当 S_1S_0 =**10** 时，为左移工作模式，将左移数码输入端 S_L 的值移进寄存器；当 S_1S_0 =**00** 时，为保持模式，寄存器状态保持不变；当 S_1S_0 =**00** 时，为置数工作模式，在 CP 脉冲作用下，将预先设置好的并行数据输入端 $D_0D_1D_2D_3$ 的值置进寄存器 $Q_0Q_1Q_2Q_3$。

（3）同步置数。即置数模式，当 $\overline{\mathrm{CR}}=\mathbf{1}$、$S_1S_0$ =**11** 时，在 CP 脉冲上升沿完成置数。

5.5.4　移位寄存器型计数器

移位寄存器型计数器是以移位寄存器为主体构成的同步计数器。根据移位寄存器的移位特点，将移位寄存器的输出以一定的方式反馈到串行输入端，再配以合适的控制电路，即可以得到连接线路简单、应用十分广泛的移位型计数器。

移位型计数器的结构框图如图 5-53 所示。其中反馈逻辑函数可表示为

$$f=F(Q_0,Q_1,\cdots,Q_{n-1})$$

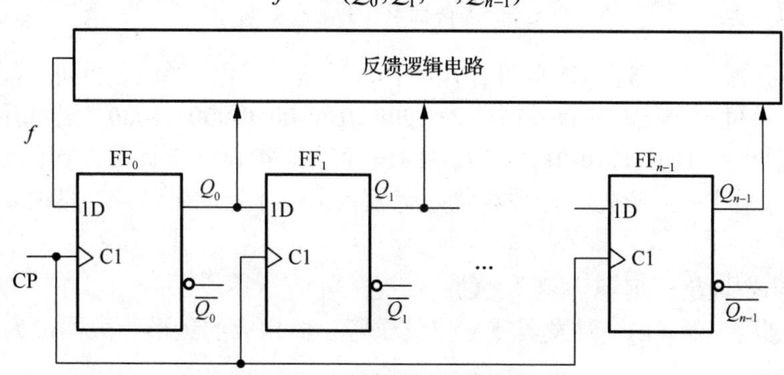

图 5-53　移位型计数器结构框图

移位型计数器必须符合移位规律（以右移为例），即

$$Q_0^{n+1}=D_0=f\ ,\ \ Q_i^{n+1}=Q_{i-1}^n\qquad i=1,2,\cdots,n$$

移位型计数器的设计比较简单，只需设计第 0 级，即 D_0，其余各级仍维持移位功能。本节介绍两种常用的移位型计数器：环形计数器和扭环形计数器。

1. 环形计数器

n 位环形计数器由 n 位移位寄存器组成，其反馈逻辑函数为

$$f=Q_{n-1}^n$$

即将最后一级的输出端连接到第 0 级的输入端上，触发器构成了环形，于是命名为环形计数器。由 4 级 D 触发器构成的 4 位环形计数器如图 5-54 所示。

其中反馈函数 $f=Q_3^n$。利用时序逻辑电路的分析方法，很容易得到该环形计数器的状态图如图 5-55 所示。

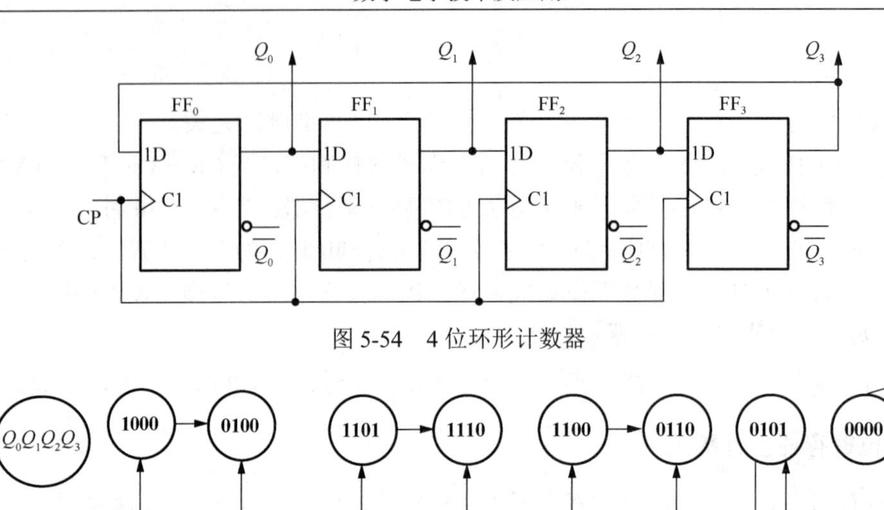

图 5-54　4 位环形计数器

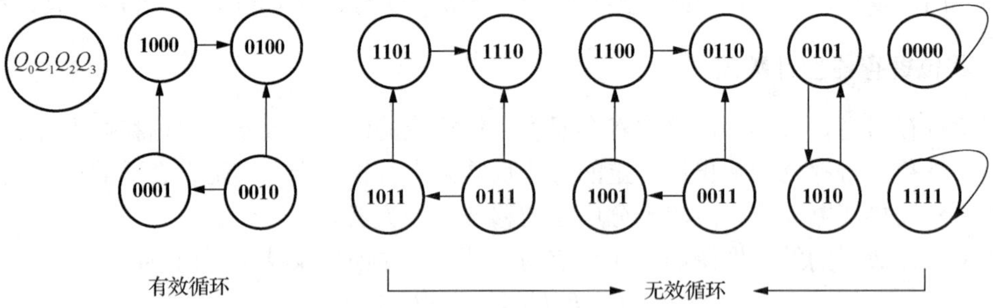

图 5-55　4 位环形计数器状态图

由状态图可知，该电路在 CP 脉冲作用下，可以循环移位一个 **1**，也可以循环移位一个 **0**。若选用循环移位一个 **1**，则有效循环为 **1000-0100-0010-0001-1000**；若选用循环移位一个 **0**，则有效循环为 **1101-1110-0111-1011-1101**。可见，4 位环形计数器实际上是一个模 4 计数器。工作时须注意，应先将计数器置入有效状态后才能加时钟脉冲信号。环形计数器的特点如下：

（1）电路结构简单，反馈函数 $f = Q_{n-1}^n$。

（2）状态利用率低，n 个触发器或 n 位移位寄存器构成的环形计数器模为 $n(M=n)$，有 2^n-n 个无效状态。

（3）环形计数器每个状态只有一个 **1** 或者一个 **0**，因此无须译码器，直接可用于顺序脉冲发生器，环形计数器也称为环形脉冲分配器。

由集成移位寄存器 74LS194 构成的 4 位环形计数器如图 5-56 所示。

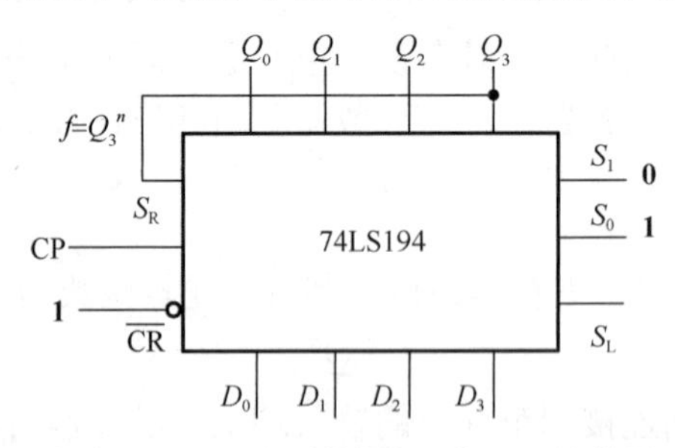

图 5-56　74LS194 构成的 4 位环形计数器

该电路中反馈逻辑函数 $f = Q_3^n$，根据移位规律作出状态图同上述由 4D 触发器构成的 4 位环形计数器一样（见图 5-55），显然它不具备自启动能力。为了使环形计数器具备自启动能力，需要对电路进行修正。修正后的具有自启动能力的 4 位环形计数器如图 5-57（a）所示。该电路利用 74LS194 的预置功能消除了无效循环，其状态图如图 5-57（b）所示。

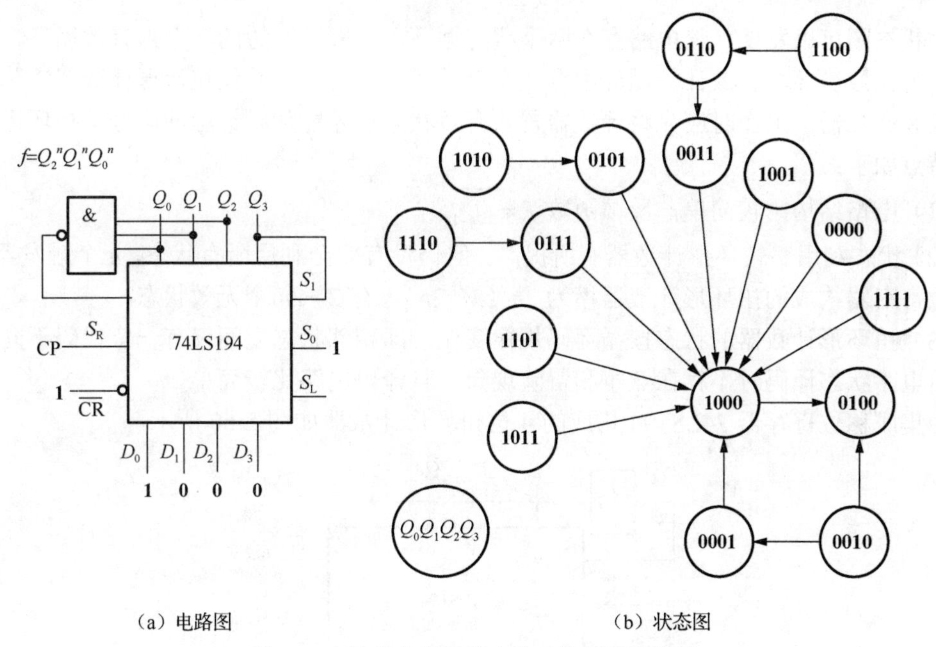

（a）电路图　　　　（b）状态图

图 5-57　具备自启动能力的 4 位环形计数器

2. 扭环形计数器

为了在不改变移位寄存器内部结构的基础上提高环形计数器的电路状态利用率，只能从改变反馈逻辑函数 f 入手。

在图 5-53 所示的移位型计数器结构框图中，若将反馈函数取为 $f=\overline{Q_{n-1}^{\ n}}$，则得到扭环形计数器（也称约翰逊计数器），如图 5-58 所示，以 4 位为例，其中 $f=\overline{Q_3^n}$。

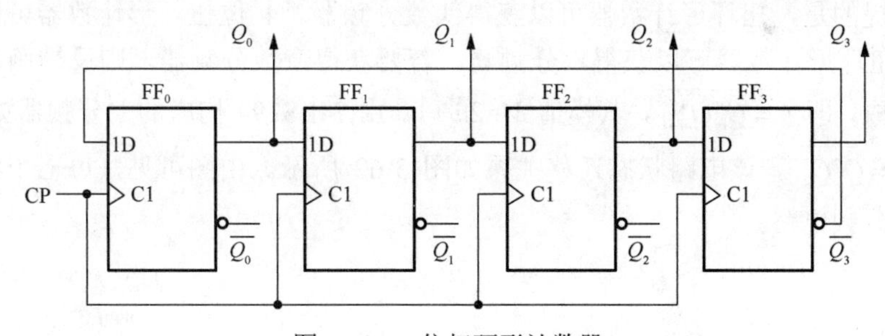

图 5-58　4 位扭环形计数器

利用时序逻辑电路的分析方法，得到该扭环形计数器的状态图如图 5-59 所示。

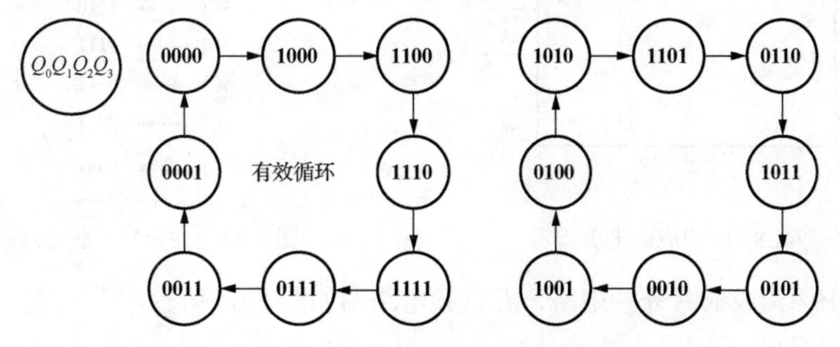

图 5-59　4 位扭环形计数器状态图

由状态图可以发现，该电路存在两个状态循环，一般取左边的一个为有效循环，右边的一个为无效循环。有效计数循环中有八个有效状态。可见，4 位扭环形计数器实际上是一个模 8 计数器。工作时应先将计数器置入有效状态后才能加时钟脉冲信号。扭环形计数器的特点如下：

（1）电路结构比较简单，反馈函数 $f=\overline{Q_{n-1}^n}$。

（2）状态利用率较环形计数器有所提高，但仍没有完全利用所有状态，n 个触发器或 n 位移位寄存器构成的扭环形计数器模为 $2n$（M=$2n$），有 2^n-2n 个无效状态。

（3）扭环形计数器的状态按循环码规律变化，即相邻状态之间仅有一位代码不同，因而在将电路状态译码时不存在竞争和冒险现象，且译码电路比较简单。

由集成移位寄存器 74LS194 构成的 4 位扭环形计数器如图 5-60 所示。

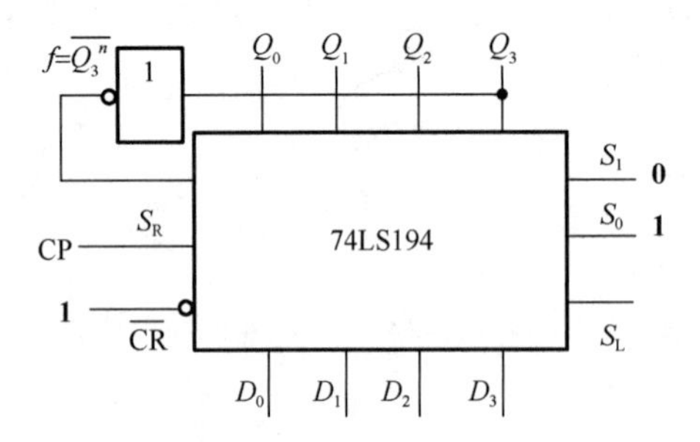

图 5-60　74LS194 构成的 4 位扭环形计数器

该电路中反馈逻辑函数 $f=\overline{Q_3^n}$，根据移位规律作出状态图同上述由 4D 触发器构成的 4 位扭环形计数器一样，如图 5-59 所示，显然它不具备自启动能力。同样可利用 74LS194 的预置功能消除无效循环构成具备自启动能力的4位扭环形计数器，其电路读者可自行分析。

值得一提的是，扭环形计数器可以获得偶数分频器。4 位扭环形计数器可以获得八分频器，3 位扭环形计数器可以获得六分频器。若要获得奇数分频器，则反馈函数可由相邻两触发器组成，即 $f=\overline{Q_m^n Q_{m-1}^n}$，其模值 M=$2m$+1。由 74LS194 构成的七分频器如图 5-61 所示，其中 $f=\overline{Q_3^n Q_2^n}$。该电路状态迁移关系如图 5-62 所示。由图可见，每七个状态循环一次，故为七分频电路。

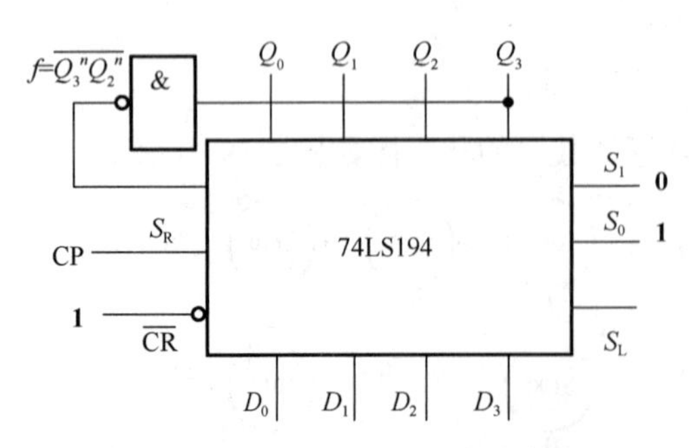

图 5-61　74LS194 构成的七分频器

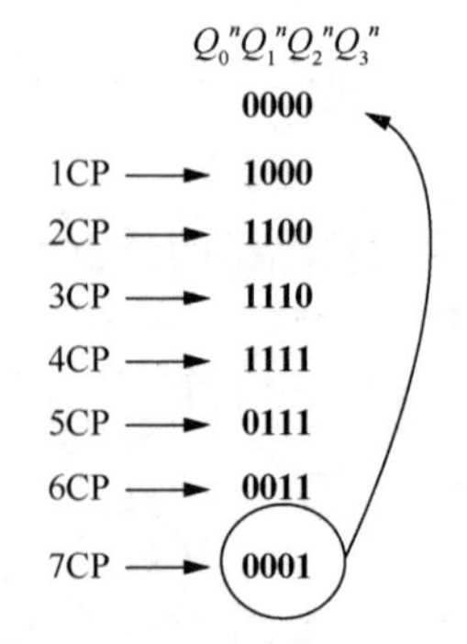

图 5-62　七分频器状态迁移关系

由 74LS194 构成的六分频电路、五分频电路图如图 5-63 所示。

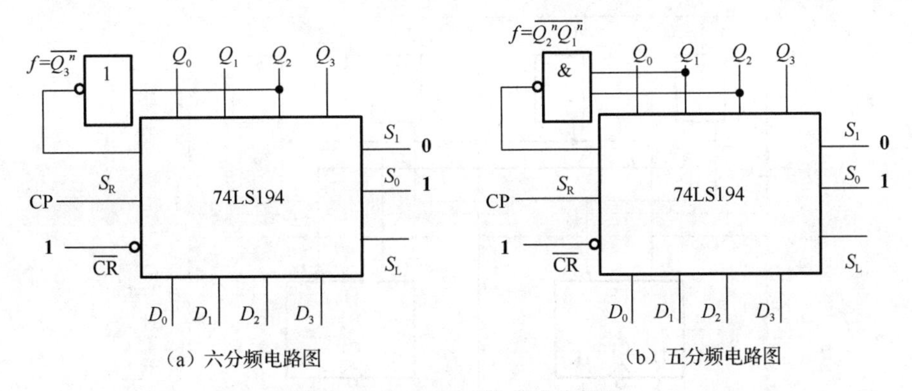

（a）六分频电路图　　（b）五分频电路图

图 5-63　74LS194 构成的分频器

其状态转换关系读者可根据上述分析方法自行建立。

5.6　顺序脉冲发生器

在一些数字系统中，往往需要系统按照人们事先规定好的顺序进行一系列的操作，这就要求系统的控制部分能够正确地发出在时间上有一定先后顺序的各种控制脉冲信号。顺序脉冲发生器就是用来产生这样一些顺序脉冲信号的器件。

顺序脉冲发生器又称为节拍脉冲发生器、脉冲分配器，一般由计数器和译码器组成，其结构框图如图 5-64 所示。

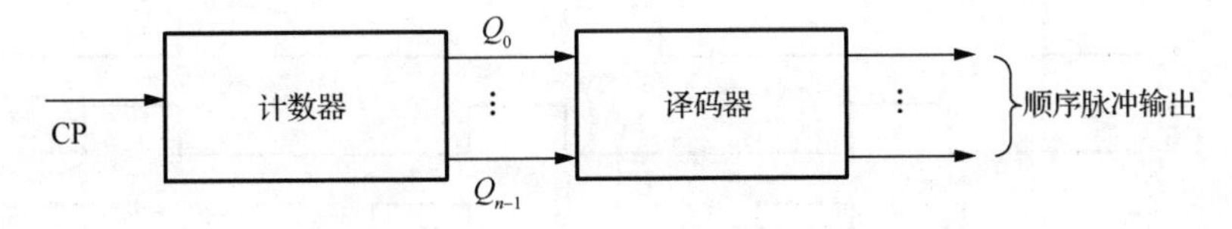

图 5-64　顺序脉冲发生器结构框图

其中，计数器在输入计数脉冲的作用下，状态依次变化且在有效循环中工作，译码器再将这些状态“翻译”出来，就可以得到顺序脉冲。由此可以看出，顺序脉冲发生器的设计就是对计数器和译码器的设计。

1. 计数型顺序脉冲发生器

若计数器选用按自然态序计数的二进制计数器，则构成计数型顺序脉冲发生器由 2 位二进制同步加法计数器和译码器构成的 4 输出顺序脉冲发生器电路图如图 5-65 所示。

该电路由两个 JK 触发器构成的 2 位同步加法计数器和四个与门构成的 2 线-4 线译码器组成。只要在 CP 端加入固定频率的脉冲，就可以在 Y_0、Y_1、Y_2、Y_3 依次获得顺序脉冲。依据时序逻辑电路的分析方法，得到该电路的时序图，如图 5-66 所示。

由时序图可见，该电路是一个 4 输出顺序脉冲发生器。如果用 n 位二进制计数器，经过译码后，则可以得到 2^n 个顺序脉冲。

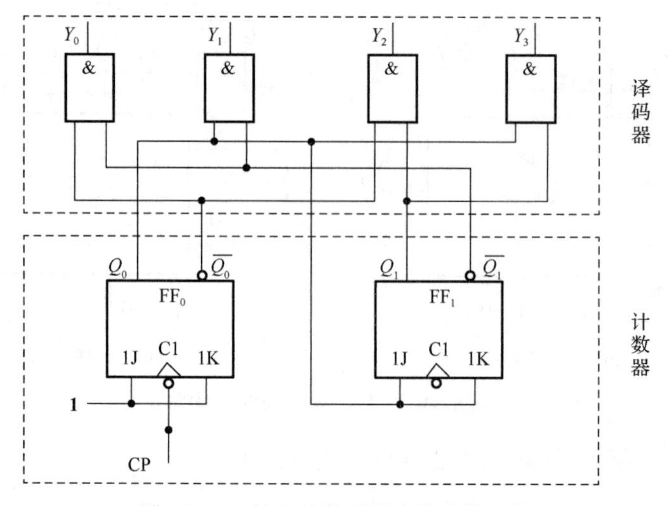

图 5-65　4 输出计数型顺序脉冲发生器

图 5-66　4 输出计数型顺序脉冲发生器时序图

2. 移位型顺序脉冲发生器

若计数器选用按非自然态序计数的移位型计数器，则构成移位型顺序脉冲发生器。前面讲述环形计数器时已提到过，环形计数器每个状态只有一个 **1** 或者一个 **0**，因此无须译码器，可直接用于顺序脉冲发生器。由 4 位环形计数器构成的 4 输出顺序脉冲发生器电路图如图 5-67 所示。

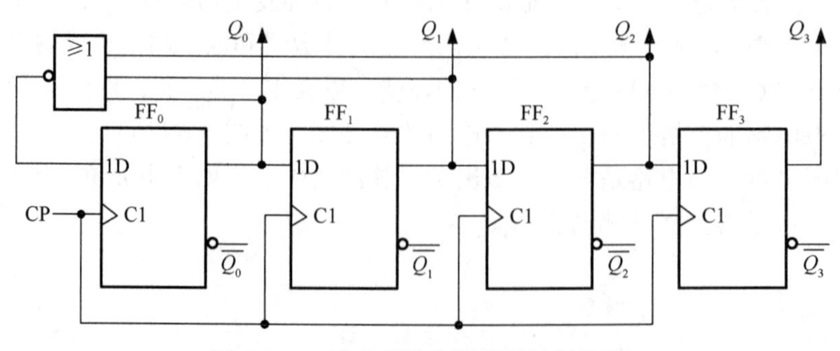

图 5-67　4 输出移位型顺序脉冲发生器

该电路采用的是能够自启动的 4 位环形计数器，其有效状态循环为 **1000-0100-0010-0001-1000**。依据时序逻辑电路分析方法，得到该电路的时序图如图 5-68 所示。

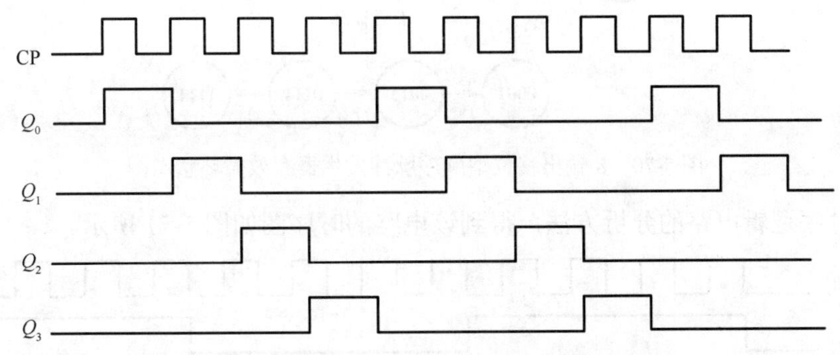

图 5-68　4 输出移位型顺序脉冲发生器时序图

由环形计数器构成的移位型顺序脉冲发生器，不需要译码器，可直接从四个触发器的输出端得到四个顺序脉冲，电路简单，但是电路状态利用率低，四个触发器有 16 个状态，就利用了四个，其余 12 个均为无效状态，这一点在环形计数器中讲过。

由 4 位扭环形计数器和译码器构成的 8 输出顺序脉冲发生器如图 5-69 所示。

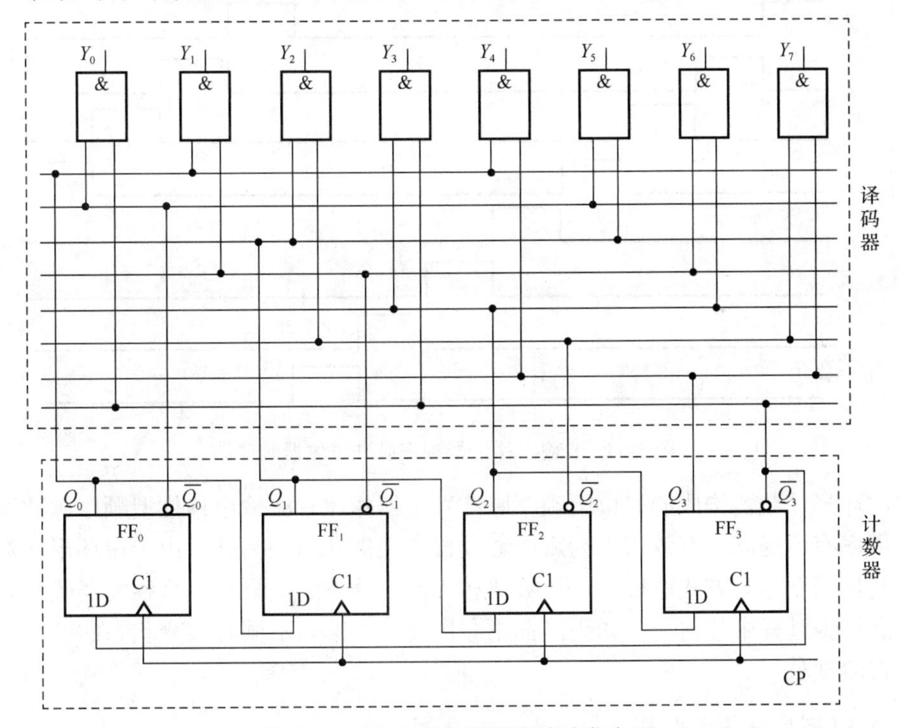

图 5-69　8 输出移位型顺序脉冲发生器

该电路由不能自启动的 4 位扭环形计数器和译码器组成，工作中应先将计数器置入有效状态后再加时钟信号。该电路有效状态循环图如图 5-70 所示。

其中 $Y_0 \sim Y_7$ 为输出信号。图中输出信号采用了简化表示形式，即只标出相应状态下输出取值应为 **1** 的变量。把无效状态当作约束项处理，则可根据该状态图画出各输出端的卡诺图，找到各输出端的表达式，进而画出逻辑图，图 5-69 中的译码器就是根据此方法画出的。

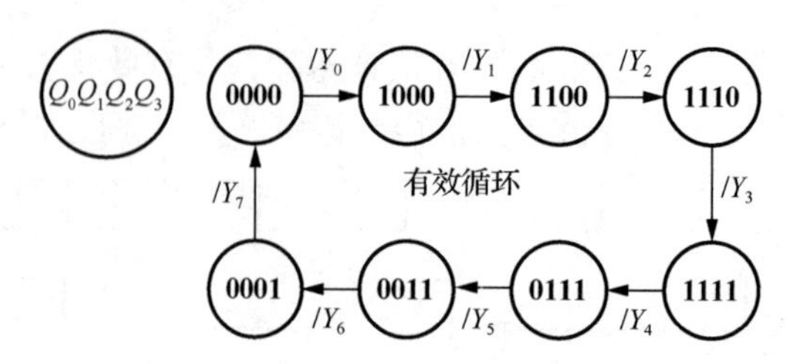

图 5-70　8 输出移位型顺序脉冲发生器有效循环状态图

依据时序逻辑电路的分析方法，得到该电路的时序图如图 5-71 所示。

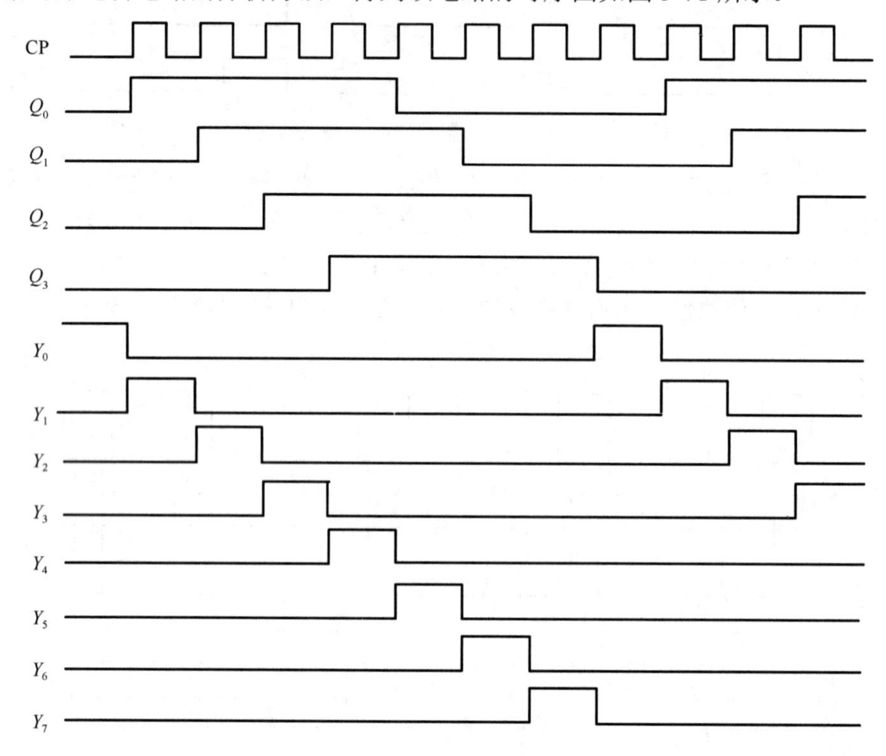

图 5-71　8 输出移位型顺序脉冲发生器时序图

与由环形计数器构成的移位型顺序脉冲发生器相比，8 输出移位型顺序脉冲发生器的状态利用率有所提高，有效状态为所用触发器个数的两倍。另外，由于扭环形计数器的状态变化是按照循环码方式进行的，计数器相邻两个状态之间只有一个触发器改变状态，因而在状态转换过程中任何一个译码门都不会出现两个输入端同时改变状态的情况，故不存在竞争冒险现象。

3. MSI 顺序脉冲发生器

用集成计数器 74LS161 和 3 线-8 线译码器 74LS138 构成的 8 输出顺序脉冲发生器如图 5-72 所示。图中以 74LS161 的低 3 位输出 $Q_2Q_1Q_0$ 作为 74LS138 的 3 位地址码输入信号。由 74LS161 的功能可知，为使电路工作在计数模式，$\overline{CR}$、$\overline{LD}$、CT_T、CT_P 均应接高电平，且由于它的低 3 位触发器接成八进制计数器，故在连续输入 CP 脉冲信号作用下，$Q_2Q_1Q_0$ 的状态变化按照 **000**～**111** 递增顺序循环变化，并在译码器的输出端依次输出 $\overline{Y_0}$～$\overline{Y_7}$ 的顺序脉冲。

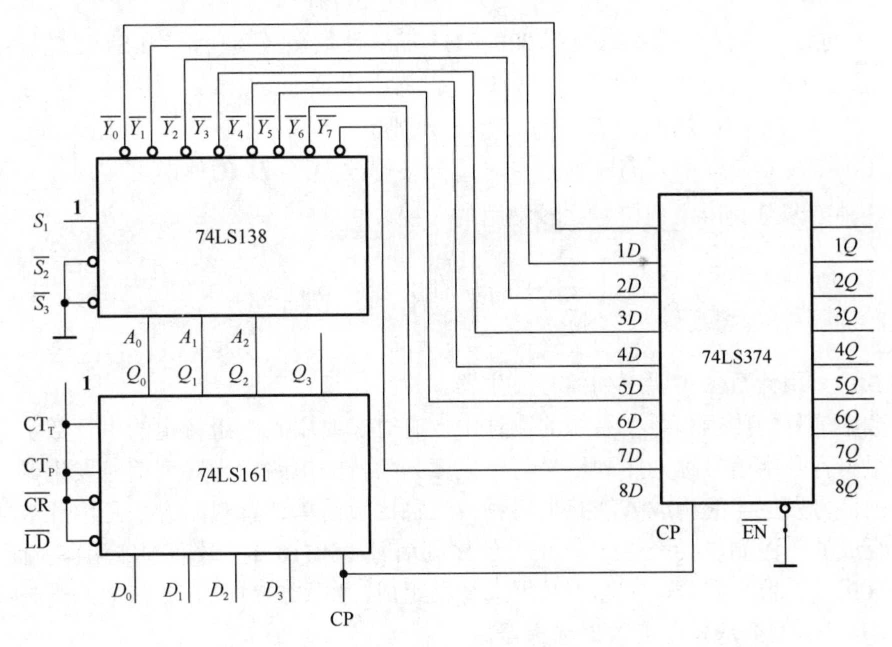

图 5-72　MSI 构成的 8 输出顺序脉冲发生器

由于各个触发器的传输延迟时间不可能完全相同，在将计数器的状态译码时存在竞争-冒险现象。为消除竞争冒险现象，可在 74LS138 之后接一个缓冲用寄存器 74LS374，它是三态输出，不仅可以解决译码器中的竞争冒险问题，还能够起到缓冲作用。需要注意寄存器 74LS374 的输出比译码器的输出滞后一时钟周期。该电路的时序图读者可按照上述方法自行给出。

实际应用中，也常将集成计数器和数据选择器结合起来构成序列信号发生器。

在数字信号的传输和数字系统测试过程中，有时需要用到一组特定的串行数字信号，通常将这组特定的数字信号称为序列信号，产生序列信号的电路称为序列信号发生器。序列信号发生器的构成方式有很多种，下面介绍一种用集成计数器和数据选择器构成的简单、直观的方法。假设需要产生 8 位序列信号 **10110111**（时序顺序自左至右），则选用一个八进制计数器和一个 8 选 1 数据选择器即可。这里选用集成 4 位二进制同步加法计数器 74LS161 的低 3 位构成八进制计数器，8 选 1 数据选择器选用 74LS151，电路图如图 5-73 所示。

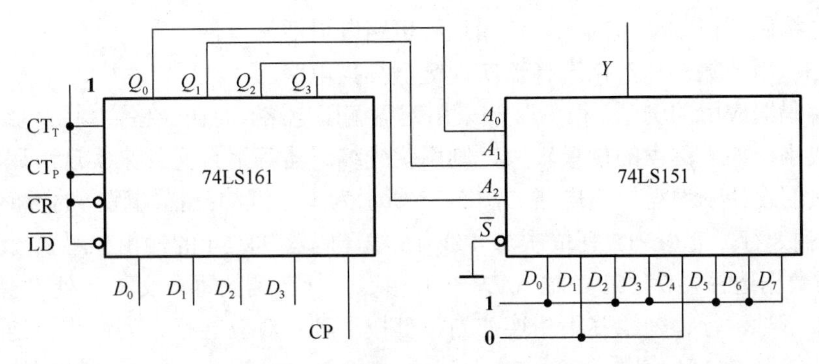

图 5-73　8 位序列信号发生器

其中，74LS161 的低 3 位输出 $Q_2Q_1Q_0$ 作为 74LS151 的 3 位地址码输入信号 $A_2A_1A_0$。当

CP 信号启动后，$Q_2Q_1Q_0$ 的状态按照 **000**～**111** 加法计数循环变化，74LS151 的输出端就会不断的选通 $D_0 \sim D_7$ 输出，即 D_0 至 D_7 的状态依次出现在 Y 端，只要令 $D_0 = \mathbf{1}$，$D_1 = \mathbf{0}$，$D_2 = \mathbf{1}$，$D_3 = \mathbf{1}$，$D_4 = \mathbf{0}$，$D_5 = \mathbf{1}$，$D_6 = \mathbf{1}$，$D_7 = \mathbf{1}$，则在 Y 端就得到不断循环的序列信号 **10110111**。在需要得到不同的序列信号时，只要修改 D_0 至 D_7 的值即可实现，而无须改动电路。这种方法是获得序列信号比较常用的一种方法。

5.7　应 用 举 例

例 5.14　用计数器实现序列信号发生器。

在数字信号的传输和数字系统的测试中，有时需要用到一组特定的串行数字信号。通常将这组串行数字信号称为序列信号，产生序列信号的电路称为序列信号发生器。

序列信号发生器的构成方法有很多种，一种比较简单、直观的方法是由计数器和数据选择器组成的。例如，要产生一个 8 位的序列信号 **00011011**（时间顺序为自左而右），可用一个八进制计数器和一个 8 选 1 数据选择器组成，如图 5-74 所示。其中八进制计数器由 74163 实现，74151 是 8 选 1 数据选择器。

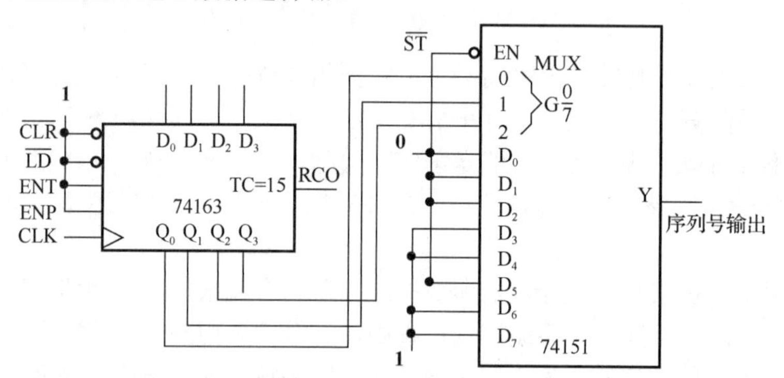

图 5-74　用计数器和数据选择器组成的序列信号发生器

当 CLK 信号连续不断地加到计数器上时，$Q_2Q_1Q_0$ 的状态（也就是加到数据选择器 74151 上的地址输入代码）按照 **000**～**111** 的顺序不断循环，D_0～D_7 的状态就循环不断地依次出现在 Y 端。只要令 D_0=D_1=D_2=D_5=**0**，D_3=D_4=D_6=D_7=**1**，便可以在 Y 端得到不断循环的序列信号 **00011011**。在需要修改序列信号时，只要修改加到 D_0～D_7 的信号即可，而不需要对电路结构做任何改动。因此，使用这种电路既灵活又方便。

例 5.15　用计数器和数据选择器实现键盘扫描电路。

作为编码器应用的例子，很多时候采用键盘编码电路，而在一些简单键盘编码电路中，键盘规模较小，如果键盘的规模较大，则用优先编码器等组合元件来实现编码将是不经济的。为此人们设计了键盘扫描电路。图 5-75 所示为 128 键的扫描编码器的电路图。128 个键排成 16 列 8 行，第 0～15 列依次与 4 线-16 线译码器 74154 的输出 $\overline{Y}_0$～$\overline{Y}_{15}$ 相连；第 0～7 行依次与数据选择器 74151 的输入 D_0～D_7 相连。行、列的每个交叉点处设置一个按键。当按键未按下时，行、列线互不相连；当按键按下时，对应的行、列线将被连通。由于图中的数据选择器 74151 的数据输入端 D_0～D_7 均通过一个限流电阻和电源相连，因此，当所有的键未按下时，选择器输出 Y=**1**，$\overline{Y}$=**0**（74151 具有互补输出功能）。在 CLK 脉冲下，两片 74163 不断地进行模 128 加法计数，通过 74154 和 74151 对阵列进行逐行逐列快速扫描。若第 8 列、第 6 行的键 K_{86} 被按下，则当计数器的输出状态为 $Q_6Q_5Q_4$=**110**，$Q_3Q_2Q_1Q_0$=**1000** 时，74154 的输出端 $\overline{Y}_8=\mathbf{0}$，因为键 K_{86} 被按下，又使 74151 的输出端 D_6=**0**。由于该时刻 $Q_6Q_5Q_4$=**110**，使 74151 的输出 $\overline{Y}$ 由 **0** 变 **1**，产生正跳变，把两片计数器的状态同时置入两片 4D 触发器 74175 中，两片 74175 的输出 $W_6W_5W_4W_3W_2W_1W_0$ 即为与 K_{86} 对应的代码。与此同时，因为 Y=**0**，两片 74163 停止计数，直到 K_{86} 被放开，使计数器从新计数，继续进行扫描。

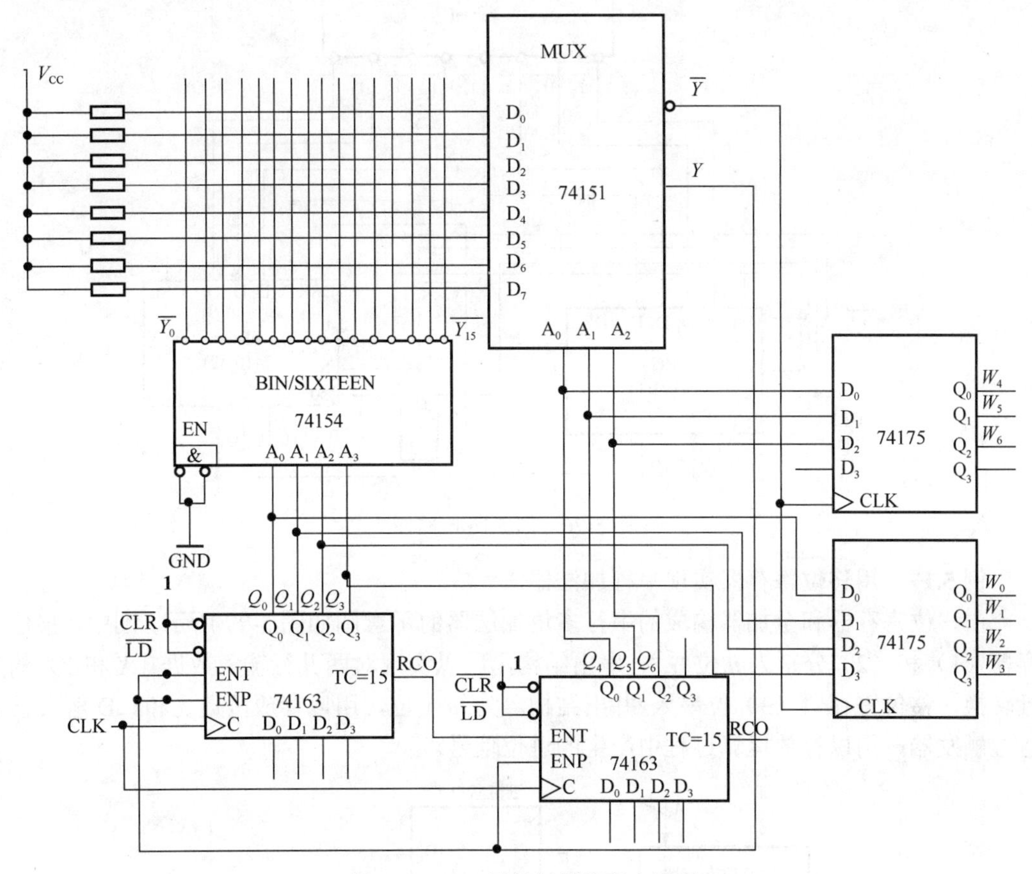

图 5-75　128 键的扫描编码电路图

例 5.16　用移位寄存器实现可编程分频器。

用两片 74194 双向移位寄存器和一片 74138 译码器组成的可编程分频器电路图如图 5-76 所示，图中两片 74194 组成 8 位右移寄存器，分频后的脉冲信号从片（2）的 Q_3 端输出，分频比由 3 线-8 线译码器的地址码 $A_2A_1A_0$ 决定。当 3 线-8 线译码器的地址码位 N 时，可以得到 N+1 分频的输出脉冲（这里 1≤N≤7）。

在清零脉冲作用后，寄存器所有的输出均为 **0**，由于片（2）的 Q_3=**0**，两片 S_A=S_B=**1**，寄存器处于置数的准备状态。当第 1 个 CLK 脉冲上升沿到来后，寄存器进行并行置数，假设此时译码器的地址码 $A_2A_1A_0$=**110**（即十进制的 6），则译码器除 $\overline{Y}_6$ 输出端位 **0** 外，其余输出均为 **1**，从而并行置数的结果使两片移位寄存器输出为 **10111111**。与此同时，两片的 S_A=**0**，S_B=**1**。因此，从第二个 CLK 脉冲开始，两片移位寄存器进行右移移位，直到第七个脉冲左右后，移位寄存器输出为 **11111110**，从而使两片的 S_A 又为 **1**。当第八个 CLK 脉冲上升沿到来后，两片移位寄存器再次进行置数，开始下一个循环周期，从而在 Z 端[片（2）的 Q_3 端]获得 7 分频的输出脉冲（Z 端输出的是负脉冲，Z' 端输出则为正脉冲）。

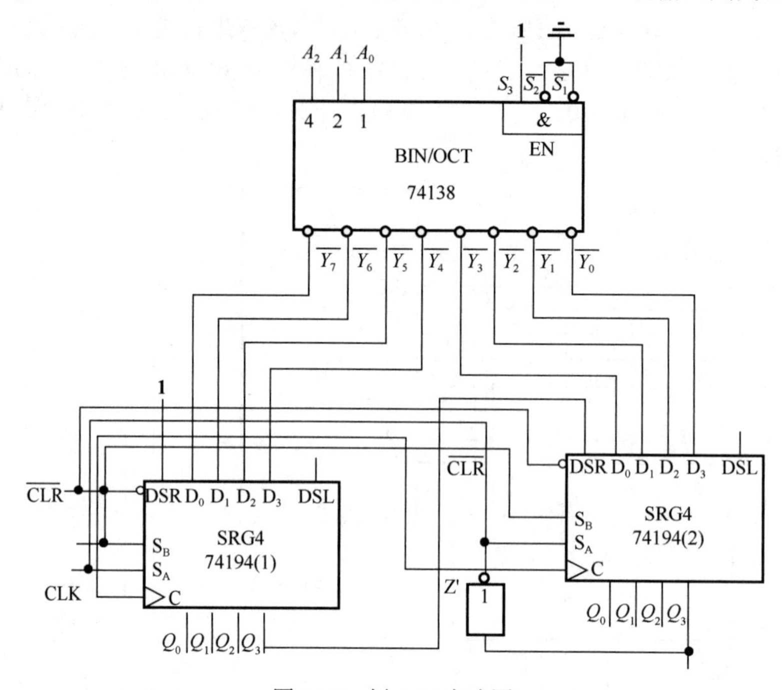

图 5-76　例 5.16 电路图

例 5.17　用移位寄存器实现串行加法器。

由移位寄存器和全加器构成的串行多位加法器的示意图如图 5-77 所示。图中，移位寄存器（1）和（2）分别为 n 位并入-串出结构，用以实现对两并行输入数据（X 和 Y）的并行转换，移位寄存器（3）位串入-并出结构，为 n+1 位，用以存放两数之和。D 触发器为进位触发器，用以存放运算过程中产生的进位信号。

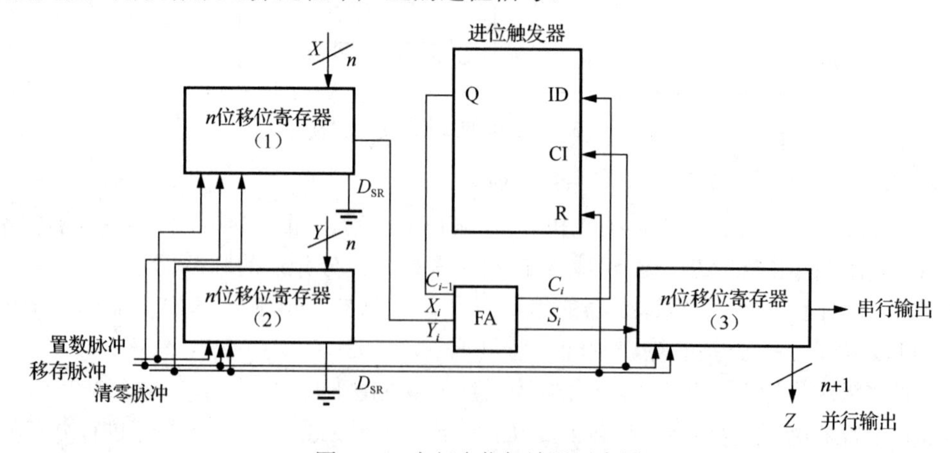

图 5-77　串行多位加法器示意图

串行加法器的工作受清零信号、置数信号和移位脉冲的控制。首先，清零脉冲使三个移位寄存器中的所有触发器和进位触发器清零。然后，输入置数脉冲，分别将 X 和 Y 这两

个 n 位并行数据存入移位寄存器（1）和（2）中。这时，全加器对 X 和 Y 两数的最低位进行相加运算，产生本位结果和进位信号。接着，当第一个移位脉冲到达时，全加器输出的本位结果被存入移位寄存器（3），而进位信号被存入进位触发器。同时，移位寄存器（1）和（2）移出 X 和 Y 的次低位，全机器重新运算，产生次低位运算结果和进位输出。这样，随着移位脉冲的输入，全加器将对 X 和 Y 进行逐位运算，而运算的结果也被逐位存入移位寄存器（3）中。当输入 $n+1$ 个移位脉冲后，移位寄存器（3）的输出 Z 即为 X 和 Y 两数之和。

例 5.18　用移位寄存器实现串行累加器。

累加器是能对逐次输入的二进制数据进行总数相加的加法器。这里的二进制数据，既可以是 1 位的，也可以是多位的。例如，对一个有 4 位输入的累加器，依次输入 **0011**、**1000**、**0101** 这三个 4 位二进制数，累加器将依次对这三个数进行相加运算，最后得到的结果为 **10000**。若再输入一个数据 **0111**，则累加器的结果变为 **10111**。

由移位寄存器和全加器组成的串行累加器示意图如图 5-78 所示，该图与 5-77 的串行加法器类似，只是去除了移位寄存器（2），并将原移位寄存器（3）的串行输出端反馈到全加器的输入端。

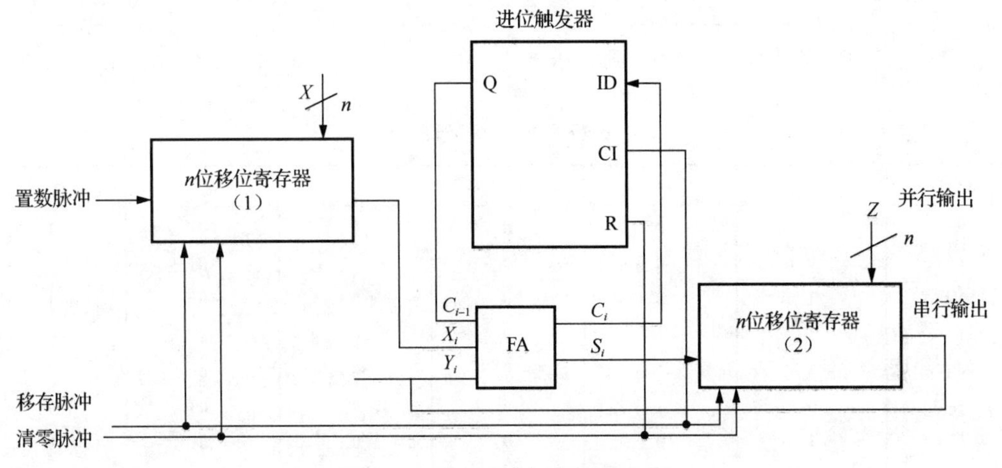

图 5-78　串行多位累加器示意图

串行累加器的工作过程为：首先输入清零脉冲，使移位寄存器和进位触发器清零;然后输入置数脉冲，将第一组数据 X_1 存入移位寄存器（1）；再输入 n 个移位脉冲，这样，X_1 就以串行的形式通过全加器，被存入了移位寄存器（2）中。这时将第二组数据 X_2 送到移位寄存器（1）的并行输入端，并输入置数脉冲，X_2 即存入了移位寄存器（1）。随后在输入 n 个移位脉冲后，移位寄存器（2）中的数据，即为 X_1 和 X_2 的和。按上述步骤操作，可以完成任意组数的求和运算。要注意的是，当数据的累加值超过 n 位时，必须扩展移位寄存器（2）的位数，否则高位数据将溢出，造成运算错误。

串行累加器电路简单，但速度较慢，常用于低速数字系统中。

例 5.19　用移位寄存器实现序列信号发生器。

序列信号发生器由移位寄存器辅以组合电路组成。下面通过两个例子说明移位寄存器型序列信号发生器的设计方法。

（1）设计一个能产生序列信号 **00011101** 的移存型序列信号发生器。

移存型序列信号发生器的一般结构如图 5-79 所示。其基本工作原理为：将移位寄存器和外围组合电路构成一个移存从计数器，使该计数器的模和所要产生的序列信号的长度相等，并使移位寄存器的串行输入信号 F（即组合电路的输入信号）与所要产生的序列信号相一致。

在本例中，由于待产生的序列信号的长度为 8，故考虑采用 3 位移位寄存器。若选用 74194，则仅用其中的 3 位：Q_0、Q_1 和 Q_2。由于输出序列的最左边 3 位为 **000**，故电路中必包含状态 $Q_0Q_1Q_2$=**000**，同理必包含由左边第 2～4 位构成的 **001**。为此，可以将序列信号以 3 位为一组进行划分，如图 5-80 所示。由此得出该电路具有八个状态，其状态如表 5-9 所示。表中的 F 即为移位寄存器所需的右移串行输入信号（即 D_{SR}）。直接从移位寄存器的 Q_2 端输出，即可获得所需序列信号。

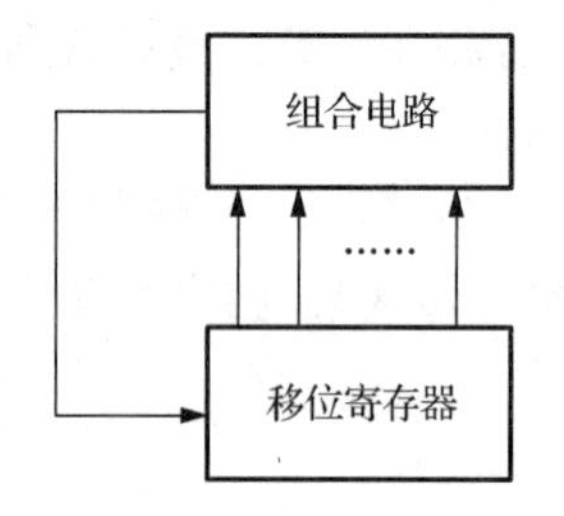

图 5-79　移位型序列信号发生器的一般结构

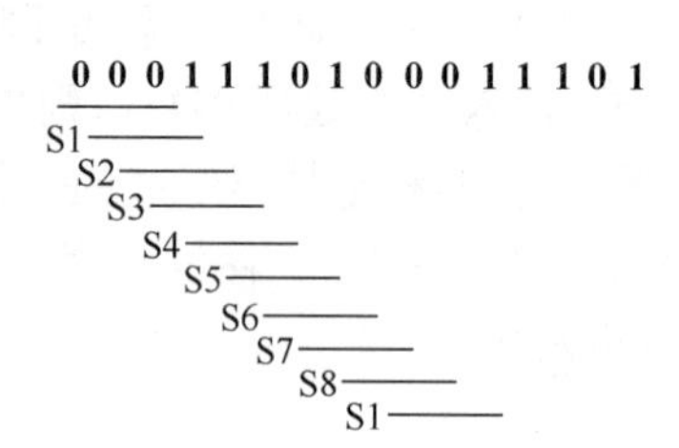

图 5-80　状态划分示意图

表 5-19　状态表

Q_0^n	Q_1^n	Q_2^n	Q_0^{n+1}	Q_1^{n+1}	Q_2^{n+1}	$F(D_{SR})$
0	**0**	**0**	**0**	**0**	**0**	**1**
1	**0**	**0**	**0**	**0**	**0**	**1**
1	**1**	**0**	**0**	**0**	**0**	**1**
1	**1**	**1**	**0**	**0**	**0**	**0**
0	**1**	**1**	**0**	**0**	**0**	**1**
1	**0**	**1**	**0**	**0**	**0**	**0**
0	**1**	**0**	**0**	**0**	**0**	**0**
0	**0**	**1**	**0**	**0**	**0**	**0**

根据表 5-19 可画出用于求 $F(D_{SR})$的卡诺图，如图 5-81 所示。若选用 4 选 1 数据选择器来实现反馈函数 F，并取数据选择器的地址信号 $A_1=Q_1$，$A_0=Q_2$，则从卡诺图容易看出，数据选择器的数据输入分别为 D_0=**1**、D_1=**0**、$D_2=D_0$、$D_3=Q_0$。最后的逻辑图如图 5-82 所示。

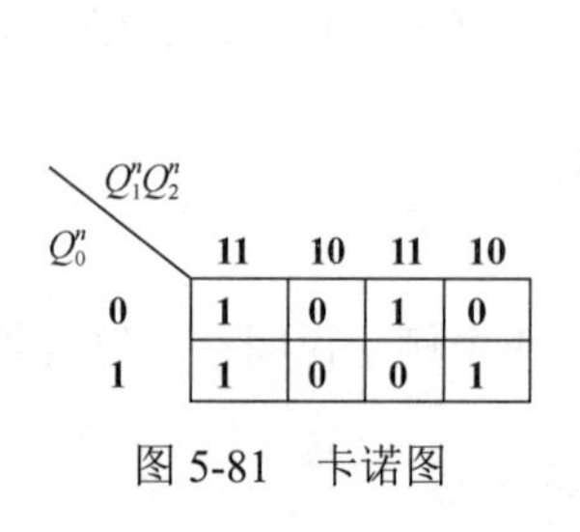

图 5-81　卡诺图

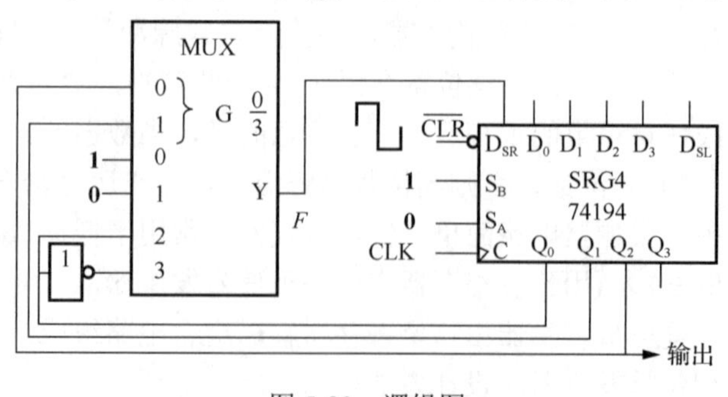

图 5-82　逻辑图

（2）设计一个能产生序列信号 **10110** 的移存型序列信号发生器。

解：由于序列信号的长度为 5，因此可以采用 3 位移位寄存器实现模 5 计数循环，将序列按 3 位划分，所得状态图如图 5-83（a）所示，可以发现 S_1 和 S_4 两个状态都是 **101**。参见图 5-79、图 5-80 所示的序列信号发生器结构图，在状态 S_1 时要求组合电路输出 F=**1**，在状态 S_4 时要求该电路输出 F=**0**，这显然是不可能的。这就证明，用 3 位移位寄存器和组合电路不能产生这个序列信号。为此采用 4 位寄存器并将序列信号 **10110** 按 4 位划分状态，得到状态图如图 5-83（b）所示。

在本例的设计中，仍选用移位寄存器 74194，并使其处于左移工作状态（即 S_A=**1**，S_B=**0**），由图 5-83（b）所示状态图，可画出用于求反馈函数 F（即 D_{SL}）的卡诺图，如图 5-83（c）所示，化简卡诺图得

$$F=\overline{Q^n{}_0}+\overline{Q^n{}_3}=\overline{Q^n{}_0Q^n{}_3}$$

最后画出电路图，如图 5-83（d）所示。

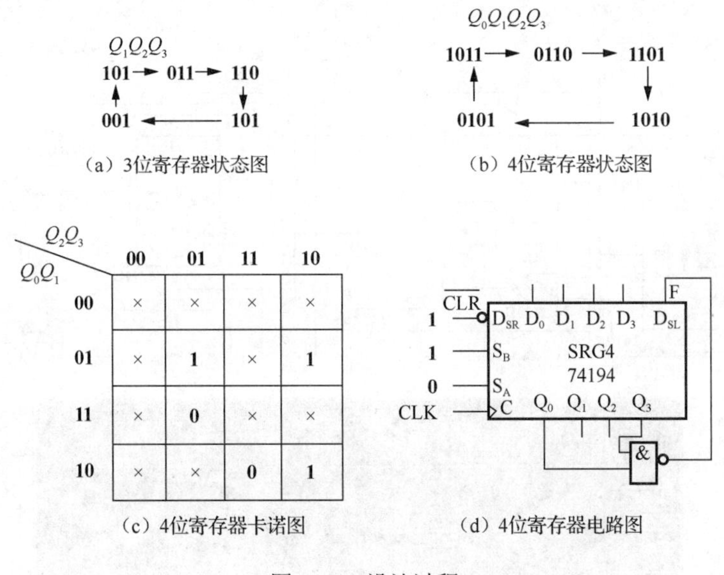

图 5-83　设计过程

5.8　计算机辅助电路分析举例

例 5.20　用 JK 触发器实现的七进制计数器。

用 Multisim 软件仿真演示用 JK 触发器实现的七进制计数器，首先进行逻辑分析仪设置，打开电源开关，可以观察四个灯的点亮规律。用 JK 触发器实现的七进制计数器时序逻辑电路图及仿真结果如图 5-84～图 5-86 所示。

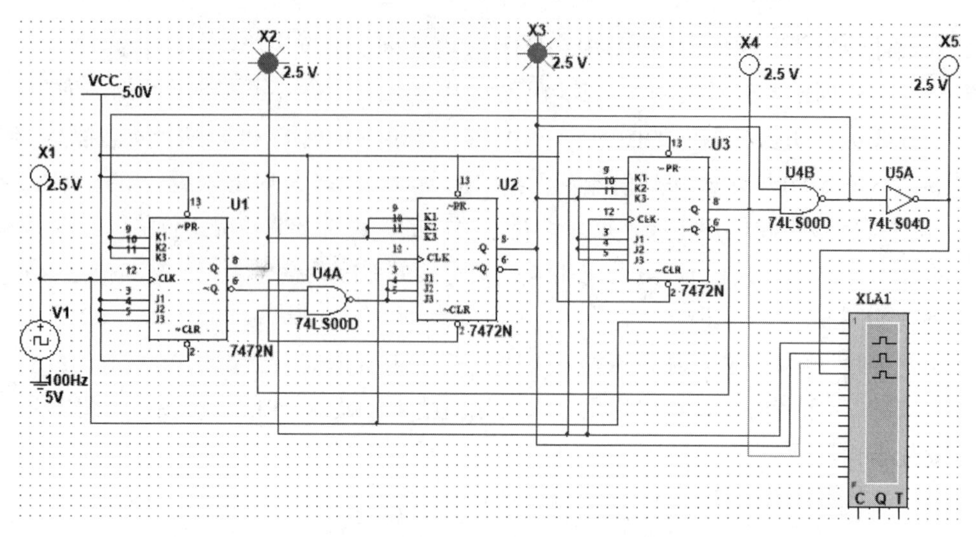

图 5-84　用 JK 触发器实现的七进制计数器时序逻辑电路图

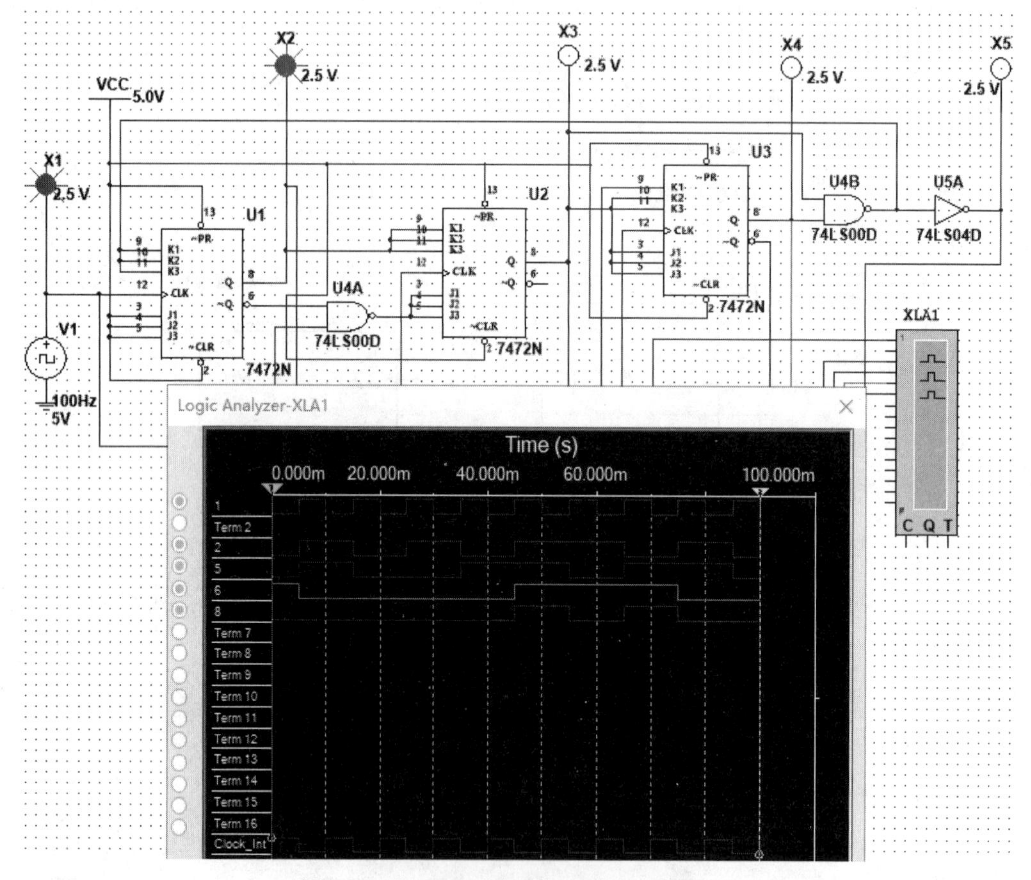

图 5-85　例 5.20 时序逻辑电路仿真结果一

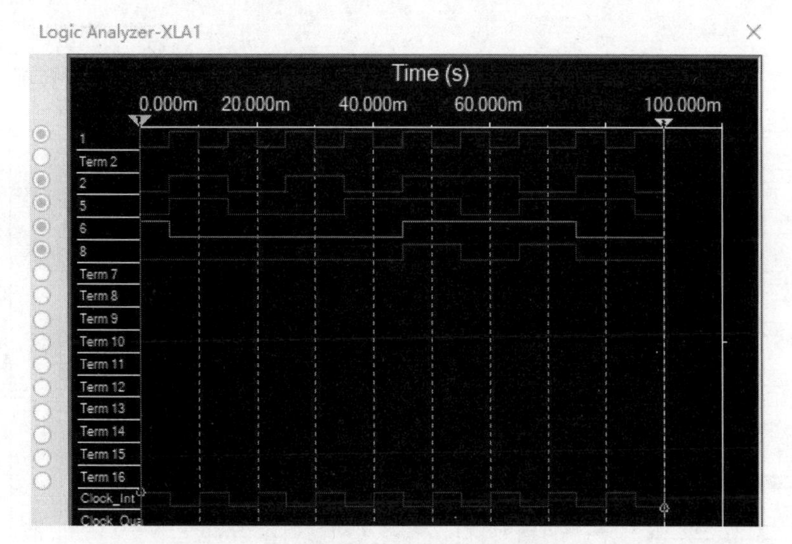

图 5-86　例 5.20 时序逻辑电路仿真结果二

例 5.21　用 74LS194 实现 8 位双向移位寄存器。

用 74LS194 实现 8 位双向移位寄存器，用 Multisim 软件进行仿真演示，首先进行逻辑分析仪设置，打开电源开关，可以观察八个灯 X9～X16 的点亮规律。用 74LS194 实现 8 位双向移位寄存器的时序逻辑电路和截取的两个仿真结果如图 5-87 和图 5-88 所示。

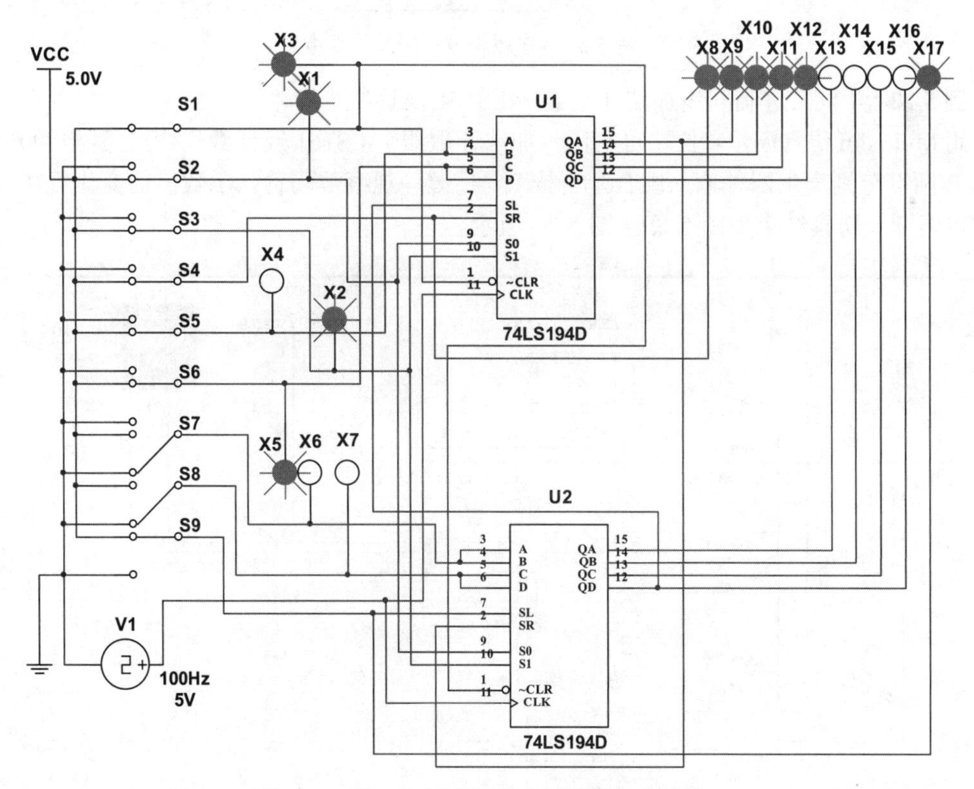

图 5-87　例 5.21 时序逻辑电路图及仿真结果一

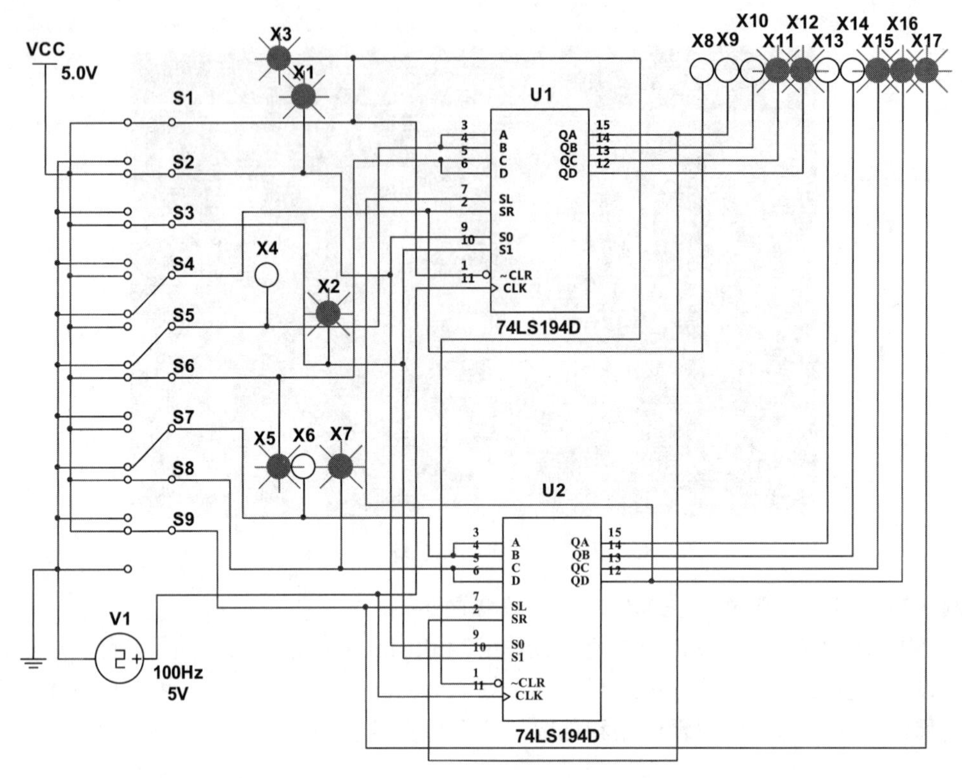

图 5-88　例 5.21 时序逻辑电路图及仿真结果二

例 5.22　4 位二进制同步加法计数器 74LS161 及计数规律。

用 Multisim 仿真演示 4 位二进制同步加法计数器 74LS161 及计数规律。打开电源开关，按 A\B 两键分别产生四种输入组合，再按 R、L 键，观察数码管显示数值的变化规律。其时序电路图及仿真结果如图 5-89～图 5-91 所示。

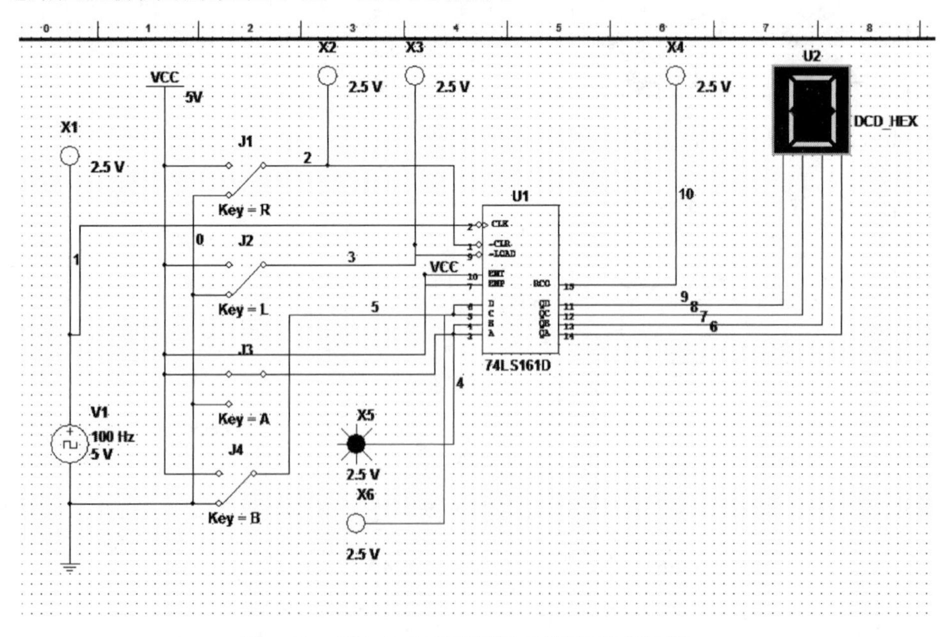

图 5-89　例 5.22 时序逻辑电路图及仿真结果一

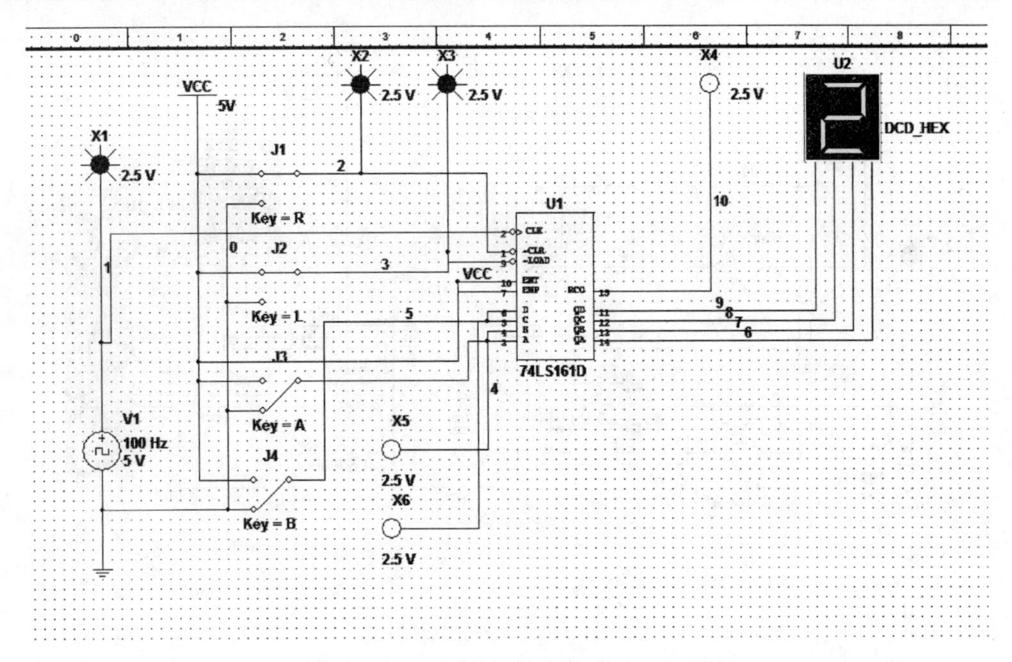

图 5-90　例 5.22 时序逻辑电路图及仿真结果二

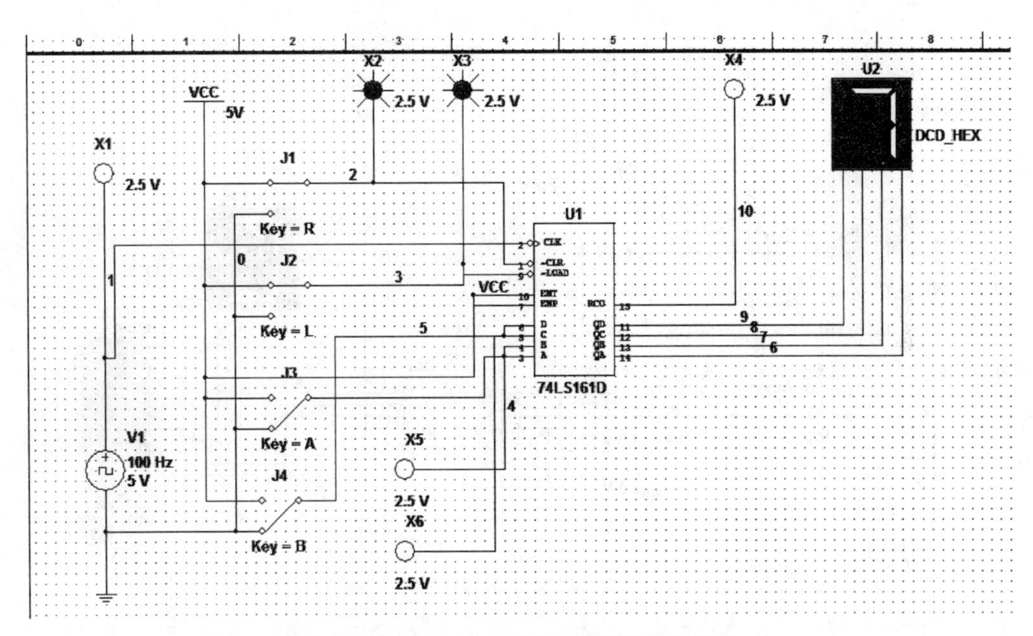

图 5-91　例 5.22 时序逻辑电路图及仿真结果三

例 5.23　同步十进制加法计数器 74LS160 及计数规律。

用 Multisim 仿真演示同步十进制加法计数器 74LS160 及计数规律。设置逻辑分析仪，在 Clock 栏，按 Set 按钮，在 Clock Set up 对话框中，设定 ClockRate（时钟频率）为 1kHz；选定 Clock/Div 为 10。打开电源开关，按 A\B 两键分别产生四种输入组合，再分别按 R、L 键，观察数码管显示数值的变化规律。其时序逻辑电路图及仿真结果如图 5-92、图 5-93 所示。

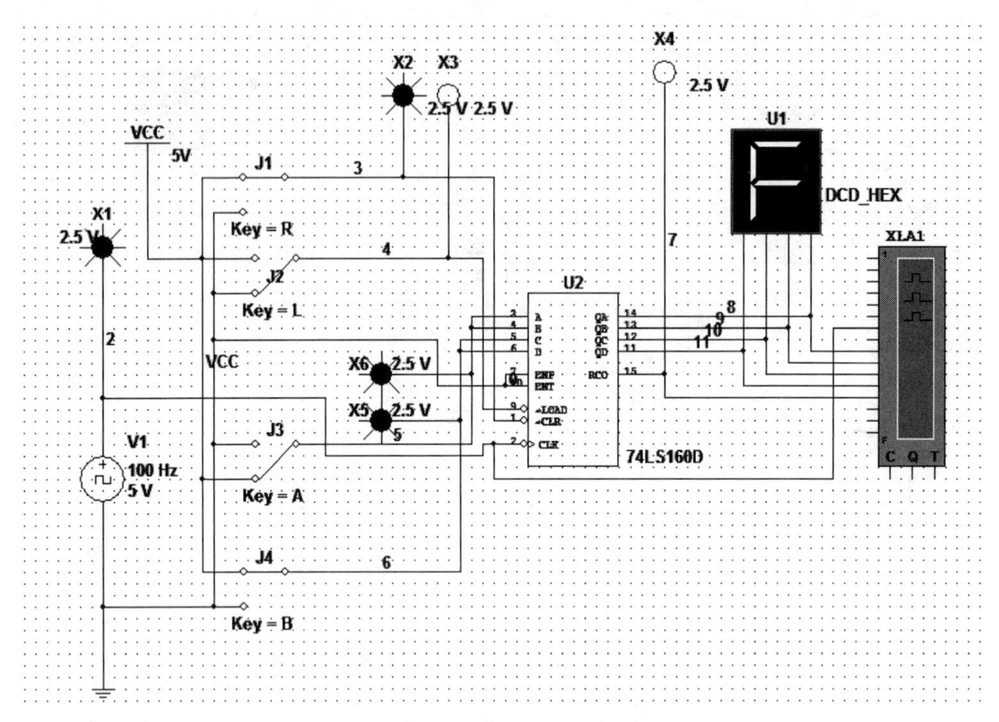

图 5-92　例 5.23 时序逻辑电路图及仿真结果一

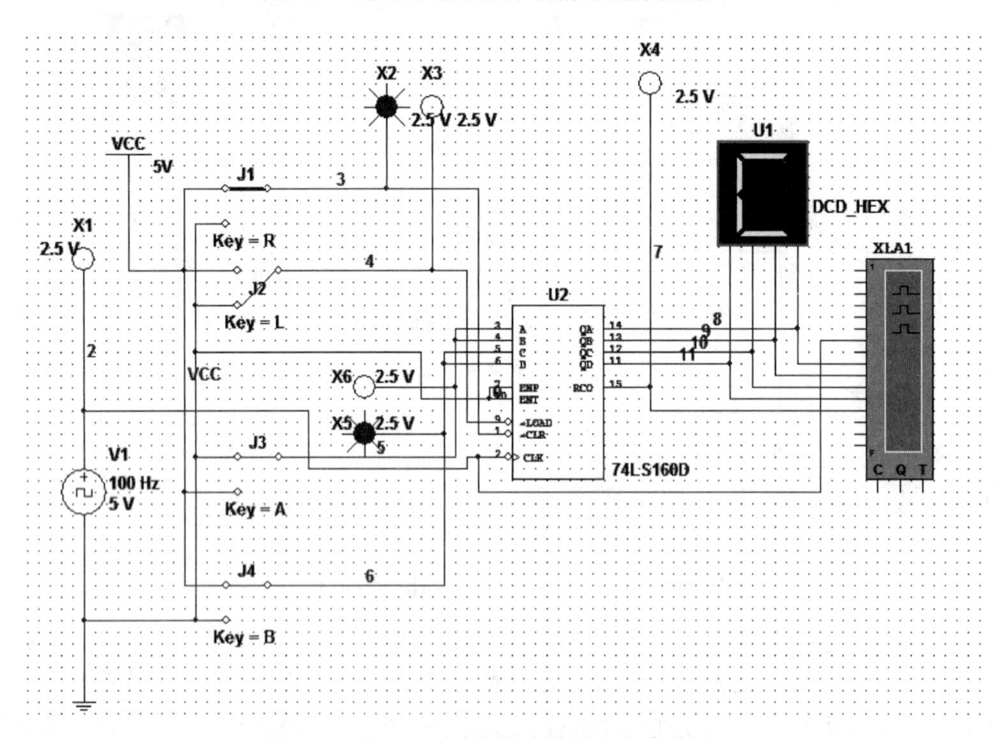

图 5-93　例 5.23 时序逻辑电路图及仿真结果二

小　　结

时序逻辑电路由组合逻辑电路和存储电路构成，其中存储电路是必不可少的，组合电路可以有，也可以没有。时序逻辑电路的特点是任一时刻输出状态不仅取决于当时的输入信号，还与电路的原状态有关。因此时序逻辑电路中必须含有存储器件。描述时序逻辑电路逻辑功能的方法主要有状态表、状态图和时序图等。时序逻辑电路的分析步骤一般为：逻辑图→时钟方程（异步）、激励方程、输出方程→状态方程→状态表→状态图和时序图→逻辑功能。时序逻辑电路的设计步骤一般为：设计要求→最简状态表→编码表→次态卡诺图→激励方程、输出方程→逻辑图。

计数器是一种简单而又常用的时序逻辑器件。计数器不仅用于统计输入脉冲的个数，还常用于分频、定时、产生节拍脉冲等。计数器的种类繁多，有同步和异步之分。不论是同步计数器还是异步计数器，均有加法、减法和可逆计数器之分，其中二进制加法、减法计数器是最基本的计数器。利用已有的 M 进制集成计数器产品可以构成 N（任意）进制的计数器。

寄存器也是一种常用的时序逻辑器件。寄存器分为数码寄存器和移位寄存器两种。数码寄存器是用触发器的两个稳定状态来存储 **0**、**1** 数据，一般具有清 **0**、存数、输出等功能。移位寄存器除具有数码寄存器的功能外，还有移位功能。移位寄存器中的触发器一般由主从结构的或边沿触发的触发器组成。移位寄存器还可实现数据的串行-并行转换、数据处理、组成移位型计数器、顺序脉冲发生器等。

常用的时序逻辑电路除了计数器和寄存器以外，还有顺序脉冲发生器和序列信号发生器等，它们均可利用计数器和组合逻辑电路共同构成。顺序脉冲发生器是用来产生一组顺序脉冲的电路，序列信号发生器是用来产生一组特定的串行数字信号的电路。

习　　题

5.1　时序逻辑电路与组合逻辑电路的区别是什么？时序逻辑电路有哪些分类？

5.2　时序逻辑电路的分析和设计各有哪些步骤？

5.3　计数器的功能有哪些？有哪些分类？什么叫作计数器的模、计数容量？

5.4　寄存器的功能有哪些？可以分为哪几类？

5.5　试分析如图 5-94 所示电路的逻辑功能，A 为输入逻辑变量，写出电路的激励方程、次态方程和输出方程，画出电路状态图。

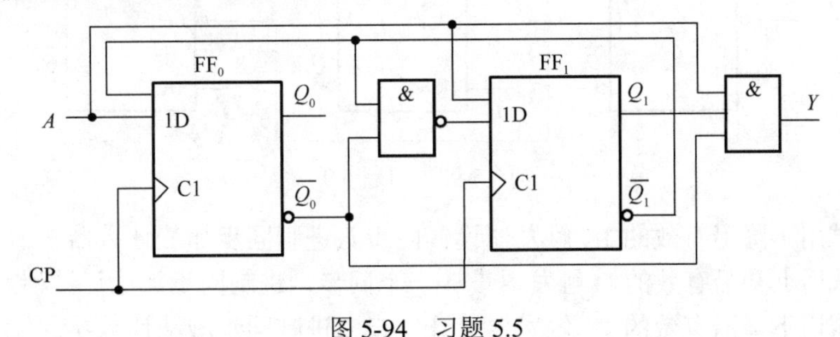

图 5-94　习题 5.5

5.6　试画出如图 5-95 所示电路的状态图和时序图，并简述其功能。

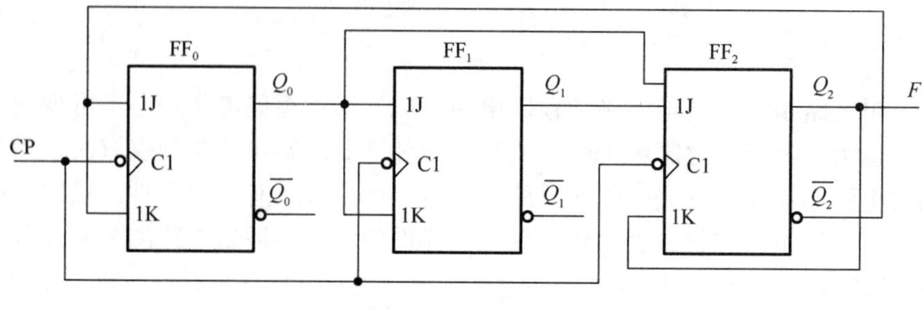

图 5-95　习题 5.6

5.7　试写出如图 5-96 所示电路的激励方程、次态方程和输出方程，并画出状态图和时序图。

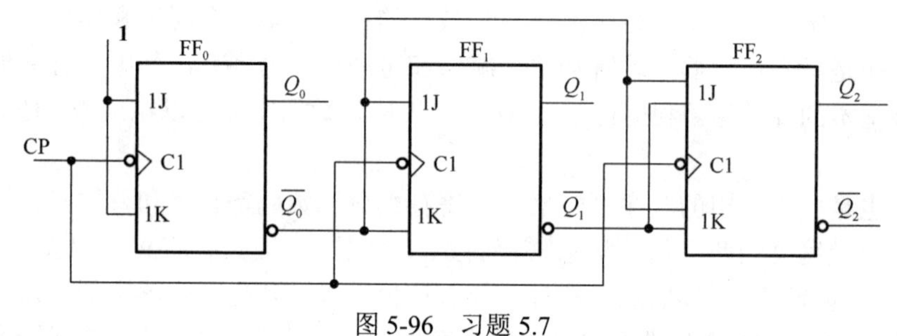

图 5-96　习题 5.7

5.8　已知计数器输出波形如图 5-97 所示，画出其状态图，确定计数器的模。

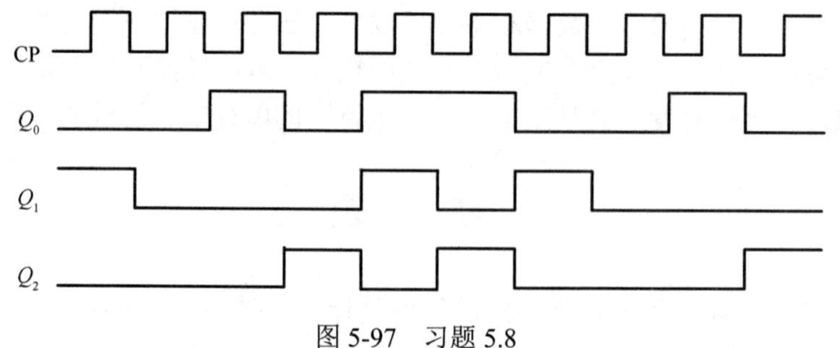

图 5-97　习题 5.8

5.9　试画出如图 5-98 所示电路的状态图和时序图，并确定电路的计数容量 M 是多少？

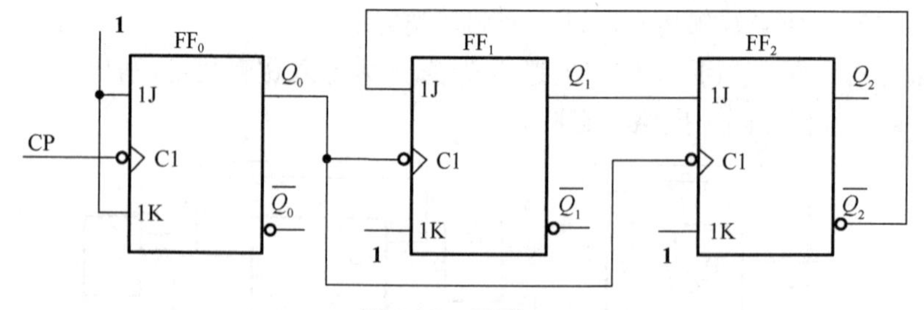

图 5-98　习题 5.9

5.10　试用下降沿有效的 JK 触发器设计同步八进制同步加法计数器。

5.11　试用上升沿有效的 D 触发器设计一个同步六进制同步加法计数器。

5.12　试用下降沿有效的 JK 触发器设计同步六进制同步减法计数器。

5.13　试用下降沿有效的 JK 触发器设计一个同步时序逻辑电路，要求其状态转换关系如图 5-99 所示。

5.14　试分析由 4 位二进制同步加法计数器 74LS161 构成的如图 5-100 所示计数电路，说明这是几进制计数器。

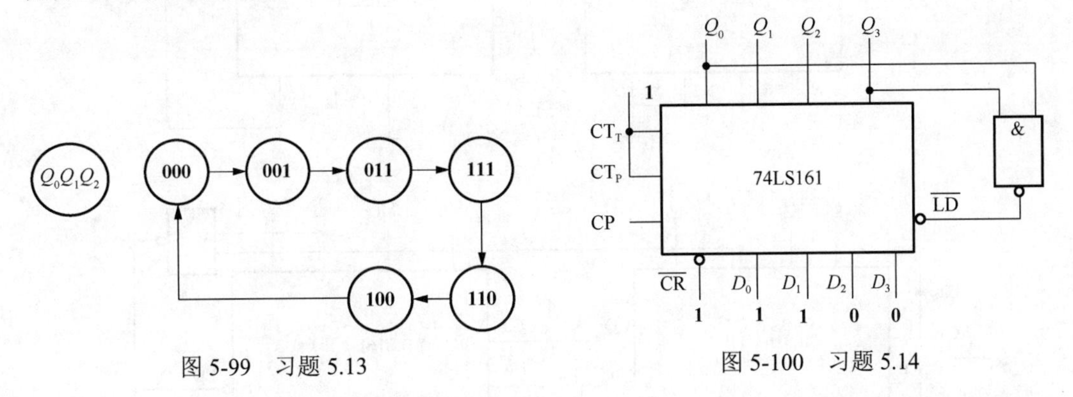

图 5-99　习题 5.13　　　　图 5-100　习题 5.14

5.15　分析如图 5-101 所示计数器电路，画出电路的状态图，说明计数器的模是多少？

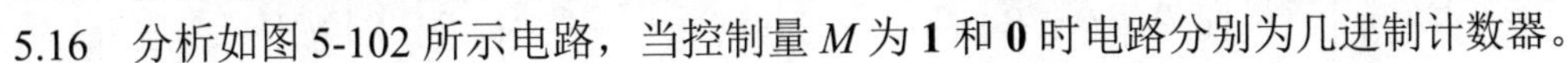

5.16　分析如图 5-102 所示电路，当控制量 M 为 **1** 和 **0** 时电路分别为几进制计数器。

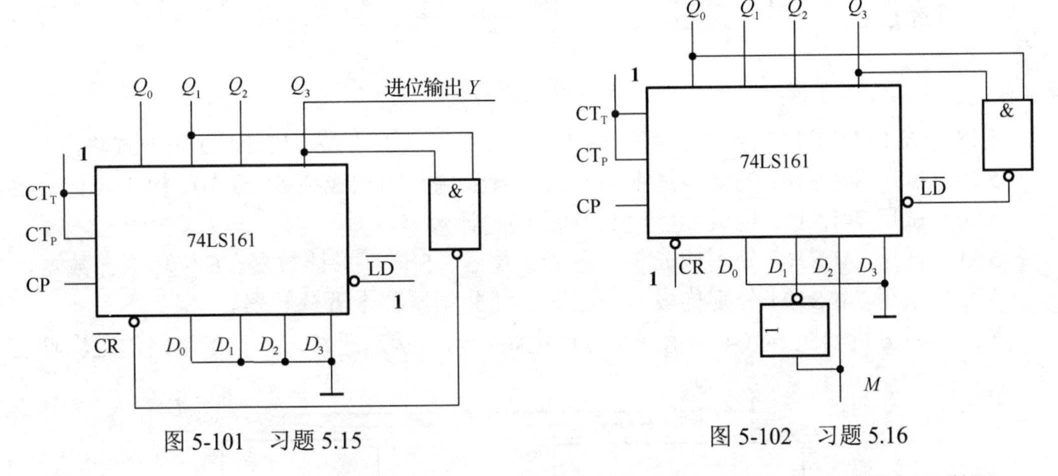

图 5-101　习题 5.15　　　　图 5-102　习题 5.16

5.17　分析如图 5-103 所示各电路，画出它们的状态图，指出各是几进制计数器。

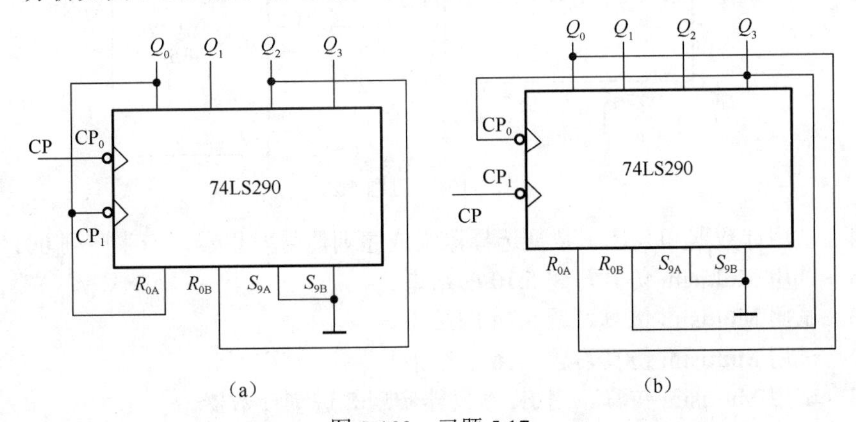

图 5-103　习题 5.17

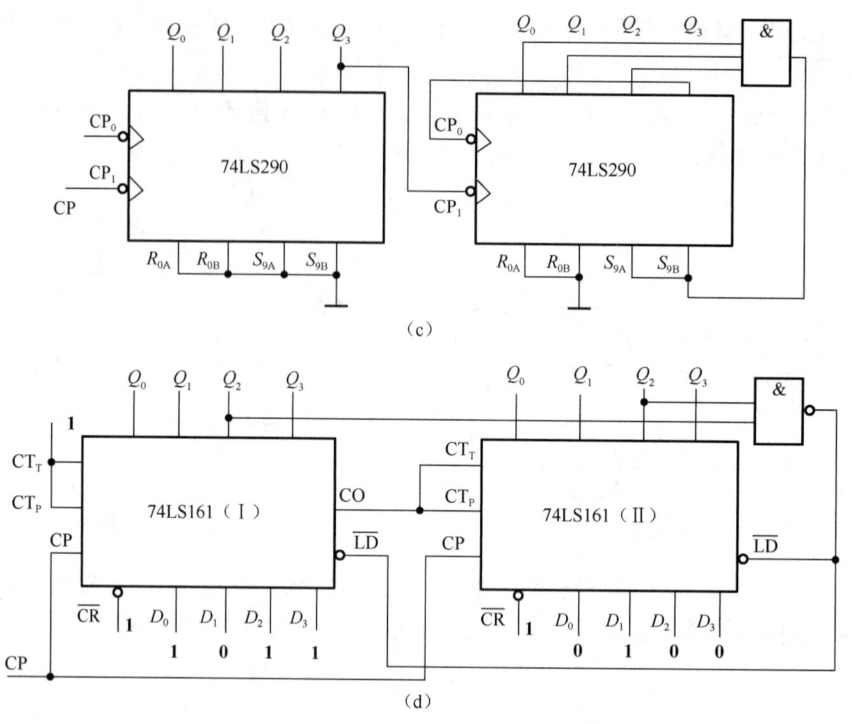

图 5-103　习题 5.17

5.18　试用 74LS290 分别设计模 5、模 35 计数器（要求按 8421BCD 码方式输出）。

5.19　试用 74LS161 的异步清零端和同步置数端分别构成模 5、模 10、模 168 计数器。

5.20　试用 74LS192 构成 60 进制、100 进制计数器。

5.21　试用 74LS164 分别构成 3 位环形计数器、5 位环形计数器、6 位环形计数器。

5.22　试用 74LS194 分别构成六分频器、九分频器、十五分频器。

5.23　试分析如图 5-104 所示同步时序电路，列出状态迁移表，指出电路的逻辑功能。

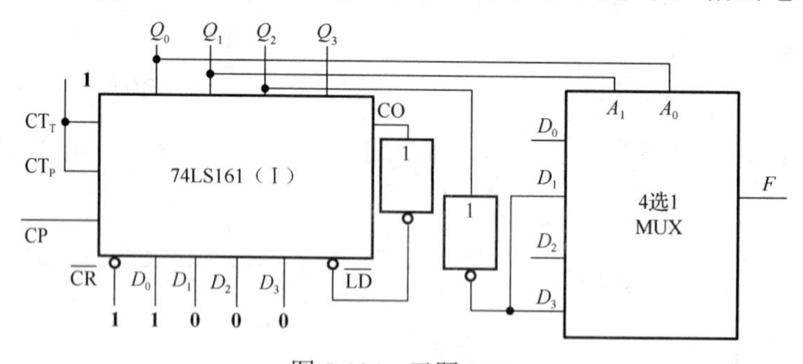

图 5-104　习题 5.23

5.24　试用计数器和 8 选 1 数据选择器组成序列信号发生器，产生序列 **00110001**。

5.25　试用 Multisim 仿真习题 5.10 的结果。

5.26　试用 Multisim 仿真习题 5.14 的结果。

5.27　试用 Multisim 仿真习题 5.16 的结果。

5.28　试用 Multisim 仿真，用 JK 触发器实现 8 进制计数器。

5.29　试用 Multisim 仿真，用 74LS194 实现 4 位双向移位寄存器。

5.30　试用 Multisim 仿真观察同步十进制计数器 74LS193 电路及计数规律。

第 6 章　脉冲信号的产生与整形

本章首先介绍矩形脉冲信号的产生电路和整形电路，然后介绍 555 定时器的结构和功能，以及用 555 定时器构成施密特触发器、单稳态触发器和多谐振荡器的方法，最后介绍典型的集成施密特触发器、单稳态触发器和多谐振荡器的性能及其应用。

6.1　概　　述

获取矩形脉冲信号的方法一般有两种：一种是利用各种形式的多谐振荡电路直接产生所需要的矩形脉冲，这种电路在工作时，不需要外加信号源，只需要加上合适的电源电压，就能自动产生脉冲信号；另一种是通过各种整形电路将已有非矩形脉冲信号或者性能不符合要求的矩形脉冲信号变换为符合要求的矩形脉冲，整形电路本身并不能自行产生脉冲信号，它只能将已有的信号“整理”成符合要求的矩形脉冲。

为了对矩形脉冲做出定量的描述，通常给出图 6-1 所示的几个主要参数。

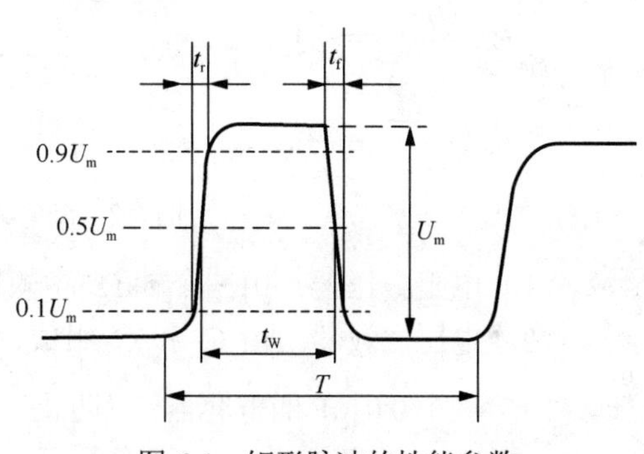

图 6-1　矩形脉冲的性能参数

脉冲周期 T：周期性重复的脉冲序列中，两个相邻脉冲之间的时间间隔。有时也用频率 $f=\dfrac{1}{m}$ 表示单位时间内脉冲重复的次数。

脉冲幅度 U_m：脉冲电压的最大变化幅度。

脉冲宽度 t_W：从脉冲前沿幅度为 $0.5U_m$ 所对应的时刻起，到脉冲后沿幅度为 $0.5U_m$ 所对应的时刻为止的时间间隔。

上升时间 t_r：脉冲上升沿从 $0.1U_m$ 上升到 $0.9U_m$ 所需要的时间。

下降时间 t_f：脉冲下降沿从 $0.9U_m$ 下降到 $0.1U_m$ 所需要的时间。

占空比 q：脉冲宽度与脉冲周期的比值，即 $q=\dfrac{t_W}{T}$。

6.2　555 定时器

555 定时器是一种多用途的单片中规模集成电路。该电路使用灵活、方便，只需外接少量的阻容元件就可以构成单稳态触发器、多谐振荡器和施密特触发器，因而在波形的产生与变换、测量与控制、家用电器和电子玩具等许多领域得到了广泛的应用。

目前常用的 555 定时器有双极型 TTL 和单极型（CMOS）两种类型，其型号分别有 NE555（或 5G555）和 C7555 等多种。通常，双极型产品型号最后的 3 位数码都是 555，CMOS 产品型号的最后 4 位数码都是 7555，它们的结构、工作原理以及外部引脚排列基本相同。

一般双极型定时器具有较大的驱动能力，而 CMOS 定时器具有低功耗、输入阻抗高等优点。555 定时器工作的电源电压很宽，并可承受较大的负载电流。双极型定时器电源电压范围为 5～16V，最大负载电流可达 200mA；CMOS 定时器电源电压变化范围为 3～18V，最大负载电流在 4mA 以下。

6.2.1　555 定时器的基本组成

555 定时器的电路图及符号如图 6-2 所示，该电路由以下几部分组成。

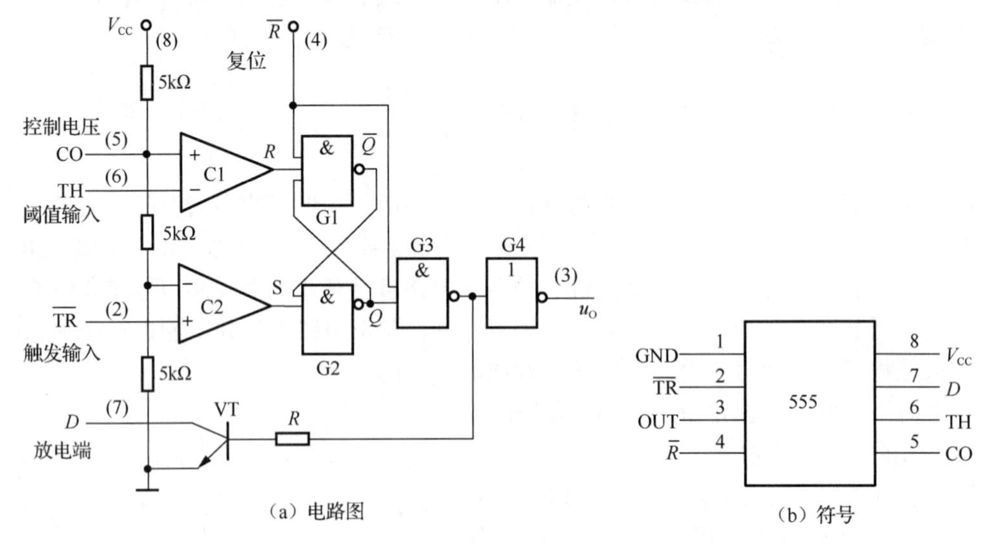

图 6-2　555 定时器的电路图及其符号

（1）电阻分压器：由三个 5kΩ 的电阻器组成，为电压比较器 C_1 和 C_2 提供基准电压。

（2）电压比较器：由 C_1 和 C_2 组成，当控制电压输入端 CO 悬空时（不用时可将它与地之间接一个 0.01μF 的电容器，以防止干扰电压引入），C_1 和 C_2 的基准电压分别为 $\frac{2}{3}V_{CC}$ 和 $\frac{1}{3}V_{CC}$。C_1 的反相输入端 TH 称为 555 定时器的高触发端，C_2 的同相输入端 $\overline{TR}$ 称为 555 定时器的低触发端。

（3）基本 RS 触发器：由两个与非门 G_1 和 G_2 构成，比较器 C_1 的输出作为 RS 触发器的置 **0** 输入端，若 C_1 输出为 **0**，则 Q=**0**；比较器 C_2 的输出作为 RS 触发器的置 **1** 输入端，若 C_2 输出为 **0**，则 Q=**1**。$\overline{R}$ 是定时器的复位输入端，只要 $\overline{R}=\mathbf{0}$，定时器的输出 u_o 则为 **0**。正常工作时，必须使 $\overline{R}$ 处于高电平。

（4）放电管 VT：放电管 VT 是集电极开路的晶体管，VT 的集电极作为定时器的一个输出端 D，与 OUT 端相比较，若 D 输出端经过电阻器 R 接到电源 V_{CC} 上，则 D 端和 u_O 端具有相同的逻辑状态。

（5）缓冲器：由 G_3 和 G_4 构成，用于提高电路的带负载能力。

6.2.2　555 定时电路的工作原理及特点

5 脚为控制电压输入端。当 5 脚悬空时，比较器 C_1 和 C_2 的比较电压分别为 $\frac{2}{3}V_{CC}$ 和

$\frac{1}{3}V_{CC}$。

（1）当高触发端$U_{TH} > \frac{2}{3}V_{CC}$，且低触发端$U_{\overline{TR}} > \frac{1}{3}V_{CC}$时，比较器 C_1 输出为低电平，C_2输出为高电平；C_1输出的低电平将 RS 触发器置为 **0** 状态，即$Q = \mathbf{0}$，使得定时器的输出u_O为**0**，同时放电管 VT 导通。

（2）当高触发端$U_{TH} < \frac{2}{3}V_{CC}$，且低触发端$U_{\overline{TR}} < \frac{1}{3}V_{CC}$时，比较器 C_2 输出为低电平，C_1输出为高电平；C_2输出的低电平将 RS 触发器置为 **1** 状态，即 Q=**1**，使得定时器的输出u_O为**1**，同时放电管 VT 截止。

（3）当高触发端$U_{TH} < \frac{2}{3}V_{CC}$，且低触发端$U_{\overline{TR}} > \frac{1}{3}V_{CC}$时，定时器的输出$u_O$和放电晶体管 VT 的状态保持不变。

如果在电压控制端（5 脚）施加一个外加电压（其值在 0～V_{CC}之间），比较器的参考电压将发生变化，电路相应的阈值、触发电平也将随之变化，并进而影响电路的工作状态。

另外，$\overline{R}$为复位输入端，当$\overline{R}$为低电平时，不管其他输入端的状态如何，输出u_O为低电平，即$\overline{R}$的控制级别最高。正常工作时，一般应将其接高电平。根据以上分析，可以得到 555 定时器的功能表，如表 6-1 所示。

表 6-1　555 定时器功能表

阈值输入（U_{TH}）	触发输入（$U_{\overline{TR}}$）	复位（$\overline{R}$）	输出（u_O）	放电管 VT
×	×	**0**	**0**	导通
$<\frac{2}{3}V_{CC}$	$<\frac{1}{3}V_{CC}$	**1**	**1**	截止
$>\frac{2}{3}V_{CC}$	$>\frac{1}{3}V_{CC}$	**1**	**0**	导通
$<\frac{2}{3}V_{CC}$	$>\frac{1}{3}V_{CC}$	**1**	不变	不变

通过以上分析可以将 555 定时器的功能简单归结为三种情况，将U_{TH}和$U_{\overline{TR}}$与各自的基准电平相比较：都高，$u_O = \mathbf{0}$，VT 导通；都低，$u_O = \mathbf{1}$，VT 截止；中间，u_O保持，VT 保持。

6.3　施密特触发器

施密特触发器具有两个稳定状态，即输出u_O为**1**或**0**均可稳定。常规的触发器也有两个稳态，即Q为**1**或**0**，但常规触发器大多采用边沿触发方式，而施密特触发器采用的是电平触发方式。施密特触发器的一个重要特点是能够将变化非常缓慢的输入脉冲波形整形成适合数字电路需要的矩形脉冲，由于具有滞回特性，抗干扰能力很强。施密特触发器在脉冲的产生和整形电路中应用很广。

6.3.1 由 555 定时器构成的施密特触发器

将高触发端 TH 和低触发端 $\overline{\mathrm{TR}}$ 连在一起作为输入端 u_I，就可以构成一个反相输出的施密特触发器，其电路图如图 6-3（a）所示。

1. 电路工作原理

设输入信号 u_I 为图 6-3（b）所示的三角波，结合 555 定时器的功能表 6-1 可知：

1）当 $u_I = 0\,\mathrm{V}$ 时

当 $u_I = 0\,\mathrm{V}$ 时，Q =**1**，u_O 输出高电平，电路处于稳定状态。

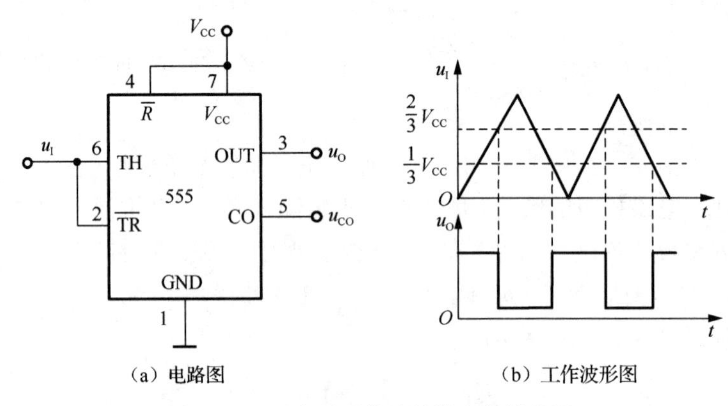

（a）电路图　　（b）工作波形图

图 6-3　555 定时器构成的施密特触发器

2）u_I 由 0V 上升到 V_{CC} 的过程

当 $u_I \leqslant \frac{1}{3}V_{CC}$ 时，两个比较器的输出为 $u_{C1} = \mathbf{1}, u_{C2} = \mathbf{0}$，基本 RS 触发器状态为 Q=**1**，输出 $u_O = \mathbf{1}$；当 $\frac{1}{3}V_{CC} < u_I < \frac{2}{3}V_{CC}$ 时，两个比较器的输出为 $u_{C1} = u_{C2} = \mathbf{1}$，基本 RS 触发器保持状态不变，故输出 u_O 也保持不变；当 $u_I \geqslant \frac{2}{3}V_{CC}$ 时，两个比较器的输出为 $u_{C1} = \mathbf{0}, u_{C2} = \mathbf{1}$，基本 RS 触发器状态为 Q =**0**，输出 $u_O = \mathbf{0}$。

3）u_I 由 V_{CC} 下降到 0V 的过程

当 $\frac{1}{3}V_{CC} < u_I < \frac{2}{3}V_{CC}$ 时，两个比较器的输出为 $u_{C1} = u_{C2} = \mathbf{1}$，基本 RS 触发器保持状态不变，仍为 Q =**0**，输出 $u_O = \mathbf{0}$；当 $u_I \leqslant \frac{1}{3}V_{CC}$ 时，两个比较器的输出为 $u_{C1} = \mathbf{1}, u_{C2} = \mathbf{0}$，基本 RS 触发器状态被置为 Q =**1**，输出 $u_O = \mathbf{1}$。

2. 电压传输特性及主要参数

1）电压传输特性

施密特触发器的电压传输特性，即输出电压 u_O 与输入电压 u_I 的关系曲线如图 6-4（a）所示，它是图 6-3 所示电路滞回特性形象而直观的反映。虽然当输入电压 u_I 由 0V 上升到 $\frac{2}{3}V_{CC}$ 时，u_O 由高电平 U_{OH} 跳变到低电平 U_{OL}，但是 u_I 由 V_{CC} 下降到 $\frac{2}{3}V_{CC}$ 时，u_O 为低电平 U_{OL}

却不会改变，只有当u_I下降到$\frac{1}{3}V_{CC}$时，u_O才会由低电平U_{OL}跳变为U_{OH}。施密特触发器的符号如图 6-4（b）所示。

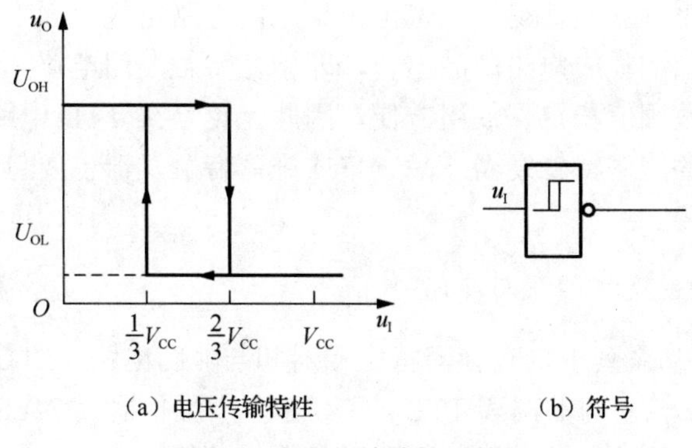

（a）电压传输特性　　　　　　　　（b）符号

图 6-4　电压传输特性及符号

2）主要静态参数

（1）上限阈值电压U_{T+}：在u_I上升过程中，使施密特触发器状态翻转，输出电压u_O由高电平U_{OH}跳变到低电平U_{OL}时，所对应的输入电压的值称为上限阈值电压，并用U_{T+}表示。由图 6.3.2 可知，$U_{T+}=\frac{2}{3}V_{CC}$。

（2）下限阈值电压U_{T-}：在u_I下降过程中，使施密特触发器状态翻转，输出电压u_O由低电平U_{OL}跳变到高电平U_{OH}时，所对应的输入电压的值称为下限阈值电压，并用U_{T-}表示。由图 6-4 可知，$U_{T-}=\frac{1}{3}V_{CC}$。

（3）回差电压ΔU_T：回差电压又称滞回电压，定义为$\Delta U_T=U_{T+}–U_{T-}$。在图 6-4 中可得到电路的回差电压为

$$\Delta U_T=U_{T+}–U_{T-}=\frac{2}{3}V_{CC}-\frac{1}{3}V_{CC}=\frac{1}{3}V_{CC}$$

若在电压控制端（5 脚）外加电压U_S，则有$U_{T+}=U_S, U_{T-}=\frac{1}{2}U_S, \Delta U=\frac{1}{2}U_S$,而且改变$U_S$，它们的值也随之改变。电压控制端（5 脚）外加电压U_S越高，回差电压ΔU_T越大，抗干扰能力越强，但是触发灵敏度降低。

注意：施密特触发器的输出电平是由输入信号决定的，触发的含义是指u_I由低电平上升到U_{T+}，或由高电平下降到U_{T-}时，引起电路内部的正反馈过程，使输出电压u_O发生跳变。可以将图 6-3 所示电路称为具有施密特触发特性的反相器，因为当$u_I=U_{IL}$时，$u_O=U_{OH}$；当$u_I=U_{OH}$，$u_O=U_{OL}$，实现的是“非”的逻辑功能。

施密特触发器是脉冲波形变换中经常使用的一种电路，它在性能上有两个重要的特点：

① 输入信号从低电平上升的过程中电路状态转换对应的输入电平，与输入信号从高电平下降过程中电路状态转换对应的输入电平不同。

② 在电路状态转换时，通过电路内部的正反馈过程使输出电压波形的边沿变得十分陡峭。

利用这两个特点不仅能将边沿变化缓慢的信号波形整形为边沿陡峭的矩形波，而且可

以将叠加在矩形脉冲高、低电平上的噪声有效地清除。

6.3.2 集成施密特触发器

施密特触发器可由分立元件组成，也可由集成门电路组成。因为这种电路应用十分广泛，所以市场上有专门的集成电路产品出售，即施密特触发门电路。集成施密特触发器性能的一致性较好，触发阈值稳定，使用方便，因此无论是在 TTL 电路中还是在 CMOS 电路中，都有单片集成的施密特触发器产品。集成施密特触发器主要包括有施密特触发反相器和施密特触发与非门。

1. 集成施密特触发反相器及与非门

TTL 和 CMOS 产品系列中均有施密特反相器和与非门电路，如 CMOS 的 CC40106 六反相器及 CC4093 四 2 输入与非门和 TTL 的 74LS14 六反相器及 74LS132 四 2 输入与非门等。下面分别介绍两种系列集成施密特触发反相器的功能。

1）CMOS 集成施密特触发器

CC40106 和 CC4093 的外部引脚图如图 6-5 所示。

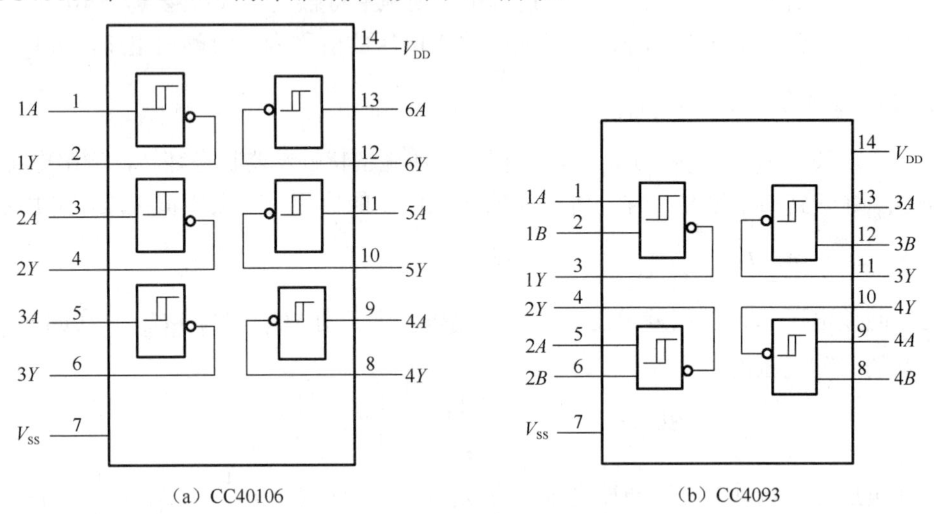

图 6-5　CC40106 和 CC4093 的外部引脚图

CC40106 和 CC4093 的主要静态参数如表 6-2 所示。在不同 V_{DD} 条件下，每个参数都有一定的数值范围。

表 6-2　CC40106 和 CC4093 的主要静态参数

电源电压 V_{DD}	U_{T+} 最小值	U_{T+} 最大值	U_{T-} 最小值	U_{T-} 最大值	ΔU 最小值	ΔU 最大值	单位
5	2.2	3.6	0.9	2.8	0.3	1.6	V
10	4.6	7.1	2.5	5.2	1.2	3.4	V
15	6.8	10.8	4	7.4	1.6	5	V

2）TTL 集成施密特触发器

几种常见的 TTL 集成施密特触发器逻辑门的引脚图如图 6-6 所示。

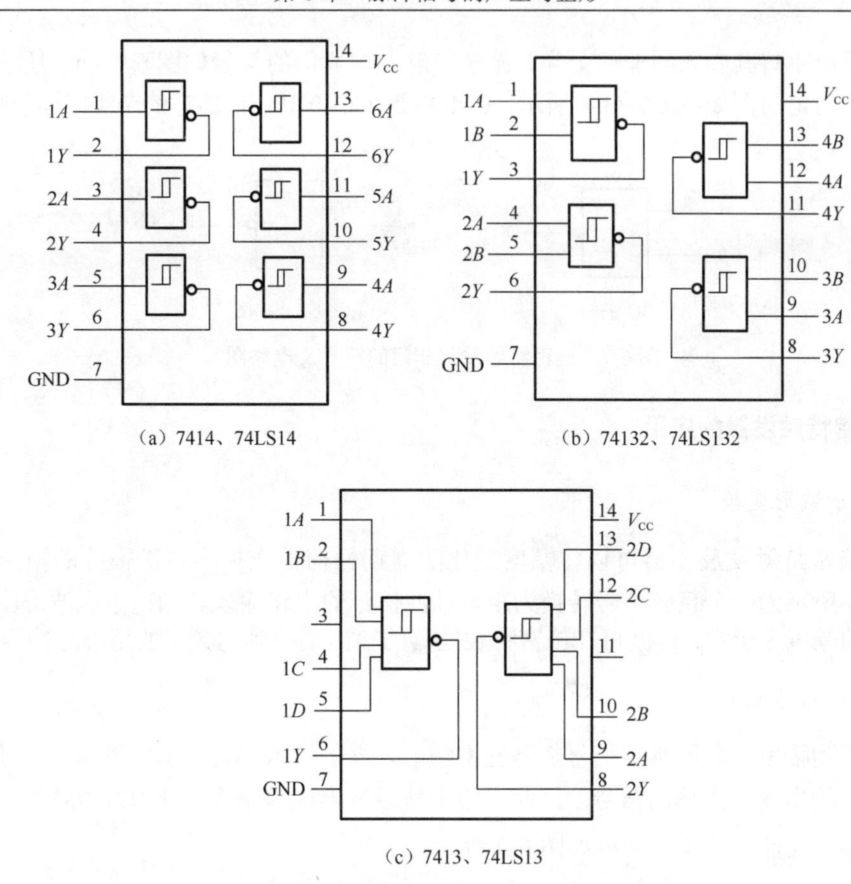

（a）7414、74LS14　　　　（b）74132、74LS132

（c）7413、74LS13

图 6-6　TTL 施密特触发逻辑门引脚图

TTL 集成施密特触发非门及与非门具有以下三个特点：

① 输入信号边沿的变化即使非常缓慢，电路也能正常工作。

② 对于阈值电压和滞回电压均有温度补偿。

③ 带负载能力和抗干扰能力都很强。

常见的 TTL 集成施密特触发逻辑门的主要参数如表 6-3 所示。

表 6-3　常见 TTL 集成施密特触发逻辑门的主要参数

电路名称	型号	典型延迟时间	典型每门功耗	典型 U_{T+}	典型 U_{T-}	典型ΔU
六反相器	7414	15ns	25.5mW	1.7V	0.9V	0.8V
	74LS14	15ns	8.6 mW	1.6V	0.8V	0.8V
四 2 输入与非门	74132	15ns	25.5mW	1.7V	0.9V	0.8V
	74LS132	15ns	8.8 mW	1.6V	0.8V	0.8V
双四输入与非门	7413	16.5 ns	42.5mW	1.7V	0.7V	0.8V
	74LS13	16.5 ns	8.75mW	1.6V	0.8V	0.8V

2. 集成施密特触发门电路逻辑符号

为了对输入波形进行整形，许多集成门电路采用了施密特触发形式，如 CMOS 的 CC4093 和 TTL 的 74LS13 就是施密特触发与非门电路。由于在电路的输入部分附加了与的逻辑功能，同时在输出端附加了反相器，因此将这种门电路称为施密特触发与非门，在集成电路手册中将其归入与非门一类。施密特触发与非门的符号如图 6-7（a）所示，施密特触发与非门电路图如图 6.7（b）所示，CMOS 的 CC40106 和 TTL 的 7414 就是施密特触发非门电路。

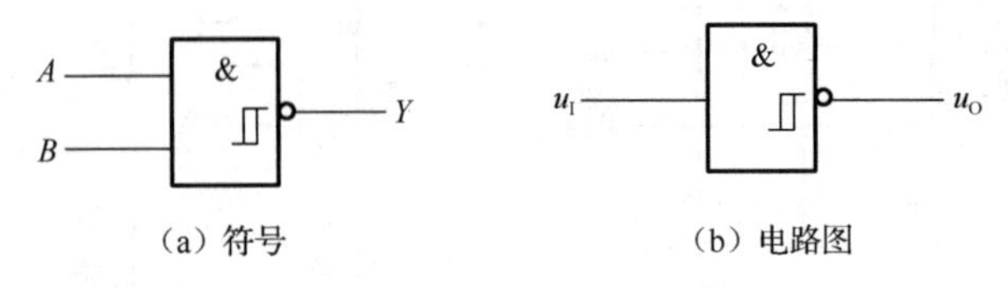

图 6-7　施密特触发与非门的符号及电路图

6.3.3　施密特触发器的应用

1. 用于波形变换

利用施密特触发反相器可以将幅度变化的周期性信号变换为边沿很陡的矩形脉冲信号。图 6-8 所示为一个正弦信号转换为矩形脉冲信号的电路输入、输出电压波形图。只要输入信号的幅度大于 U_{T+}，就可在施密特触发器的输出端得到同频率的矩形脉冲信号。

2. 用于脉冲鉴幅

将一系列幅度各异的脉冲信号加到施密特触发器的输入端，只有那些幅度大于 U_{T+} 的脉冲才会在输出端产生输出信号。因此，施密特触发器能将幅度大于 U_{T+} 的脉冲选出，具有脉冲鉴幅的功能。其鉴幅功能如图 6-9 所示。

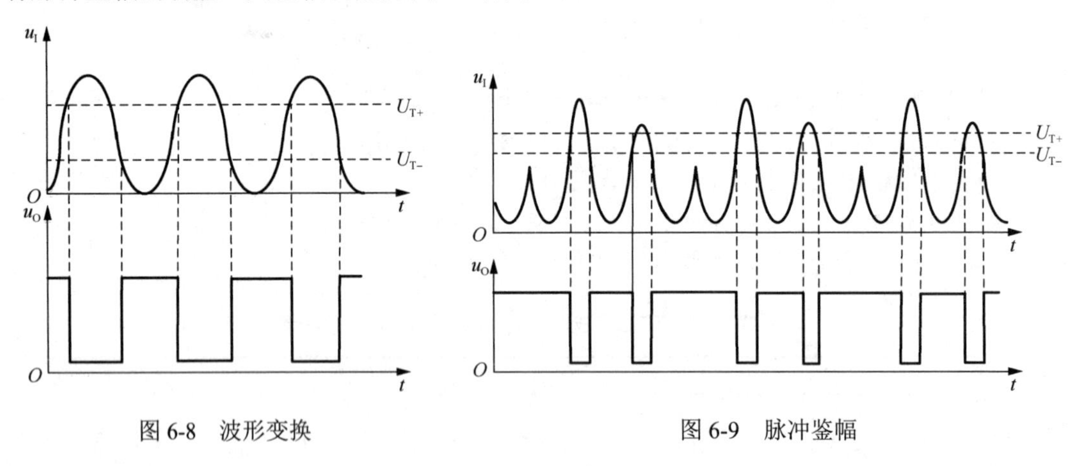

图 6-8　波形变换　　　图 6-9　脉冲鉴幅

3. 用于脉冲整形

若数字信号在传输过程中受到干扰变成了图 6-10（a）所示 u_I 的不规则波形，仍可利用施密特触发器的回差特性将其整形成规则的矩形波。

适当加大回差电压 ΔU_T 的值可以提高整形过程的抗干扰能力，图中若取 U_{T-1} 为下门限电平，则在整形后的输出波形中表现为三个低电平矩形脉冲［图 6-10（b）］，由于回差电压 $\Delta U_T = U_{T+} - U_{T-1}$ 偏小，因而使输入矩形信号 u_I 顶端的毛刺在输出中表现为三个低电平矩形脉冲，这样的结果显然是错误的。

若下门限电平取作 U_{T-2}，此时回差电压 ΔU_T 显然增大了，整形后输出波形如图 6-10（c）所示，输出顶端的干扰毛刺已不复存在，这时，若将图中的波形通过一个非门反相输出，则把图 6-10 中变了形的 u_I 的波形整形为正向矩形波了。

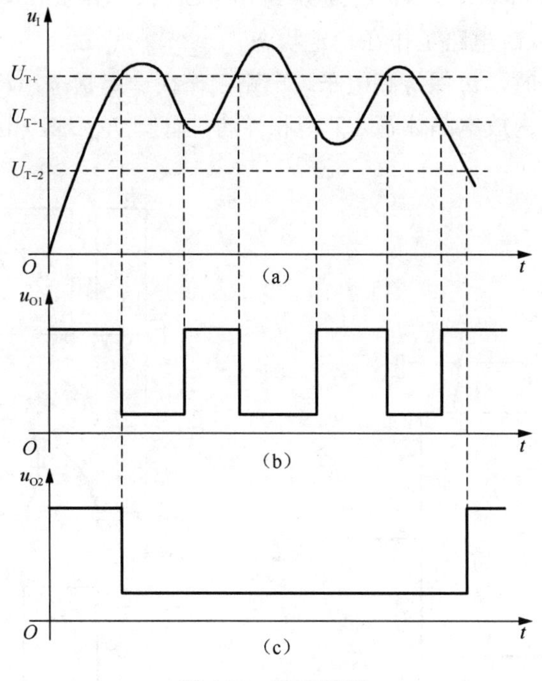

图 6-10　脉冲整形

不过，回差电压 ΔU_T 太大时，也会导致有效信号被湮没，故 ΔU_T 必须根据实际需要适当调整。

6.4　单稳态触发器

单稳态触发器只有一个稳定状态，即输出 $u_O = \mathbf{0}$。在外加脉冲的作用下，单稳态触发器翻转到一个暂态，即 $u_O = \mathbf{1}$，该暂态维持一段时间 T_W 后能自动回到原来的稳态，因此单稳态触发器具有如下特点：

① 它有一个稳定状态和一个暂稳状态。

② 在外来触发脉冲的作用下，能够由稳定状态翻转到暂稳状态。

③ 暂稳状态持续一段时间后，将自动返回到稳定状态，而暂稳状态时间的长短与触发脉冲信号无关，仅取决于电路本身的参数。

由于具备这些特点，单稳态触发器被广泛应用于脉冲整形、延时（产生滞后于触发脉冲的输出脉冲）以及定时（产生固定时间宽度的脉冲信号）等。

6.4.1　由 555 定时电路构成的单稳态电路

将低触发端 $\overline{TR}$ 作为输入端 u_I，再将高触发端 TH 和放电晶体管输出端 D 接在一起，并与定时元件 R、C 连接，就可以构成一个单稳态触发器，具体电路如图 6-11 所示。

1. 电路工作原理

依据表 6-1 和 6 脚、2 脚的电平与各自基准电平相比，都高：$u_O = \mathbf{0}$，VT 导通；都低：$u_O = \mathbf{1}$，T 截止；中间：u_O 保持原状，分析单稳态电路的工作过程如下（图 6-12）。

1）无触发信号输入时电路工作在稳定状态

当电路无触发信号时，u_I 保持高电平，电路工作在稳定状态，$Q = \mathbf{0}$，$\overline{Q} = \mathbf{1}$，即输出端 u_O 保持低电平，555 内放电晶体管 VT 饱和导通，管脚 7 接地，电容器电压 u_C 为 0V。

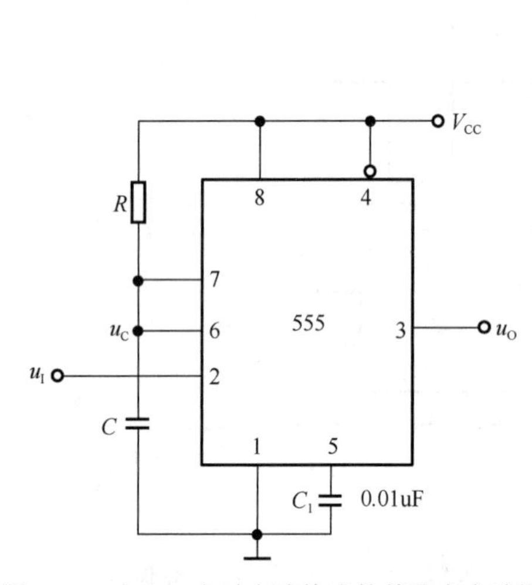

图 6-11　由 555 定时电路构成的单稳态电路图

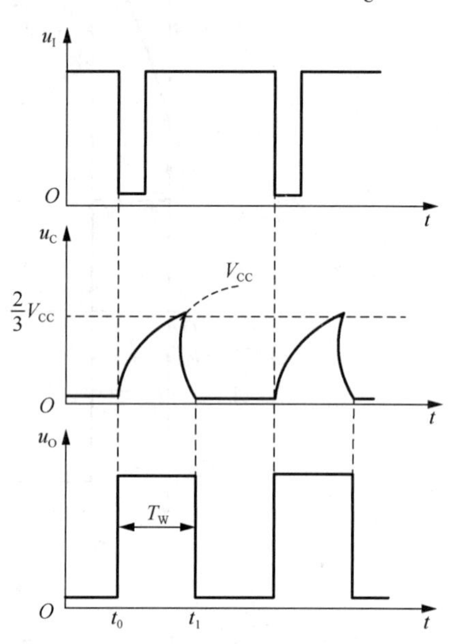

图 6-12　工作波形图

2）充电过程

当触发信号（u_I 的下降沿）到来时，555 触发输入端（2 脚）由高电平跳变为低电平，电路被触发，$Q = \mathbf{1}$，$\overline{Q} = \mathbf{0}$，$u_O$ 由低电平跳变为高电平，因此放电晶体管 VT 截止，电路开始由电源 V_{CC} 经电阻器 R 对电容器 C 充电，电路由稳态转入暂稳态。当 $\frac{1}{3}V_{CC} < u_C < \frac{2}{3}V_{CC}$ 时，处于中间保持状态，仍有输出 $u_O = \mathbf{1}$，这个充电过程为电路的暂态过程。

3）放电过程

电容器 C 的电位 u_C 由于充电而不断上升，趋势是 $U_{(\infty)} = V_{CC}$，但当 u_C 刚刚略大于 $\frac{2}{3}V_{CC}$ 时，由于 2 脚的负尖脉冲早已过去，故 $R = \mathbf{0}, S = \mathbf{1}$，进而有 $Q = \mathbf{0}, \overline{Q} = \mathbf{1}$，此时输出应为 $u_O = \mathbf{0}$，放电晶体管 VT 导通，电容器上充的电 $u_C = \frac{2}{3}V_{CC}$ 将通过 VT 迅速放电，致使 6 脚的电压为 0，这进一步保证了输出又回到了 $u_O = \mathbf{0}$ 的稳定状态。

4）恢复过程

当暂稳态结束后，电容器 C 通过饱和导通的放电晶体管 VT 放电，时间常数 $\tau_2=R_{CES}C$，式中 R_{CES} 是 VT 的饱和导通电阻，其阻值非常小，因此 τ_2 的值亦非常小。经过（3～5）τ_2 后，电容器 C 放电完毕，恢复过程结束。

恢复过程结束后，电路返回到稳定状态，单稳态触发器又可以接收新的触发信号。如果下次 u_I 又来了负脉冲，电路将继续重复以上两步过程，整个电路工作情形如图 6-12 所示。

注意： 在图 6-11 所示的电路图中，输入触发信号 u_I 的低电平脉冲宽度 U_{IL} 的时间必须小于电路输出 u_O 的高电平脉冲宽度 U_{OH} 的时间，否则电路无法正常工作，解决这一问题的一个简单的办法就是在电路的输入端加一个 RC 微分电路，当 u_I 为宽脉冲时，让 u_I 经过 RC 微分电路之后再接到 $\overline{\text{TR}}$ 端。不过微分电路中的电阻器应接到电源 V_{CC} 上，以确保 u_I 下降沿未到来时 $U_{\overline{TR}}$ 为高电平。

2. 主要参数的估算

1）正脉冲 t_W 的宽度

由电路原理课程中的三要素公式 $u_C(t)=u_C(\infty)+[u_C(0+)-u_C(\infty)]\ell^{\frac{t}{\tau}}$ 可以求出时间 t 的表达式为

$$t=RC\frac{u_C(\infty)-u_C(0+)}{u_C(\infty)-u_C(t)} \tag{6-1}$$

若取 t 为暂稳态宽度 t_W，由电路的工作原理可知电容器上电位 $u_C(0+)=0\text{V}$，$u(\infty)=V_{CC}$，$u(t_W)=\frac{2}{3}V_{CC}$，将这些数据代入式（6-1）得：

$$t_W=RC\ln\frac{V_{CC}-0}{V_{CC}-\frac{2}{3}V_{CC}}=RC\ln 3=1.1RC$$

即暂稳态脉冲的宽度为

$$t_W=1.1RC \tag{6-2}$$

上式说明，单稳态触发器输出脉冲宽度 t_W 仅决定于定时元件 R、C 的取值，与输入触发信号和电源电压无关，调节 R、C 的取值，即可方便的调节 t_W。

2）恢复时间 t_{re}

一般取 $t_{re}=(3\sim5)\tau_2$，即认为经过 3～5 倍的时间常数电容放电完毕。

3）最高工作频率 f_{max}

若输入触发信号 u_I 是周期为 T 的连续脉冲，为保证单稳态触发器能够正常工作，应满足下列条件：

$$T>t_W+t_{re}$$

即 u_I 周期的最小值 T_{min} 应为 t_W+t_{re}，即

$$T_{min}=t_W+t_{re}$$

因此，单稳态触发器的最高工作频率为

$$f_{max}=\frac{1}{T_{min}}=\frac{1}{t_W+t_{re}}$$

6.4.2 集成单稳态触发器

用集成门电路构成的单稳态触发器虽然电路结构简单，但输出脉冲宽度的稳定性比较差，调节范围小，而且触发方式单一。为适应数字系统的广泛应用，目前大量使用的是各种类型的集成单稳态触发器，它可分为可重复触发型和非重复触发型，以及上升沿触发型

和下降沿触发型。常见集成电路 74121、74221、74LS221 是不可重复触发的单稳态触发器，属于可重复触发的触发器有 74122、74LS122、74123、74LS123 等。

非重复触发型的单稳态触发器一旦被触发进入暂稳态之后，再加入触发脉冲不会影响电路的工作过程和输出状态，必须在暂稳态结束以后，触发器才能接受下一个触发脉冲而转入暂稳态过程。可重复触发型的单稳态触发器在电路被触发而进入暂稳态之后，如果此时再有触发脉冲加入，电路将被重新触发，使输出脉冲再继续维持一个 t_W 宽度。

1. 非重复触发单稳态触发器 74121

74121 是一种 TTL 的非重复触发集成单稳态触发器，其逻辑符号如图 6-13 所示。它即可以采用上升沿触发，又可以采用下降沿触发，内部还设有定时电阻 R_{int}（约为 2kΩ）。

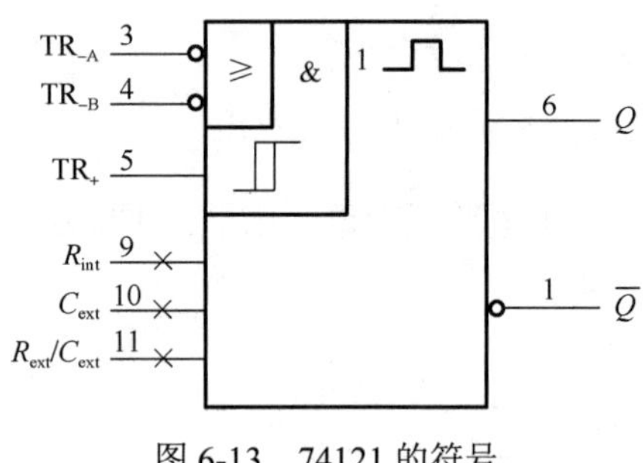

图 6-13　74121 的符号

1）引脚说明

TR_{-A}、TR_{-B}、TR_{+}：74121 的 3 个触发输入端，TR_{-A}、TR_{-B}是两个下降沿有效的触发信号输入端，TR_{+}是上升沿有效的触发信号输入端。TR_{-A}、TR_{-B}、TR_{+}三个输入端可以组合成为内部统一的触发信号，为上升沿有效，用 TR 表示，$TR = TR_{+}\left(\overline{\overline{TR_{-A}} + \overline{TR_{-B}}}\right)$。

Q、$\bar{Q}$：触发器的两个状态互补的输出端。

R_{int} 是内部定时电阻引脚输出端。使用时只需将（9 脚）端与 V_{CC}（引出端 14 脚）连接起来即可，输出脉冲的宽度由内部电阻 R_{int} 和外接的电容器 C 决定，不用时应让（9 脚）端悬空。

C_{ext}、R_{ext}/C_{ext}：外接定时电阻器和电容器的连接端，外接的定时电阻 R 器（阻值可在 1.4～40kΩ 之间选择）应接 V_{CC} 引出端（14 脚），另一端接 11 脚；外接定时电容器 C（一般在 10pF～10μF 之间选择），接在 10 脚与 11 脚即可，若 C 是电解电容器，则正极接 10 脚、负极接（11 脚）。

图形中的“1 ⊓ ”表示电路是可重触发的，“×”表示不属于逻辑状态连接。

2）功能表

74121 的功能如表 6-4 所示。

表 6-4　74121 的功能表

输入			输出		备注
TR_{-A}	TR_{-B}	TR_{+}	Q	$\bar{Q}$	
L	×	H	L	H	保持稳定
×	L	H	L	H	
×	×	L	L	H	
H	H	×	L	H	
H	↓	H	⊓	⊔	下降沿触发
↓	H	H			
↓	↓	H			
L	×	↑	⊓	⊔	上升沿触发
×	L	↑			

注：H 表示高电平，L 表示低电平，↓表示下降沿，↑表示上升沿，⊓ 表示正脉冲，⊔ 表示负脉冲。

从功能表中可以看出，74121 可以电平触发，也可以边沿触发。在边沿触发中，具有三种触发信号输入方式，若 $TR_{+}=\mathbf{1}$、$TR_{-A}=\mathbf{1}$，则可利用 TR_{-B} 端实现下降沿触发；若 $TR_{+}=\mathbf{1}$、$TR_{-B}=\mathbf{1}$，则可利用 TR_{-A} 端实现下降沿触发；若 $TR_{+}=\mathbf{1}$，则可利用 TR_{-A} 和 TR_{-A} 端相连接实现下降沿触发；若 $TR_{-A}=\mathbf{0}$ 或 $TR_{-B}=\mathbf{0}$，则可利用 TR_{+} 端实现上升沿触发。

3）主要参数

（1）输出脉宽 t_W 为

$$t_W = RC \cdot \ln 2 \approx 0.7RC$$

使用外接电阻时，$t_W \approx 0.7R_{ext}C_{ext}$；使用内部电阻时，$t_W \approx 0.7R_{int}C_{ext}$。

（2）输入触发脉冲最小周期 T_{min} 为

$$T_{min} = t_W + t_{re}$$

（3）周期性输入触发脉冲占空比 q 为

$$q = \frac{t_W}{T}$$

式中，T 是输入触发脉冲的重复周期；t_W 是单稳态触发器的输出脉冲宽度。不难推出最大占空比为

$$q = \frac{t_W}{T_{min}} = \frac{t_W}{t_W + t_W}$$

图 6-14 所示为集成单稳态触发器 74121 的外部元件连接方法，图 6-14（a）是使用外部电阻 R_{ext} 且电路为下降沿触发连接方式，图 6-14（b）是使用内部电阻 R_{int} 且电路为上升沿触发连接方式。

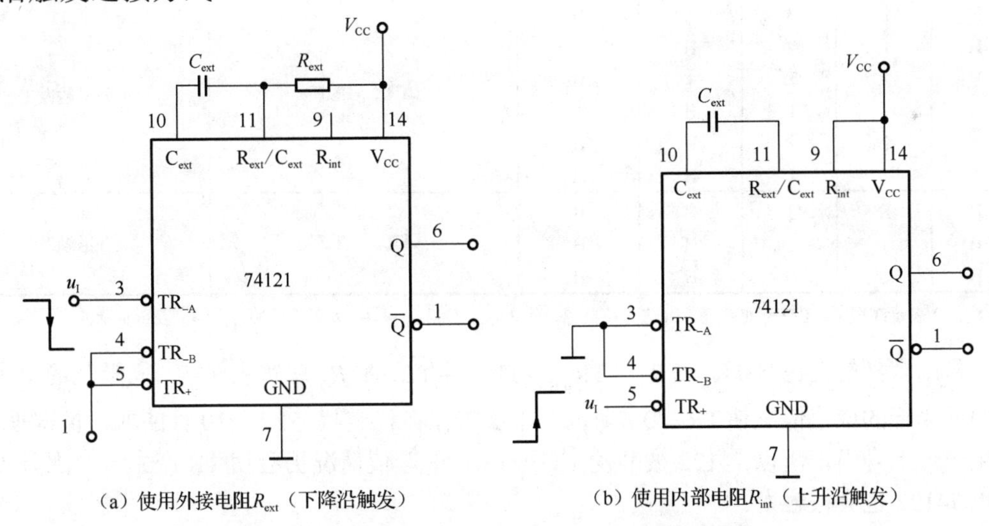

（a）使用外接电阻 R_{ext}（下降沿触发）　（b）使用内部电阻 R_{int}（上升沿触发）

图 6-14　集成单稳态触发器 74121 的外部元件连接方法

2. 可重复触发单稳态触发器 74122

74122 是一种 TTL 的可重复触发集成单稳态触发器，其符号如图 6-15 所示。它即可以采用上升沿触发，又可以采用下降沿触发。

1）引脚说明

TR_{-A}、TR_{-B}、TR_{+A}、TR_{+A}：74122 的 4 个触发信号输入端，前 2 个为下降沿有效，

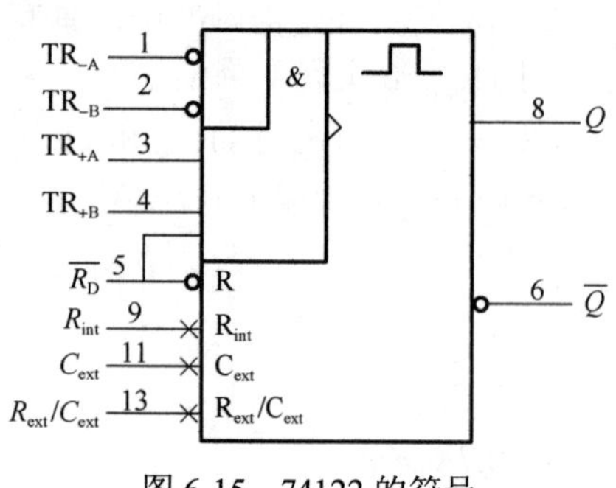

图 6-15　74122 的符号

后两个为上升沿有效。

$\overline{R_D}$：直接复位输入端。TR_{-A}、TR_{-B}、TR_{+A}、TR_{+A}、$\overline{R_D}$ 组合起来构成 74122 的内部触发信号，用 TR 表示，$TR = TR_{+A} \cdot TR_{+B} \cdot (\overline{TR_{-A}} + \overline{TR_{-B}}) \cdot \overline{R_D}$，且 TR 是上升沿有效。

Q、$\overline{Q}$：两个互补的输出端。

R_{ext}/C_{ext}、C_{ext}、R_{int}：供外接定时元件用的三个引出端，外接定时电阻器 R（可在 5～50kΩ 之间选择）、电容器 C 的连接方法与 74121 中介绍的相同。

图形中的 ⊓ 表示电路是可重触发的。

2）功能表

74122 的功能如表 6-5 所示。

表 6-5　74122 的功能表

输入					输出		备注
$\overline{R_D}$	TR_{-A}	TR_{-B}	TR_{+A}	TR_{+A}	Q	$\overline{Q}$	
L	×	×	×	×	L	H	恢复
×	H	H	×	×	L	H	保持稳定
×	×	×	L	×	L	H	
×	×	×	×	L	L	H	
H	L	×	↑	H	⊓	⊔	下降沿触发
H	L	×	H	↑			
H	×	L	↑	H			
H	×	L	H	↑			
↑	L	×	H	H			
↑	×	L	H	H			
H	H	↓	H	H	⊓	⊔	上升沿触发
H	↓	↓	H	H			
H	↓	H	H	H			

注：H 表示高电平，L 表示低电平，↓ 表示下降沿，↑ 表示上升沿，⊓ 表示正脉冲，⊔ 表示负脉冲。

借助内部触发信号 $TR = TR_{+A} \cdot TR_{+B} \cdot (\overline{TR_{-A}} + \overline{TR_{-B}}) \cdot \overline{R_D}$ 理解表 6-5，问题就简单了，表中前 4 行的取值情况使 $TR = 0$，所以 74122 工作在稳定状态；5～10 行的取值情况使 TR 产生一个上升沿，所以 74122 被触发；11～13 行的取值情况仍会使 TR 产生一个上升沿，所以 74122 也会被触发。

3）主要参数

输出脉宽 t_W：当定时电容器 C>1000pF 时，对于 74122 可以用下列公式估算 t_W：

$$t_W = 0.32RC \tag{6-3}$$

回复时间 t_{re}：74122 与 74121 一样，在暂稳态结束以后，也需要一段恢复时间，电路才能返回到稳态。

6.4.3　单稳态触发器的应用

1. 脉冲延时

如果需要延迟脉冲的触发时间，可利用如图 6-16（a）所示的原理图来实现。从波形图 6-16（b）可以看出，经过单稳态电路的延迟，由于u_O的下降沿比输入信号u_I的下降沿延迟了t_W的时间，因而可以用输出脉冲u_O的下降沿触发其他电路，从而达到脉冲延时的目的。

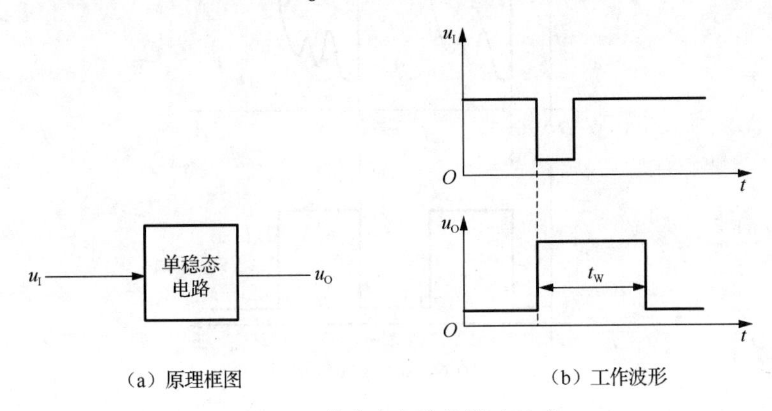

（a）原理框图　　（b）工作波形

图 6-16　单稳态电路的脉冲延时

2. 脉冲定时

单稳态触发器能够产生一定宽度t_W的矩形脉冲，利用这个脉冲控制某个电路，可使其仅在t_W时间内工作。例如，利用宽度为t_W的正矩形脉冲作为与门的一个输入信号，使矩形脉冲为高电平的t_W期间，与门的另一个输入信号u_i才能通过。脉冲定时的逻辑图及工作波形如图 6-17 所示。

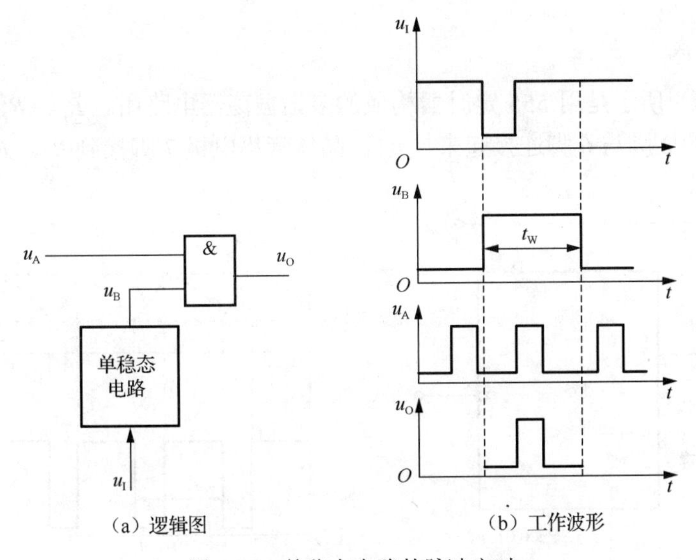

（a）逻辑图　　（b）工作波形

图 6-17　单稳态电路的脉冲定时

3. 脉冲整形

利用单稳态触发器能产生一定宽度的脉冲这一特性，可以将过窄或过宽的输入脉冲整形成固定宽度的脉冲输出。如图 6-18 所示的不规则输入波形经单稳态触发器处理后，可得到固定宽度、固定幅度，且上升、下降沿陡峭的规则矩形波输出。

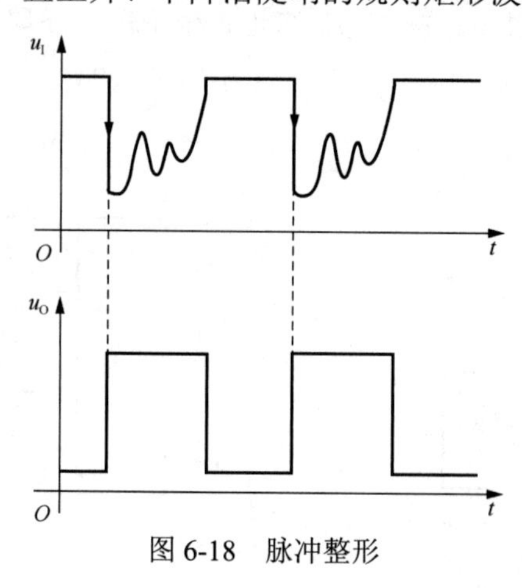

图 6-18　脉冲整形

6.5　多谐振荡器

多谐振荡器是一种无稳态电路，它在接通电源后，不需要外加触发信号，电路状态总能够自动地不断变换，产生一定频率和幅度的矩形波。由于矩形波中的谐波分量很多，因此称为多谐振荡器。

6.5.1　由 555 定时电路构成的多谐振荡器

1. 电路组成

图 6-19（a）所示是用 555 定时器构成的多谐振荡器电路图。R_1、R_2、C 是外接定时元件，定时器的 2 脚与 6 脚连接起来接 u_C，晶体管集电极 7 脚接到 R_1、R_2 的连接处 P。

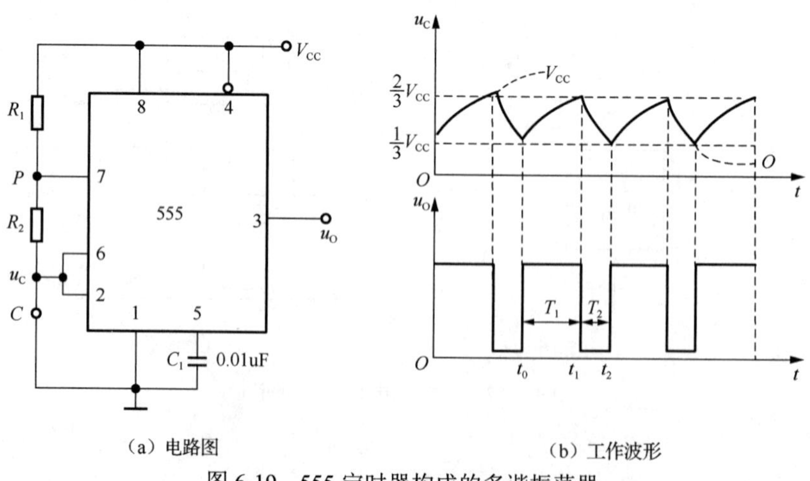

（a）电路图　　（b）工作波形

图 6-19　555 定时器构成的多谐振荡器

2. 工作原理

1）电路刚接通

电路刚接通瞬间，电容器 C 上未来得及充电，即 $u_C = 0\,\text{V}$。这时 6 脚、2 脚电位都低，输出 $u_O = \mathbf{1}$，使晶体管 VT 截止，电容器 C 由电源 V_{CC} 经过 R_1、R_2 对 C 充电，使 u_C 电位不断升高，这是刚通电时电路的过渡时期。

2）放电阶段

当电容器 C 充电到 u_C 略大于 $\frac{2}{3}V_{CC}$ 时，6 脚、2 脚的电压都高，即 $U_{TH} = \mathbf{1}$，$U_{\overline{TR}} = \mathbf{1}$，故 $Q = \mathbf{0}, \overline{Q} = \mathbf{1}$，对应输出 $u_O = \mathbf{0}$，这时晶体管由于基极电位为 **1** 而饱和导通，电容器 C 经过 R_2 及晶体管 VT 对地放电，其放电初值是 $u_C(0+) = \frac{2}{3}\text{V}$，趋势 $u_C(\infty) = 0\,\text{V}$，但当放电到电容电压 u_C 略低于 $\frac{1}{3}V_{CC}$ 时，6 脚、2 脚的电压都低，即 $U_{TH} = \mathbf{0}$，$U_{\overline{TR}} = \mathbf{0}$，此时 $Q = \mathbf{1}, \overline{Q} = \mathbf{0}$，对应输出 $u_O = \mathbf{1}$，晶体管 VT 截止，将进行下次充电。

3）充电阶段

当 u_C 放电到略低于 $\frac{1}{3}V_{CC}$ 时，晶体管 VT 截止，此时电容器上由初始电压 $u_C(0+) = \frac{1}{3}V_{CC}$ 开始，电源 V_{CC} 开始经过 $(R_1 + R_2)$ 对 C 充电，其充电趋势为 $u_C(\infty) = V_{CC}$。当 u_C 略高于 $\frac{2}{3}V_{CC}$ 时，使得 6 脚、2 脚的电压都高，因而输出 $u_O = \mathbf{0}$，晶体管导通，又开始重复上述步骤 2 的放电过程。

其工作波形图如图 6-19（b）所示。

3. 振荡频率的估算和占空比可调电路

1）振荡频率的估算

由电路的工作原理分析可知，电路稳定工作之后，电容器的充电和放电过程是周而复始进行的。

（1）电容器的充电时间 T_1 估算。电容器充电时，时间常数 $\tau_1 = (R_1 + R_2)C$，$u_C(0+) = \frac{1}{3}V_{CC}$，$u_C(\infty) = V_{CC}$，$u_C(T_1) = \frac{2}{3}V_{CC}$，代入 RC 过度过程计算公式 $T_1 = \tau_1 \ln \frac{u_C(\infty) - u_C(0+)}{u_C(\infty) - u_C(T_1)}$，可得

$$T_1 = (R_1 + R_2)C \ln \frac{V_{CC} - \frac{1}{3}V_{CC}}{V_{CC} - \frac{2}{3}V_{CC}} = (R_1 + R_2)C \ln 2 = 0.7(R_1 + R_2)C$$

（2）电容器的放电时间 T_2 估算。电容器放电时，时间常数 $\tau_2 = R_2 C$，$u_C(0+) = \frac{2}{3}\text{V}$，$u_C(\infty) = 0\text{V}$，$u(T_2) = \frac{1}{3}V_{CC}$，代入 RC 过度过程计算公式 $T_1 = \tau_2 \ln \frac{u_C(\infty) - u_C(0+)}{u_C(\infty) - u_C(T_1)}$，可得

$$T_1 = R_2 C \ln\frac{u_C(\infty)-u_C(0+)}{u_C(\infty)-u_C(T_1)} = R_2 C\frac{0-\frac{2}{3}V_{CC}}{0-\frac{1}{3}V_{CC}} = R_2 C\ln 2 = 0.7R_2 C$$

（3）电路振荡周期和频率。振荡周期为

$$\begin{aligned}T &= T_1 + T_2 = 0.7(R_1+R_2)C + 0.7R_2 C\\ &= 0.7(R_1+2R_2)C\end{aligned}$$

振荡频率为

$$f = \frac{1}{T} = \frac{1}{0.7(R_1+2R_2)C}$$

（4）占空比 q 为

$$q = \frac{T_1}{T} = \frac{0.7(R_1+R_2)C}{0.7(R_1+2R_2)C} = \frac{R_1+R_2}{R_1+2R_2}$$

2）占空比可调电路

在图 6-20 所示电路中，由于电容器 C 的充电时间常数 $\tau_1=(R_1+R_2)C$，放电时间常数 $\tau_2=R_2C$，因此 T_1 总是大于 T_2，u_O 的波形不仅不可能对称，而且占空比 q 不易调节。利用半导体二极管的单向导电特性，将电容器 C 充电和放电回路隔离，再加上一个电位器，便可构成占空比可调的多谐振荡器。

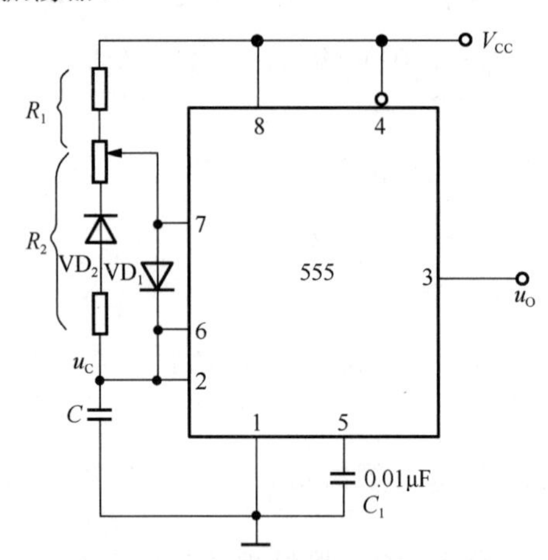

图 6-20 占空比可调的多谐振荡器

由于二极管的引导作用，电容器 C 的充电时间常数 $\tau_1=R_1C$，放电时间常数 $\tau_2=R_2C$。通过与上面相同的分析计算过程可得：$T_1=0.7R_1C$，$T_2=0.7R_2C$。

占空比为

$$q = \frac{T_1}{T} = \frac{T_1}{T_1+T_2} = \frac{0.7R_1C}{0.7R_1C+0.7R_2C} = \frac{R_1}{R_1+R_2}$$

只要改变电位器滑动端的位置，就可以方便地调节占空比 q，当 $R_1=R_2$ 时，$q=0.5$，u_O 就成为对称的矩形波。

6.5.2　多谐振荡器的应用

1. 简易温控报警器

图 6-21 所示是利用多谐振荡器构成的简易温控报警电路图，利用 555 构成可控音频振荡电路，用扬声器发声报警，可用于火警或热水温度报警，电路简单、调试方便。图中晶体管 VT 可选用锗管 3AX31、3AX81 或 3AG 类，也可选用 3DU 型光敏管。3AX31 等锗管在常温下，集电极和发射极之间的穿透电流 I_{CEO} 一般在 10～50μA，且随温度升高而增大较快。当温度低于设定温度值时，晶体管 VT 的穿透电流 I_{CEO} 较小，555 复位端 $\overline{R}$（4 脚）的电压较低，电路工作在复位状态，多谐振荡器停振，扬声器不发声。当温度升高到设定温度值时，晶体管 VT 的穿透电流 I_{CEO} 较大，555 复位端 $\overline{R}$ 的电压升高到解除复位状态的电位，多谐振荡器开始振荡，扬声器发出报警声。

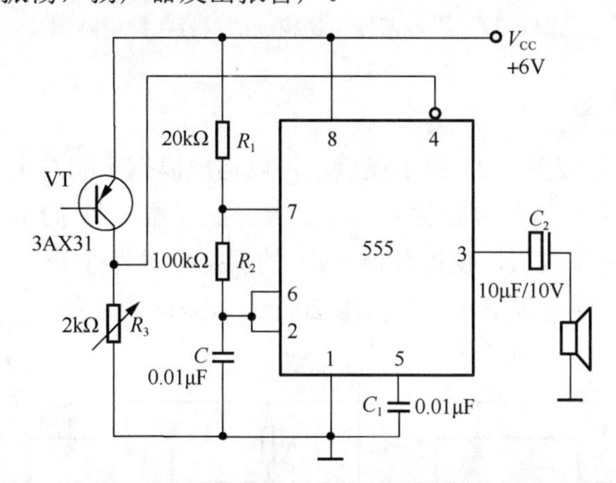

图 6-21　多谐振荡器用作简易温控报警电路图

需要指出的是，不同的晶体管，其 I_{CEO} 值相差较大，故需改变 R_1 的阻值来调节控温点。方法是先将测温元件 VT 置于要求报警的温度下，调节 R_1 使电路刚发出报警声。报警的音调取决于多谐振荡器的振荡频率，由元件 R_1、R_2 和 C 决定，改变这些元件值，可改变音调，但要求 R_2 大于 1kΩ。

2. 双音门铃

图 6-22 所示是用多谐振荡器构成的电子双音门铃电路图。

当按下按钮 AN 时，开关闭合，V_{CC} 经 VD_2 向 C_3 充电，P 点（4 脚）电位迅速充至 V_{CC}，复位解除；由于 VD_1 将 R_3 旁路，V_{CC} 经 D_1、R_1、R_2 向 C 充电，充电时间常数为（R_1+R_2）C，放电时间常数为 R_2C，多谐振荡器产生高频振荡，喇叭发出高音。

当松开按钮 AN 时，开关断开，由于电容器 C_3 储存的电荷经 R_4 放电要维持一段时间，在 P 点电位降至复位电平之前，电路将继续维持振荡；但此时 V_{CC} 经 R_3、R_1、R_2 向 C 充电，充电时间常数增加为（R_3+R_1+R_2）C，放电时间常数仍为 R_2C，多谐振荡器产生低频振荡，喇叭发出低音。

当电容器 C_3 持续放电，使 P 点电位降至 555 的复位电平以下时，多谐振荡器停止振荡，喇叭停止发声。

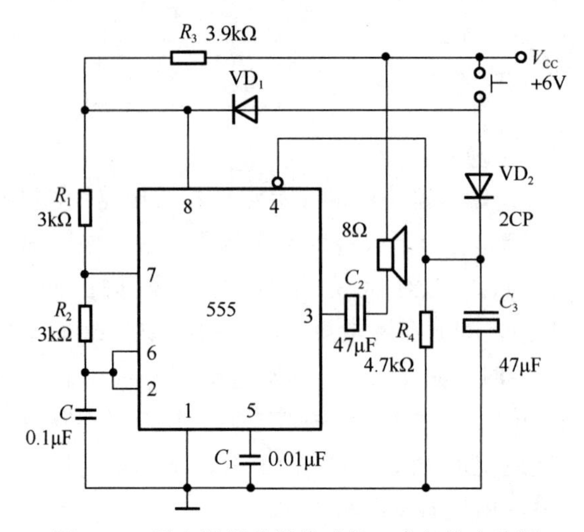

图 6-22　用多谐振荡器构成的双音门铃电路图

3. 模拟声响发生器

将两个多谐振荡器按图 6-23 所示连接，可以构成模拟声响发生器，图中振荡器（1）的输出 u_{O1} 接到振荡器（2）的复位输入端 4 脚 $\overline{R}$，振荡器（2）的 u_{O2} 驱动扬声器发声，适当选择 R_1、R_2、C_1 的参数值，使振荡器（1）的振荡频率为 1Hz，选择 R_3、R_4、C_2 的参数值使振荡器（2）的振荡频率在音频范围 20Hz～20kHz 内，如选 $f_2 = 2\text{kHz}$。

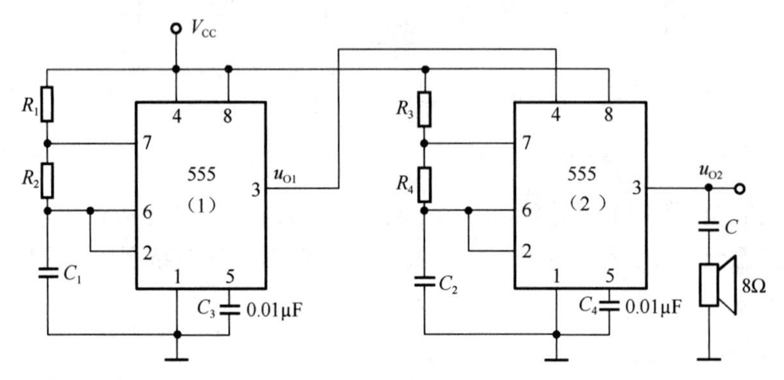

图 6-23　模拟声响发声器

在 u_{O1} 输出正向脉冲期间，振荡器（2）由于 4 脚的 $\overline{R} = \mathbf{1}$ 而正常工作，u_{O2} 就有 2kHz 的音频信号输出，扬声器发声；在 u_{O1} 为负向脉冲期间，由于 $u_{O1} = \mathbf{0}$，使振荡器（2）的 4 脚 $\overline{R} = \mathbf{0}$，振荡器（2）停止工作，即不再振荡发声，$u_{O2}$ 将输出低电位。

综上所述，该模拟声响发声器工作时，可以从扬声器中听到间隙式的“嘟、嘟”声，用此原理，还可以设计出警车音响、救护车音响、消防车音响等多种音响发生器。

6.5.3　石英晶体多谐振荡器

在许多数字系统中，都要求时钟脉冲频率十分稳定。例如，在数字钟里，计数脉冲频率的稳定性直接决定计时的精度。在对称式多谐振荡器中，由于其工作频率取决于电容器 C 的充、放电过程中电压达到转换值的时间，因此稳定度不够高。其原因如下。

（1）转换电平易受温度变化和电源波动的影响。

（2）电路的工作方式易受干扰，从而使电路状态转换提前或滞后。

（3）电路状态转换时，电容充、放电的过程比较缓慢，转换电平的微小变化或者干扰对振荡周期影响都比较大。

因此在对振荡器频率稳定度要求很高的场合，都需要采取稳频措施，其中常用的一种方法就是在多谐振荡器口接入石英晶体或晶体，构成石英晶体多谐振荡器。

1. 石英晶体的选频特性

石英晶体的电抗频率特性和符号如图 6-24 所示。它有两个谐振频率：当 $f=f_S$ 时为串联谐振，石英晶体的电抗 $X=0$；当 $f=f_P$ 时，为并联谐振，石英晶体的电抗无穷大。

由晶体本身的特性决定：$f_S \approx f_P \approx f_0$（晶体的标称频率），石英晶体的电抗 $X=0$ 在其他频率下电抗都很大，所以石英晶体的选频特性极好，f_0 十分稳定，其稳定度可达 10^{-10}～10^{-11}。

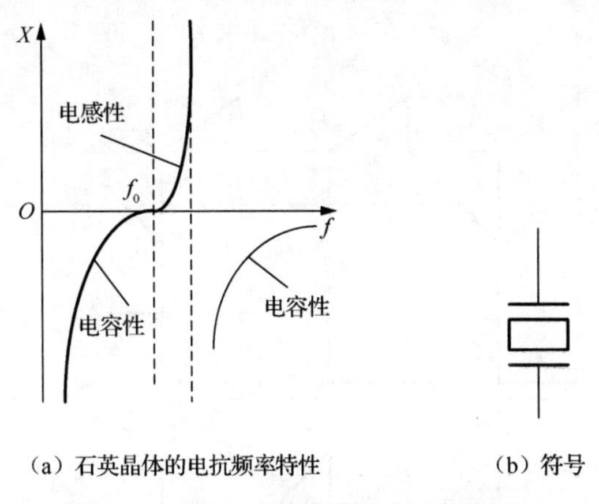

（a）石英晶体的电抗频率特性　　（b）符号

图 6-24　石英晶体的电抗频率特性和符号

2. 石英晶体多谐振荡器

1）串联式振荡器

（1）对称式多谐振荡器。图 6-25 所示电路是一个对称式多谐振荡器的典型电路，它由两个 TTL 反相器 G_1 和 G_2 经过电容器 C_1、C_2 交叉耦合所组成。其中，$C_1 = C_2 = C$，$R_1 = R_2 = R_F$，为了使静态时反相器工作在转折区，具有较强的放大能力，应满足 $R_{OFF} < R_F < R_{ON}$。

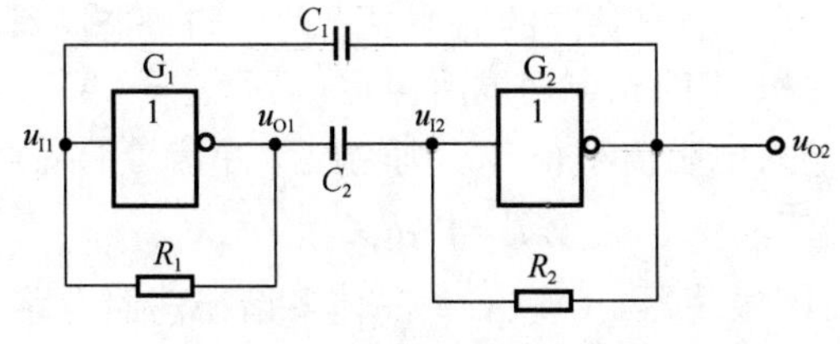

图 6-25　对称式多谐振荡器

其工作原理如下：假设接通电源后，由于某种原因使 u_{I1} 有微小的正跳变，则必然会引起正反馈过程，即

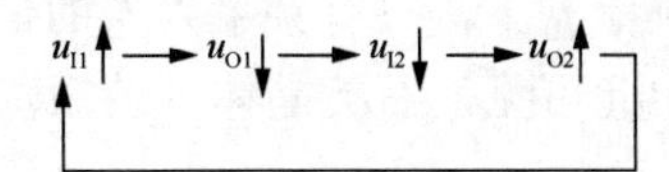

使u_{O1}迅速跳变为低电平、u_{O2}迅速跳变为高电平，电路进入第一个暂稳态。此后，u_{O2}的高电平对电容器C_1充电使u_{I2}升高，电容器C_2放电使u_{I1}降低。由于充电时间常数小于放电时间常数，因此充电速度较快，u_{I2}首先上升到 G_2 的阈值电压U_{TH}，并又引起了正反馈过程，即

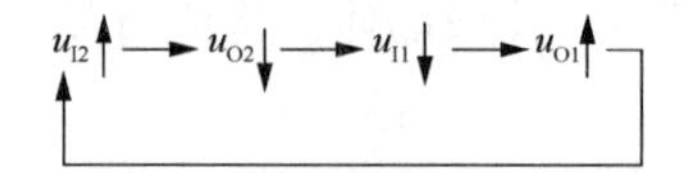

使u_{O2}迅速跳变为低电平、u_{O1}迅速跳变为高电平，电路进入第二个暂稳态。此后，电容器C_1放电，电容器C_2充电使u_{I1}上升，又引起第一次正反馈过程，从而使电路回到了第一个暂稳态。这样，周而复始，电路不停地在两个暂稳态之间振荡，输出端产生了周期性矩形脉冲波形。电路工作波形如图 6-26 所示。

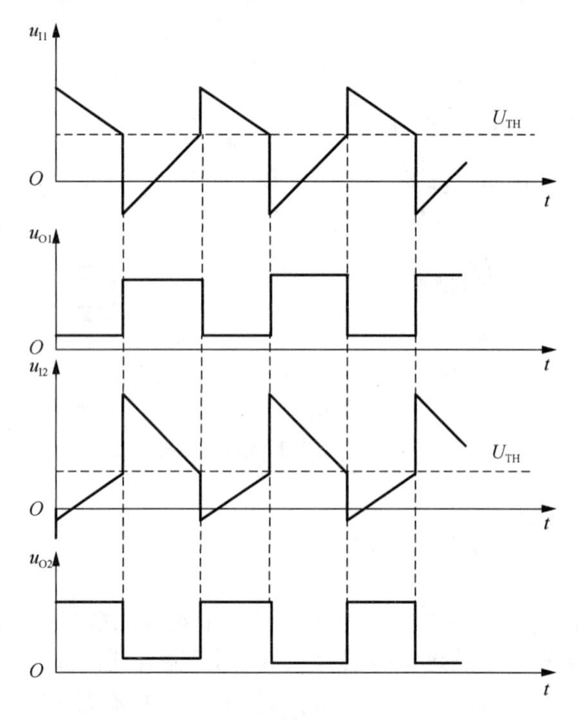

图 6-26　多谐振荡器的工作波形

从上面的分析可以看出，输出脉冲的周期等于两个暂稳态持续时间之和，而每个暂稳态持续时间的长度又由C_1和C_2的充电速度所决定。若$U_{OH}=3.4V$、$U_{TH}=1.4V$、$U_{OL}=0V$，且R_F的阻值比门电路的输入电阻值小很多，则输出脉冲信号的周期为

$$T=1.4R_FC$$

（2）串联石英晶体多谐振荡器。串联石英晶体多谐振荡器电路图如图 6-27 所示。其中R_1、R_2的作用是使两个反相器在静态时都工作在转折区，成为具有很强放大能力的放大电路。

对于 TTL 逻辑门电路，常取 $R_1=R_2=0.7\sim2k\Omega$；若是 CMOS 门则常取 $R_1=R_2=10\sim100M\Omega$；$C_1=C_2$是耦合电容器。

石英晶体工作在串联谐振频率f_0下，只有频率为f_0的信号才能通过，满足振荡条件。因此，电路的振荡频率为f_0。由此可见，石英晶体多谐振荡器的振荡频率取决于石英晶体

的固有谐振频率 f_0，即仅取决于其体积的大小、几何形状及材料，而与外接元件 R、C 无关，所以这种电路振荡频率的稳定度很高。

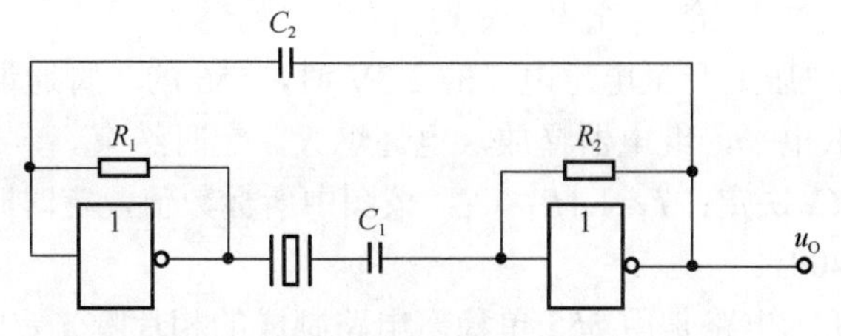

图 6-27　石英晶体多谐振荡器电路图

2）并联石英晶体多谐振荡器

并联石英晶体多谐振荡器如图 6-28 所示。其中 R_F 是偏置电阻，保证在静态时使 G_1 能够工作在电压传输特性的转折区，即线性放大区。G_1 与 R_F、石英晶体、C_1、C_2 共同构成电容三点式振荡电路。电路的振荡频率为 f_0。石英晶体、C_1、C_2 组成 π 形选频网络，电路只能在振荡频率为 f_0 处产生自激振荡。反馈系数由 C_1、C_2 之比决定，改变 C_1 可以微调振荡频率，C_2 是温度补偿电容器。反相器 G_2 起整形缓冲作用，同时 G_2 还可以隔离负载对振荡电路工作的影响。

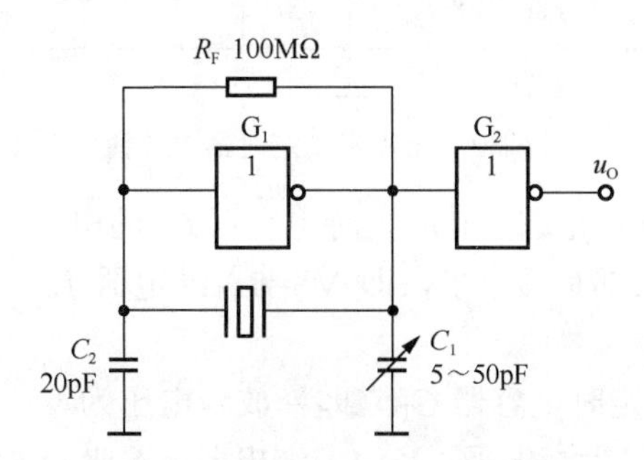

图 6-28　并联石英晶体多谐振荡器

6.6　应 用 举 例

例 6.1　555 触摸定时开关电路图如图 6-29 所示，简述其工作原理。

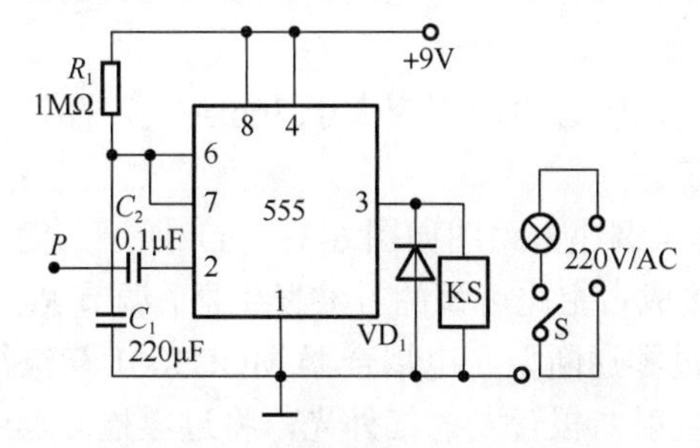

图 6-29　555 触摸定时开关电路图

集成电路是一片 555 定时电路，在这里接成单稳态电路。平时由于触摸片 P 端无感应电压，电容器 C_1 通过 555 的 7 脚放电完毕，3 脚输出为低电平，继电器 KS 释放，电灯不亮。

当需要开灯时，用手触碰一下金属片 P，人体感应的杂波信号电压由 C_2 加至 555 的触发端，使 555 的输出由低电平变成高电平，继电器 KS 吸合，电灯点亮。同时，555 的 7 脚内部截止，电源便通过 R_1 给 C_1 充电，定时开始。

当电容器 C_1 上的电压上升至电源电压的 2/3V 时，555 的 7 脚通道使 C_1 放电，使 3 脚输出由高电平变回到低电平，继电器释放，电灯熄灭，定时结束。

定时长短由 R_1、C_1 决定：$T_1=1.1R_1\times C_1$。按图中所标数值，定时时间约为 4min。VD_1 可选用 1N4148 或 1N4001。

例 6.2　图 6-30 所示电路是用 555 单稳态电路制成的相片曝光定时器。采用人工启动式单稳态电路，说明其工作原理。

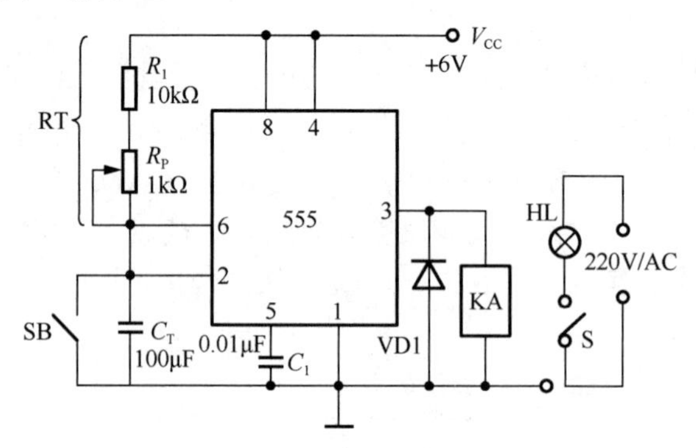

图 6-30　相片曝光定时器电路图

电源接通后，定时器进入稳态。此时定时电容器 C_T 的电压 $U_{CT}=V_{CC}=6V$。对 555 这个等效触发器来讲，两个输入都是高电平，即 VS=**0**。继电器 KA 不吸合，常开触点是打开的，曝光照明灯 HL 不亮。

按一下按钮 SB 之后，定时电容器 C_T 立即释放到电压为零。此时 555 电路等效触发的输入为 R=**0**、S=**0**，它的输出为高电平：V_0=**1**。继电器 KA 吸合，常开触点闭合，曝光照明灯点亮。按钮按一下后立即放开，于是电源电压通过 R_T 向电容器 C_T 充电，暂稳态开始。当电容器 C_T 上的电压升到 $2/3V_{CC}$ 既 4V 时，定时时间已到，555 等效电路触发器的输入为 R=**1**、S=**1**，于是输出又翻转成低电平：V_0=**0**。继电器 KA 释放，曝光灯 HL 熄灭。暂稳态结束，又恢复到稳态。

曝光时间计算公式为 $T=1.1R_T\times C_T$。本电路提供参数的延时时间约为 1s～2min，可由电位器 R_P 调整和设置。

电路中的继电器必须选用吸合电流不应大于 30mA 的产品，并应根据负载（HL）的容量大小选择继电器触点容量。

例 6.3　电风扇模拟阵风调速电路图如图 6-31（a）所示。简述其工作原理。

调速电路中，NE555 接成占空比可调的方波发生器，调节 R_W 可改变占空比。在 NE555 的 3 脚输出高电平期间，过零通断型光电耦合器 MOC3061 初级得到约 10mA 正向工作电流，使内部硅化镓红外线发射二极管发射红外光，将过零检测器中光敏双向开关于市电过零时导通，接通电风扇电机电源，风扇运转送风。在 NE555 的 3 脚输出低电平期间，双向开关关断，风扇停转。

MOC3061 本身具有一定的驱动能力，可不加功率驱动元件而直接利用 MOC3061 的内部双向开关来控制电风扇电动机的运转。R_W 为占空比调节电位器，即电风扇单位时间内（本电路数据约为 20s）送风时间的调节，改变 C_2 的取值或 R_W 的取值可改变控制周期。

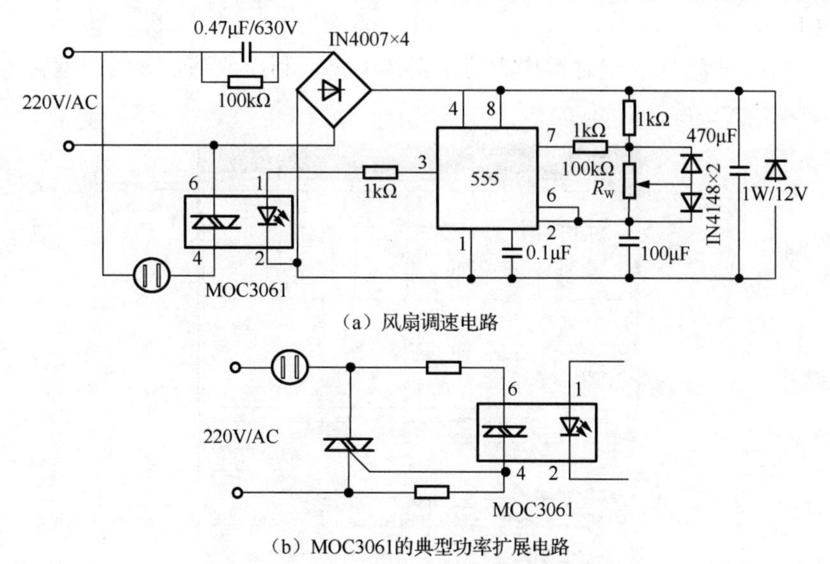

（a）风扇调速电路

（b）MOC3061的典型功率扩展电路

图 6-31　MOC3061 的典型功率扩展电路

图 6-31（b）电路为 MOC3061 的典型功率扩展电路，在控制功率较大的电机时，应考虑使用功率扩展电路。制作时，可参考图示参数选择器件。由于电源采用电容压降方式，请自制时注意安全，人体不能直接触摸电路板。

6.7　计算机辅助电路分析举例

利用 Multisim 仿真软件验证前述的 555 定时电路的工作原理，如多谐振荡电路、施密特电路等，利用示波器观察其输出波形。

例 6.4　图 6-32 为 555 定时器构成的多谐振荡电路图，利用双踪示波器观察电容器 C2 和其输出的波形。

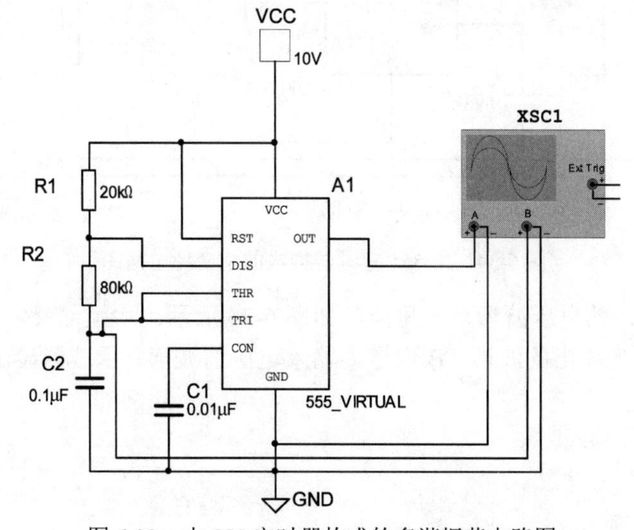

图 6-32　由 555 定时器构成的多谐振荡电路图

示波器 A 通道为输出的波形，B 通道为电容器 C2 两端电压的波形，示波器显示的波形如图 6-33 所示。

例 6.5　图 6-34 为 555 定时器构成的施密特电路，利用双踪示波器观察输入电压和输出电压的波形。

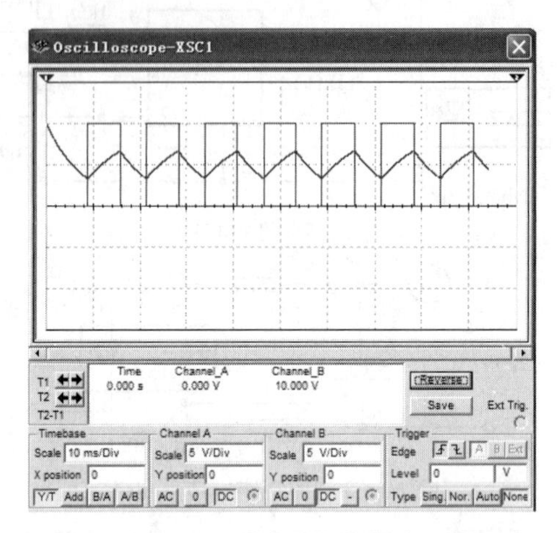

图 6-33　示波器显示的波形

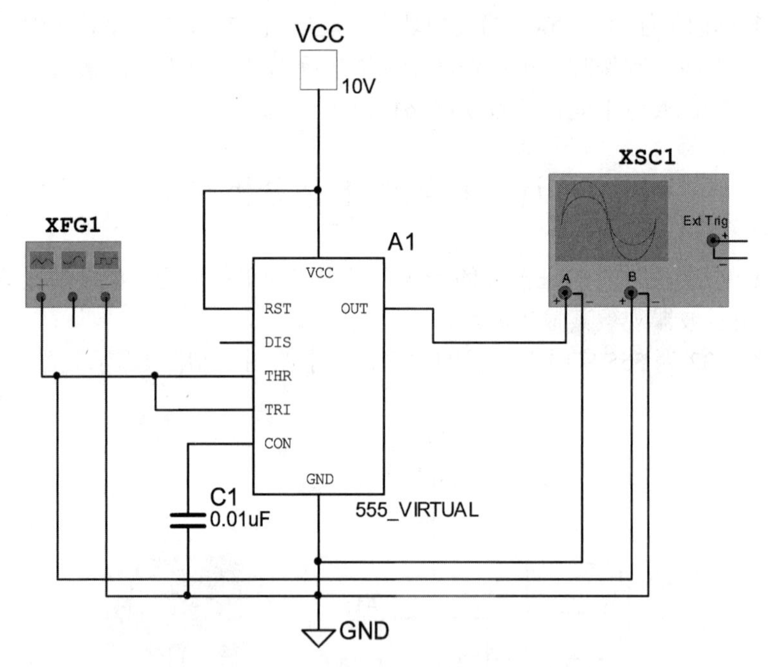

图 6-34　由 555 定时器构成的施密特电路图

信号发生器输入的电压波形是三角波，如图 6-35 所示。

示波器 A 通道为输出的波形，B 通道为输入电压的波形，示波器显示的波形如图 6-36 所示。

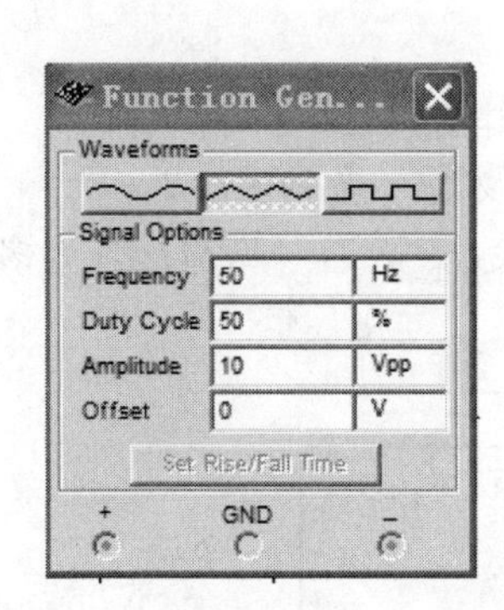

图6-35　信号发生器输入的电压波形

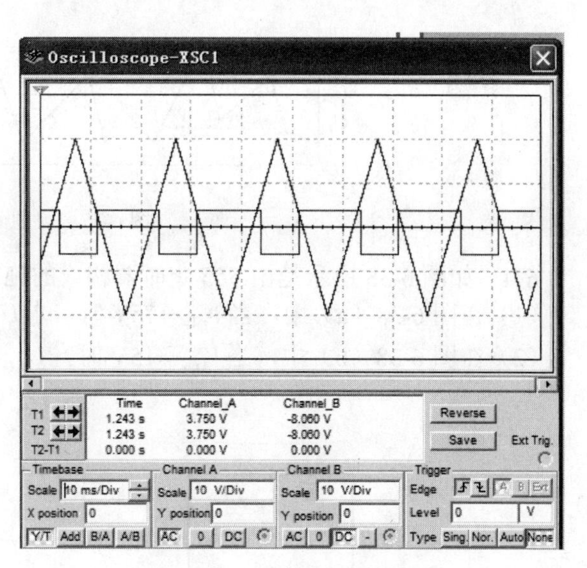

图6-36　示波器显示的波形

小　　结

本章介绍了施密特触发器、单稳态触发器、多谐振荡器及集成555定时器，讨论了它们的结构、功能及构成整形电路和脉冲振荡电路的方法。

施密特触发器的输出状态取决于输入，且输入触发信号存在回差电压，若输入触发信号在回差电压之内，电路保持状态不变，因此具有较强的抗干扰能力，主要用于把变化缓慢的输入脉冲信号整形为数字电路所需的矩形脉冲。

单稳态触发器及多谐振荡器在结构上都属于反馈结构，电路的状态通过电路内部电容器的充放电来决定，单稳态触发器有一个稳态，而多谐振荡器没有稳定状态，无须外加触发脉冲，用于产生脉冲输出，现较为常用的是由集成石英晶体振荡提供脉冲。

555定时器是一种应用广泛的集成元件，多用于脉冲的产生、整形及定时电路。本章应重点掌握555定时器的功能，以及由定时器构成施密特触发器、单稳态触发器及多揩振荡器的方法及其集成电路的基本功能和使用方法。

习　　题

6.1　分别说出施密特触发器、单稳态触发器、多谐振荡器的两种用途。

6.2　施密特触发器的主要特点是什么？为什么会有回差电压？

6.3　已知图6-37所示为施密特触发器输入信号u_I的波形，试画出相应的输出信号的波形。

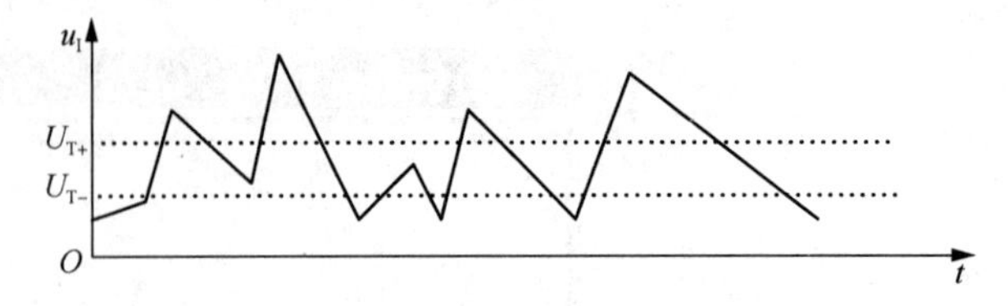

图 6-37　习题 6.3

6.4　如图 6-38 所示是由 555 定时器构成的施密特触发电路。

（1）在图 6-38（a）中，当 $V_{DD}=15V$ 时，求 U_{T+}、U_{T-} 及 ΔU_T 各为多少？

（2）在图 6-38（b）中，当 $V_{DD}=15V$ 时，$U_{CO}=5V$，求 U_{T+}、U_{T-} 及 ΔU_T 各为多少？

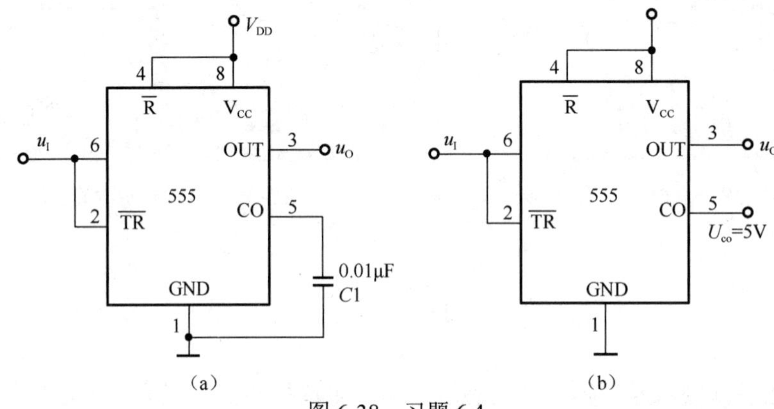

图 6-38　习题 6.4

6.5　单稳态触发器如图 6-11 所示，图中 R 为 20kΩ，C 为 0.5μF。试计算此触发器的暂稳态持续时间。

6.6　如图 6-39 所示为由 555 定时器组成的多谐振荡电路，已知 $R_1=1k\Omega$，$R_2=8.2k\Omega$，$C=0.4\mu F$，试求脉冲宽度 t_W、振荡周期 T、振荡频率 f 及占空比 q。

6.7　画出 555 定时器构成的单稳态电路，若取电源电压 $V_{CC}=10V$，$R=10k\Omega$，$C=0.1\mu F$，求输出脉冲宽度 t_W；若取电源电压 $V_{CC}=6V$，t_W 会有何变化？

6.8　石英晶体多谐振荡器具有什么特点？其振荡频率与电路中的电阻和电容元件参数有无关系？为什么？

6.9　利用 555 定时器芯片构成一个鉴幅电路，实现图 6-40 所示的鉴幅功能。图中，U_{TH}=3.2V　$U_{\overline{TR}}=1.6V$。要求画出电路图，并标明电路中相关的参数值。

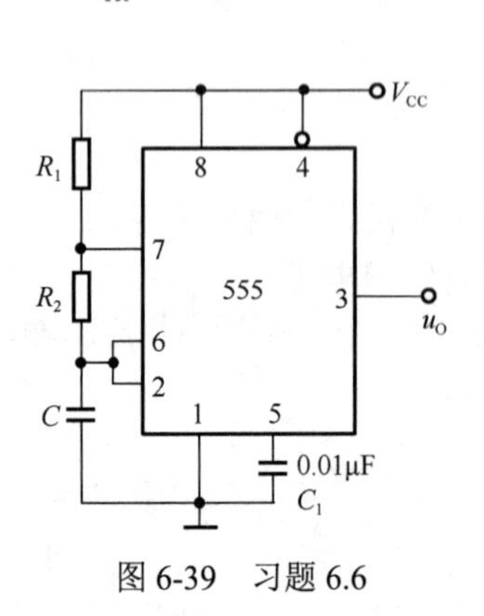

图 6-39　习题 6.6

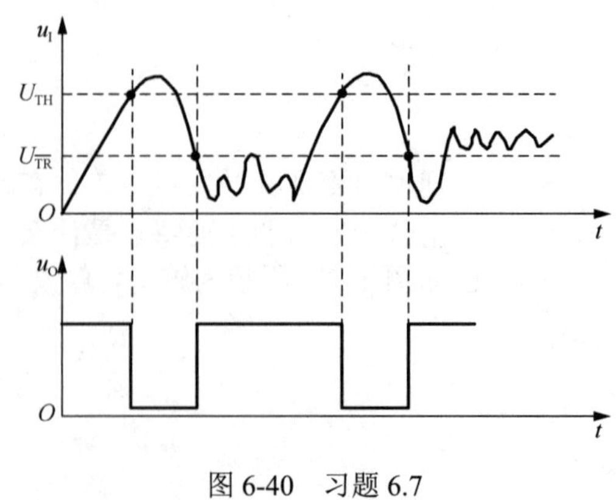

图 6-40　习题 6.7

6.10　在使用图 6-41 由 555 定时器组成的单稳态触发器电路时对触发脉冲的宽度有无限制？当输入脉冲的低电平持续时间过长时，电路应作何修改？

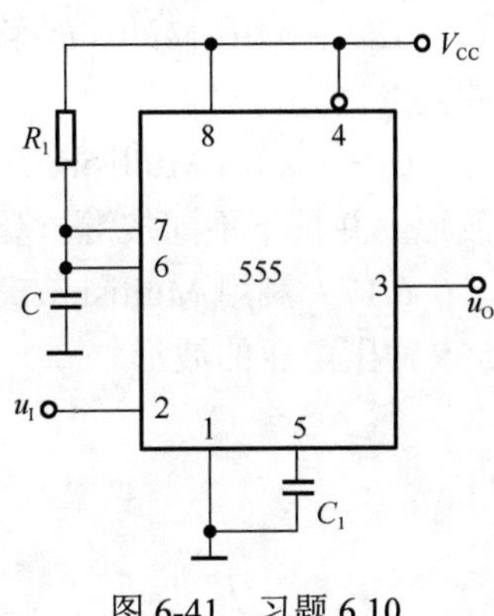

图 6-41　习题 6.10

6.11　试用 555 定时器设计一个单稳态触发器，要求输出脉冲宽度在 1～10s 的范围内可手动调节，给定 555 定时器的电源为 15V，触发信号来自 TTL 电路，高低电平分别为 3.4V 和 0.1V。

6.12　图 6-42 所示是一个简易电子琴电路，当琴键 S_1～S_n 均未按下时，晶体管 VT 接近饱和导通，u_E 约为 0V，使 555 定时器组成的振荡器停振，当按下不同琴键时，因 R_1～R_n 的阻值不等，扬声器发出不同的声音。

若 R_B=20kΩ，R_1=10kΩ，R_E=2kΩ，晶体管的电流放大系数 β=150，V_{CC}=12V，振荡器外接电阻、电容参数如图所示，试计算按下琴键 S_1 时扬声器发出声音的频率。

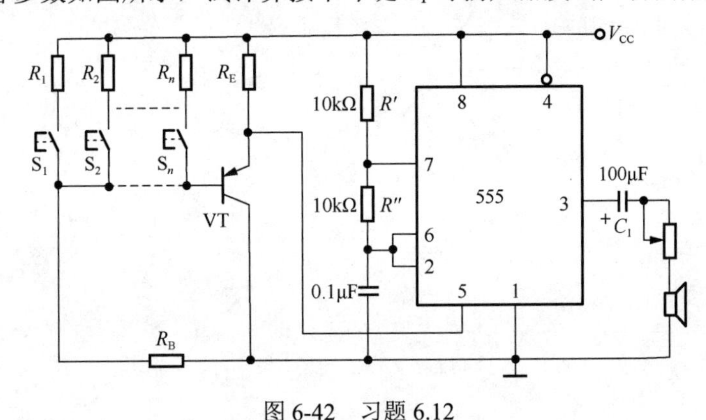

图 6-42　习题 6.12

6.13　图 6-43 是救护车扬声器发音电路。在图中给出的电路参数下，试计算扬声器发出声音的高、低音频率以及高、低音的持续时间。当 V_{CC}=12V 时，555 定时器输出的高、低电平分别为 11V 和 0.2V，输出电阻小于 100Ω。

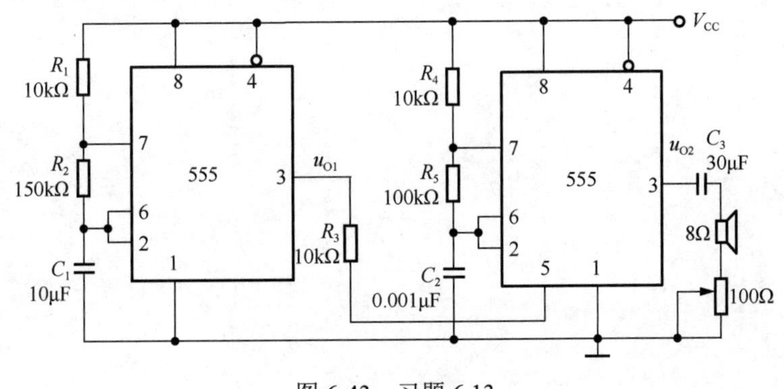

图 6-43　习题 6.13

6.14　利用 Multisim 软件仿真习题 6.4 所示两种电路，利用万用表测量求 U_{T+}、U_{T-} 及 ΔU_T 各为多少？

6.15　利用 Multisim 软件仿真习题 6.6 所示多谐振荡电路，利用示波器观察输出电压的波形。

6.16　利用 Multisim 软件仿真习题 6.12 所示电子琴电路，利用示波器观察输出电压的波形，并按下不同按键，观察输出电压的频率有何变化。

6.17　利用 Multisim 软件仿真习题 6.13 所示救护车扬声器电路，利用示波器观察两级 555 输出电压的波形。

第7章　半导体存储器与可编程逻辑器件

半导体存储器是一种能存储大量二值信息（或称为二值的数据）的半导体器件，是当今数字系统特别是计算机系统中不可缺少的组成部分，按集成度划分属于大规模集成电路。可编程逻辑器件（programmable logic device，PLD）是一种可以由用户定义和设置逻辑功能的器件，该器件具有结构灵活、集成度高、处理速度快和可靠性高等特点。本章首先介绍各种半导体存储器的工作原理、使用方法及特点，然后介绍存储器扩展存储容量的连接方法，最后介绍各种可编程逻辑器件的电路结构与工作原理。

7.1　概　　述

半导体存储器的种类很多，从存、取功能的角度，可以分为只读存储器（read-only memory，ROM）和随机存取存储器（random access memory，RAM）。ROM 在正常工作状态下只能从其中读出数据，但不能写入数据，存储的数据不会因断电而消失，即具有非易失性。其优点是电路结构简单，缺点是只适用于存储固定资料及程序的场合。RAM 在正常工作状态下可以随时向存储器里写入数据或从中读出数据。RAM 的缺点是数据易失，即一旦失电，所存的数据全部丢失。根据所采用的存储单元工作原理的不同，随机存取存储器分为静态随机存取存储器（static random access memory，SRAM）和动态随机存取存储器（dynamic random access memory，DRAM）。由于 DRAM 存储单元的结构非常简单，因此它能达到的集成度远高于 SRAM。但是 DRAM 的存取速度不如 SRAM 快。另外，从构成元件的角度，半导体存储器又可以分为双极型存储器和 MOS 型存储器。双极型存储器速度快，但功耗大，主要用于对速度要求高的场合；MOS 型存储器速度较慢，但功耗小，集成度高，工艺简单。

由于计算机处理的数据量越来越大，运算速度越来越快，这就要求存储器具有更大的存储容量和更快的存取速度，通常将存储容量和存取速度作为衡量存储器性能的重要指标。存储容量是指存储器所能存放信息的多少，容量越大，存放的信息就越多，系统的功能就越强。存储器的容量一般用字数 n 与字长 m 的乘积即 $n \times m$ 表示。存取时间一般用读/写周期来描述。读/写周期越短，存取的时间就越短，存储器的工作速度就越高。

7.2　只读存储器

ROM 存储的信息是固定的，由专用装置预先将信息写入，在正常工作状态下只能读出数据，不能写入数据。ROM 按存储内容存入方式的不同可分为掩模 ROM、可编程 ROM（programmable read-only memory，PROM）和可擦除可编程 ROM 等。

（1）掩模 ROM：这种 ROM 在制造时就将需要存储的信息用电路结构固定下来，用户使用时不得更改其存储内容，所以又称为固定存储器。

（2）可编程 ROM（PROM）：PROM 存储的数据是由用户按自己的需求写入的，但只能写一次，一经写入就不能更改。

（3）可擦除可编程 ROM：这类 ROM 由用户写入数据（程序），当需要修改时还可以擦除重写，使用较灵活。可擦除可编程 ROM 包括 EPROM、E^2PROM、Flash Memory 三种类型。

EPROM 是用浮栅技术生产的可编程存储器。其内容可通过紫外线照射被擦除，可多次编程，数据可保持 10 年左右。

E^2PROM 是用电信号擦除的可编程存储器，擦除的速度快（一般为毫秒数量级）。其电擦除过程就是改写过程，具有 ROM 的非易失性，又具备类似 RAM 的功能，可以随时改写（可重复擦写 1 万次以上）。数据可保持 10 年以上。

Flash Memory 是快闪存储器，存储器中数据的擦除和写入是分开进行的，数据写入方式与 EPROM 相同，一般一个芯片可以擦除/写入 100 次以上。

根据逻辑电路的特点，ROM 属于组合逻辑电路，即给一组输入（地址），存储器相应地给出一种输出（存储的字）。因此要实现这种功能，可以采用一些简单的逻辑门。

7.2.1　ROM 的电路结构

ROM 主要由地址译码器、存储矩阵和输出缓冲器三部分组成，其电路结构框图如图 7-1 所示。

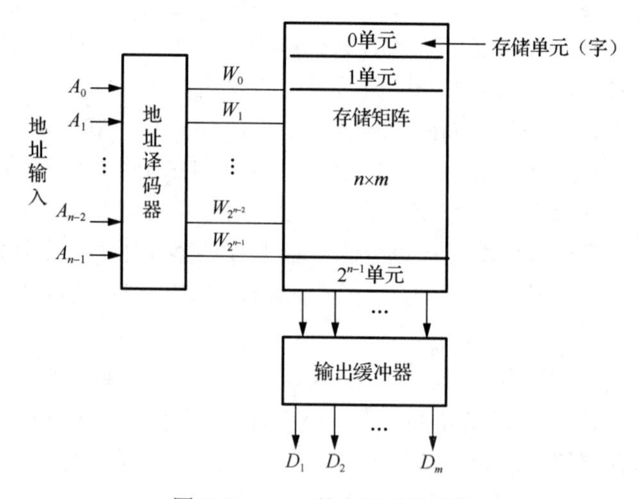

图 7-1　ROM 的电路结构框图

存储矩阵是存放信息的主体，它由多个存储单元组成，每个存储单元存放着由若干位组成的二进制代码，称为字，即 1 位二进制信息（**0** 或 **1**），一个存储单元所含有的基本存储信息单元的个数，即能存放的二进制数的位数称为存储器的字长。图 7-1 中字长为 m，也可以说字长为 m 位。地址译码器有 n 条地址输入线 $A_0 \sim A_{n-1}$，有 2^n 条输出线 $W_0 \sim W_{2^n-1}$，每条地址译码输出线 W_i 称为字线。为了读取不同信息单元存储的字，将各个单元编上代码，在地址输入端输入不同地址，就能在存储器输出端读出相应的字，即地址的输入代码与字的输出数据有固定的对应关系。地址译码器的 n 个输入端，经地址译码器译码之后有 2^n 个输出信息输出，这样每个输出信息对应存储器的 2^n 个存储单元，而每个单元存放一个字，

共有 2^n 个字。

存储器的存储容量是指存储器中总的基本存储信息单元（一位二进制数）的数量，由以上分析可以得出，对于有 n 位地址和 m 位字长的存储器来说，其存储容量可以表示为

$$存储容量=2^n 个字 \times m 位=2^n \times m$$

7.2.2　掩模 ROM

掩模 ROM 又称固定 ROM，这种 ROM 在制造时，生产厂利用掩模技术将信息写入存储器中，掩模 ROM 的内容写好后就不能再更改了，如果在编写的过程中出错，或者经过实践后需要对内容做些改动，则只能用新的芯片。掩模 ROM 具有性能可靠，大批量生产时成本低等优点，由于在制造时需要开膜，且费用可观，故只有在产品相当成熟且大批量生产或长时间应用时才考虑使用。

按使用的器件来分，掩模 ROM 可分为二极管 ROM、双极型晶体管 ROM 和 MOS 场效应晶体管 ROM 三种类型，即这三种类型 ROM 中的存储体分别由二极管、晶体管或 MOS 场效应晶体管来实现。本节以二极管 ROM 为例介绍其工作原理。

1. 二极管 ROM 的工作原理

图 7-2 所示为二极管 ROM 电路图，其中，W_0、W_1、W_2、W_3 是字线，D_0、D_1、D_2、D_3 是位线。2 位地址代码 A_1A_0 能给出 4 个不同的地址。地址译码器将这四个地址代码分别译成 W_0～W_3 共 4 根线上的高电平信号。例如，当地址码 A_1A_0=**00** 时，译码输出使字线 W_0 为高电平，与其相连接的二极管都导通，把高电平 **1** 送到位线上，于是 D_3、D_0 端得到高电平 **1**，W_0 和 D_1、D_2 之间没有接二极管，D_1、D_2 端得到低电平 **0**，同时字线 W_1、W_2、W_3 都是低电平，与它们相连的二极管都不导通。这样，在 $D_3\,D_2\,D_1\,D_0$ 端读到一个字 **1001**，它就是该矩阵第一行的输出；当地址码 A_1A_0=**01** 时，字线 W_1 为高电平，在位线输出端 $D_3\,D_2\,D_1\,D_0$ 读到字 **0111**，对应矩阵第二行的字输出；同理，当地址码 A_1A_0 分别为 **10** 和 **11** 时，

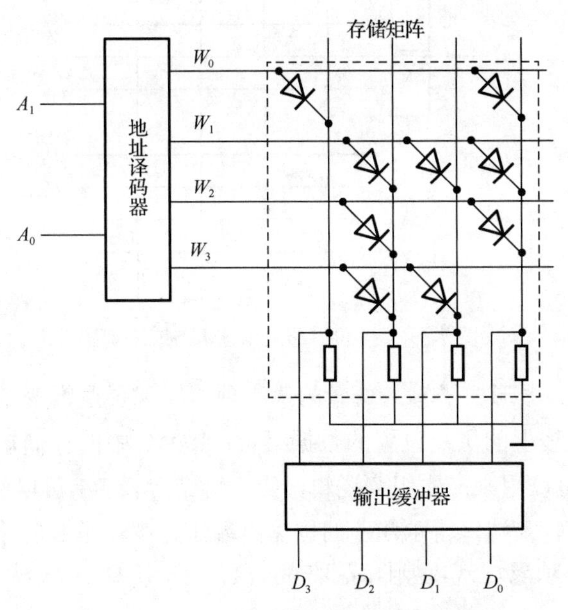

图 7-2　二极管 ROM 电路结构图

输出端将读到矩阵第三、第四行的字，输出分别为 **0101** 和 **0110**。在任意时刻，地址码的输出决定了只有一条字线是高电平，所以在 ROM 的输出端只会读到唯一的一个字。

输出缓冲器用的是三态门，它有两个作用，一是提高只读存储器带负载的能力；二是可以实现对输出端状态的控制，以便与系统总线连接。

将 ROM 的每个输入地址和对应的缓冲器输出数据列成表，就可以得到 ROM 的数据表，如 4×4 位二极管 ROM 的数据表如表 7-1 所示。

表 7-1　4×4 位二极管 ROM 的数据表

地址		数据			
A_1	A_0	D_3	D_2	D_1	D_0
0	**0**	**1**	**0**	**0**	**1**
0	**1**	**0**	**1**	**1**	**1**
1	**0**	**0**	**1**	**0**	**1**
1	**1**	**0**	**1**	**1**	**0**

由表 7-1 可知，当地址 A_1A_0 为 **00** 时，选中第一个存储单元，读出所存数据 **1001**；当地址为 **01** 时，选中第二个存储单元，读出所存数据 **0111**；当地址为 **10** 时，选中第三个存储单元，读出所存数据 **0101**；当地址为 **11** 时，选中第四个存储单元，读出所存数据 **0110**。

为清晰起见，可将图 7-2 中的所有的电阻器及缓冲器省略，将跨接有二极管的字线与地址线的交叉处以及字线和位线的交叉处（即功能表 7-1 中出 **1** 的点）用小黑点代替二极管，无二极管的交叉处不加小黑点，得到图 7-2 的简化图（即符号矩阵），如图 7-3 所示，该图也称为 ROM 的与或阵列图。

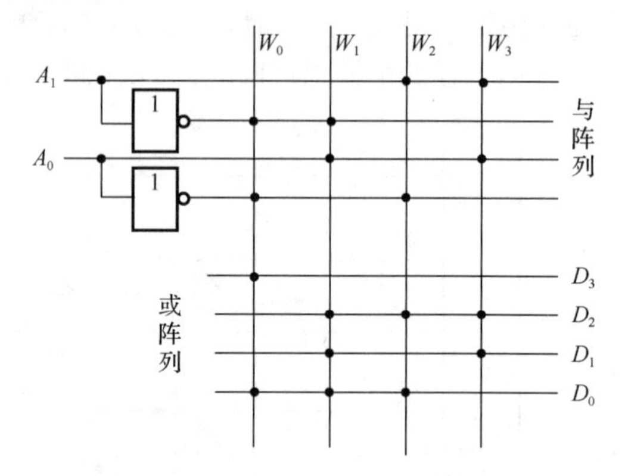

图 7-3　4×4 位二极管 ROM 与或阵列图

ROM 中地址译码器形成了输入变量的最小项，实现了逻辑变量的与运算，其代表的地址取决于与阵列竖线上的黑点位置的数据组合；ROM 中的存储矩阵实现了最小项的或运算，因而，ROM 可以用来产生组合逻辑函数。再结合表 7-1 可以看出，若将 ROM 的地址端作为逻辑变量的输入端，将 ROM 的位输出端作为逻辑函数的输出端，再列出逻辑函数式的真值表或最小项表达式，则图 7-3 中，D_3、D_2、D_1、D_0 就是 A_1、A_0 的一组逻辑函数。

1）与门阵列输出表达式

$$W_0 = \overline{A}_1\overline{A}_0,\quad W_1 = \overline{A}_1 A_0,\quad W_2 = A_1\overline{A}_0,\quad W_3 = A_1 A_0$$

2）或门阵列输出表达式

$$D_3 = W_0 = \overline{A_1}\,\overline{A_0} = m_0$$

$$D_2 = W_1 + W_2 + W_3 = \overline{A_1}A_0 + A_1\overline{A_0} + A_1A_0 = m_1 + m_2 + m_3$$

$$D_1 = W_1 + W_3 = \overline{A_1}A_0 + A_1A_0 = m_1 + m_3$$

$$D_0 = W_0 + W_1 + W_2 = \overline{A_1}\,\overline{A_0} + \overline{A_1}A_0 + A_1\overline{A_0} = m_0 + m_1 + m_2$$

2. ROM 应用举例

例 7.1　试用 ROM 产生下列一组组合逻辑函数。

$$\begin{cases} Y_3 = \overline{A}C\overline{D} + \overline{A}\,\overline{B}C\overline{D} + \overline{A}B\overline{C}\,\overline{D} \\ Y_2 = \overline{A}\,\overline{B}CD + \overline{A}BC\overline{D} + ABCD \\ Y_1 = \overline{A}CD + ABC\overline{D} \\ Y_0 = BCD + A\overline{B}C\overline{D} \end{cases}$$

解：首先将上式展开成最小项之和的形式。

$$\begin{cases} Y_3 = \overline{A}\,\overline{B}C\overline{D} + \overline{A}BC\overline{D} + \overline{A}B\overline{C}\,\overline{D} \\ Y_2 = \overline{A}\,\overline{B}CD + \overline{A}BC\overline{D} + ABCD \\ Y_1 = \overline{A}\,\overline{B}CD + \overline{A}BCD + ABC\overline{D} \\ Y_0 = \overline{A}BCD + ABCD + A\overline{B}C\overline{D} \end{cases}$$

由于 ROM 中每根字线就是一个最小项的译码输出（$W_i = m_i$），将组合逻辑函数的输入变量接到 ROM 的地址译码器的输入端，逻辑函数的输出端接到 ROM 的位输出端，上式可以写成如下形式：

$$\begin{cases} Y_3 = m_2 + m_4 + m_6 = W_2 + W_4 + W_6 \\ Y_2 = m_3 + m_6 + m_{15} = W_3 + W_6 + W_{15} \\ Y_1 = m_3 + m_7 + m_{14} = W_3 + W_7 + W_{14} \\ Y_0 = m_7 + m_{10} + m_{15} = W_7 + W_{10} + W_{15} \end{cases} \tag{7-1}$$

因为这一组逻辑函数有四个输入变量、四个输出变量，因此应选用有 4 位输入地址的 ROM。最小项译码器输出八个最小项 m_0～m_7，分别对应八条字线 W_0～W_7。在存储矩阵中，一共有四条位线 D_3、D_2、D_1、D_0，根据式（7-1）将每条位线相对应的字线（最小项）的交叉点打上黑点，即得到由 ROM 实现组合逻辑函数的矩阵，如图 7-4 所示。

从例 7.1 可知，用 ROM 实现组合逻辑函数简单方便，只要将函数的标准与或式写入 ROM 存储矩阵即可。

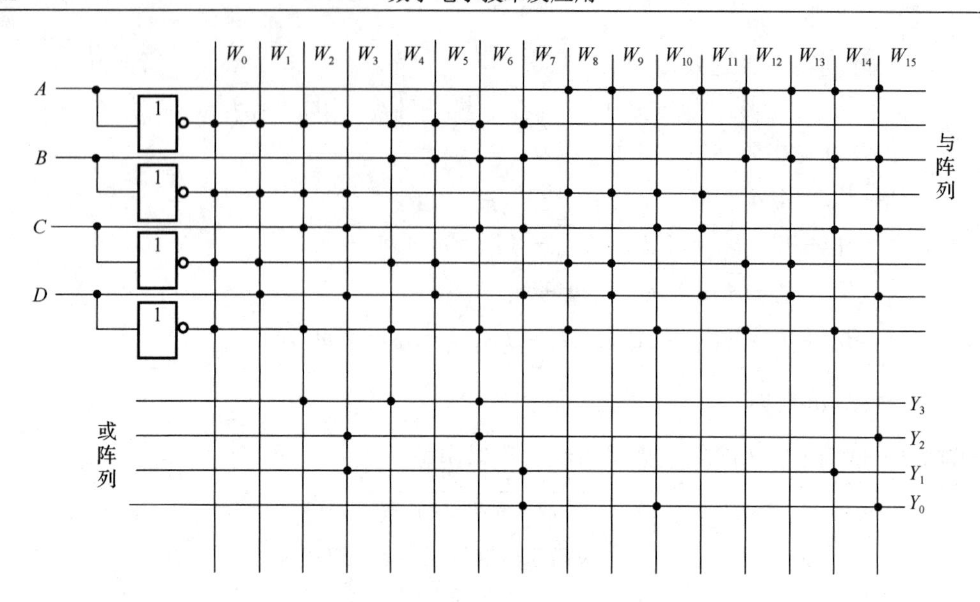

图 7-4　例 7.1 中的 ROM 存储阵列

例 7.2　利用 ROM 完成 8421 码与余 3 码的转换。

解：设 8421 码为 $A_3A_2A_1A_0$，余 3 码为 $Y_3Y_2Y_1Y_0$，二者之间的对应关系如表 7-2 所示。

表 7-2　8421 码与余 3 码之间的转换

十进制数	8421 码				余 3 码			
	A_3	A_2	A_1	A_0	Y_3	Y_2	Y_1	Y_0
0	0	0	0	0	0	0	1	1
1	0	0	0	1	0	1	0	0
2	0	0	1	0	0	1	0	1
3	0	0	1	1	0	1	1	0
4	0	1	0	0	0	1	1	1
5	0	1	0	1	1	0	0	0
6	0	1	1	0	1	0	0	1
7	0	1	1	1	1	0	1	0
8	1	0	0	0	1	0	1	1
9	1	0	0	1	1	1	0	0

根据表 7-2，列出余 3 码 4 位输出的最小项之和表达式如下：

$$\begin{cases} Y_3 = m_5 + m_6 + m_7 + m_8 + m_9 = \sum m(5,6,7,8,9) \\ Y_2 = m_1 + m_2 + m_3 + m_4 + m_9 = \sum m(1,2,3,4,9) \\ Y_1 = m_0 + m_3 + m_4 + m_7 + m_8 = \sum m(0,3,4,7,8) \\ Y_0 = m_0 + m_2 + m_4 + m_6 + m_8 = \sum m(0,2,4,6,8) \end{cases}$$

取具有 4 位地址输入、4 位数据输出的 16×4 位 ROM，将四个输入变量分别接至地址输入端 A_3、A_2、A_1、A_0，按照逻辑函数的要求存入相应数据，即可在数据输出端获得 Y_3、Y_2、Y_1、Y_0。具体实现阵列如图 7-5 所示。

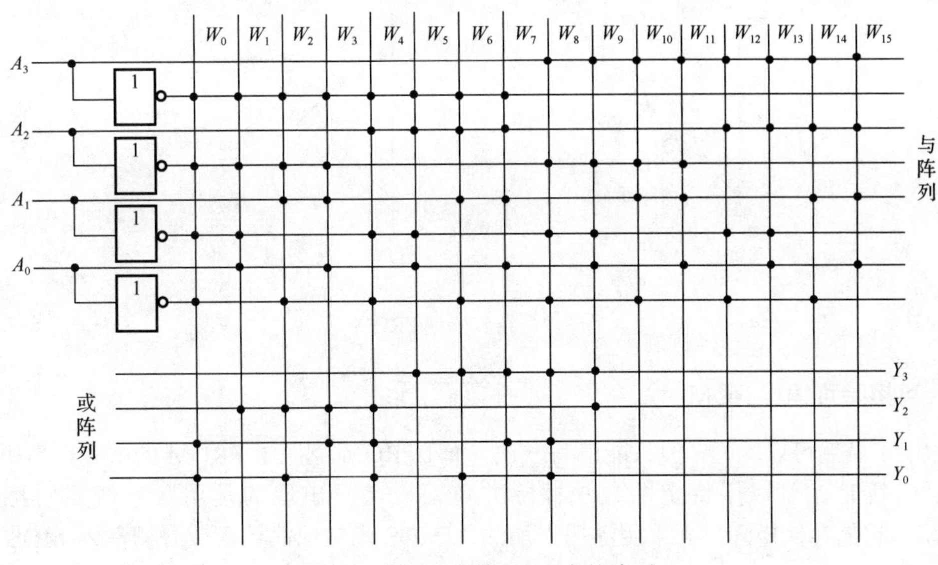

图 7-5　例 7.2 中的 ROM 存储阵列

例 7.2 虽然是利用 ROM 完成 8421 码到余 3 码的转换，但仍然是将 8421BCD 码与余 3 码的关系以一组组合逻辑函数的形式表现出来，然后将这一组组合逻辑函数写入 ROM 存储矩阵即可。

7.2.3　可编程 ROM

掩模 ROM 在出厂前已经写好了内容，使用时只能根据需要选用某一电路。PROM 封装出厂前，存储单元中的内容全为 **1**（或全为 **0**）。用户在使用时可以根据需要，将某些单元的内容改为 **0**（或改为 **1**），此过程称为编程。图 7-6 所示是 PROM 的一种存储单元，图中的二极管位于字线与位线之间，二极管前端串有熔丝，在没有编程前，存储矩阵中的全部存储单元的熔丝都是连通的，即每个单元存储的都是 **1**。用户使用时，只需按自己的需要，借助一定的编程工具，将某些存储单元上的熔丝用大电流烧断，该单元存储的内容就变为 **0**，其余二极管的熔丝保留。由于熔丝烧断后不能再接上，故 PROM 只能进行一次编程。

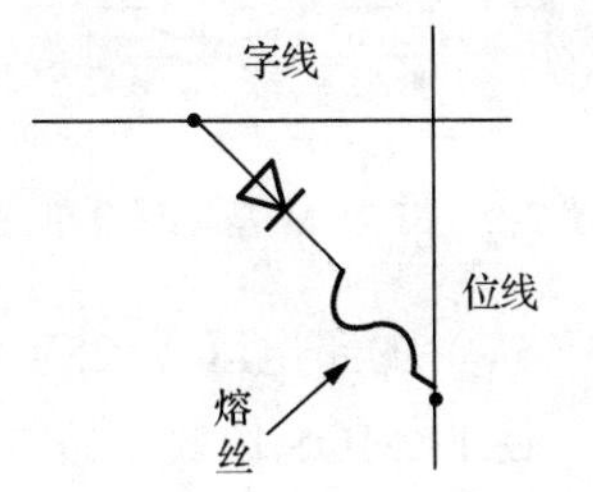

图 7-6　熔丝型 PROM 的存储单元

图 7-7 为结破坏型 PROM 存储单元，出厂时，字线和位线交叉处均接有正、反相连接的两个肖特基二极管，这种二极管反向击穿电压较低，当字线为 **1** 时，图 7-7（a）中二极管 VD_2 处于反向连接，因而出厂时位线输出总是 **0**，若需要将该单元改写为 **1**，可使用规定的脉冲电流（约 100～150mA）将 VD_2 管击穿短路，存储单元只剩下一个正向连接的二极管 VD_1，如图 7-7（b）所示，这时若字线为 **1**，显然输出的位线上也为 **1**，即相当于该单元存储了 **1**。

综上所述，PROM 一旦写入数据后，便不能再做修改，因而只适于小批量而且已经定型的产品生产。

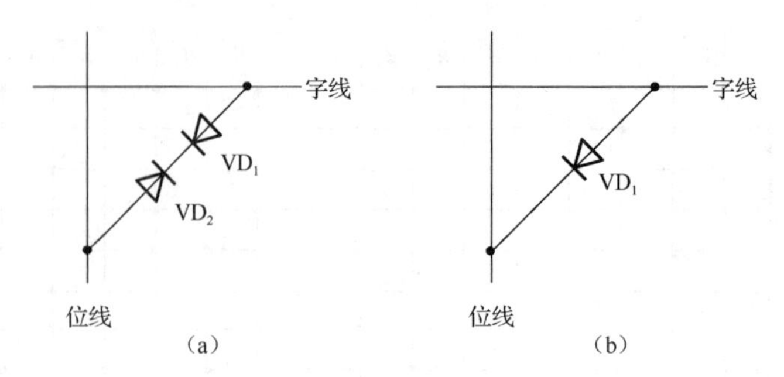

图 7-7　结破坏型 PROM

7.2.4　可擦除可编程 ROM

PROM 虽然可以编程，但只能编写一次，而 EPROM 克服了 PROM 的缺点，当所存数据需要更新时，可以用特定的方法擦除并重写。最早出现的是用紫外线照射擦除的 EPROM，它的存储矩阵单元采用浮栅雪崩注入 MOS 场效应晶体管或叠栅注入 MOS 场效应晶体管。

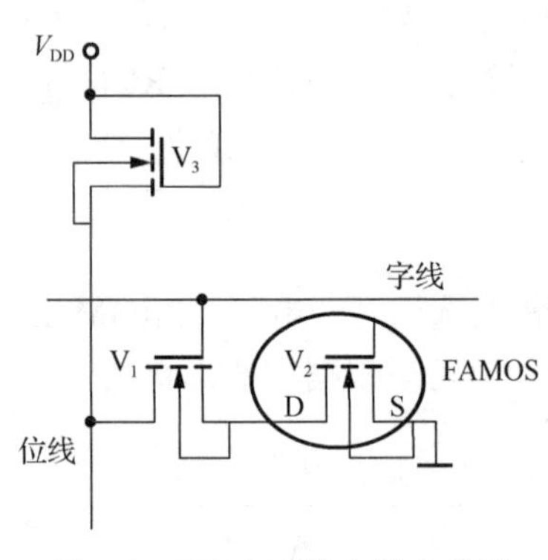

图 7-8　EPROM 基本耦合单元

图 7-8 所示为 EPROM 的基本耦合单元。图中，MOS 场效应晶体管 V_3 的作用相当于一个电阻器，V_2 为浮栅雪崩注入 MOS 场效应晶体管，称为 FAMOS 场效应晶体管，FAMOS 场效应晶体管的栅极完全被二氧化硅绝缘层包围，因无导线外引而呈悬浮状态，故称为浮栅。出厂时，所有 FAMOS 场效应晶体管的浮栅都不带电荷，FAMOS 场效应晶体管处于截止状态，由于 V_2 和 V_1 都属于增强型 N 沟道 MOS 场效应晶体管，所以 FAMOS 场效应晶体管 V_2 是不导通的。位线通过 V_3 接电源 V_{DD} 正极，故全部内存都呈 **1** 状态；若 FAMOS 场效应晶体管 V_2 漏极 D 接高于正常工作电压（5V）的正电压（+25V），则漏极-源极之间瞬时发生雪崩击穿，浮栅极内将累积正电荷，使 FAMOS 场效应晶体管 V_2 导通，高压撤销后，由于浮栅中的正电荷被二氧化硅包围而无处泄漏，因此能长期保存下来，在 125℃的环境温度下，70%以上的电荷能保存 10 年以上。故 V_2 管总处于导通接地状态，这时若字线为 **1** 使 V_1 管饱和导通，则将 FAMOS 场效应晶体管 V_2 接地的零电平送入位线，即相当于该单元中存入了信息 **0**。

为便于擦除，芯片的封装外壳装有透明的石英盖板，若用紫外线灯照射 EPROM 芯片上的玻璃窗口 20min 左右，则所有 FAMOS 浮栅中的电荷都会消失，使 EPROM 恢复到出厂时的全 **1** 状态，又可再次写入新的内容。EPROM 常用于实验性开发和小批量生产中，一旦 EPROM 写好内容后，其玻璃窗要用黑色胶带贴上，以免紫外线透入，这样通常可使数据保持 10 年以上。

EPROM 的主要用途是在计算机电路中作为程序存储器使用，在数字电路中，也可以用来实现码制转换、字符发生器、波形发生器电路等。

7.2.5　电信号擦除的可编程 ROM

电信号擦除的可编程的只读存储器（electrically erasable programmable read only memory，E^2PROM）：与 EPROM 相似，E^2PROM 中的内容既可以读出，也可以进行改写。只不过这种存储器是用电擦除的方法进行数据的改写。

E^2PROM 中的存储单元如图 7-9 所示，采用浮栅隧道氧化层 MOS 场效应晶体管（floating gate tunnel oxide，简称 Flotox 管），Flotox 管也是一个 N 沟道增强型的 MOS 场效应晶体管，其符号如图 7-9（a）所示，它有两个栅——控制栅 G_C 和浮栅 G_f，在浮栅与漏极区之间有一小块面积极薄的二氧化硅绝缘层，称为隧道区。当隧道区的电场强度大到一定程度（>10^7 V/cm）时，漏区和栅区之间出现导电隧道，电子可以双向通过，形成电流，这种现象就是隧道效应。

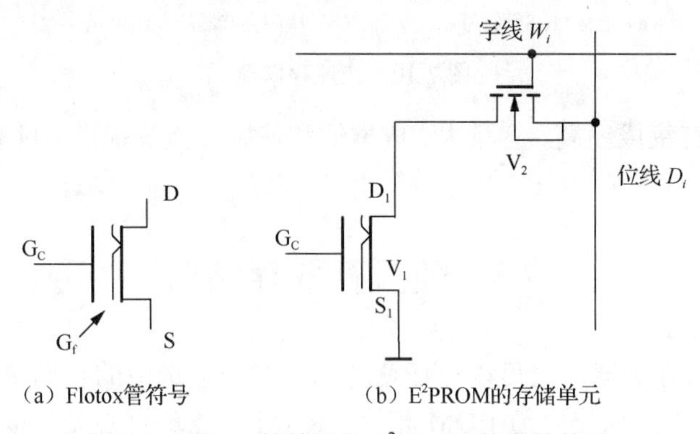

图 7-9　Flotox 管符号及 E^2PROM 的存储单元

图 7-9（b）电路中 V_2 是选通管，若使 $W_i = \mathbf{1}$，D_i 接地，则 V_2 导通，V_1 漏极（D_1）接近地电位。此时在 V_1 控制栅 G_C 上加上 21V 正脉冲，通过隧道效应，电子由衬底注入到浮栅 G_f，脉冲过后，控制栅加上+3V 电压，由于 V_1 浮栅上积累了负电荷，V_1 截止，在位线 D_i 读出高电平 **1**；若 V_1 控制栅 G_C 接地，$W_i = \mathbf{1}$，D_i 加上 21V 正脉冲，使 V_1 漏极获得约+20V 的高电压，则浮栅上的电子通过隧道返回衬底，脉冲过后，正常工作时 V_1 导通，在位线上读出 **0**。可见 Flotox 管是利用隧道效应使浮栅俘获电子的。

由于 E^2PROM 擦除和写入时需要加高电压信号（20V，正常高电平 5V），同时存储单元仍然使用两只 MOS 场效应晶体管，工作时间较长，限制了集成度的进一步提高，为此产生了新的电信号擦除的可编程 ROM——快闪存储器。

7.2.6　快闪存储器

快闪存储器（flash memory）简称闪存，闪存的特性介于 EPROM 和 E^2PROM 之间，类似 E^2PROM，它吸收了 EPROM 结构简单、编程可靠的优点，又保留了 E^2PROM 用隧道效应擦除快捷的特性，而且集成度可以做得很高。闪存也可使用电信号进行信息的擦除操作。整块闪存可以在数秒内删除，速度远快于 EPROM。

图 7-10 所示中快闪存储器采用的是叠栅 MOS 管，快闪存储器的存储单元就是用这样一支单管组成的，其写入方法和 EPROM 相同，即利用雪崩注入的方法使浮栅充电。

在读出状态下，字线加上+5V，若浮栅上没有电荷，则叠栅 MOS 管导通，位线输出低电平；如果浮栅上充有电荷，则叠栅管截止，位线输出高电平。

擦除方法是利用隧道效应进行的，类似于 E^2PROM 写 **0** 时的操作。在擦除状态下，控制栅处于 **0** 电平，同时在源极加入幅度为 12V 左右、宽度为 100ms 的正脉冲，在浮栅和源极区间极小的重叠部分产生隧道效应，使浮栅上的电荷经隧道释放。由于片内所有叠栅 MOS 管的源极连接在一起，因而擦除时是将全部存储单元同时擦除。

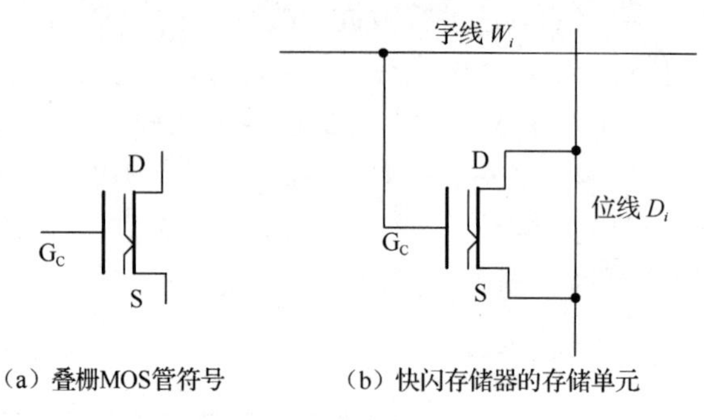

（a）叠栅MOS管符号　　（b）快闪存储器的存储单元

图 7-10　快速存储器

快闪存储器具有集成度高、容量大、成本低和使用方便等优点。目前已有 64 兆位的产品问世。

7.3　随机存取存储器

RAM 又叫读写存储器，它可以在任意时刻，对任意选中的存储单元进行信息的存入（写入）或取出（读出）操作。与 ROM 相比，RAM 最大的优点是存取方便、使用灵活，既能不破坏地读出所存信息，又能随时写入新的内容。其缺点是一旦停电，所存内容便全部丢失。

RAM 由存储矩阵、地址译码器、读/写控制电路、输入/输出（I/O）电路和片选控制电路等组成，其结构示意图如图 7-11 所示。

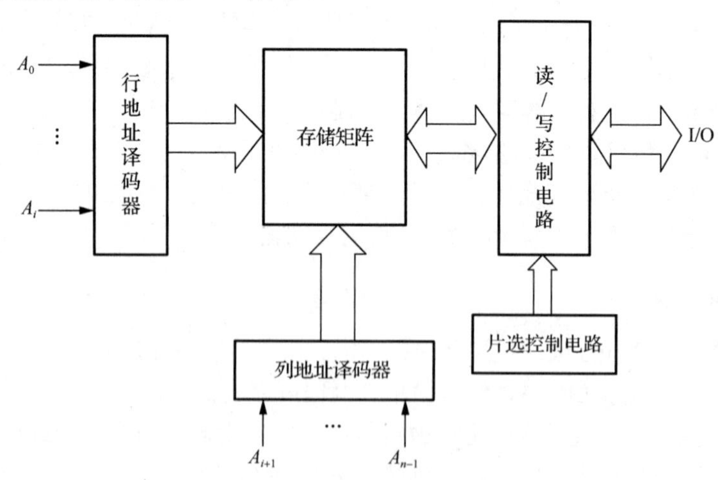

图 7-11　RAM 结构示意图

存储矩阵由许多个信息单元排列成 n 行、m 列的矩阵组成，共有 $n \times m$ 个信息单元，每个信息单元（即每个字）有 k 位二进制数（**1** 或 **0**），存储器存储单元中的数量称为存储容量，地址译码器分为行地址译码器和列地址译码器，它们都是线译码器。在给定地址码后，行地址译码器输出线（称其为行选线或字线，用 X 表示）中有一条为有效电平，它选中一行存储单元，同时列地址译码器的输出线（称为列选线或位线，用 Y 表示）中也有一条为有效电平,它选中一列（或几列）存储单元，这两条输出线（行与列）交叉点处的存储单元便被选中（可以是一位或几位），这些被选中的存储单元由读/写控制电路控制，与 I/O 端接通，实现对这些单元的读或写操作。例如，一个容量为 256×4 位的 RAM，有 1024 个存储单元。这些存储单元可以排成 32 行×32 列的矩阵形式，如图 7-12 所示。图中每行有 32 个存储单元（圆圈表示存储单元），可存储八个字：每四列为一个字列，每个字列可存储 32 个字。每根行选择线选中一行，每根列选择线选中一列。因此，如图 7-12 所示的存储矩阵有 32 根行选择线和八根列选择线。如果行、列地址译码器译出了 X_0 和 Y_0 均为 **1**，则选中了第一个信息单元，而第一个信息单元有四个存储单元，既这四个存储单元被选中，可以对这四个存储单元进行读出或写入操作。

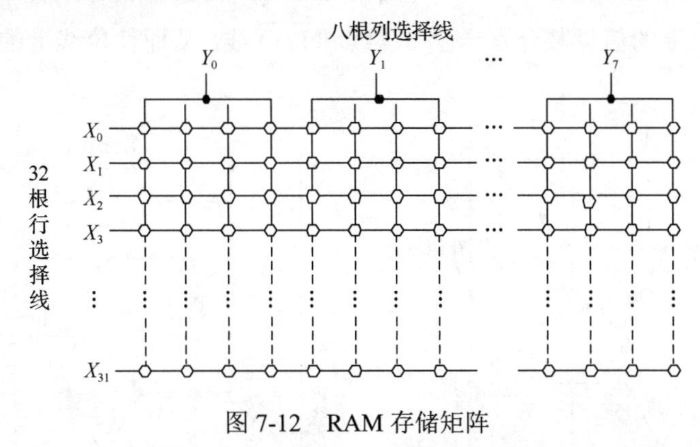

图 7-12　RAM 存储矩阵

由前所述，一个 RAM 由若干个字和位组成，通常信息的读出和写入是以字为单位进行的，即每次读出和写入一个字。为了区别各个不同的字，将存放同一个字的各个存储单元编为一组，并编上一个号码，称为地址。不同的字单元具有不同的地址，从而在进行读写操作时，便可以按照地址选择需要访问（即进行读写操作）的字单元。地址的选择是通过地址译码器来实现的。在大容量的存储器中，通常将输入地址分为两部分，分别由行译码器和列译码器译码。行、列译码器的输出即为行、列选择线，由它们共同确定欲选择的地址单元。只有被行选择线和列选择线都选中的单元才能被访问，才可以进行读出或写入操作，而其余任何字单元都不会被选中。

访问 RAM 时，对被选中的地址单元，究竟是读还是写，由读/写控制线进行控制。例如，有的 RAM 读/写控制线为高电平时是读，为低电平时是写；也有的 RAM 读/写控制线是分开的，一根为读，另一根为写。

RAM 通过 I/O 端与计算机的中央处理器（CPU）交换信息，读时它是输出端，写时它是输入端，即一线二用，由读/写控制线控制。I/O 端数由一个地址中寄存器的位数决定。例如，在 256×4 位 RAM 中，每个地址中有四个存储单元，所以有四根 I/O 线；而在 1024×1 位 RAM 中，每个地址中只有一个地址单元，所以只有一个 I/O 端。也有的 RAM，其输入线和输出线是分开的，输出端一般具有集电极开路或三态输出结构。

由于集成度的限制，目前单片 RAM 的容量是有限的。对于一个大容量的存储系统，往往需要由若干片 RAM 组成。而在进行读/写操作时，一次仅与这些片中的某一片或几片传递信息。RAM 芯片的片选信号线就是用来实现这种控制的。在片选信号线上加入有效电平，芯片即被选中，可以进行读/写操作，否则芯片不工作。

RAM 按照电路结构和工作原理的不同，可把 RAM 分成静态 RAM 和动态 RAM 两种。

7.3.1　静态 RAM

SRAM 的存储单元由静态 MOS 电路或双极型电路组成，MOS 型 RAM 存储容量大、功耗低，而双极型 RAM 的存取速度快。

SRAM 的存储单元如图 7-13 所示，图 7-13（a）是由六个 N 沟道增强型 MOS 场效应晶体管（$V_1 \sim V_6$）组成的存储单元。V_1、V_2 构成的反相器与 V_3、V_4 构成的反相器交叉耦合组成一个 RS 触发器，可存储一位二进制信息。Q 和 $\overline{Q}$ 是 RS 触发器的互补输出。V_5、V_6 是行选通管，受行选线 X（相当于字线）控制，行选线 X 为高电平时 Q 和 $\overline{Q}$ 的存储信息分别送至位线 D 和位线 $\overline{D}$ 上。V_7、V_8 是列选通管，受列选线 Y 控制，列选线 Y 为高电平时，位线 D 和 $\overline{D}$ 上的信息被分别送至 I/O 线和 $\overline{\text{I/O}}$ 线，从而使位线上的信息同外部数据线相通。

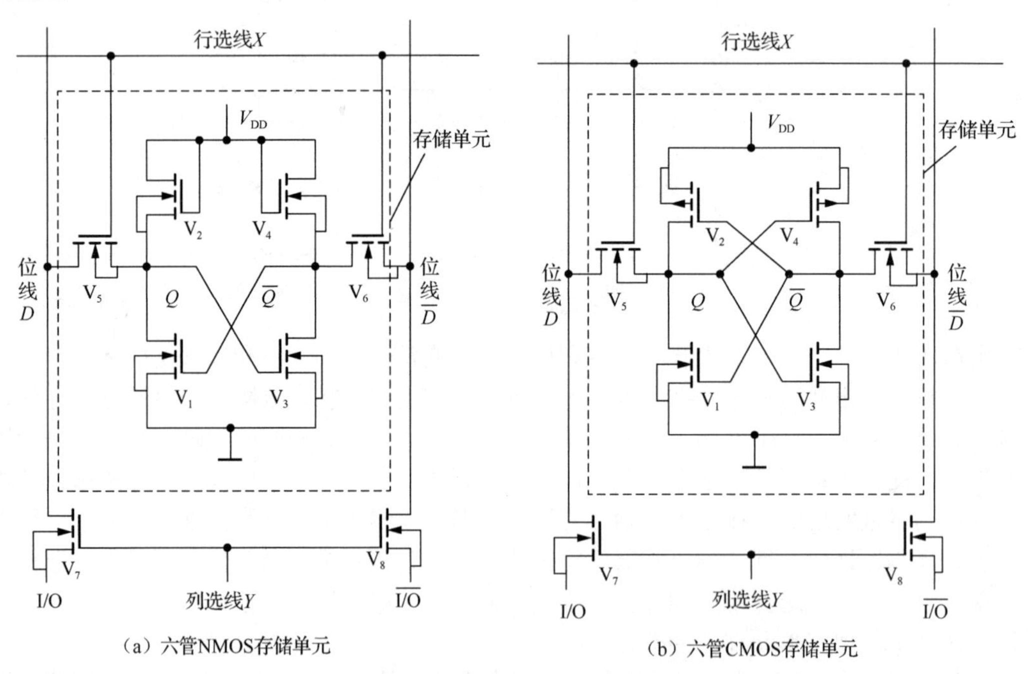

（a）六管NMOS存储单元　　（b）六管CMOS存储单元

图 7-13　SRAM 存储单元

读出操作时，行选线 X 和列选线 Y 同时为 1，则存储信息 Q 和 $\overline{Q}$ 被读到 I/O 线和 $\overline{\text{I/O}}$ 线上。写入信息时，X、Y 线也必须都为 1，同时要将写入的信息加在 I/O 线上，经反相后 $\overline{\text{I/O}}$ 线上有其相反的信息，信息经 V_7、V_8 和 V_5、V_6 加到触发器的 Q 端和 $\overline{Q}$ 端，也就是加在了 V_3 和 V_1 的栅极，从而使触发器触发，即信息被写入。

由于 CMOS 电路具有微功耗的特点，目前大容量的静态 RAM 中几乎都采用 CMOS 存储单元，其电路图如图 7-13（b）所示。CMOS 存储单元结构形式和工作原理与图 7-13（a）相似，不同的是两个负载管 V_2、V_4 改用了 P 沟道增强型 MOS 管，图中用栅极上的圈

表示 V_2、V_4 为 P 沟道增强型 MOS 管，栅极上没有小圆圈的为 N 沟道增强型 MOS 管。

SRAM 的特点是，数据由触发器记忆，只要不断电，数据就能永久保存。

7.3.2　动态 RAM

DRAM 利用 MOS 场效应晶体管栅极电容存储信息。由于电容器上的电荷将不可避免地因漏电等因素而损失，为了保护原来存储的信息不变，必须定期对存储信息的电容进行充电（称为刷新）。DRAM 只有在进行读/写操作时才消耗功率，因此功耗极低，非常适宜制成大规模集成电路。

DRAM 的存储矩阵由单管动态 MOS 存储单元组成，如图 7-14 所示。动态 MOS 存储单元利用 MOS 管 V 的栅极电容来存储信息，但由于栅极电容的容量很小，而漏电流又不可能绝对等于 **0**，因此电荷保存的时间有限。为了避免存储信息丢失，必须定时地给电容补充漏掉的电荷，通常将这种操作称为刷新或再生，因此 DRAM 内部要有刷新控制电路，其操作也比 SRAM 复杂。尽管如此，由于 DRAM 存储单元的结构也能做得非常简单，所用元件少，功耗低，已成为大容量 RAM 的主流产品。

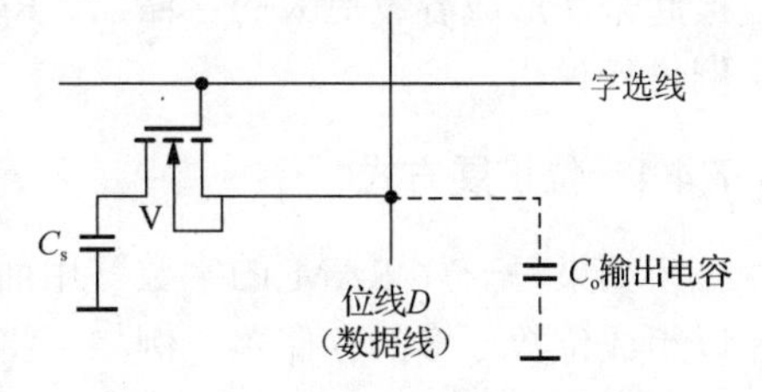

图 7-14　单管动态 MOS 存储单元

7.3.3　RAM 的应用

RAM 应用领域很广泛，在微型计算机、单片机系统中几乎少不了它。

1. 系统断电后数据保护

在有些应用场合，不仅要求对现场不断变化的数据作即时记忆，还要求当系统断电时能将当时的数据保存下来。显然，对于前一个要求，RAM 是符合的，但 RAM 是易失性器件，它所保存的有效信息在断电后会立即丢失。低功能 SRAM 的出现，用锂电池（或可充电电池）来进行断电数据保护成为可能［一节 3V 锂电池可维持一片 62256（32K×8 位）芯片大约三年以上数据不丢失］。图 7-15 所示为一种 RAM 数据断电保护电路。图中+5V 是系统提供的工作电源，3V 锂电池是维持 RAM 数据用的备用电源。当系统正常运行时，由于系统提供的+5V 电源电压高于 3V 锂电池备用电源电压，故二极管 VD_1 导通，VD_2 截止，这时 3V 锂电池无电压输出，RAM 的工作电压由系统提供。当系统失电后，系统提供的工作电源电压低于 3V 锂电池提供的工作电压，在维持电压下，维持电流很小，所以它能在相当长时间内保持 RAM 内数据不丢失。在实际应用中，为了避免系统在失电的瞬间可能对 RAM 的误写，硬件上还需对片选端加以控制。

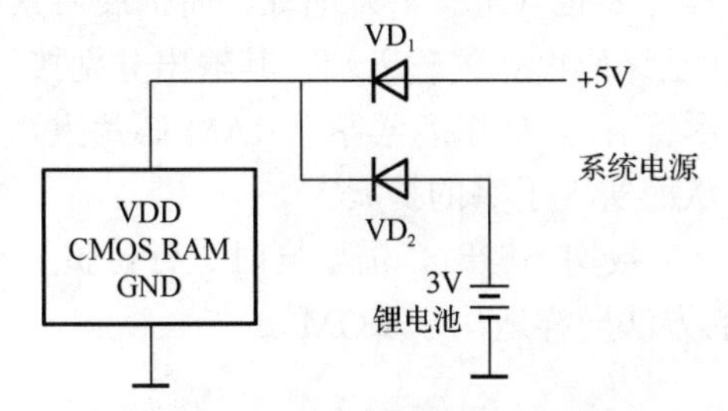

图 7-15　RAM 数据断电保护电路图

2. 存储器的扩展使用

在实际数字系统应用中，有时现有的单片 RAM 的字线或位线会不够，这就需要用几片 RAM 进行扩展以满足实际的要求，即存储器的扩展。

7.4 存储器容量的扩展

利用单片 ROM/RAM 无法完成工作时（位数或字数不够），需要将多片 ROM/RAM 连接起来，形成容量更大的存储器。ROM 或 RAM 的扩展方法类似，这里以 RAM 的扩展为例进行说明。

7.4.1 位扩展方式

如果每一片 RAM 的字数够用而每个字的位数不够用，那么需要进行位扩展的连接，以组成位数更多的存储器。例如，将四片 1024（2^{10}）×1 位的 RAM 连接组成 1024×4 位的 RAM，如图 7-16 所示。

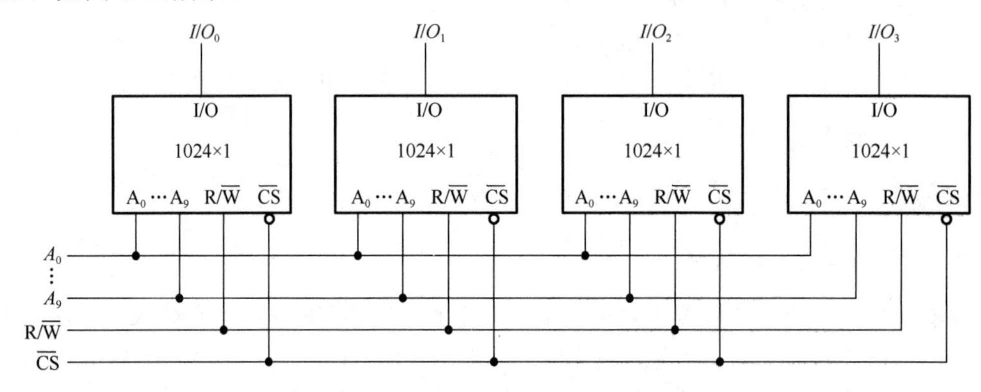

图 7-16　RAM 的位扩展接法

连接时，将每片 1024×1 位 RAM 的地址线、$R/\overline{W}$、$\overline{CS}$ 分别并联即可。每片 RAM 的 I/O 端分别作为 1024×4 位 RAM 的 I/O 数据端的一位。

7.4.2 字扩展方式

如果每片 RAM 的位数够用而字数不够用，那么需要进行字扩展的连接，以组成字数更多的存储器，例如，一片 RAM 的容量是 256(2^8)×8 位，需要 1024(2^{10})×8 位的容量时，将四片 RAM 连接即可，如图 7-17 所示。

由图知，一片 RAM 具有 8 位（A_0～A_7）地址，而扩展后具有 10 位地址（A_0～A_9）。增加的 2 位地址 A_8、A_9 加至译码电路的输入端，其输出分别接至每片 RAM 的 $\overline{CS}$ 端。这样，当输入一组地址时，尽管 A_7～A_0 并接至各个 RAM 芯片上，但由于译码器的作用，只有一个芯片被选中工作，从而实现了字的扩展。

当使用的 RAM 位数、字数均不够时，需要同时进行位扩展和字扩展。

上述位扩展、字扩展的方法同样适用于 ROM。

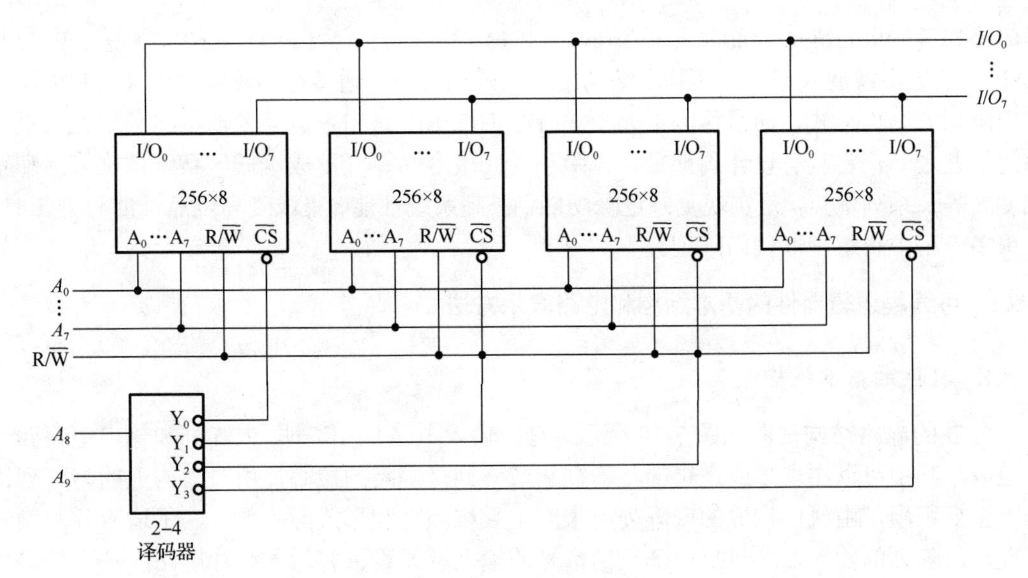

图 7-17　RAM 的字扩展接法

7.5　可编程逻辑器件简介

可编程逻辑器件（programmable logic device，PLD）是 20 世纪 80 年代以后迅速发展起来的一种新型半导体数字集成电路，它的最大特点是可以通过编程的方法实现逻辑函数的功能。

20 世纪 60 年代以来，数字集成电路经历了从 SSI、MSI、LSI 到 VLSI 的发展过程。数字集成电路按照芯片设计方法的不同大致分为三类：①通用型中、小规模集成电路；②大规模、超大规模集成电路，如微处理器，单片机等；③专用集成电路（application specific integrated circuit，ASIC）。其中，ASIC 是一种专门为某一应用领域或为专门用户需要设计制造的 LSI 或 VLSI 电路，它可以将某些专用电路或电子系统设计在一个芯片上，构成单片集成系统。ASIC 分为全定制和半定制两类，全定制 ASIC 的硅片没有经过预加工，其各层掩模都是按特定电路功能专门制造的；半定制 ASIC 是按一定规格预先加工好的半成品芯片，然后按具体要求进行加工制造，包括门阵列、标准单元和可编程逻辑器件三种。PLD 是 ASIC 的一个重要分支，它是厂家作为一种通用型器件生产的半定制电路，用户可以利用软、硬件开发工具对器件进行设计和编程，使之实现所需要的逻辑功能。由于它是用户可配置的逻辑器件，使用灵活，设计周期短，费用低，而且可靠性好，因而很快得到普及应用。

可编程逻辑器件按集成度分为低密度 PLD（LDPLD）和高密度 PLD（HDPLD）。LDPLD 是早期开发的可编程逻辑器件，主要产品有 PROM、现场可编程逻辑阵列（FPLA）、可编程阵列逻辑（programmable array logic，PAL）和通用阵列逻辑（generic array logic，GAL）。这些器件结构简单，具有成本低、速度高、设计简单等优点，但其规模较小（通常每片只有数百门），难以实现复杂的逻辑。

HDPLD 是 20 世纪 80 年代中期发展起来的产品，它包括可擦除、可编程逻辑器件（EPLD）、复杂可编程逻辑器件（complex programmable logic device，CPLD）和现场可编程门阵列（field programmable gate array，FPGA）三种类型。EPLD 和 CPLD 是在 PAL 和 GAL 的基础上发展起来的，其基本结构由与或阵列组成，通常称为阵列型 PLD；FPGA 具有门阵列的结构形式，通常称为单元型 PLD。HDPLD 是当今数字逻辑电路应用领域最热门的话题之一，它具有设计周期短、风险小、修改容易、开发成本低、系统结构灵活和集成度高等一系列优点，是实现复杂逻辑功能，提高系统性能、集成度和可靠性的有力工具，在很多应用中正逐步取代门阵列。

7.5.1　可编程逻辑器件的基本结构和电路表示方法

1. PLD 的基本结构

PLD 的电路结构框图如图 7-18 所示。它由输入电路、与阵列、或阵列和输出电路四部分组成。其中可以实现与或逻辑的与阵列和或阵列是电路的核心，由与门构成的与阵列用来产生乘积项，由或门构成的或阵列用来产生乘积项之和形式的函数。为了适应各种输入情况，门阵列的输入端（包括内部反馈信号的输入端）设置有输入缓冲电路，从而使输入信号有足够的驱动能力，并产生互补的原变量和反变量。输出结构相对于不同的 PLD 差异很大，输出可以是高电平有效，也可以是低电平有效。输出端一般采用三态输出结构，设置内部通路，可以将输出信号反馈到与阵列的输入端。

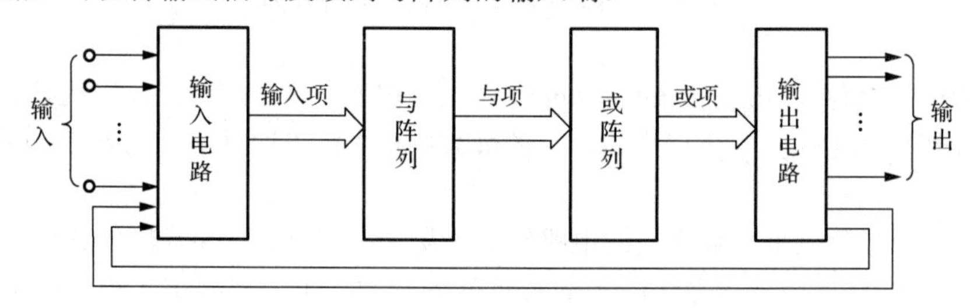

图 7-18　PLD 的电路结构框图

2. PLD 的电路表示方法

PLD 的阵列连接规模十分庞大，为方便起见，PLD 的门阵列交叉点的连接方式分为可编程连接、固定连接和不连接，其中，黑点“•”表示该点为固定连接点，叉点“×”表示该点为用户定义编程连接点，既无黑点又无叉点表示该点是不连接的，如图 7-19 所示。在绘制 PLD 的逻辑图时常采用如图 7-20 所示的简化画法。

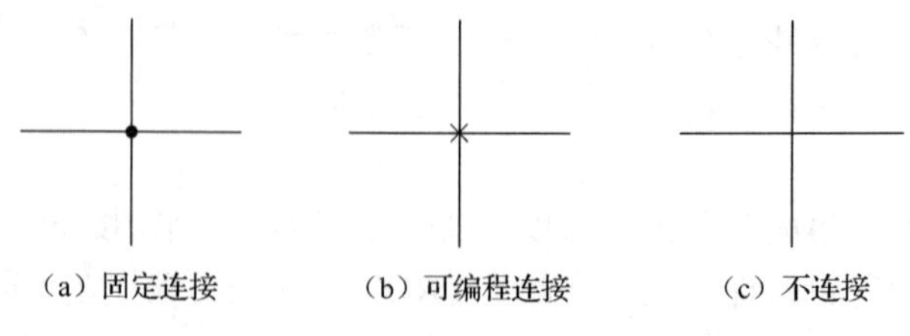

（a）固定连接　　（b）可编程连接　　（c）不连接

图 7-19　PLD 的门阵列交叉点的连接方式

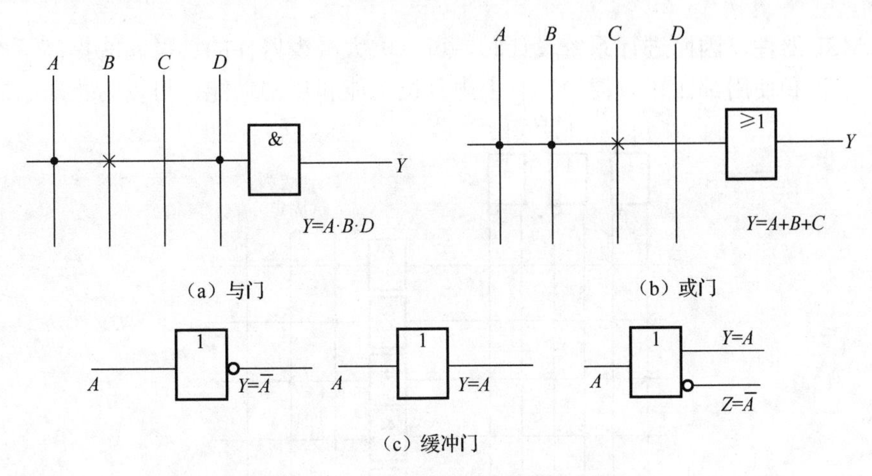

图 7-20　PLD 中门电路的简化画法

图 7-21 是绘制 PLD 时采用简化方法实现的异或和同或运算电路，即 $Y_1 = \overline{A}\,\overline{B} + AB$，$Y_2 = \overline{A}B + A\overline{B}$。

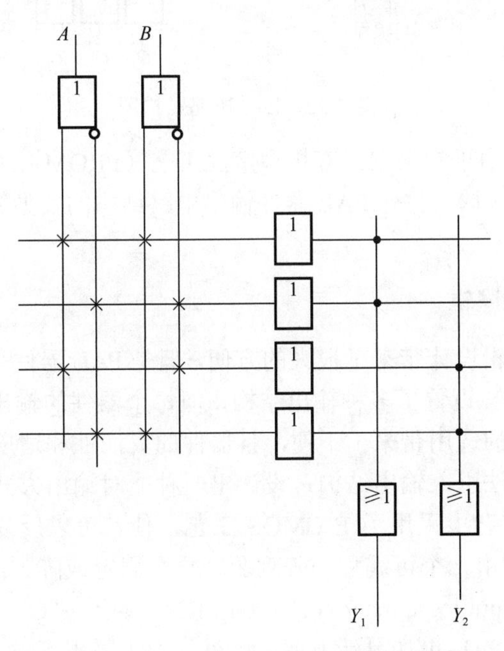

图 7-21　用 PLD 方法实现的异或和同或逻辑门

7.5.2　可编程阵列逻辑

可编程阵列逻辑（programmable array logic，PAL）出现于 20 世纪 70 年代中期，PAL 的结构是与阵列可编程，或阵列固定，常有四种基本的结构：专用输出基本门阵列结构、可编程 I/O 结构、寄存器输出结构和异或输出结构。其基本电路结构如图 7-22 所示。PAL 可以方便地构成组合逻辑电路。

PAL 器件是在 FPAL 器件之后第一个具有典型实用意义的可编程逻辑器件。PAL 和 SSI、MSI 通用标准器件相比有许多优点：①提高了功能密度，节省了空间。通常一片 PAL 可以代替 4～12 片 SSI 或 2～4 片 MSI。虽然 PAL 只有 20 多种型号，但可以代替 90%的通用 SSI、MSI 器件，因而进行系统设计时，可以大大减少器件的种类。②提高了设计的灵活性，且编程和使用都比较方便。③有上电复位功能和加密功能，可以防止非法复制。

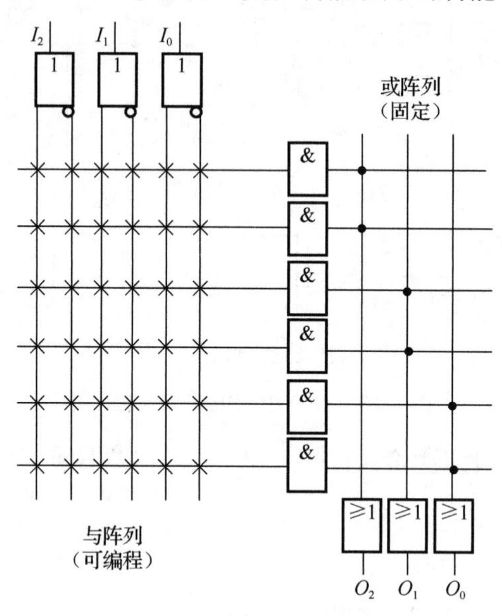

图 7-22　PAL 电路结构图

PAL 的主要缺点是由于它采用了双极型熔丝工艺（PROM 结构），只能一次性编程，使用者仍要承担一定的风险。另外 PAL 器件输出电路结构的类型繁多，因此也给设计和使用带来一些不便。

7.5.3　可编程通用阵列逻辑

PAL 器件已经给逻辑设计带来了很大的方便，但是 PAL 器件采用熔丝编程，编程后不能修改。此外，尽管 PAL 设置了多种输出结构，但每个器件的输出形式比较单一，且固定不能改变，这就给器件的选用带来了不便，且器件的灵活性和适应性较差。因此，人们进一步将编程的概念和方法引入输出结构，设计出一种能对输出方式进行编程的器件 GAL。

GAL 器件在制造工艺上采用了 E^2CMOS 工艺，使其可以反复编程。在结构上，GAL 不但继承了 PAL 器件的由一个可编程与阵列驱动一个固定或阵列的结构，还配置了可编程的输出逻辑宏单元（output logic macro cell，OLMC）。通过对 OLMC 编程，可实现多种形式的输出，使用起来比 PAL 更加灵活方便。此外，由于采用了 E^2CMOS 工艺，GAL 的集成度比 PAL 有了较大的提高，其与阵列的规模大大超过了 PAL，使其每个或门的输入端数增加到 8～10 个，可以实现较为复杂的逻辑函数。一种型号的 GAL 器件可以兼容数十种 PAL 器件，给开发工作带来了极大的灵活性，加之 GAL 配有丰富的计算机辅助设计软件，使它应用起来更为方便，同时更便于普及。

1．GAL16V8 的基本结构

GAL 器件分两大类：一类为普通型 GAL，其与或阵列结构与 PAL 相似，如 GAL16V8、ispGAL16Z8、GAL20V8 都属于这一类；另一类为新型 GAL，其与或阵列均可编程，与 FPLA 结构相似，主要有 GAL39V8。本节以普通型 GAL16V8 为例介绍其构成。

16V8 的含义是与阵列有 16 个输入信号，电路中有 8 个 OLMC。GAL16V8 型 GAL 器件的引脚如图 7-23 所示，各引脚功能如表 7-3 所示。

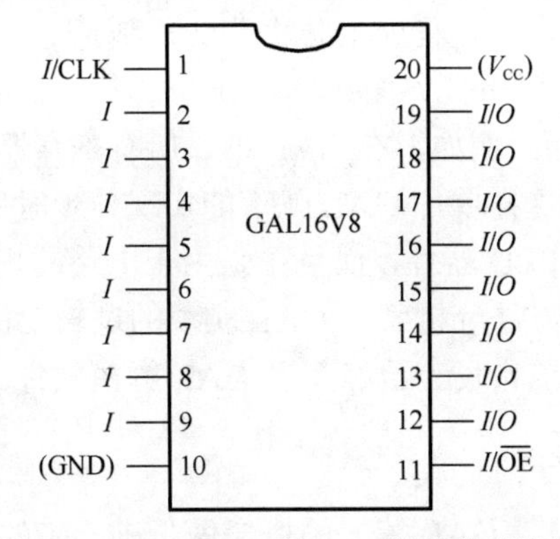

图 7-23　GAL16V8 型 GAL 器件的引脚图

表 7-3　GAL16V8 引脚功能表

引脚	功能
1	系统时钟输入端
2～9	输入端
10	GND
11	三态控制公共端
12～19	输出宏单元
20	V_{CC}

各组成部分的功能如下：

（1）输入端：八个输入端，每个输入端有一个缓冲器，并引出两个互补的输出到与阵列。

（2）与阵列：阵列有 64 行、32 列，共 2048 个可编程结点。

（3）宏单元：八个输出宏单元，每个宏单元可通过编程实现所有 PAL 输出结构实现的功能，八个输出宏单元对应的引脚，既可以用作输入端，又可以通过编程当作输出端使用。

（4）系统时钟：组合逻辑设计时系统时钟参与逻辑功能的实现。对时序逻辑电路，仅作为时钟脉冲输入，不能参与编程。

（5）输出三态控制端：控制输出处于正常输出状态还是高阻状态，也可以当作输入端使用。

2. GAL 器件的优、缺点

在 SPLD 中，GAL 是应用最广泛的一种，其主要性能表现在以下几方面：

（1）与中、小规模标准器件相比，减少了设计中所用的芯片数量。

（2）由于引入了 OLMC 结构，提高了器件的通用性。

（3）由于采用 E^2PROM 编程工艺，器件可以用电擦除并重复编写，编写次数一般在 100 次以上，将设计风险降到最低。

（4）采用 CMOS 制造工艺，速度高、功耗小。

（5）具有上电复位和寄存器同步预置功能。上电后，GAL 的内部电路会产生一个异步复位信号，将所有的寄存器都清零，使器件在上电后处在一个确定的状态，有利于时序电路的设计。寄存器同步预置功能是指可以将寄存器预置成任何一个特定的状态，以实现对电路的 100%测试。

（6）具有加密功能，可在一定程度上防止非法复制。

GAL 的不足之处表现在以下几方面：

① 电路的结构不够灵活。例如，在 GAL 中，所有寄存器的时钟端连在一起，使用由外部引脚输入的统一时钟，这样单片 GAL 就不能实现异步时序电路。

② GAL 仍属于低密度 PLD 器件，而且正是由于电路的规模较小，用户不需要读取编程信息，就可以通过测试等方法分析某个 GAL 实现的逻辑功能，使得 GAL 可加密的优点不能完全发挥。事实上，目前市场上已有多种 GAL 解密软件。

7.5.4　复杂可编程逻辑器件

CPLD 将简单 PLD（PAL，GAL 等）的概念做了进一步的扩展，并提高了器件的集成度。与简单的 PLD 相比，CPLD 允许有更多的输入信号、更多的乘积项和更多的宏单元。CPLD 器件内部含有多个逻辑单元块，每个逻辑块相当于一个 GAL 器件，这些逻辑块之间可以使用可编程内部连线实现相互连接。目前，生产 CPLD 器件的公司有多家，尽管各个公司的器件结构千差万别，但它们仍有相同之处，图 7-24 所示为通用 CPLD 器件的结构框图。

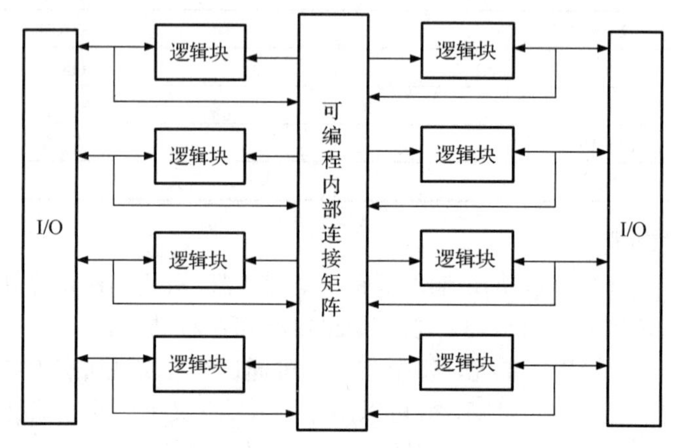

图 7-24　通用 CPLD 器件的结构框图

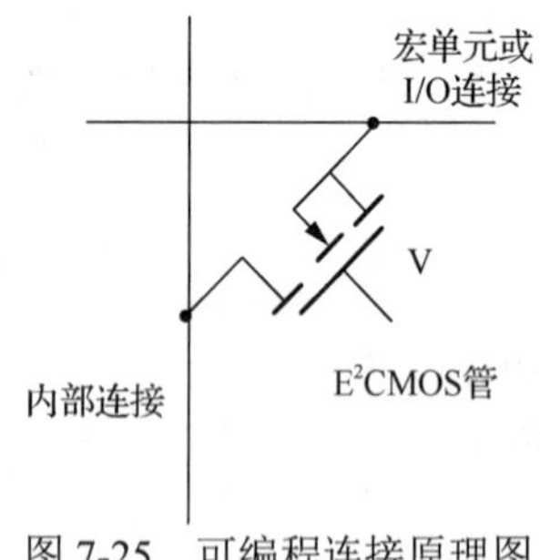

图 7-25　可编程连接原理图

可编程内部连线的作用是实现逻辑块与逻辑块之间、逻辑块与 I/O 块之间，以及全局信号到逻辑块和 I/O 块之间的连接。连线区的可编程连接一般由 E^2CMOS 管实现。如图 7-25 所示，当 E^2CMOS 管被编程为导通时，纵线和横线连通；被编程为截止时，纵线和横线不通。

I/O 单元是 CPLD 外部封装引脚和内部逻辑间的接口。每个 I/O 单元对应一个封装引脚，对 I/O 单元编程，可将引脚定义为输入、输出和双向功能。

7.5.5　现场可编程门阵列

与前面介绍过的几种 PLD 器件不同，FPGA 的主体不再是与或阵列，而是由多个可编程的基本逻辑单元组成的一个二维矩阵。围绕该矩阵设有 I/O 单元，逻辑单元之间以及逻辑单元与 I/O 单元之间通过可编程连线进行连接。因此，FPGA 被称为单元型 HDPLD。由于基本逻辑单元的排列方式与掩模可编程的门阵列 GA 类似，因此沿用了门阵列这个名称。就编程工艺而言，多数的 FPGA 采用 SRAM 编程工艺，也有少数的 FPGA 采用反熔丝编程工艺。

下面主要以 Xilinx 公司生产的第三代 FPGA 产品——XC4000 系列为例，介绍 FPGA 的电路结构和工作原理。FPGA 的基本结构框图如图 7-26 所示，它主要由三部分组成：可配置逻辑块（configurable logic block，CLB）、可编程输入/输出块（input/output block，IOB）和可编程互连资源（programmable interconnect resource，PIR）。整个芯片的逻辑功能是通过对芯片内部的 SRAM 编程确定的。

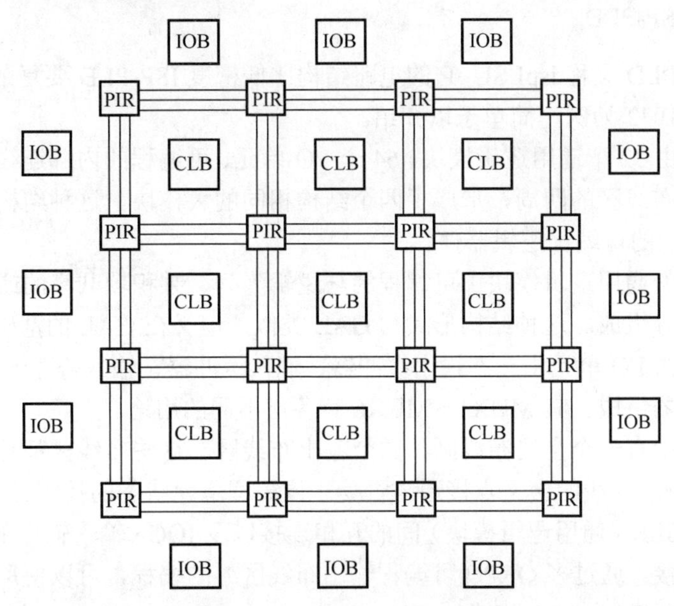

图 7-26　FPGA 基本结构框图

CLB 是实现逻辑功能的基本单元，通常规则地排列成一个阵列，分布于整个芯片中；IOB 主要完成芯片上的逻辑与外部引脚的连接，排列在芯片四周；PIR 将 CLB 之间、CLB 和 IOB 之间、IOB 之间连接起来，构成特定功能的电路。

基于 SRAM 的 FPGA 器件，事先需要在外部配置加载数据，配置数据可以保存在片外的 EPROM 或其他存储器中，通过控制加载过程，可以在现场修改器件的逻辑功能，即现场编程。

7.5.6　在系统可编程逻辑器件

在系统可编程（in-system programmable，ISP）技术是 20 世纪 80 年代末 Lattice 公司首先提出的一种先进的编程技术。在系统编程是指对器件、电路板或整个电子系统的逻辑功能可随时进行修改或重构。这种修改或重构可以在产品设计、制造过程中的每个环节，甚至在交付用户之后进行。支持 ISP 技术的可编程逻辑器件称为在系统可编程逻辑器件（ISP-PLD）。

ISP-PLD 不需要使用编程器，只需要通过计算机接口和编程电缆，直接在目标系统或印制线路板上进行编程。ISP-PLD 可以先装配、后编程。因此 ISP 技术有利于提高系统的可靠性，便于系统板的调试和维修。

1. 低密度 ISP-PLD

目前 Lattice 公司生产的 ISP-PLD 有低密度和高密度两种类型。低密度 ISP-PLD 是在 GAL 电路的基础上加进了写入/擦除控制电路形成的。ISPGAL16Z8 就属于这一类。在正常工作状态下，附加的控制逻辑和移位寄存器不工作，电路主要部分的逻辑功能与 GAL16V8 完全相同。

ISPGAL16Z8 有三种不同的工作方式，即正常、诊断和编程。工作方式由输入控制信号 MODE 和 SDI 指定。

2. 高密度 ISP-PLD

高密度 ISP-PLD 又称 ispLSI，它的电路结构比低密度 ISP-PLD 要复杂得多，功能也更强。现以 ispLSI1032 为例，简单予以介绍。

ispLSI1032 由 32 个通用逻辑模块、64 个 I/O 单元、可编程的内部连线区和编程控制电路组成。在全局布线区的四周，形成了四个结构相同的大模块。这种结构形式的器件也称为 CPLD，即复杂的可编程逻辑器件。

ispLSI1032 的通用逻辑模块由可编程的与逻辑阵列、乘积项共享的或逻辑序列和输出逻辑宏序列三部分组成。这种结构形式与 GAL 类似，但又在 GAL 的基础上做了改进。

ispLSI1032 的 I/O 单元由三态输出缓冲器、输入缓冲器、输入寄存器/锁存器和几个可编程的数据选择器组成。其 MUX1～MUX6 有各自不同的用途。

ispLSI1032 中有一个全局布线区和四个输出布线区。这些布线区都是可编程的矩阵网络，每条纵线和每条横线的交叉点接通与否受一位编程单元状态的控制。通过 GRP 的编程，可以实现 32 个 GLB（通用逻辑模块）间的互相连接以及 IOC（输入输出单元）与 GRP（全局布线区）的连接。通过多 ORP（可编程输出布线区）的编程，可以使每个大模块中任何一个 GLB 能与任何一个 IOC 相连。

ispLSI 的编程是在计算机的控制下进行的。计算机根据用户编写的源程序运行开发系统软件，产生相应的编程数据和编程命令，通过五线编程接口与 ispLSI 连接。

3. ISP 通用数字开关

在一个由多片 ISP-PLD 构成的数字系统中，为了改变电路的逻辑功能，有时不仅要重新设置每个 ISP-PLD 的组态，而且需要改变它们之间的连接以及它们与外围电路的连接。为满足这一需要，Lattice 公司生产了在系统可编程通用数字开关，简称 ispGDS。ispGDS22 是在系统可编程通用数字开关的典型器件。ISP-PLD 和 ISP 通用数字开关的应用不仅为数字电路的设计提供了很大的方便，而且在很大程度上改变了以往数字系统设计、调试、运行的工作方式。在调试工作中通过写入编程数据很容易将电路设置成各种便于调试的状态，对电路进行测试，这比通过直接设置硬件电路的状态要方便得多。用 ISP-PLD 构成的系统在运行操作上也十分方便。在系统工作过程中，随时可以根据需要改变电路的逻辑功能，不必将器件从电路板上取下。这对于那些需要不断升级换代的数字系统极为有利，因为可以在不改动硬件电路的情况下实现系统的升级换代。利用这种方法还可以通过遥控的方式对那些工作在恶劣环境中的数字系统进行测试或修改逻辑功能。

7.6　应 用 举 例

半导体存储器以其存储容量大、体积小、功耗低、存取速度快、使用寿命长等特点，已广泛应用于数字系统。EPROM2716 是红外线可擦除可编程只读存储器，下面以其为例，简要介绍其应用。

例 7.3　利用 EPROM2716 实现八段数码管显示电路，电路图如图 7-27 所示。简述电路工作原理。

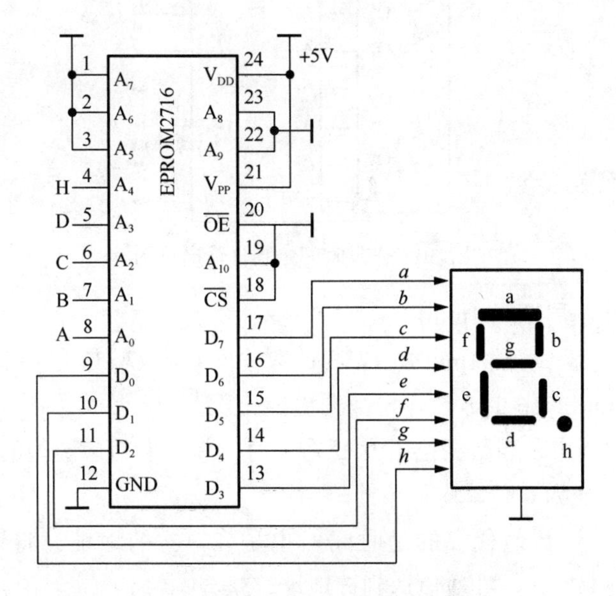

图 7-27　八段数码管显示电路图

V_{PP}：编程电压引脚，仅在编程时使用，正常工作时固定高电平。

$\overline{CS}$、$\overline{OE}$：接固定低电平，芯片总处于选中，数据线 D_0～D_7 总处于输出状态。

字形显示方式：将各种字形对应的段码写入 2716，需要显示某字形时，就输入对应的地址，让该地址对应的内容输出。

码段表制作。例如，字符“A”，将 **01010** 作为地址，在此地址对应的存储字节写入段码 **11101110**，显示如图 7-28 所示。又如，字符“A.”，将 **11010** 作为地址，在此地址对应的存储字节写入段码 **11101111**，显示如图 7-29 所示。

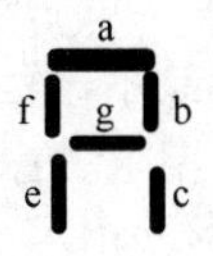

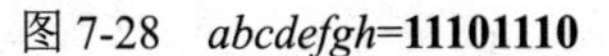

图 7-28　*abcdefgh*=**11101110**

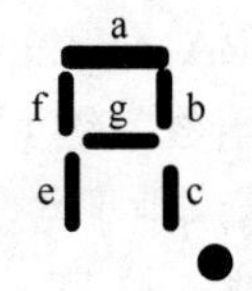

图 7-29　*abcdefgh*=**11101111**

例 7.4　利用 EPROM2716 实现按作息时间控制打铃电路，电路图如图 7-30 所示，简述其工作原理。

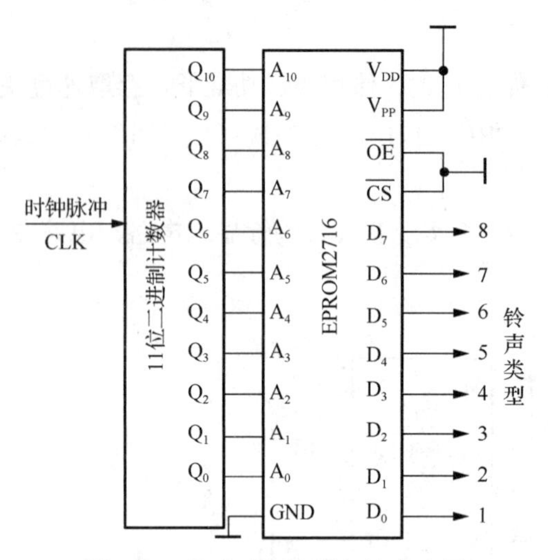

图 7-30　作息时间控制打铃电路图

CLK：时钟脉冲，周期为 1min。

11 位二进制计数器：每隔 1min 加 **1**，其计数输出 Q_0～Q_{10} 作为 EPROM2716 的读数地址，每隔 1min EPROM2716 的 8 位输出数据更换一次。

铃声控制：8 种铃声，当数据位由 **0** 变为 **1** 时，就触发对应类型的铃声响一段时间。当数据位不变或由 **1** 变为 **0** 时，均不响铃。

响铃时间设置：计数值代表的是时间，也是 2716 的地址。将铃声类型信息写入 EPROM2716 的对应地址处，计数值达到该地址时就会响铃。

7.7　计算机辅助电路分析举例

利用 Multisim 软件仿真电路功能，具体实例电路如下。

例 7.5　二极管 ROM 电路图如图 7-31 所示。打开电源开关，C 接高电平时，四个输出指示灯都亮，为无效状态。C 接低电平时，对应 AB 状态的 4 种组合为 **00**、**01**、**10**、**11**，对应的输出分别为 **0101**、**10 11**、**0100**、**1110**。

开关 C 接地，开关 A、B 接 **11** 时，观察仿真的结果如图 7-32 所示，由四个指示灯可知结果为 **1110**。

例 7.6　2K8RAM 功能演示。2K8RAM 是可存储 2048 个 8 位二进制数的电可擦除可编程随机存取器，用数字键 0～7 产生存储数据，并用两只数码管显示，范围 00～FF。A_0～A_{11} 为地址输入端，由于数量太多，将相邻的三条并接成四组，用 K、L、M、N 共四个按键控制电位，用指示灯显示。从而从 2048 个地址中选定了 16 个，用于演示数据的存储和读取。WE 为读写控制端，用字母 J 控制，低电平为读出，高电平为写入。CS 为片选端，高电平有效。搭建电路图如图 7-33 所示。

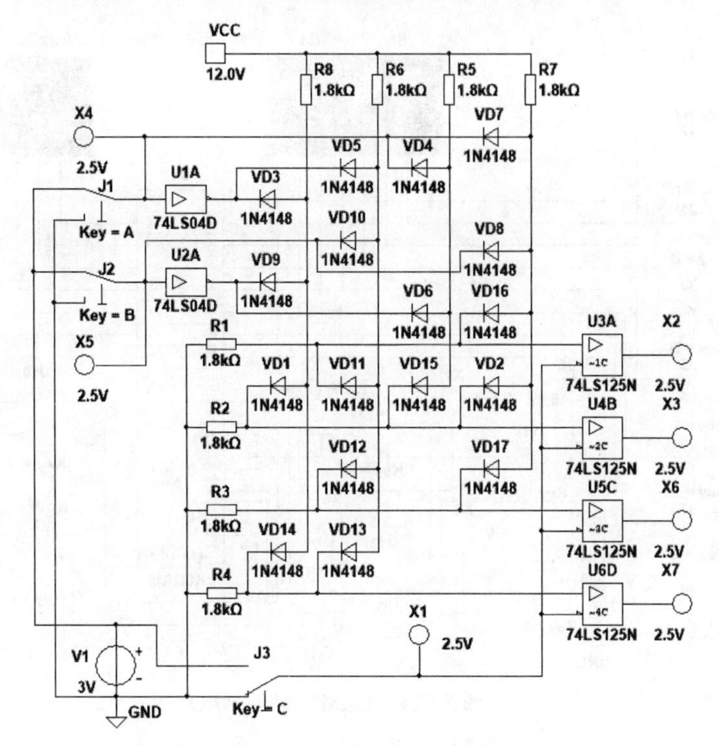

图 7-31　二极管 ROM 电路图

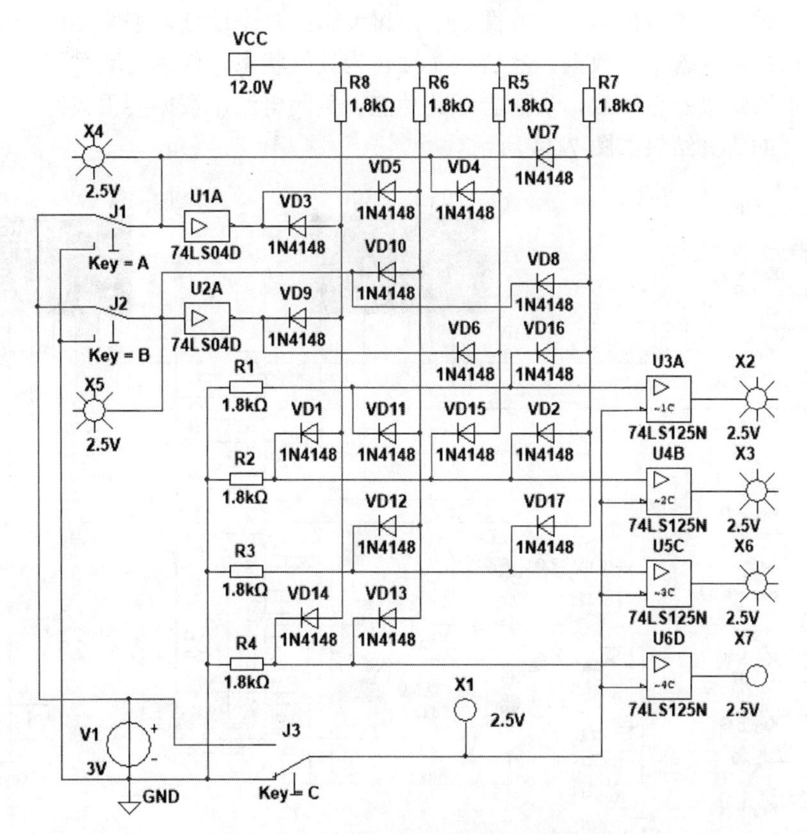

图 7-32　二极管 ROM 电路仿真结果图

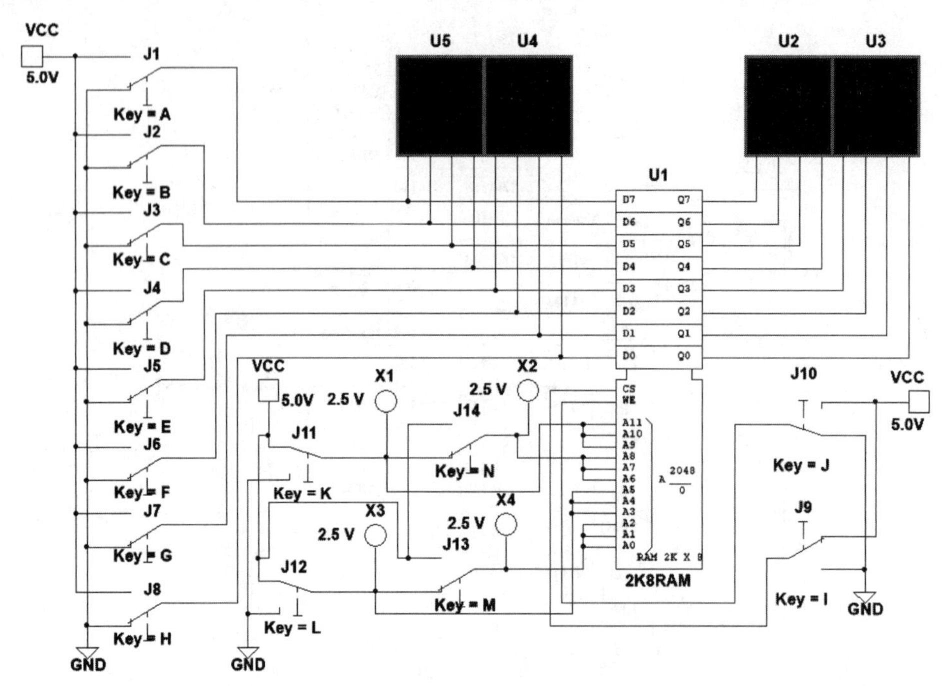

图 7-33　例 7.62 K8 RAM 功能演示电路图

打开电源开关，先令 I 和 J 接高电平，用 K、L、M、N 按键编写第一个地址，用 A～H 这七个按键编辑一组数据存入，并做记录，再编辑第二个地址，编辑第二个数据存入，也做记录，依次存入若干个数据。然后按 J 键转为读取状态，任意选取曾用过的地址，对照记录，看读取结果是否一致，从而验证其功能。关闭电源，数据会丢失。

其中之一的仿真结果如图 7-34 所示。

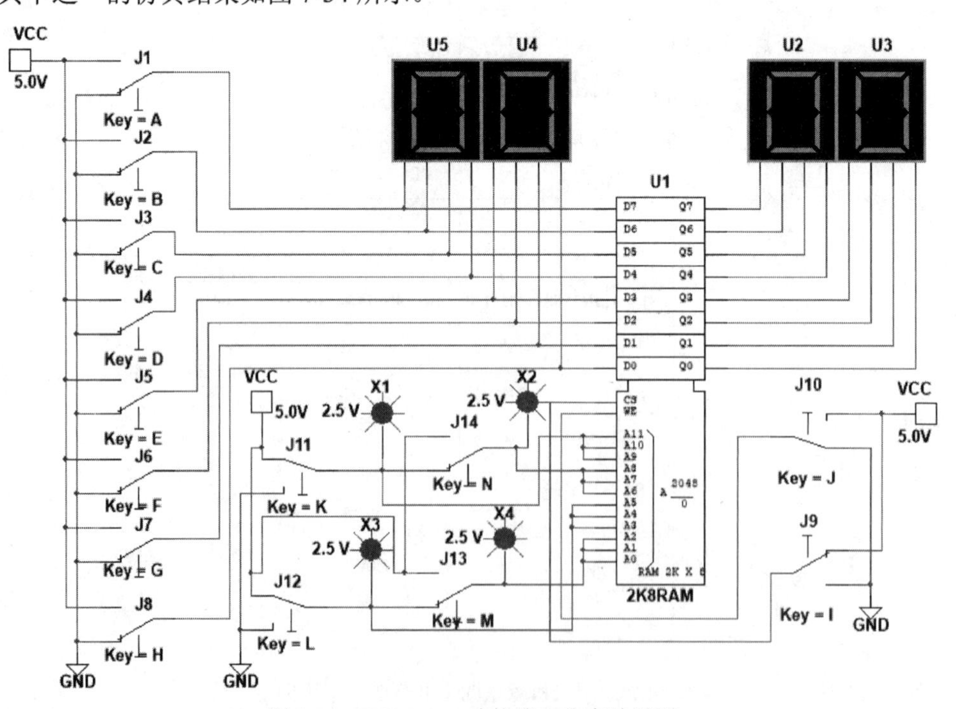

图 7-34　2K8 RAM 功能演示仿真结果图

小　结

本章简单介绍了半导体存储器和可编程逻辑器件的基础知识。半导体存储器是一种能存储大量数据或信号的半导体器件。在半导体存储器中采用按地址存放数据的方法，只有那些被输入地址代码的存储单元才能与 I/O 接通，可以对这些被指定的单元进行读/写操作。而 I/O 是公用的，所以半导体存储器电路结构中必须包含地址译码器、存储矩阵和 I/O 电路这三个组成部分。

半导体存储器从读/写功能上分为 ROM 和 RAM 两大类。按存储单元电路的结构和工作原理的不同，又将 ROM 分为掩模 ROM、PROM、EPROM、E^2PROM 和快闪存储器等几种不同的类型；将 RAM 分为 SRAM 和 DRAM 两类。

可编程逻辑器件基本分为四类：PROM、PLA、PAL、GAL。20 世纪 80 年代，逐渐发展起来了 CPLD 与 FPGA，其体系结构和逻辑单元灵活、集成度高、应用范围广。在数字系统设计领域占据了重要位置，广泛应用于产品设计过程中。ISP-PLD 是 90 年代出现的先进的可编程器件，可直接对安装在用户目标板上的 ISP-PLD 进行编程，是 PLD 的发展方向。

习　题

7.1　ROM 和 RAM 的特点是什么？ROM 分为几类？

7.2　试说明静态 RAM 存储单元和动态 RAM 存储单元的主要区别是什么？它们各有什么特点？

7.3　RAM 2114（1024×4 位）的存储矩阵为 64×64，它的地址线、行选择线、 列选择线、输入/输出数据线各是多少？

7.4　现有容量为 256×8 RAM 一片，试回答：

（1）该片 RAM 共有多少个存储单元？

（2）RAM 共有多少个字？字长多少位？

（3）该片 RAM 共有多少条地址线？

（4）访问该片 RAM 时，每次会选中多少个存储单元？

7.5　试用 1024×4RAM 扩展成 1024×8 的 RAM，画出连接图。

7.6　将 256×4 RAM 扩展成 1024×4 的 RAM，画出连接图。

7.7　用 ROM 实现下列组合逻辑函数，画出存储矩阵的点阵图。

$$F_1 = \overline{A}\,\overline{B} + \overline{B}\,\overline{D} + A\overline{C}D + BCD$$

$$F_2 = \overline{A}\,\overline{D} + BC\overline{D} + A\overline{B}\,\overline{C}D$$

$$F_3 = \overline{A}B\overline{C} + \overline{A}CD + A\overline{C}D + ABC$$

$$F_4 = A\overline{C} + \overline{A}C + \overline{B} + \overline{D}$$

7.8　用 16×4 位的 ROM 设计一个将两个 2 位二进制数相乘的乘法器电路，列出 ROM 的数据表，画出存储矩阵的点阵图。

7.9　比较可编程逻辑器件 PROM、PAL、GAL 的主要特点。

7.10　利用 Multisim 软件仿真例题 7.1，将 ROM 存储阵列搭建成二极管 ROM 结构，用按键表示 A、B、C、D 共四个变量的输入端，用指示灯表示 Y_0、Y_1、Y_2、Y_3 共四个函数的输出端。

7.11　利用 Multisim 软件仿真例题 7.2，将 ROM 存储阵列搭建成二极管 ROM 结构，用按键表示 A_3、A_2、A_1、A_0 8421 码四个变量的输入端，用指示灯表示 Y_0、Y_1、Y_2、Y_3 余三码的输出端。

7.12　利用 Multisim 软件仿真例题 7.6 所示电路，输入不同的地址，存入不同的数据，观察其输出情况是否和输入一致。

第 8 章　模数与数模转换电路

本章系统讲述了数模（digital to analog，D/A）转换和模数（analog to digital，A/D）转换的基本原理及典型应用电路。在 D/A 转换器（digital-analog converter，DAC）中，主要讲解 T 型和倒 T 型电阻网络 D/A 转换器、权电流型 D/A 转换器和脉冲积分型 D/A 转换器的工作原理，同时对 D/A 转换器的输出方式和主要技术指标进行阐明，重点对几种常用 D/A 集成电路进行介绍，给出典型的应用电路。在 A/D 转换器（analog-digital converter，ADC）中，首先说明 A/D 转换的一般过程，然后讲解逐次逼近型 D/A 转换器、双积分型 D/A 转换器、并行比较型 D/A 转换器的工作原理，给出 A/D 转换器的主要技术指标和选用原则，最后介绍几种常用的集成 A/D 转换器的工作原理及典型应用电路。

8.1　概　　述

随着数字电子技术的飞速发展，特别是计算机技术的发展与普及，用数字电路处理模拟信号在自动控制、通信及检测等许多领域应用越来越广泛。

自然界中存在的大都是连续变化的物理量，如温度、时间、速度、流量、压力等。用数字电路特别是用计算机来处理这些物理量，必须先将这些模拟量转换成计算机能够识别的数字量，经过计算机分析和处理后的数字量又需要转换成相应的模拟量，才能实现对受控对象的有效控制，这就需要一种能在模拟量与数字量之间起桥梁作用的电路——A/D 和 D/A 转换电路，如图 8-1 所示。

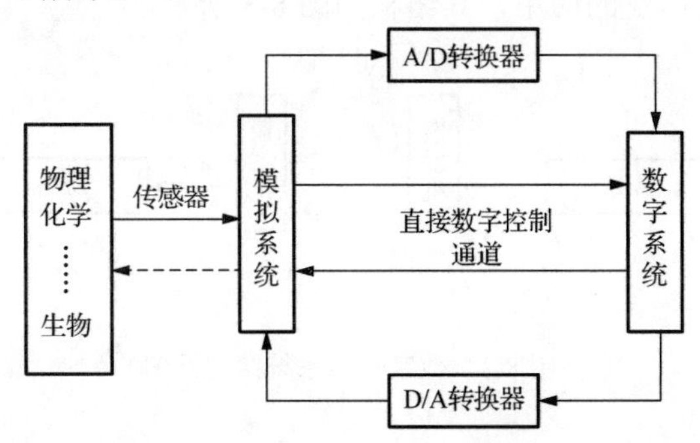

图 8-1　A/D、D/A 转换电路示意图

能将模拟量转换成数字量的电路称为模数转换器，简称 A/D 转换器，能将数字量转换为模拟量的电路称为数模转换器，简称 D/A 转换器。A/D 和 D/A 转换器是数字控制系统中不可缺少的组成部分，是用计算机实现工业过程控制的重要接口电路，是沟通数字和模拟领域的桥梁。

8.1.1　D/A、A/D 转换应用系统举例

1. 数字控制系统

数字控制系统是由数字计算机（包括微型机、单板机、单片机）作为控制器或由其他形式的数字控制器控制具有连续工作状态的被控对象的闭环控制系统（为了简便，将这两种系统称为数字控制器），其结构框图如图 8-2 所示。

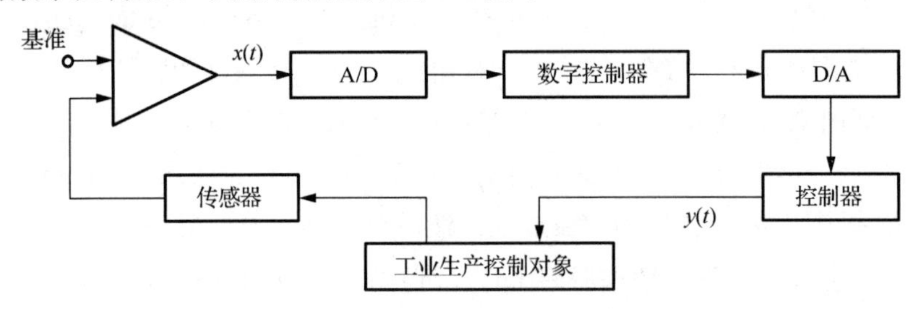

图 8-2　数字控制系统结构框图

在进行生产过程控制时，数字系统首先对控制的偏差信号 $x(t)$进行采样，通过 A/D 转换器将采样脉冲变成数字信号送给数字控制器；然后数字控制器根据该信号，按预先设定的控制策略进行运算处理，最后通过 D/A 转换器将运算结果转换为模拟量 $y(t)$，控制具有连续工作状态的被控对象，以使被控制量满足预先的要求。

2. 数据传输系统

由于数字信号的幅值为有限个离散值（通常取两个幅值），在传输过程中尽管也如同模拟信号一样会受到噪声的干扰，但对于数字信号而言，当信噪比恶化到一定程度时，即在适当的距离采用判决再生的方法，再生成没有噪声干扰的和原发送端一样的数字信号，而模拟信号却不能做到这一点，数字信号可实现长距离、高质量的信号传输，因而在通信、遥测、遥控等领域具有广泛的应用，其结构如图 8-3 所示。

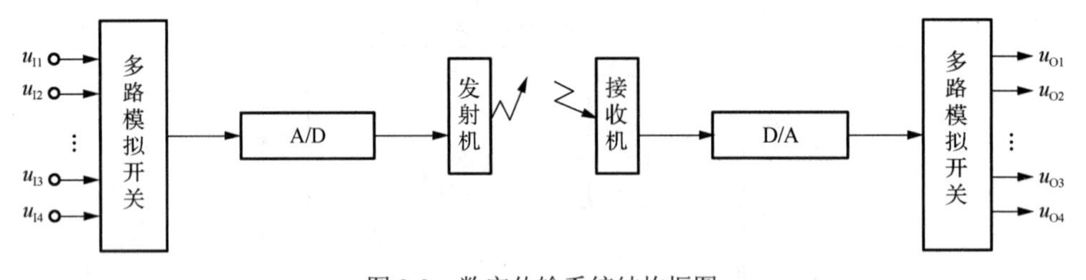

图 8-3　数字传输系统结构框图

3. 自动测量与控制系统

在工业控制过程中，D/A、A/D 转换器的应用十分广泛，工业控制的一个典型实例——锅炉智能控制系统结构框图如图 8-4 所示。

图中，传感器采集随时间连续变化的模拟信号（被调参数），如温度、压力、流量和水位等，通过变送和放大，转变成电压信号，然后通过 A/D 转换器转换成单片机可识别和处理的二进制数据，经输入通道送入单片机，由单片机按照一定的逻辑控制关系，对被测量的值进行一系列的运算处理，从而得到燃烧器、循环泵或其他执行机构的控制量，再由单

片机输出二进制数据，经 D/A 转换器将数字量转换成模拟量（电压或电流信号），直接或通过继电器、接触器及多路开关送至执行机构，使阀门或其他调节机构动作，达到调节参数的目的。

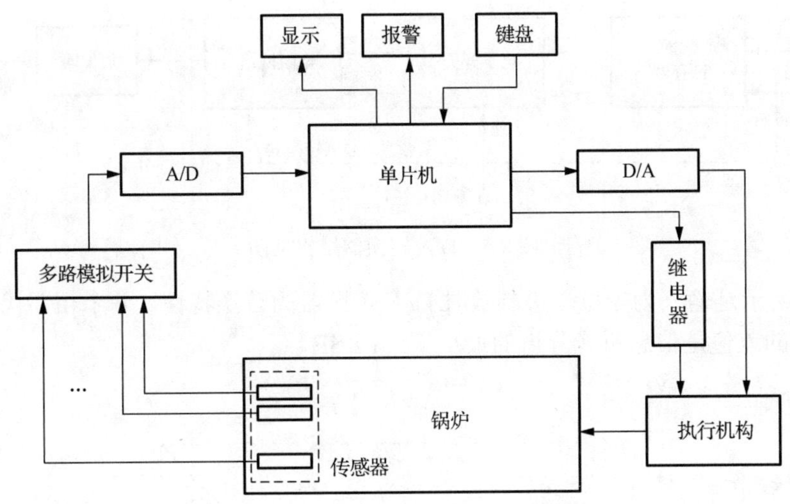

图 8-4 锅炉智能控制系统结构框图

4. 其他应用系统

在现代的各种控制电路和信号传输系统中，为了实现控制的高可靠性和精密性，以及信号传输的高质量和安全性，模拟控制电路和数字信号处理电路往往同时存在，实现二者“良好握手”的 A/D 和 D/A 转换电路承担着十分重要的作用。实际上，A/D 和 D/A 转换电路在医疗信息系统、电视信号的数字化、数字移动通信、图像信号的识别、语音处理等方面也有着非常广泛的应用。

8.1.2 D/A、A/D 转换器的精度和速度

在各种控制系统中，为保证系统的数字控制部分和模拟控制部分能够有效匹配，从而实现可靠的控制，要求 D/A 转换器和 A/D 转换器必须具有可靠的精度和适当的速度。转换精度和转换速度是衡量 D/A 转换器和 A/D 转换器性能优劣的主要指标。在使用 D/A 转换器和 A/D 转换器时，除了要掌握其工作原理和使用方法外，还要计算 D/A 转换器和 A/D 转换器的转换速度和转换精度能否满足系统的要求。

8.2 D/A 转换器

D/A 转换器的作用就是将数字量转换成模拟量。数字量是用代码按照数位组合起来表示的，为了将数字量转换成模拟量，必须将每一位的代码按其位权的大小转换成相应的模拟量，再将这些模拟量相加，即可得到与数字量成正比的总模拟量，从而实现 D/A 转换。

8.2.1 D/A 转换器的基本工作原理

1. D/A 转换器的输入、输出关系

D/A 转换器的结构框如图 8-5 所示，主要由数据锁存器、数字位控电子开关和电阻网

络组成。图中的 $D_0 \cdots D_{n-2}$，D_{n-1} 为输入的 n 位二进制数，$u_O(i_O)$是与输入成比例的输出电压或电流。

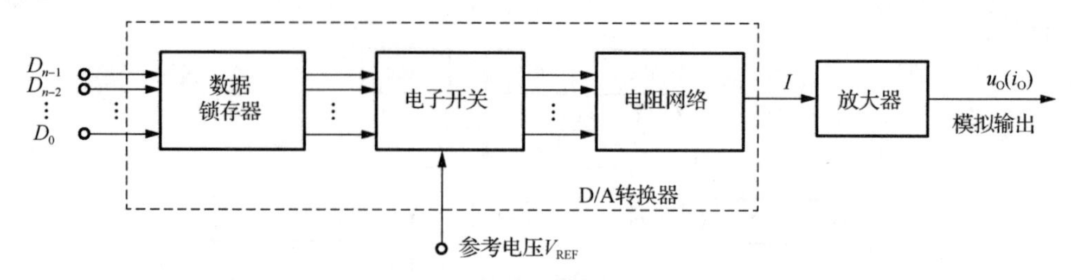

图 8-5　D/A 转换器结构框图

图 8-6 所示是输入为 4 位二进制数时 D/A 转换器的转换特性。两个相邻代码转换出的电压值之间的差值是信息所能分辨的最小量（1 LSB）。

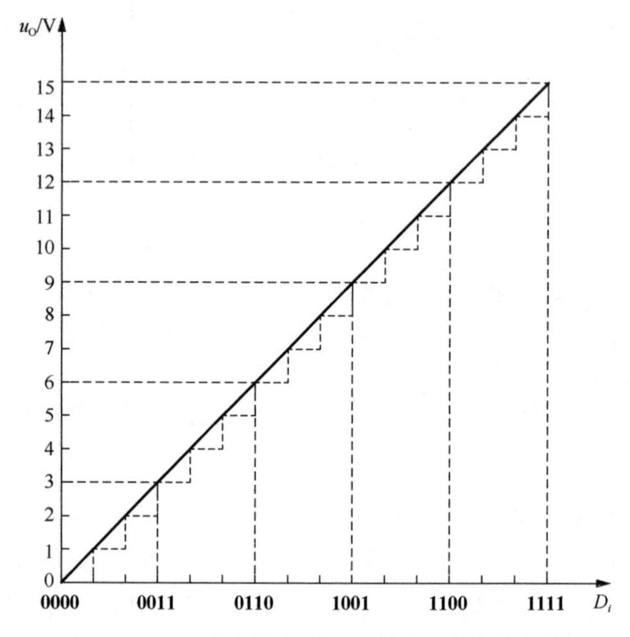

图 8-6　4 位二进制输入时 D/A 转换器的转换特性

2. 电路组成

图 8-7 所示为一种权电阻网络 D/A 转换器。通过分析会发现，该转换器实际上是一个加权加法运算电路。图中，电阻网络与二进制数的各位权相对应，且权值与对应的电阻值成反比。V_{REF} 为稳定直流电压，是 D/A 转换电路的参考电压或称基准电压，n 路电子开关 S_i 由 n 位二进制数 D 的每一位代码 D_i 来控制，当位 D_i=**0** 时，开关 S_i 将该路电阻接地；当 D_i=**1** 时，S_i 将该路电阻接通参考电压 V_{REF}。集成运算放大器作为求和权电阻网络的缓冲，主要是为了减少输出模拟信号负载变化的影响，并将电流输出转换为电压输出。

图中，因 M 点“虚地”，U_M=0，则各支路电流分别为

$$I_{n-1} = \frac{D_{n-1}V_{REF}}{R_{n-1}} = D_{n-1} \times 2^{n-1} \times \frac{V_{REF}}{R}$$

$$I_{n-2}=\frac{D_{n-2}V_{\mathrm{REF}}}{R_{n-2}}=D_{n-2}\times 2^{n-2}\times\frac{V_{\mathrm{REF}}}{R}$$

$$\vdots$$

$$I_0=\frac{D_0V_{\mathrm{REF}}}{R_0}=D_0\times 2^0\times\frac{V_{\mathrm{REF}}}{R}$$

$$I_{\mathrm{f}}=-\frac{u_{\mathrm{o}}}{R_{\mathrm{f}}}$$

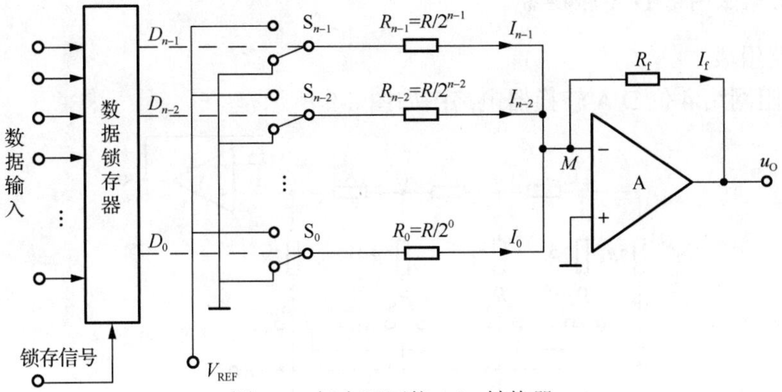

图 8-7　权电阻网络 D/A 转换器

由于放大器输入端“虚地”，故有

$$I_{n-1}+I_{n-2}+\cdots+I_1+I_0=I_{\mathrm{f}}$$

联立以上各式，可得

$$u_{\mathrm{O}}=-\frac{R_{\mathrm{f}}}{R}\times V_{\mathrm{REF}}\times(D_{n-1}\times 2^{n-1}+D_{n-2}\times 2^{n-2}+\cdots+D_0\times 2^0) \tag{8-1}$$

由上式可知，输出模拟电压 u_{O} 的大小与输入二进制数的大小成正比，从而实现了数字量到模拟量的转换。

3. D/A 转换器中的电子开关

D/A 转换器中使用的电子开关大都是由晶体管或 CMOS 开关组成的。图 8-8 所示为 CMOS 组成的电子开关单元电路。图中，V_1、V_2、V_3 构成输入级，V_4、V_5 构成的 CMOS 反相器与 V_6、V_7 构成的 CMOS 反相器互为倒相，两个反相器的输出分别控制 V_8 和 V_9 的栅极，V_8、V_9 的漏极同时接电阻网络中的一个电阻，如 T 型电阻网络中的 $2R$，而源极分别接电流输出端 I_{OUT1} 和 I_{OUT2}。

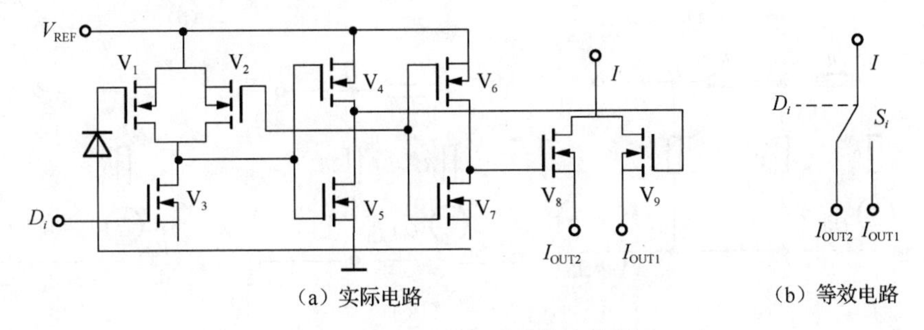

（a）实际电路　　（b）等效电路

图 8-8　CMOS 电子开关电路图

当输入端 D_i 为低电平时，V_3 输出为高电平，V_4、V_5 构成的 CMOS 反相器输出低电平，V_6、V_7 构成的 CMOS 反相器输出高电平，结果使 V_8 导通、V_9 截止，V_8 将电流 I 引向 I_{OUT2}。当输入端 D_i 为高电平时，则 V_8 截止、V_9 导通，V_9 将电流 I 引向 I_{OUT1}。

CMOS 电子开关导通电阻较大，通过工艺设计可控制其大小并计入电阻网络。该电子开关电路具有功耗低、转换速度较快、温度系数小、通用性强等优点。

8.2.2　T 型和倒 T 型电阻网络 D/A 转换器

1. T 型电阻网络 D/A 转换器

1）电路组成

T 型电阻网络 4 位 D/A 转换器电路图如图 8-9 所示。

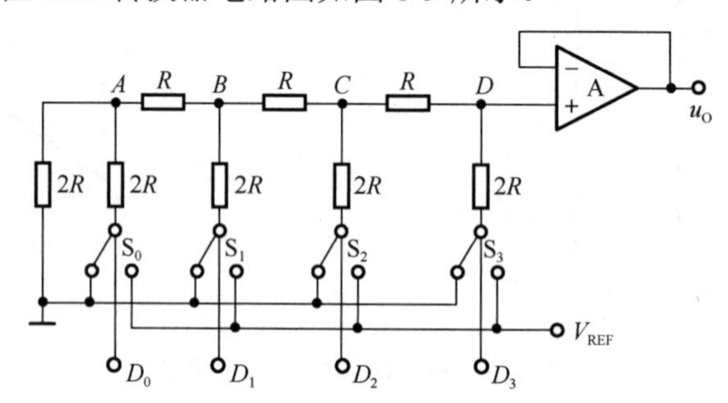

图 8-9　T 型电阻网络 4 位 D/A 转换器电路原理图

2）工作原理

（1）当 D_0 单独作用时，T 型电阻网络等效电路图如图 8-10（a）所示。将 A 点左边部分等效成戴维南电源，如图 8-10（b）所示，以此类推，最终可得到如图 8-10（e）所示的等效电路。由于电压跟随器的输入电阻很大，远远大于 R，当 D_0 单独作用时 D 点电位几乎就是戴维南电源的开路电压 $\frac{D_0V_{REF}}{16}$，此时 D/A 转换器的输出为

$$u_O(0)=\frac{D_0V_{REF}}{16}$$

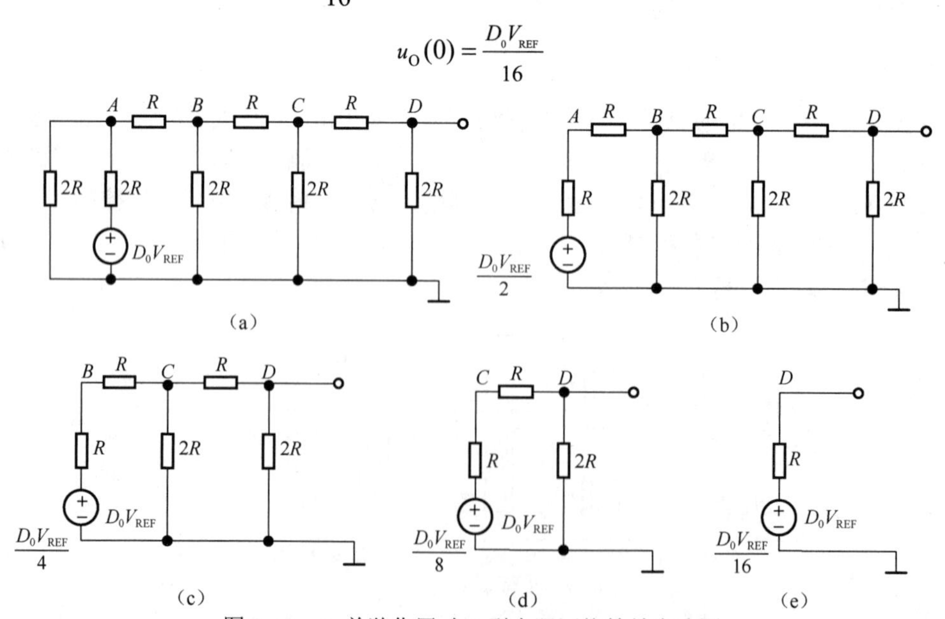

图 8-10　D_0 单独作用时 T 型电阻网络等效电路图

（2）当 D_1 单独作用时，T 型电阻网络等效电路图如图 8-11（a）所示。其中，D 点左边部分电路的戴维南等效电路图如图 8-11（b）所示。同理，D_2 单独作用时，D 点左边部分电路的戴维南等效电路图如图 8-11（c）所示；D_3 单独作用时 D 点左边部分电路的戴维南等效电路图如图 8-11（d）所示。故 D_1、D_2、D_3 单独作用时转换器的输出分别为

$$u_O(1)=\frac{D_1V_{REF}}{8}$$

$$u_O(2)=\frac{D_2V_{REF}}{4}$$

$$u_O(3)=\frac{D_3V_{REF}}{2}$$

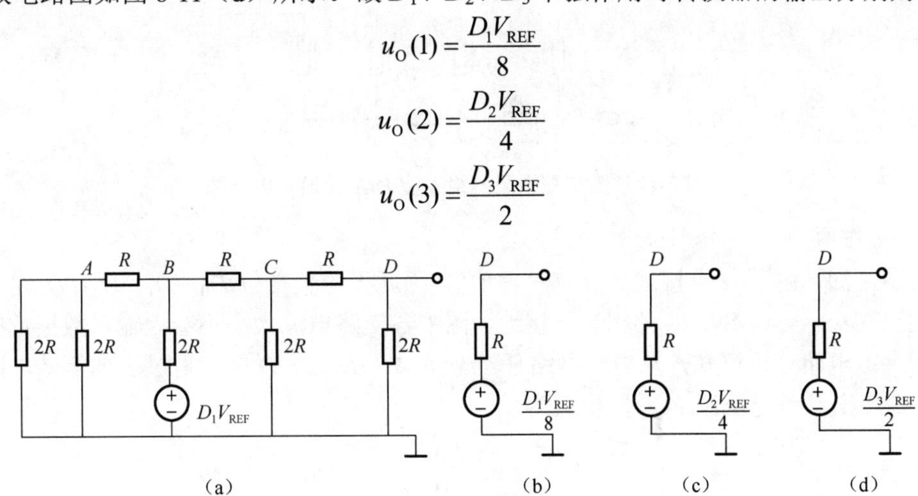

图 8-11　D_1 单独作用时 T 型电阻网络等效电路图

根据叠加原理，可得 D/A 转换器的输出为

$$\begin{aligned}u_O&=u_O(0)+u_O(1)+u_O(2)+u_O(3)\\&=\frac{D_0V_{REF}}{16}+\frac{D_1V_{REF}}{8}+\frac{D_2V_{REF}}{4}+\frac{D_3V_{REF}}{2}\\&=\frac{V_{REF}}{2^4}\times(D_0\times2^0+D_1\times2^1+D_2\times2^2+D_3\times2^3)\end{aligned}$$

由结果可知，输出模拟电压正比于数字量的输入。如果将上述推导结果推广到 n 位，则 n 位 D/A 转换器的输出为

$$u_O=\frac{V_{REF}}{2^n}\times(D_0\times2^0+D_1\times2^1+\cdots+D_{n-1}\times2^{n-1})\qquad(8\text{-}2)$$

T 型电阻网络由于只用了 R 和 $2R$ 两种阻值的电阻器，其精度易于提高，也便于制造成集成电路。但也存在以下缺点：在工作过程中，T 型网络相当于一根传输线，从电阻器开始到运放输入端建立起稳定的电流电压为止需要一定的传输时间，当输入数字信号位数较多时，将会影响 D/A 转换器的工作速度。由于电阻网络作为 D/A 转换器参考电压 V_{REF} 的负载电阻将会随二进制数 D 的不同有所波动，参考电压的稳定性可能受到影响。因此，在实际应用中，常用倒 T 型的 D/A 转换器。

2. 倒 T 型电阻网络 D/A 转换器

1）电路结构

倒 T 型电阻网络 D/A 转换器由若干个相同的 R、$2R$ 电阻器组成，其电路图如图 8-12 所示。

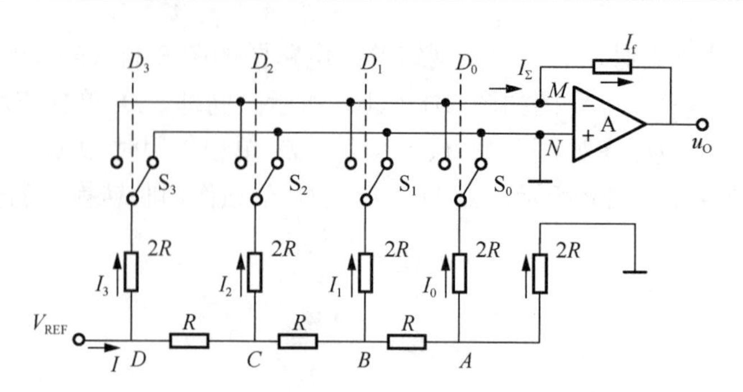

图 8-12　倒 T 型电阻网络 4 位 D/A 转换器电路图

2）工作原理

由图可知，由于 N 点接地、M 点“虚地”，因此无论数据位 D_0、D_1、D_2、D_3 是 **0** 还是 **1**，电子开关 S_0、S_1、S_2、S_3 都相当于接地，图中各支路电流大小不会因输入数据位的不同而改变。由电路分析可知，从电阻网络任一节点 A、B、C、D 向右看过去的等效电阻都等于 R，则流出参考电压源 V_{REF} 的电流为

$$I = \frac{V_{REF}}{R}$$

各 $2R$ 支路的电流 I_0，I_1，I_2，I_3 分别为 $I_3 = \frac{I}{2}$， $I_2 = \frac{I}{4}$， $I_1 = \frac{I}{8}$， $I_0 = \frac{I}{16}$。

由此可得，流入运算放大器 A 反相端的电流为

$$\begin{aligned} I_\Sigma &= D_0 \times I_0 + D_1 \times I_1 + D_2 \times I_2 + D_3 \times I_3 \\ &= D_0 \times \frac{I}{16} + D_1 \times \frac{I}{8} + D_2 \times \frac{I}{4} + D_3 \times \frac{I}{2} \\ &= (D_0 \times 2^0 + D_1 \times 2^1 + D_2 \times 2^2 + D_3 \times 2^3) \times \frac{I}{16} \end{aligned}$$

运算放大器的输出电压为

$$\begin{aligned} u_o &= I_\Sigma \times R_f \\ &= (D_0 \times 2^0 + D_1 \times 2^1 + D_2 \times 2^2 + D_3 \times 2^3) \times \frac{I}{16} R_f \end{aligned}$$

如果令 $R_f = R$，并将 $I = \frac{V_{REF}}{R}$ 代入上式，可得

$$u_O = (D_0 \times 2^0 + D_1 \times 2^1 + D_2 \times 2^2 + D_3 \times 2^3) \times \frac{V_{REF}}{2^4}$$

推广到 n 位数据输入的情况，则 n 位 D/A 转换器的输出为

$$u_O = \frac{V_{REF}}{2^n} \times (D_0 \times 2^0 + D_1 \times 2^1 + \cdots + D_{n-1} \times 2^{n-1}) \tag{8-3}$$

倒 T 型电阻网络也只用了 R 和 $2R$ 两种阻值的电阻器，但与 T 型电阻网络相比较，由于各支路电流始终存在且恒定不变，各支路电流到运放反相输入端不存在传输时间，因此具有较高的转换速度。采用权电阻网络构成的 D/A 转换器有 AD7520（10 位）、AK7546、DAC1210（12 位）等型号。

尽管如此，由于电路中存在模拟开关电压降，当电路的各支路中的电流发生很小的变化时，将会引起转换误差，为进一步提高转换精度，可采用权电流型 D/A 转换器。

8.2.3　权电流型 D/A 转换器

1. 电路结构

4 位权电流型 D/A 转换器电路图如图 8-13 所示。其基本电路结构与倒 T 型 D/A 转换器相比，只是将倒 T 型 D/A 转换器中的电阻网络用一组恒流源来代替。

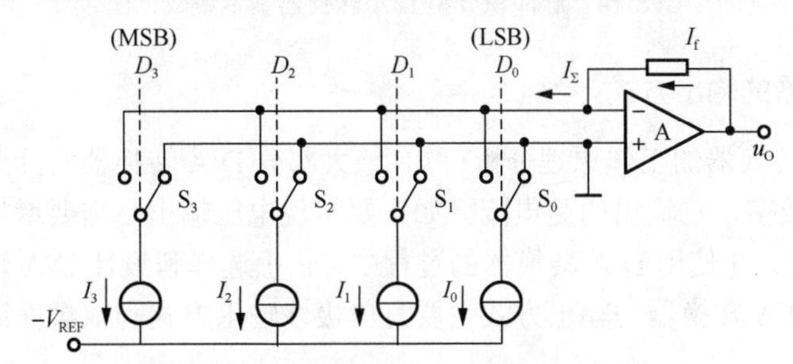

图 8-13　权电流 4 位 D/A 转换器的电路图

2. 工作原理

图中，设恒流源从高位 D_3 到低位 D_0 中提供的电流大小分别为 I_3、I_2、I_1、I_0，则它们须满足

$$I_3=\frac{I}{2},\quad I_2=\frac{I}{4},\quad I_1=\frac{I}{8},\quad I_0=\frac{I}{16}$$

根据 8.2.2 节对倒 T 型电路原理的分析可知其输出 u_o 为

$$u_O=(D_0\times 2^0+D_1\times 2^1+D_2\times 2^2+D_3\times 2^3)\times\frac{V_{REF}}{2^4} \tag{8-4}$$

显而易见，该结果同样满足 D/A 转换器的输出要求。采用恒流源电路构成 D/A 转换器后，各支路中权电流的大小不再受电子开关导通电阻和压降的影响，因而降低了对开关电路的要求，提高了其转换的精度。

在权电流 D/A 转换器电路中，由于采用了双极性高速电子转换开关，因而具有较高的转换速度。采用权电流网络构成的 D/A 转换器有 DAC0806、AD1408、DAC1200 等型号。

8.2.4　脉冲积分型 D/A 转换器

脉冲积分型 D/A 转换器即为占空比脉冲积分型 D/A 转换器。由于在完成 D/A 转换时首先要将输入数字量变换成相应的脉冲占空比，因此转换过程耗时较长、速度低。其优点是仅需一些数字逻辑电路，不需要稳定而精密的权电阻网络，便可以实现高精度的 D/A 转换。

图 8-14 所示为脉冲积分型 D/A 转换器基本组成框图。首先，数字量经“数据-占空比变换”电路变换成相应的脉冲占空比变换的信号（可采用计数器和比较器完成），然后通过此信号控制开关 S，产生幅度稳定的相应脉冲，最后经积分电路后便可得到对应数字量的模拟输出电压。

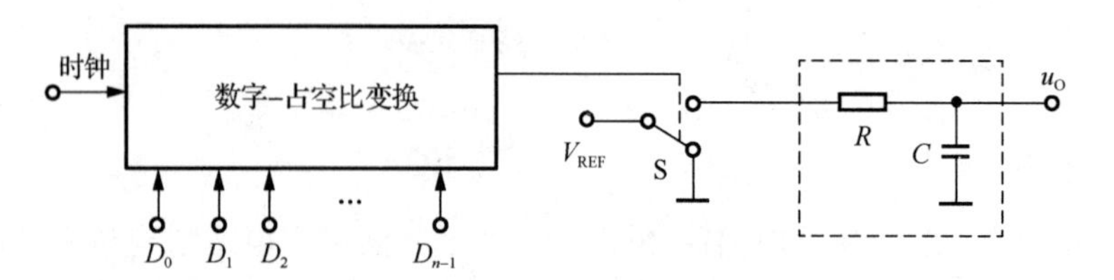

图 8-14　脉冲积分型 D/A 转换器基本组成框图

8.2.5　D/A 转换器的输出方式

根据对 D/A 转换器的工作原理分析可知，绝大部分 D/A 转换器实际上可看作电流转换器，即输入的是数字量，输出的是电流。如果要实现电压输出，需要增加辅助电路将电流转换为电压。因此，在使用 D/A 转换器的过程中，正确选择和设计 D/A 转换器的输出电路是十分重要的。D/A 转换器的输出方式主要有单极性输出方式和双极性输出方式两种。

1. 单极性输出方式

T 型网络 D/A 转换器的单极性电压输出电路如图 8-15 所示。图 8-15（a）为同相电压输出方式，输出 u_O 为

$$u_O = i_\Sigma R\left(1+\frac{R_2}{R_1}\right) \tag{8-5}$$

图 8-15（b）为反相电压输出方式，输出 u_O 为

$$u_O = -i_\Sigma R_f \tag{8-6}$$

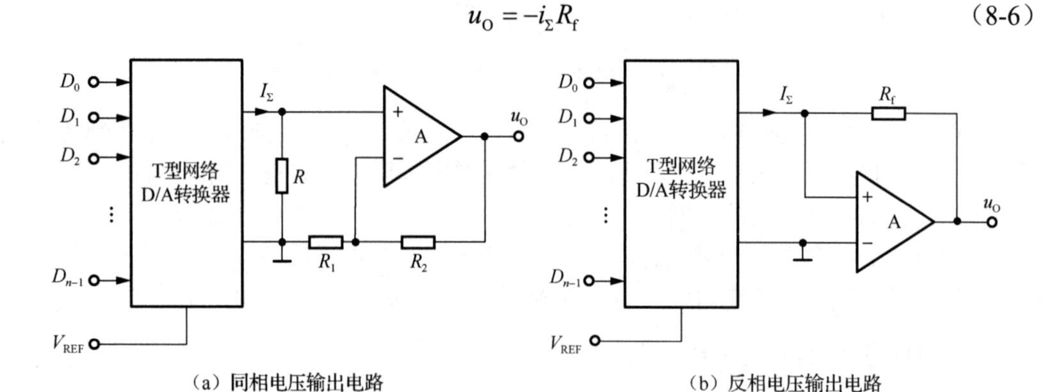

（a）同相电压输出电路　　（b）反相电压输出电路

图 8-15　单极性电压输出电路图

2. 双极性输出方式

在实际应用中，D/A 转换器输入的极性有正负之分。这就要求 D/A 转换器能将不同极性的数字量转换为与之相对应的模拟量输出，即要求 D/A 转换器工作于双极性方式。

双极性 D/A 转换器常采用的编码方式有 2 的补码和偏移二进制码等。表 8-1 列出了 4 位 2 的补码、偏移二进制码及模拟量的对应关系。

表 8-1　常用双极性及其输出模拟量

十进制数	2 的补码				偏移二进制码					输出模拟电压
	D_3	D_2	D_1	D_0	D_3	D_2	D_1	D_0	对应十进制数	
7	0	1	1	1	1	1	1	1	15	7 V
6	0	1	1	0	1	1	1	0	14	6 V
5	0	1	0	1	1	1	0	1	13	5 V
4	0	1	0	0	1	1	0	0	12	4 V
3	0	0	1	1	1	0	1	1	11	3 V
2	0	0	1	0	1	0	1	0	10	2 V
1	0	0	0	1	1	0	0	1	9	1 V
0	0	0	0	0	1	0	0	0	8	0 V
−1	1	1	1	1	0	1	1	1	7	−1 V
−2	1	1	1	0	0	1	1	0	6	−2 V
−3	1	1	0	1	0	1	0	1	5	−3 V
−4	1	1	0	0	0	0	1	0	4	−4 V
−5	1	0	1	1	0	0	1	1	3	−5 V
−6	1	0	1	0	0	0	1	0	2	−6 V
−7	1	0	0	1	0	0	0	1	1	−7 V
−8	1	0	0	0	0	0	0	0	0	−8 V

由表 8-1 可知，偏移二进制码是将二进制码对应的零值偏移到了 80H，使偏移后的数中，只有大于 8 的才是正数，小于 8 的为负数。如果将单极性的 4 位 D/A 转换器的输出减去 80H 对应的模拟量$\left(\frac{1}{2}V_{\text{REF}}\right)$，则可得到极性正确的偏移二进制码的输出电压。因此，如果 D/A 转换器输入的是 2 的补码，就可先将其转换为偏移二进制码，然后采用图 8-16 所示的电路实现双极性输出。

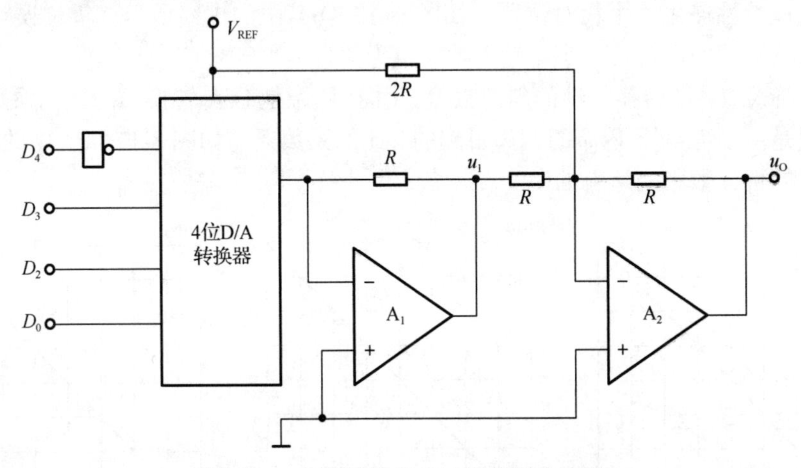

图 8-16　双极性输出 D/A 转换器电路图

图中，最高位取反的作用是将输入的原码的 2 的补码变换为偏移二进制码，然后送到 D/A 转换器，其变换输出的模拟量 u_1 经由运算放大器 A_2 组成的加法电路（完成 u_1 与 $\frac{1}{2}V_{\text{REF}}$ 的减法运算）后，得到正确的输出电压 u_O，即

$$u_O = -u_1 - \frac{1}{2}V_{\text{REF}} \tag{8-7}$$

8.2.6　D/A 转换器的主要技术指标

1. 分辨率

分辨率是指 D/A 转换器输出的最小电压变化量与满刻度输出电压之比。

最小输出电压变化量是对应输入数字量最低位（LSB）为 1，其余各位为 0 时的输出电压，记为 U_{LSB}；满度输出电压是对应输入数字量的各位全是 1 时的输出电压，记为 U_{FSR}，对一个 n 位的 D/A 转换器，分辨率可表示为

$$分辨率=\frac{U_{LSB}}{U_{FSR}}=\frac{1}{2^n-1} \tag{8-8}$$

一个 n=10 位的 D/A 转换器，其分辨率是 0.000978。

2. 转换精度

转换精度是实际输出值与理论计算值之差。这个差值越小，转换精度越高。

转换过程中存在各种误差，主要由以下几种。

（1）非线性误差。D/A 转换器每相邻代码对应的模拟量之差应该都是相同的，即理想转换特性应为直线，如图 8-17（a）实线所示，实际转换时的特性可能如图中虚线所示。将在满量程范围内偏离转换特性的最大误差称为非线性误差，它与最大量程的比值称为非线性度。引起非线性误差的原因很多，如电阻网络中的各模拟开关存在着不同的导通电阻和导通电压，电阻网络中各支路的电阻误差等，都会影响输出电压，从而导致非线性误差的出现。

（2）漂移误差，又称零位误差。它是由运算放大器零点漂移产生的误差。当输入数字量为 0 时，由于运算放大器的零点漂移，输出模拟电压并不为 0。该误差将使输出电压特性与理想电压特性产生一个相对位移，如图 8-17（b）中的虚线所示。零位误差将以相同的偏移量影响所有的码，其大小与输入数字量无关。

（3）增益误差，即转换特性的斜率误差。由于 V_{REF} 是 D/A 转换器的比例系数，比例系数误差一般是由参考电压 V_{REF} 的偏离引起的。比例系数误差如图 8-17（c）中的虚线所示，它将以相同的百分数影响所有的码。

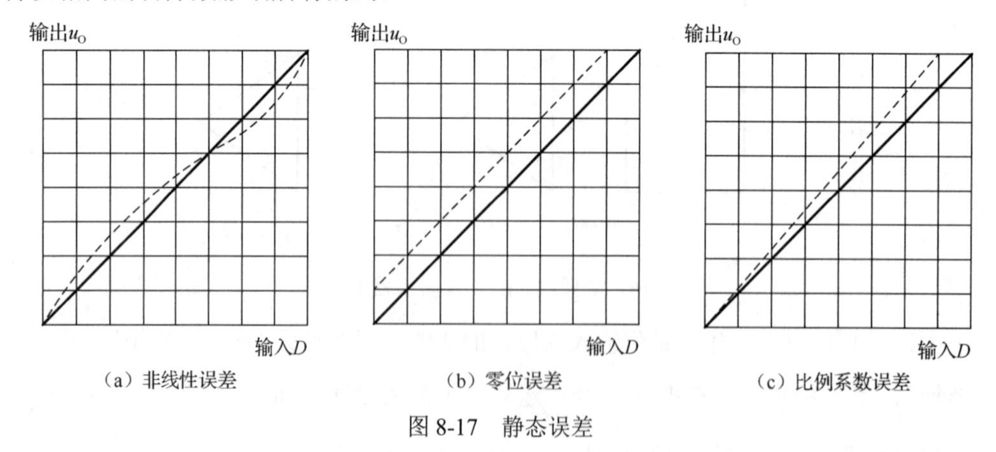

（a）非线性误差　（b）零位误差　（c）比例系数误差

图 8-17　静态误差

3. 建立时间

从数字信号输入 D/A 转换器开始到输出电流（或电压）达到稳态值所需的时间为建立

时间。建立时间的大小决定了转换速度。D/A 转换器的建立时间较快，单片集成 D/A 转换器建立时间最短可达 0.1μs。

除上述各参数外，在使用 D/A 转换器时还应注意其输出电压特性。由于输出电压事实上是一串离散的瞬时信号，若恢复信号原来的时域连续波形，则必须采用保持电路对离散输出进行波形复原。此外还应注意 D/A 的工作电压、输出方式、输出范围和逻辑电平等参数。

8.2.7　集成 D/A 转换器及其应用

集成 D/A 转换器的种类很多，性能指标也不相同。一般可分为以下两类：一类是集成芯片内部仅集成了电阻网络和模拟电子开关，另一类是在芯片内部集成了构成 D/A 转换器的全部电路。下面介绍几种常用集成 D/A 转换器芯片及其应用。

1. DAC7XXX 系列 D/A 转换器

DAC7XXX 系列 D/A 转换器是通用型 D/A 转换器，不仅性能、功能相似，而且外形和引脚排列也基本相同。该系列 D/A 转换器芯片片内不带数据缓冲器，是一种价廉、低功耗的 D/A 转换器。下面以 CC7520 为例来说明该系列 D/A 转换器的内部结构和使用方法。

1）CC7520 的内部结构和引脚功能

图 8-18 所示为 CC7520 的电路图、引脚图如图 8-19 所示。其内部包括了 10 位 R-2R 梯形电阻网络和 10 位数字控制（D_0～D_9）的十个 CMOS 双向开关。

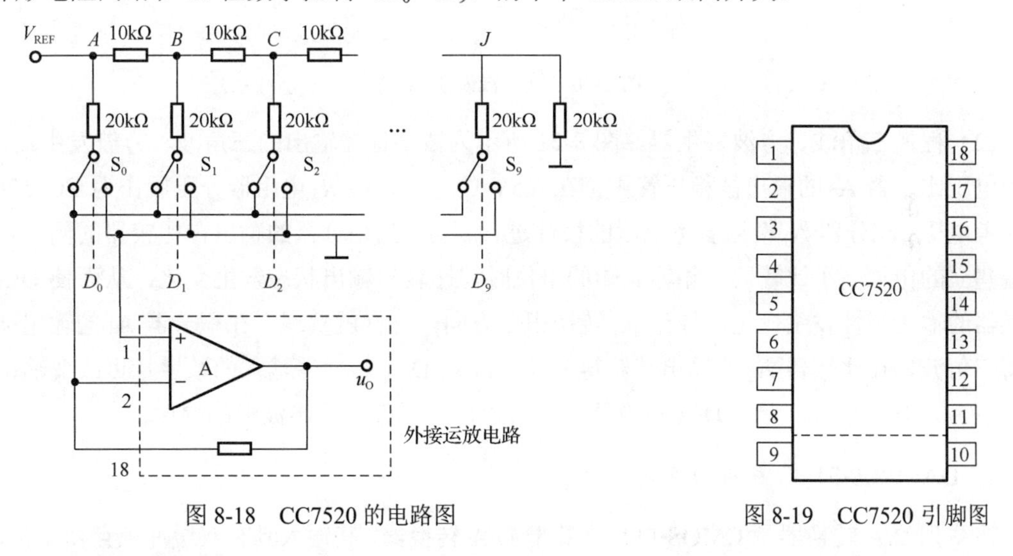

图 8-18　CC7520 的电路图　　　　图 8-19　CC7520 引脚图

2）典型应用

（1）锯齿波发生器。图 8-20（a）所示为 CC7520 和 10 位环形计数器组成的锯齿波发生器。图中，10 位环形计数器的输出作为 D/A 转换器的输入量，数字量 D 随着时间线性地增加，D/A 转换器的输出为

$$u_O = -V_{REF} \cdot D$$

当参考电压为直流十进制计数器计数溢出回到零时，D/A 转换器的输出也同时回到零，之后，计数器进行加计数，输出 u_O 也随之增加，如图 8-20（b）所示。如果改变参考电压 V_{REF} 为交流电压，且输入信号频率高于计数器时钟脉冲 CLK 频率，则输出波形如图 8-20

(c)所示。该电路可用于以线性增量增加的模拟增量电路中。如果改变参考电压的大小，则输出锯齿波的幅度也随之变化。

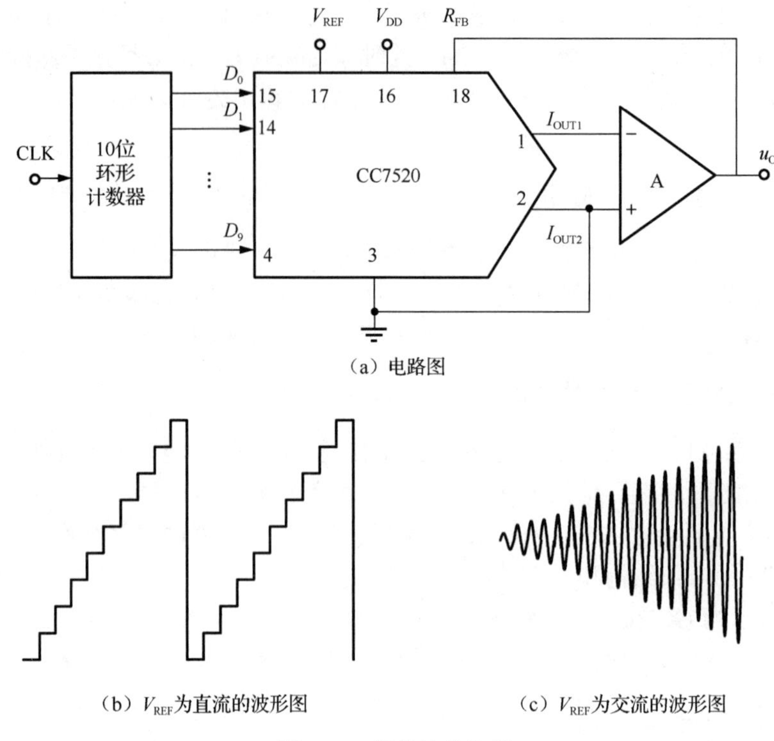

(a) 电路图

(b) V_{REF}为直流的波形图

(c) V_{REF}为交流的波形图

图 8-20　锯齿波发生器

(2) 程控三角波、方波发生器。图 8-21 所示为数字程控输出的三角波、方波发生器。图中电压比较器 A_2 的输出被稳压管钳位在 6.5V 的电平，经 R_5 电阻器分压后作为 CC7520 的参考电压。积分器 A_1 根据参考电压的极性进行积分。当积分器的输出在比较器的同相输入端建立的电位高于比较器反相输入端的电位时，比较器输出状态发生变化，从而使 D/A 转换器的输出极性发生变化，导致 A_1 转换积分方向。这样就实现了在积分器 A_1 的输出端获得三角波，在比较器 A_2 的输出端获得方波。改变 D/A 转换器输入的数字量可改变输出三角波、方波的频率，调节 D/A 转换器的参考电压可以改变输出波形的幅度。

2. DAC0830/31/32 系列 D/A 转换器

该系列 D/A 转换器是 CMOS 单片乘算型 D/A 转换器，其输入具有双缓冲锁存器结构，即输入数据在 D/A 转换器内部要经过两级锁存器（输入锁存器和 D/A 转换器的寄存器），能同时存储两组数据。为方便与微处理器接口设计，设有多种外部控制引脚。DAC0830/31/32 系列是选用 CMOS 工艺制成的双列直插式单片 8 位 D/A 转换器，采用 T 型解码网络，其主要特征为：①可与所有通用微处理器直接接口；②可双缓冲、单缓冲或直通数据输入；③输入数据为 8 位，逻辑电平与 TTL 兼容；④电流稳定时间 1μs；⑤功耗 20mW；⑥线性误差：0830 为±0.05%满量程，0831 为±0.1%满量程，0832 为±0.2%满量程。

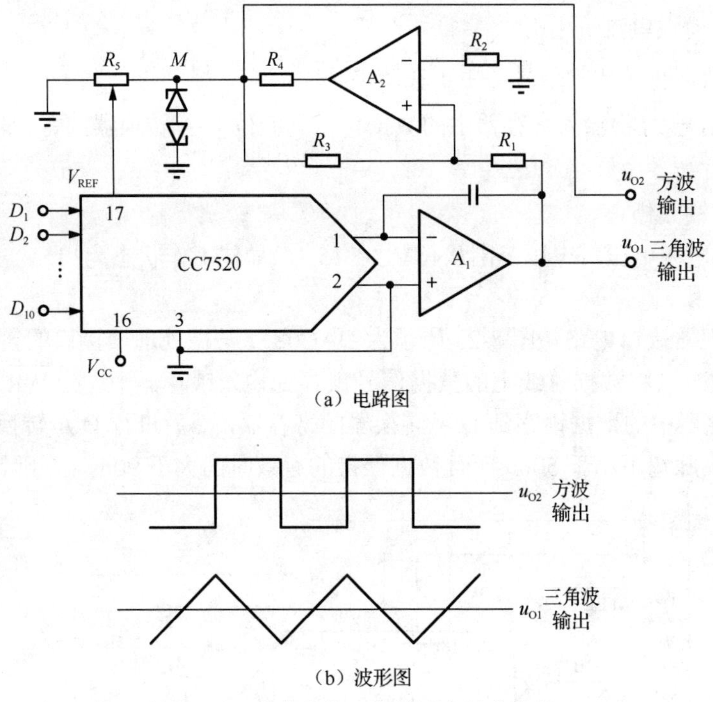

（a）电路图

（b）波形图

图 8-21　数字程控三角波、方波发生器

1）DA0832 的内部组成及引脚排列

DA0832 采用 R-2R 梯形电阻网络实现 D/A 转换，内部结构和引脚排列如图 8-22 所示。

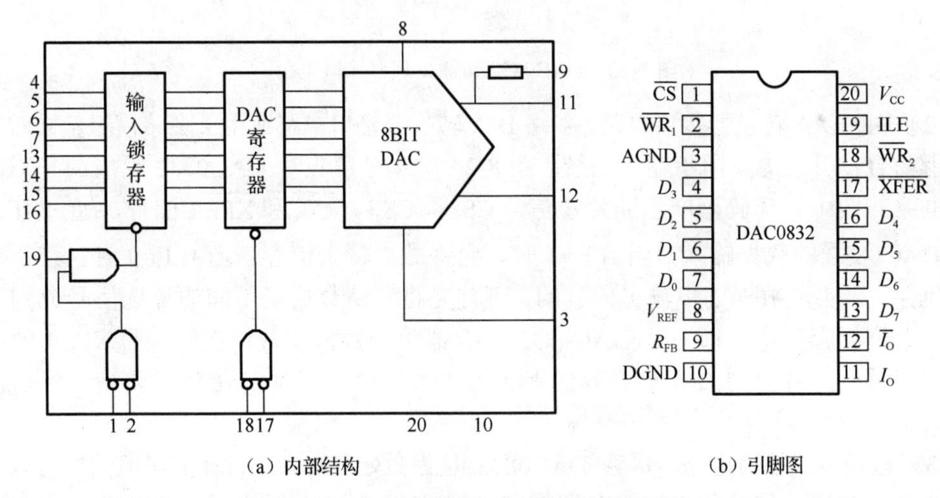

（a）内部结构　　　　　　（b）引脚图

图 8-22　DAC0832 的内部结构和引脚图

$\overline{\mathrm{CS}}$：片选端，$\overline{\mathrm{CS}}$ 与 ILE 一起完成对 $\overline{\mathrm{WR}_1}$ 的控制。

$\overline{\mathrm{WR}_1}$：写信号 1，将输入数据锁存于输入锁存器中。当 $\overline{\mathrm{CS}}$ 与 ILE 有效时，$\overline{\mathrm{WR}_1}$ 有效。

AGND：模拟地，应始终与数字电路地端连接。

D_0～D_7：8 位数字量输入。

R_{FB}：反馈电阻。

DGND：数字电路地。

I_O、$\overline{I_O}$：模拟电流输出端。

$\overline{\mathrm{XFER}}$：数据传送控制信号，用于控制$\overline{\mathrm{WR}_2}$。

$\overline{\mathrm{WR}_2}$：写信号 2，将输入锁存器中的数据传送到 8 位 D/A 转换器的寄存器中进行锁存，此时$\overline{\mathrm{XFER}}$应有效。

ILE：允许输入锁存。

V_{CC}：数字电源电压，电压范围从+5V 到+15V，最佳工作状态为+15V。

2）典型应用

（1）微处理器接口电路。图 8-23 所示为 DAC0832 与微处理器接口的典型电路图。当$\overline{\mathrm{WR}}$和$\overline{\mathrm{CS}}$有效时，将数据总线上的数据信号锁存到输入锁存器中；当$\overline{\mathrm{WR}}$和$\overline{\mathrm{XFER}}$有效时，将输入锁存器中的数据锁存到 D/A 转换器的寄存器，然后进行 D/A 转换。需要注意的是，$\overline{\mathrm{WR}}$的最小脉宽不小于 500ns，且数据保持的有效时间大于 90ns，否则锁存数据错误。

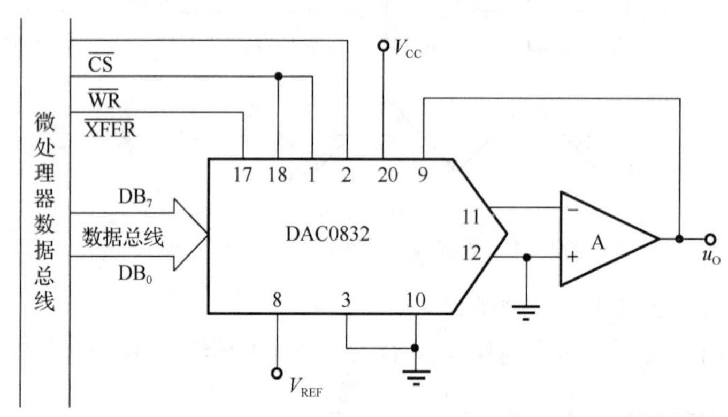

图 8-23　DAC0832 与微处理器接口电路

（2）多路 D/A 转换器接口电路。多路 D/A 转换器接口电路适用于多路模拟量同时输出的应用场合，用于构成同步输出系统。图 8-24 所示是用三片 DAC0832 组成的三路 D/A 转换电路。图中，译码器产生的片选信号$\overline{\mathrm{CS}_1}$、$\overline{\mathrm{CS}_2}$、$\overline{\mathrm{CS}_3}$和$\overline{\mathrm{XFER}}$信号，通过 ILE 端控制 DAC0832 的数据输入，当 ILE=**1** 时，允许数据输入锁存；当 ILE=**0** 时，禁止数据输入锁存。为实现数据同步输出的目的，可首先将三路数据由不同的片选信号分别锁存于输入数据锁存器中，而三片 DAC0832 寄存器中的数据在数据控制信号$\overline{\mathrm{XFER}}$的控制作用下同时进入各自的 D/A 转换器的寄存器中，以达到同时完成 D/A 转换，然后实现同步输出。

（3）直通方式接口电路。尽管 DAC0832 是为微处理器系统设计的，但同样可以完全直通的方式应用，其应用电路可参照图 8-24。这种电路主要应用于连续反馈控制环路中，由计数器驱动。在直通工作方式下，DAC0832 的$\overline{\mathrm{WR}}$、$\overline{\mathrm{CS}}$和$\overline{\mathrm{XFER}}$接地，ILE 接高电平。

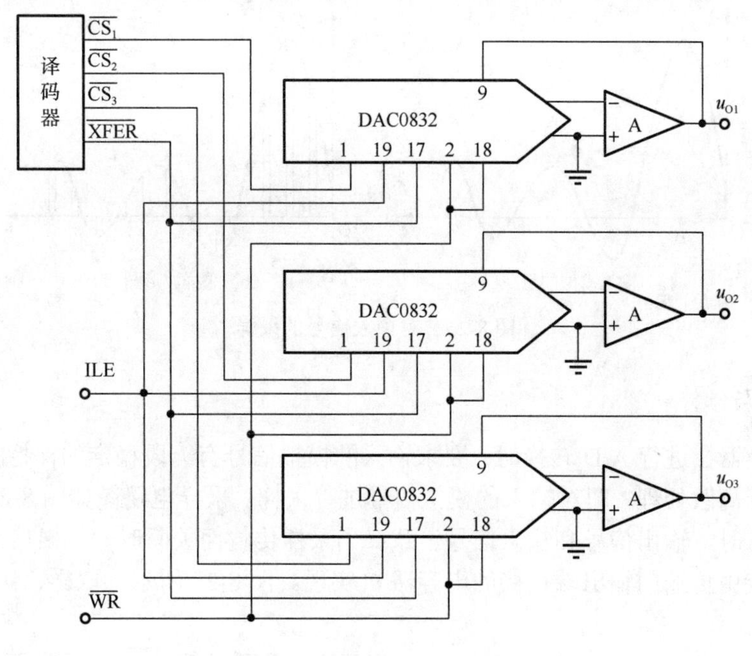

图 8-24　三路 D/A 转换电路

8.3　A/D 转换器

8.3.1　A/D 转换的一般过程

A/D 转换器是模拟系统到数字系统的接口电路。完成 A/D 转换过程一般要经历采样、保持、量化、编码四个步骤。在实际 A/D 转换电路中，通常采样和保持、量化和编码是同时实现的。

1. 采样定理

采样是将输入随时间线性变化的模拟量转换为随时间离散变化的数字量的过程。图 8-25 所示是对某一输入模拟信号经采样后的波形。为了保证能从采样信号中还原信号，必须满足条件

$$f_S \geqslant 2f_{i(max)} \tag{8-9}$$

式中，f_S 为采样频率；$f_{i(max)}$ 为输入信号的最高次谐波分量的频率。这种采样频率与输入信号的最高次谐波分量频率之间的关系称为采样定理。采样频率越高，完成 A/D 转换的时间就越短，对 A/D 转换器的工作速度要求就越高。通常情况下，采样频率一般选为

$$f_S = (2.5\sim3)\, f_{i(max)} \tag{8-10}$$

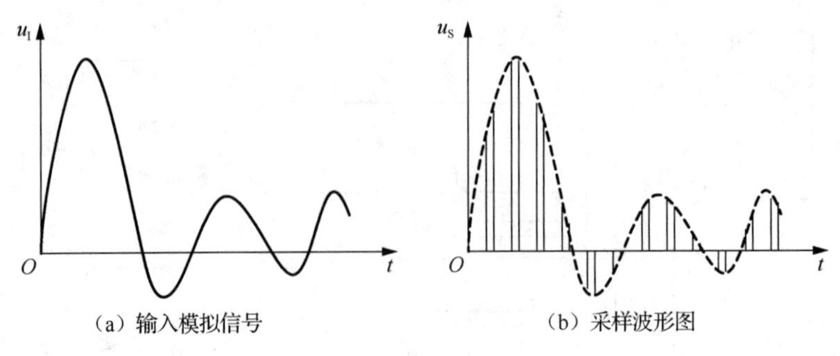

（a）输入模拟信号　（b）采样波形图

图 8-25　对输入信号的采样

2. 采样与保持

A/D 转换器在进行 A/D 转换时，要求输入的模拟信号有一段稳定的保持时间，以便对模拟信号进行离散处理，即对输入的模拟信号进行采样。采样电路图如图 8-26 所示。当采样传输门打开时，输出信号和输入信号一致；当采样传输门关断时，输出信号为零。对采样信号的保持由传输门输出端连接的电容器 C 实现。图 8-27 所示为取样、保持电路图。

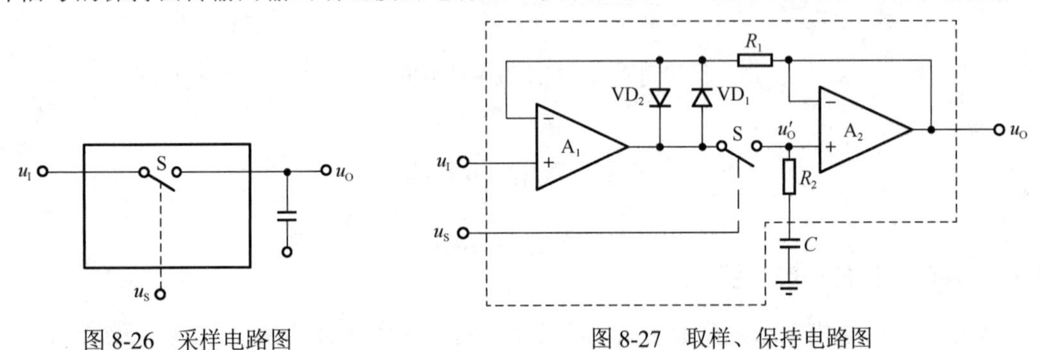

图 8-26　采样电路图　　图 8-27　取样、保持电路图

图中，A_1、A_2 是两个集成运算放大器，S 是电子模拟开关，二极管 VD_1、VD_2 组成保护电路。当 u'_O 比 u_O 所保持的电压高出一个二极管的正向压降时，VD_1 导通，u'_O 被钳位于 $u_I+U_{VD_1}$（U_{VD_1} 为 VD_1 的正向导通压降）。同理，当 u'_O 比 u_O 低一个二极管的压降时，VD_2 导通，u'_O 被钳位于 $u_I+U_{VD_2}$。保护电路的作用是防止在 S 再次接通前，u_I 发生变化而引起 u'_O 的更大变化，导致 u'_O 与 u_O 不再保持线性关系，并使开关电路有可能因承受过高的 u'_O 电压而损坏。

当 $u_S=\mathbf{1}$ 时，电子模拟开关 S 闭合，A_1、A_2 接成电压跟随器，故输出 $u_O=u'_O=u_I$。与此同时，u'_O 通过电阻器 R_2 对外接电容器 C 充电，使 $u_C=u_I$。因电压跟随器的输出电阻非常小，故对外接电容器 C 的充电时间很短。当 $u_S=\mathbf{0}$ 时，电子模拟开关 S 断开，采样过程结束。由于 u_C 无放电通路，u_C 上的电压值能保持一段时间不变，使采样结果 u_O 保持下来。

3. 量化与编码

数字信号不仅在时间上是离散的，而且在幅度上也是不连续的。量化的目的是完成信号在幅度上的离散化，其实现方法是用预先规定好的有限个电平值来表示采样值的大小，这个过程称为量化。当需要对输入模拟电压 u_I 的大小进行量化时，首先要确定一个单位电压值，然后用 u_I 与事先确定的单位电压值进行比较，并用比较结果的整数倍值来表示输入

模拟电压 u_I 的大小，这样就完成了对输入模拟电压 u_I 的量化。把量化后的结果，即比较结果的整数倍用二进制代码表示，称为二进制编码，经编码后得到的结果即为 A/D 转换器输出的数字信号。

量化过程中所取最小数量单位称为量化单位，用 Δ 表示。由于采样得到的样值脉冲的幅度是模拟信号在某些时刻的瞬时值，它们不可能都正好是量化单位 Δ 的整数倍，因此必然会产生一定的误差，这个误差称为量化误差。量化误差属于系统误差，是无法消除的，通常 A/D 转换器的量化等级越大，量化误差越小。

量化过程中采用的量化方法主要有取整法和四舍五入法两种。

1）取整法

当输入信号 u_I 的幅值在相邻的两个量化值之间，即 $(k-1)\Delta \leqslant u_I \leqslant k\Delta$（$k$ 取整数）时，采取舍弃小数部分，取其整数而得到 u_I 的量化值为

$$u_I^* = (k-1)\Delta \tag{8-11}$$

例如，已知量化当量 $\Delta = 1V$，输入 $u_I = 3.8V$ 时，量化值 $u_I^* = 3V$。

2）四舍五入法

当输入信号 u_I 幅值的小数部分不足 $\Delta/2$ 时，舍弃小数部分而得到其量化值；当输入信号 u_I 幅值的小数部分等于或大于 $\Delta/2$ 时，按四舍五入规则，量化值在原整数上加 1Δ 得到。

例如，已知量化当量 $\Delta = 1V$，当输入 $u_I = 3.2V$ 时，量化值为 $u_I^* = 3V$；若 $u_I = 3.5V$ 时，则量化值为 $u_I^* = 4V$。

不论采用哪种量化方式，量化过程中必然存在被测输入量与量化值之间的误差，称为量化误差 ε，表示为

$$\varepsilon = u_I - u_I^* \tag{8-12}$$

通常 A/D 转换器的量化等级越大，量化误差越小。不同的量化方式可能出现的最大量化误差 ε_{max} 不同，用取整法量化时，$\varepsilon_{max} = 1\Delta$，且 $\varepsilon \geqslant 0$；用四舍五入法量化时，$|\varepsilon_{max}| = \Delta/2$，因此，后一种量化方式较好，绝大多数的 A/D 转换器集成电路都采用四舍五入量化方式。

一般 A/D 转换器集成电路中，量化当量 Δ 的确定取决于输入信号电压的最大值 u_{max}、输出二进制数的位数 n 及量化方式。

取整法中的量化当量 Δ 应按下式确定

$$\Delta = \frac{u_{max}}{2^n} \tag{8-13}$$

四舍五入法中的量化当量 Δ 按下式确定

$$\Delta = \frac{2u_{max}}{2^{n+1}-1} \tag{8-14}$$

例 8.1　已知 $u_I = 0 \sim 1V$，若用 A/D 转换器电路将其转换为 3 位二进制数，试计算其量化当量。

解：（1）采用取整法，量化当量 Δ 为

$$\Delta = \frac{u_{max}}{2^n} = \frac{1}{2^3} = \frac{1}{8}V$$

（2）采用四舍五入法量化，量化当量 Δ 为

$$\Delta = \frac{2u_{max}}{2^{n+1}-1} = \frac{2\times 1}{2^{3+1}-1} = \frac{2}{15}V$$

4. A/D 转换器的分类

A/D 转换器的种类很多，按其转换过程，可以分为直接型 A/D 转换器和间接型 A/D 转换器两种。

直接型 A/D 转换器能将输入的模拟电压与基准电压进行比较，直接转换为输出的数字代码。这种转换器的优点是转换速度较快，转换精度易保证。常用的电路有反馈比较型和并行比较型，反馈比较型主要有计数型和逐次逼近型两种电路。

间接型 A/D 转换器在转换过程中首先将采样并保持的模拟信号转换成与时间成比例的中间量（时间 T 或频率 f），然后再将中间量进行量化编码得出转换结果。在转换过程中，通常采用频率恒定的时钟脉冲通过计数器来实现转换。这种转换器的特点是工作速度低，但转换精度可以做得比较高，抗干扰抑制能力较强，因此在测试仪表中用得比较多。

8.3.2 A/D 转换器的工作原理

A/D 转换器的实现方法很多，直接型 A/D 转换器的代表类型是逐次逼近型 A/D 转换器，间接型 A/D 转换器的代表是双积分型（电压时间型）A/D 转换器。

1. 逐次逼近型 A/D 转换器

图 8-28 所示为逐次逼近型 A/D 转换器结构框图。这种转换器主要由比较器、D/A 转换器、逐次逼近寄存器和时钟信号组成。在进行 A/D 转换时，首先将待转换的模拟电压 u_I 与 D/A 转换器输出的“推测”模拟电压 u_O 相比较，然后根据比较器输出的结果决定增大还是减小“推测”模拟电压信号，以便向模拟输入电压 u_I 逼近。当“推测”模拟电压信号和输入模拟电压信号相等时，向 D/A 转换器输入的数字量就是对应模拟输入量的数字量。

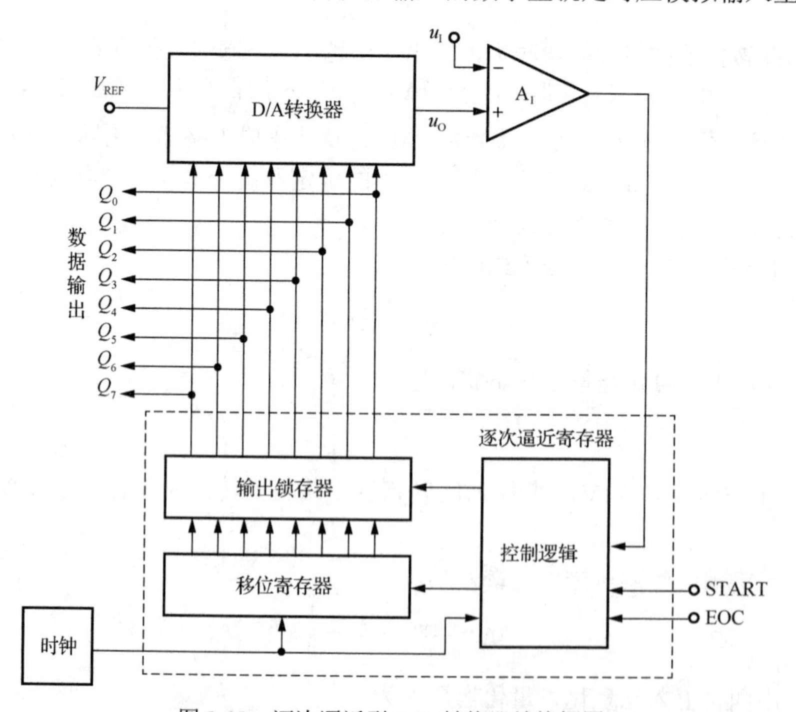

图 8-28　逐次逼近型 A/D 转换器结构框图

逐次逼近寄存器完成“推测”值的算法为：转换开始前先将寄存器清零，开始转换时，从输出锁存器的最高位起依次置 **1**，每改变一次的数字量都要经 D/A 转换器转换为模拟量，并送入比较器进行测试，如果模拟输入电压 u_I 小于“推测”模拟电压 u_O，则比较器输出为 **0**，并使该位清零；如果模拟输入电压 u_I 大于“推测”模拟电压 u_O，则比较器输出为 **1**，并使该位置 **1**。无论是出现上述哪一种情况，均要继续比较下一位，直到最末位为止。比较完成后，输出锁存器中的状态，即 D/A 转换器的输入就是对应模拟输入电压 u_I 的数字量。

2. 双积分型 A/D 转换器

图 8-29 所示为双积分型 A/D 转换器的结构框图。在进行 A/D 转换时，电路首先对输入的模拟电压 u_I 进行固定时间积分，然后转为对标准电压进行反向积分，直至积分输出返回起始值，对标准电压积分的时间 T 正比于模拟输入电压 u_I，输入电压越大，反向积分时间越长，如图 8-30 所示。

转换开始时，控制电路使 S 接通 u_I，由于输入电压 u_I 为正，经积分器 A_1 积分后输出电压 u_O 为负，因此比较器 A_2 输出为高电平，时钟控制门打开，计数脉冲 CP 进入 n 位二进制加法计数器，进行递增计数。当计数器计满归零时，定时器置 **1**，逻辑控制门使开关 S 接通参考电压 $-V_{REF}$。此时积分器完成了对输入电压的积分，开始对基准电压进行积分。

当开关 S 接通参考电压 $-V_{REF}$ 后，积分器开始对 $-V_{REF}$ 进行积分。此时，由于积分器输出的电压初值 u_O 等于积分器对 u_I 积分过程结束时的输出电压，为负值，比较器 A_2 输出仍为高电平，时钟控制门打开，n 位二进制计数器开始对时钟脉冲 CP 进行计数，输出电压不断增大，当输出电压增大到 0 时，比较器输出变为低电平，时钟控制门封锁，计数器停止计数，对基准电压的反向积分过程结束。设 t_2 为积分器对基准电压方向积分的时间，D 为积分过程结束时的计数值，则有

$$t_2 = D \times T_{CP}$$

根据对图 8-30 的分析可知，反向积分时间 t_2 的大小与积分器对输入电压 u_I 在 t_1 时间内的积分成正比，输入电压越大，反向积分时间越长，反向积分过程结束时的计数值 D 也越大。因此可用 D 来表示输入电压 u_I 的大小，即

$$D = k \times u_I \tag{8-15}$$

式中，k 为 A/D 转换器的转换系数。

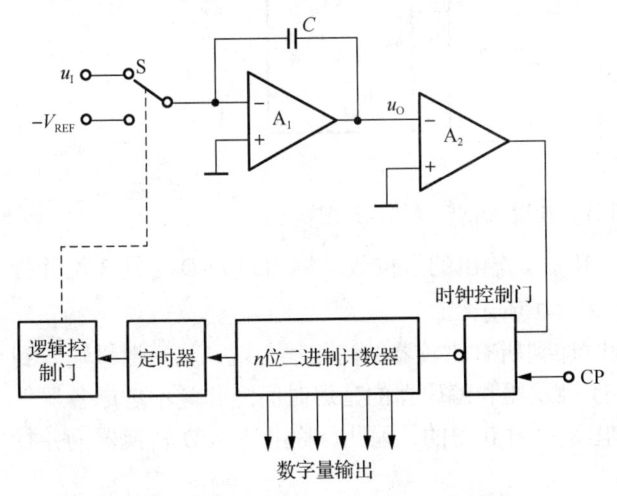

图 8-29　双积分型 A/D 转换器结构框图

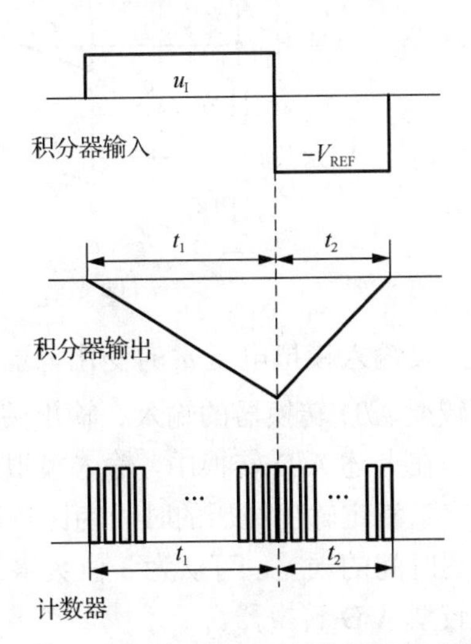

图 8-30　双积分型 A/D 转换原理示意图

在积分完成对 $-V_{REF}$ 的反向积分后，由逻辑控制将计数器中的二进制数并行输出。如果要进行新的转换，则需 A/D 转换器恢复到初始状态，再重复上述过程。

3. 并行比较型 A/D 转换器

图 8-31 所示为 3 位并行比较型 A/D 转换器电路图，主要由电阻分压器、电压比较器、寄存器及编码器组成。图中的八个电阻器将参考电压 V_{REF} 分成八个等级，其中七个等级的电压分别作为七个比较器 C_1～C_7 的参考电压，其数值分别为 $1/16V_{REF}$、$3/16V_{REF}$…、$13/16V_{REF}$。输入电压 u_I 的大小决定了各比较器的输出状态。

当 $0 \leqslant u_I < 1/16V_{REF}$ 时，C_1～C_7 的输出状态都为 **0**；当 $3/16V_{REF} < u_I < 5/16V_{REF}$ 时，比较器 C_1 和 C_2 的输出 $C_{O1} = C_{O2} = \mathbf{1}$，其余各比较器的输出状态都为 **0**。根据各比较器的参考电压值，可以确定输入模拟电压值与各比较器输出状态之间的关系。比较器的输出状态由 D 触发器存储，CP 作用后，触发器的输出状态 Q_7～Q_1 与对应的比较器的输出状态 $C_{O7} \sim C_{O1}$ 相同。经代码转换网络（优先编码器）输出数字量 $D_2D_1D_0$。优先编码器 Q_7 的优先级别最高，Q_1 最低。

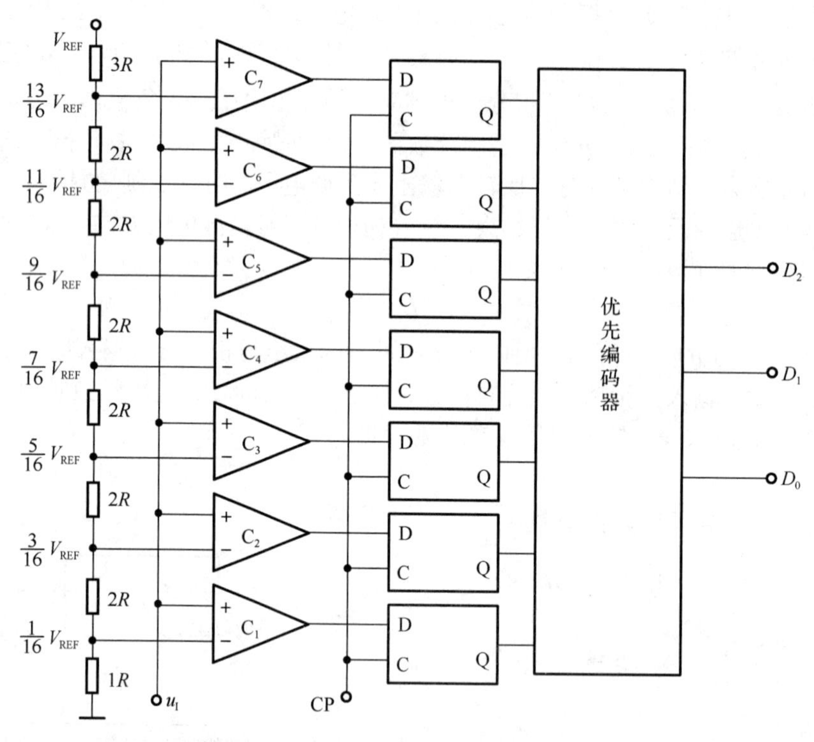

图 8-31 3 位并行比较型 A/D 转换器电路图

设输入模拟电压 u_I 的变化范围是 0～$1V_{REF}$，输出的 3 位数字量为 $D_2D_1D_0$，则 3 位并行比较型 A/D 转换器的输入、输出关系如表 8-2 所示。

在上述 A/D 转换中，输入模拟量同时加到所有比较器的同相输入端，从模拟量输入到数字量稳定输出经历的时间为比较器、D 触发器和编码器的延迟时间之和。不考虑各器件延迟时间的误差，可认为 3 位数字量输出是同时获得的，因此，称上述 A/D 转换器为并行比较型 A/D 转换器。

并行比较型 A/D 转换器的转换时间仅取决于各器件的延迟时间和时钟脉冲宽度，因此转换时间较短，速度较快。

表 8-2　3 位并行比较型 A/D 转换器的输入、输出关系

模拟量输出	比较器输出状态							数字量输出		
	C_7	C_6	C_5	C_4	C_3	C_2	C_1	D_2	D_1	D_0
$0\leqslant u_I\leqslant V_{REF}/16$	0	0	0	0	0	0	0	0	0	0
$V_{REF}/16<u_I\leqslant 3V_{REF}/16$	0	0	0	0	0	0	1	0	0	1
$3V_{REF}/16<u_I\leqslant 5V_{REF}/16$	0	0	0	0	0	1	1	0	1	0
$5V_{REF}/16<u_I\leqslant 7V_{REF}/16$	0	0	0	0	1	1	1	0	1	1
$7V_{REF}/16<u_I\leqslant 9V_{REF}/16$	0	0	0	1	1	1	1	1	0	0
$9V_{REF}/16<u_I\leqslant 11V_{REF}/16$	0	0	1	1	1	1	1	1	0	1
$11V_{REF}/16<u_I\leqslant 13V_{REF}/16$	0	1	1	1	1	1	1	1	1	0
$13V_{REF}/16<u_I\leqslant V_{REF}$	1	1	1	1	1	1	1	1	1	1

8.3.3　A/D 转换器的主要技术指标与选用原则

1. 转换精度

衡量单片集成 A/D 转换器的转换精度的指标主要通过分辨率和转换误差来描述。

（1）分辨率是指引起输出二进制数字量最低有效位变动一个数码时，对应输入模拟量的最小变化量。在转换过程中，小于此最小变化量的输入模拟电压不会引起输出数字量的变化。分辨率反映了 A/D 转换器对输入信号的分辨能力，通常以输出二进制数的位数表示。在 A/D 转换器分辨率的有效值范围内，输出二进制数的位数越多，分辨率越小，分辨能力就越高。

（2）转换误差表示 A/D 转换器实际输出的数字量与理想输出的数字量之间的差别，并用最低有效位 LSB 的倍数来表示。例如，给出的相对误差$\leqslant\pm\frac{1}{2}$LSB，则表明转换误差小于最低位的半个字。

2. 转换时间

A/D 转换器完成一次从模拟量到数字量转换所需要的时间，即从转换开始到输出端出现稳定的数字信号所需要的时间称为转换时间。并行比较型 A/D 转换器速度最高，转换时间通常在 50ns 以内；逐次逼近型 A/D 转换器速度次之，转换时间多在10～50 μs；双积分型 A/D 转换器速度最慢，其转换时间大多都在几十毫秒到几百毫秒之间。

3. 选用原则

在实际应用中，应从系统数据总的位数、精度要求、转换速度、输入模拟信号的范围等方面综合考虑 A/D 转换器的选用。

类型合理：根据 A/D 转换器在系统中的作用，以及与系统中其他电路的关系进行选择，不但可以减少电路的辅助环节，还可以避免出现一些不易发现的逻辑与时序错误。

转换速度：三种应用最广泛的产品——并行比较型 A/D 转换器的速度最高，逐次逼近型 A/D 转换器的速度次之，双积分型 A/D 转换器的速度最慢。要根据系统的要求选取。

精度选择：在精度要求不高的场合，选用 8 位 A/D 转换器即可满足要求，不必选用更

高分辨率的产品。

功能选择：尽量选用恰好符合要求的产品。多余的功能不但无用，还有可能造成意外事故。

总之，转换精度、转换速率、功能类型、功耗等特性要综合考虑，全面衡量。

8.3.4　集成 A/D 转换器及其应用

A/D 转换芯片种类很多，但应用较多的单片集成 A/D 转换器主要有以下三类。

1. 逐次逼近型 A/D 转换器

1）ADC0801 系列

ADC0801/2/3/4 是单片 CMOS 逐次逼近型 8 位 A/D 转换器。其中，ADC0801 为 9 位精度，ADC0804 为 7 位精度，其余均为 8 位精度；转换时间小于 100μs，基准电压为 2.5V，工作电压为 5V。芯片内部含有时钟，也可外加时钟工作；模拟输入端为差动结构，共模干扰抑制能力可达 70dB；最大允许功耗为 875mW，实际功耗不足 20mW。

2）ADC0808 系列

ADC0808 系列为多通道 8 位 VMOS 型 A/D 转换器，其结构和性能与 ADC0801 系列近似。芯片内设置了多路模拟开关及通道地址译码和锁存电路，因此能对多路模拟信号进行分时采集和转换。

ADC0808 系列主要有 8 通道的 ADC0808/0809 和 16 通道的 ADC0816/0817。其中，ADC0808 的精度为 8 位，0809 的精度为 7 位。ADC0808/0809 的典型时钟为 640kHz，每一通道的转换时间约为 100μs。由于其内部没有时钟电路，故其工作频率由外部提供。ADC0808/0809 的引脚及模拟通道的地址码如图 8-32 所示。

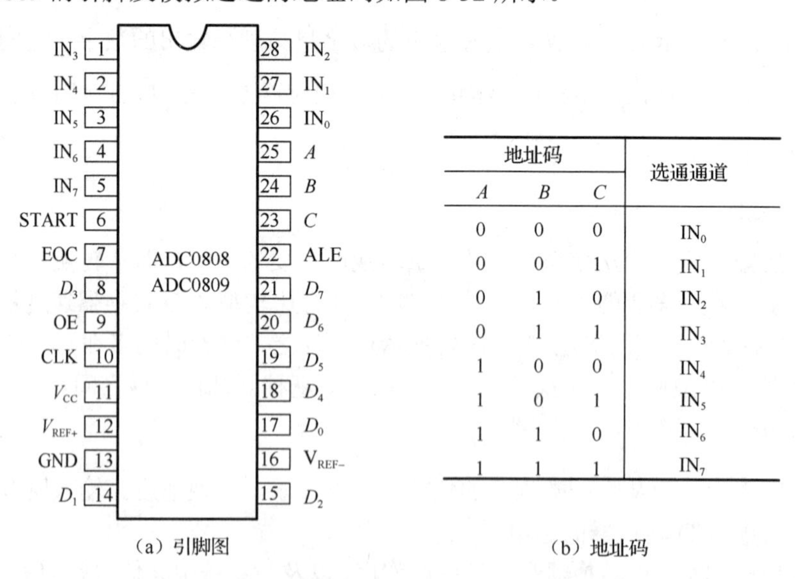

地址码			选通通道
A	*B*	*C*	
0	0	0	IN_0
0	0	1	IN_1
0	1	0	IN_2
0	1	1	IN_3
1	0	0	IN_4
1	0	1	IN_5
1	1	0	IN_6
1	1	1	IN_7

（a）引脚图　　（b）地址码

图 8-32　ADC0808/0809 的引脚与模拟通道地址

ADC0816/0817 与 ADC0808/0809 相比，除模拟量输入通道增加至 16 个、封装为 40 脚外，其原理、性能基本相同，该系列 A/D 转换器与微处理器的典型接口电路可参照图 8-33 设计。

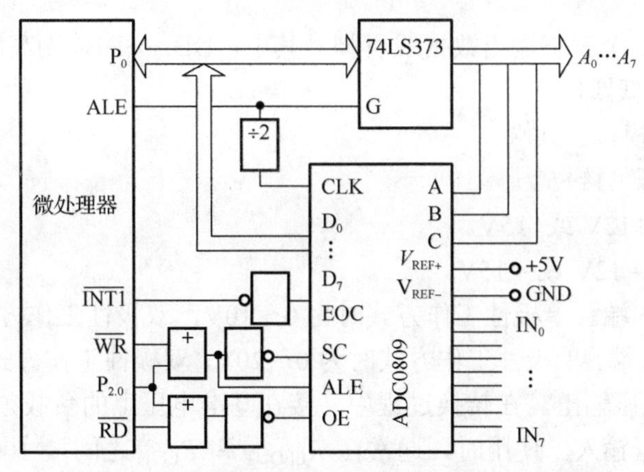

图 8-33　ADC0809 与微处理器接口电路示意图

图中，8 路模拟输入量的变化范围在 0～5V 之间，A/D 转换结束信号接在单片机的外部中断 **1** 上，单片机通过 $P_{2.0}$ 口和读、写信号来控制 A/D 转换器的模拟量输入通道地址锁存、启动和输出允许。模拟输入通道地址由单片机 P_0 口控制。

3）混合集成逐次逼近型 A/D 转换器

单芯片集成电路由于受微电子工艺条件的限制，很难做到高速度与高精度的统一。如果在一块封装内封装几片不同微电子工艺技术制作的电路，组装后便可得到技术性能较高的 A/D 转换器。这种混合集成 A/D 转换器是广泛使用的一类 A/D 转换器件。

AD574A 是一款 12 位高速逐次逼近型 A/D 转换器，其内部是由双片双极性电路组成的 28 脚双列直插式标准封装的集成 A/D 转换器，无须外接元件就可独立完成 A/D 转换。AD574A 的转换时间为 25μs，其引脚排列如图 8-34 所示，各引脚功能如下。

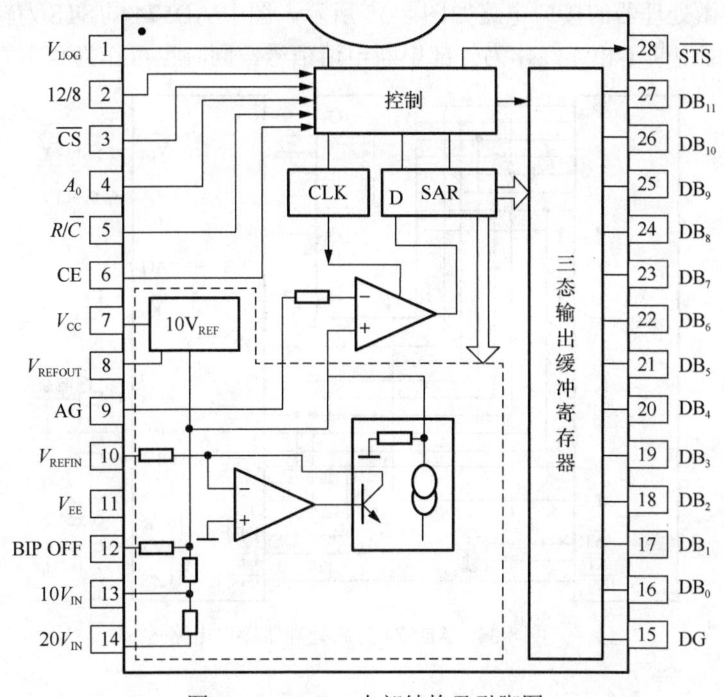

图 8-34　AD574 内部结构及引脚图

DB_0～DB_{11}：12 个三态输出数据线引脚。其中，DB_{11}～DB_8 为高四位，DB_7～DB_4 为中四位，DB_3～DB_0 低四位。

DG/AG：数字/模拟公共端。

V_{LOG}：逻辑电源，接+5V。

V_{CC}：电源，接+12V 或+15V。

V_{EE}：电源，接－12V 或－15V。

$10V_{in}$：模拟输入端。单极性工作方式时为 0～10V，双极性工作方式时为-5V～+5V。

$20V_{in}$：模拟输入端。单极性工作方式时为 0～20V，双极性工作方式时为-10V～+10V。

R_{EFOUT}：基准电压输出。在转换过程中，接在基准电压上的负载须保持不变。

R_{EFIN}：基准电压输入。使用时，通常在 R_{EFOUT} 和 R_{EFIN} 之间接 100Ω 的可调电阻，进行增益微调。

BIP OFF：双极性偏置。

CE：芯片允许端，高电平有效。

$\overline{CS}$：片选端，低电平有效。AD574 的所有操作须在 CE 和 $\overline{CS}$ 均有效的情况下进行。

$R/\overline{C}$：数据读/转换开始控制信号。低电平启动进行转换，高电平读取数据。

$12/8$：12 位或 8 位数据模式选择端。接 1 脚时为 12 位并行数据输出格式，接 15 脚时为 8 位输出格式。

A_0：$12/\overline{8}$ 接 15 脚时，若 A_0 为高电平，则三态缓冲器输出低 4 位转换结果；若为低电平，则输出高 8 位转换结果。

$\overline{STS}$：转换标志。高电平时表示转换开始，转换结束置 **0**，系统可根据该信号进行中断申请或查询。

AD574 与微处理器的接口电路如图 8-35 所示。图中 AD574 的 $\overline{STS}$ 为转换结束标志，与单片机的外部中断 **1** 相连，作为外部中断申请信号，同时也可作为状态查询信号。

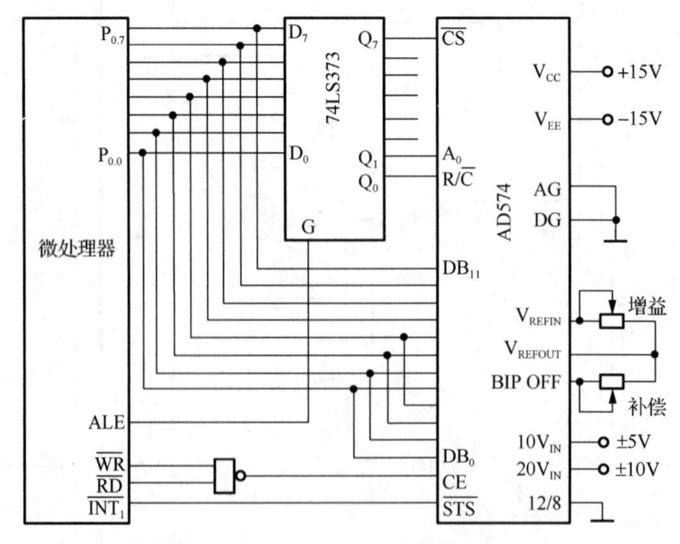

图 8-35　AD574 与微处理器接口电路

2. 双积分型 A/D 转换器

（1）ICL7106/7107/7126 系列。该系列芯片具有 $3\frac{1}{2}$ 精度，自校零，自动极性转换，单参考电压，静态 BCD 码输出功能，可直接驱动 LED 或 LCD。

（2）MC14433。该芯片具有 $3\frac{1}{2}$ 精度，自校零，自动极性转换，单参考电压，动态 BCD 码输出功能，并具有自动量程控制信号输出功能。相同的产品还有 5G14433。

（3）ICL7135。该芯片具有 $4\frac{1}{2}$ 精度，自校零，自动极性转换，单参考电压，动态 BCD 码输出功能，并具有自动量程控制信号输出功能。相同的产品还有 5G7135。

（4）ICL7109。12 位二进制码输出，并带有一位极性位和一位溢出位。

（5）AD7550/7552/7555。该系列芯片中，AD7555 具有 $5\frac{1}{2}$ 精度和动态 BCD 码输出功能。相同的产品还有 5G7135；AD7550 为 13 位二进制补码输出；AD7552 为 12 位二进制码输出。

下面以 MC14433 为例说明双积分型 A/D 转换器的结构、工作原理与典型应用。

1）MC14433 的基本结构与引脚功能

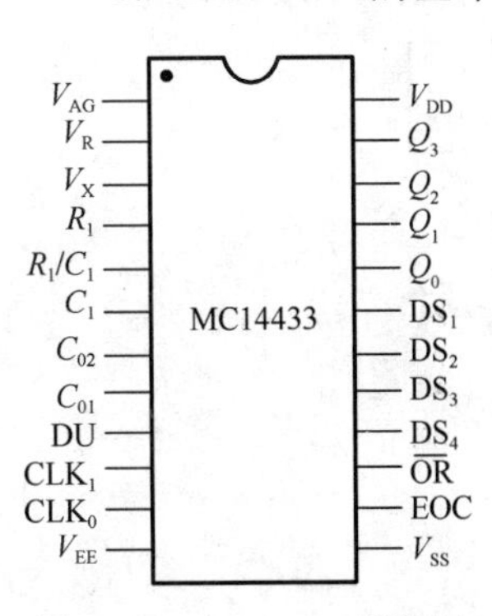

图 8-36　MC14433 引脚图

MC14433 结构简单，外接元件少，抗干扰能力强，转换精度高，具有 ± 1/1999 的分辨率（相当于 11 位二进制数），但转换速度较低（约每秒 1～10 次），最大输出为 199.9mV 和 1.999mV。其引脚图如图 8-36 所示，各引脚功能如下：

V_{AG}：V_R 和 V_X 的模拟地。

V_R：基准电压输入，其值为 200mV 或 2V。

V_X：被测电压输入，其值为 199.9mV 或 1.999V。

R_1：积分电阻，当 V_X 量程为 200mV 时，取值 27kΩ；当 V_X 量程为 2V 时，取值 470Ω。

R_1/C_1：R_1 和 C_1 的公共连接端。

C_1：积分电容，一般取 0.1μF。

C_{01}、C_{02}：接失调补偿电容，取值为 0.1μF。

DU：更新转换控制信号。若与 EOC 连接，则每次转换结束，重新启动转换。

CLK_1、CLK_0：外接振荡器时钟频率调节电阻，通常取值为 47kΩ。

V_{EE}：负电源，取值-5V。

V_{SS}：数字地。

EOC：转换结束输出。

$\overline{OR}$：过量程状态信号控制线，低电平有效。

DS_1、DS_2、DS_3、DS_4：选通信号控制端。当 DS_1=**1** 时，Q_3～Q_0 输出为千位（**0** 或 **1**），Q_2 表示转换极性（**0** 为负，**1** 为正），Q_1 无意义，Q_0=**1**，Q_3=**0** 表示过量程，Q_3=**1**，Q_0=**0** 表示欠量程；当 DS_2=**1** 时，Q_3～Q_0 输出为百位 0～9；当 DS_3=**1** 时，Q_3～Q_0 输出为十位 0～9；当 DS_4=**1** 时，Q_3～Q_0 输出为个位 0～9。

V_{DD}：电源、电压。

Q_3～Q_0：BCD码输出，动态输出千、百、十、个位值。

2）MC14433与微处理器的接口电路

MC14433与微处理器的接口电路图如图8-37所示。图中$P_{1.0}$。口为MC14433的BCD码扫描输出口，转换结束信号经与非门送外部中断**1**。当MC14433上电后，即开始对外部输入模拟电压进行A/D转换，因为EOC与DU相连，故每次转换完毕都有相应的BCD码及相应的选通信号出现在DS_1～DS_3端。每次转换结束，单片机运行中断服务处理程序，处理转换结果。

3. 并行比较型A/D转换器

并行比较型A/D转换器又称为瞬时比较-编码型A/D转换器。由于其采用多个比较器，仅作一次比较而实行转换，又称快速型。该种A/D转换器转换速率极高，*n*位的转换需要$2n-1$个比较器，因此电路规模也极大，价格也高，仅适用于视频A/D转换器等速度特别高的领域，如电视信号数字化、超声波波形数字分析、过渡现象的分析、高速示波器中波形的存储显示、雷达脉冲分析等。

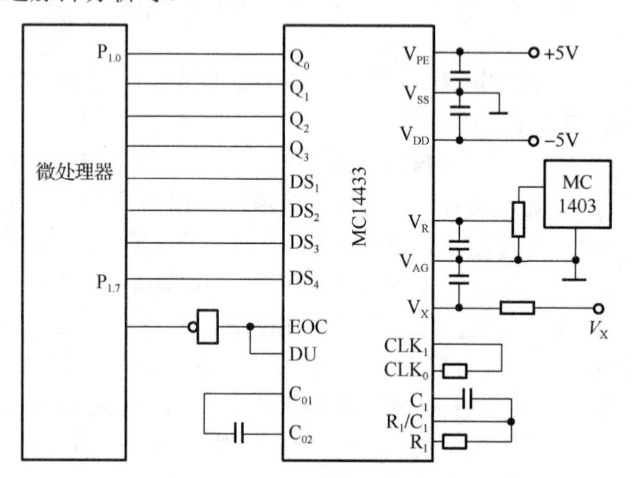

图8-37　MC14433与微处理器的接口电路

CA3306是用CMOS工艺制成的，其速率≤66ns，并接使用可实现30MHz的抽样速率；其分辨率为6位，输出带锁存且具有三态功能；采样单电源4～10V供电；内含基准源，也可外接基准源；最大功耗随供电电压和时钟频率的增加而增大，一般介于50～200mW。CA3306的引脚图如图8-38所示。

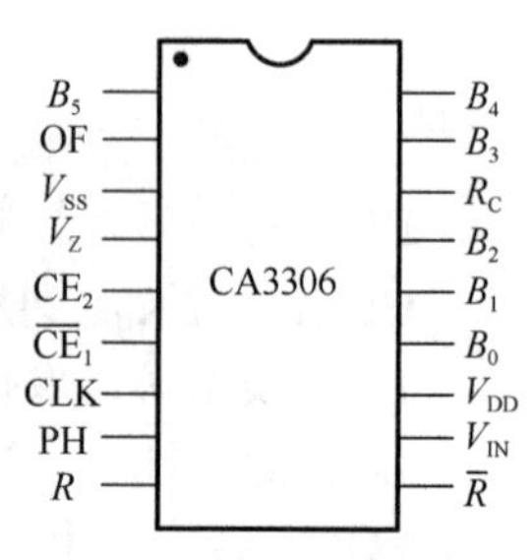

图8-38　CA3300引脚图

图中，B_0～B_5为6位数据输出端，OF为溢出标志位，R为正基准电压输入端$+V_{REF}$，$\overline{R}$为负基准电压输入端$-V_{REF}$，R_C为基准中心，PH为时钟CLK的相位控制端，$\overline{CE_1}$、CE_2是三态门输出控制端，当$\overline{CE_1}=\mathbf{0}$，$CE_2$=**1**时，三态门打开输出数据；当$CE_2$=**0**时，所有三态门、$B_0$～$B_5$、溢出位OF均呈高阻态，与外界分离；而当$\overline{CE_1}=\mathbf{1}$，$CE_2$=**1**时，仅$B_0$～$B_5$为高阻态，溢出位OF输出数据。$V_{IN}$为模拟量输入端，$V_Z$为基准用齐纳二极管引出端，标称值为6.4V，可作$V_{REF}$用，使用时常外接电位器调节$V_{REF}$值。

CA3306的典型应用主要有单极性变换、双极性变换、串接变换和并联高速变换四种。

1）单极性变换

如图 8-39 所示电路连接可以实现 0～V_{REF} 的输入电压变换为 6 位数字量输出，电源电压取+5V 便可直接与 TTL 连接使用，时钟频率可达 15MHz。

2）双极性变换

如图 8-40 所示连接可实现将-V_{REF}～+V_{REF} 的输入电压变换为 6 位数字量输出，电源电压和基准电压均要用双极性。

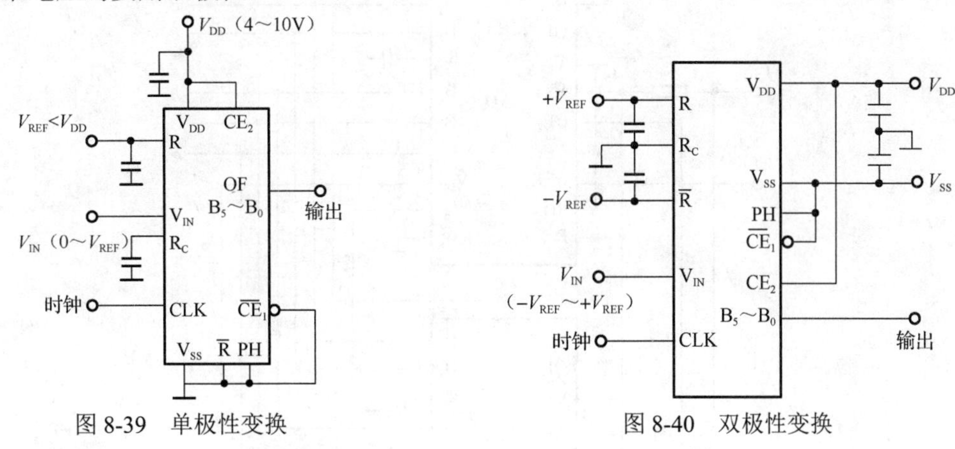

图 8-39　单极性变换　　　　　　　　图 8-40　双极性变换

3）串接变换（7 位，15MHz）

如图 8-41 所示电路连接可将 0～V_{REF} 的输入电压变换为 7 位数字量输出。图中，AD_1 通过 OF 完成对 AD_2 的选择，同时将 OF 与 $\overline{CE_1}$ 相连实现对自身的选择。当 AD_1 不发生溢出时，OF 等效为 B_6 位，输出为 **0**，与 B_0～B_5 共同组成 7 位输出，由于 AD_2 的 CE_2=**0**，故 AD_2 为高阻态输出。当 AD_1 溢出时，OF 等效为 B_6 位，输出为 **1**，由于 AD_1 的 $\overline{CE_1}$ =**1**，故 AD_1 为高阻态输出，AD_2 进入 AD 转换状态。使用时须注意对平分基准电压 V_{REF} 的调整，否则会导致变换线性误差的增大。

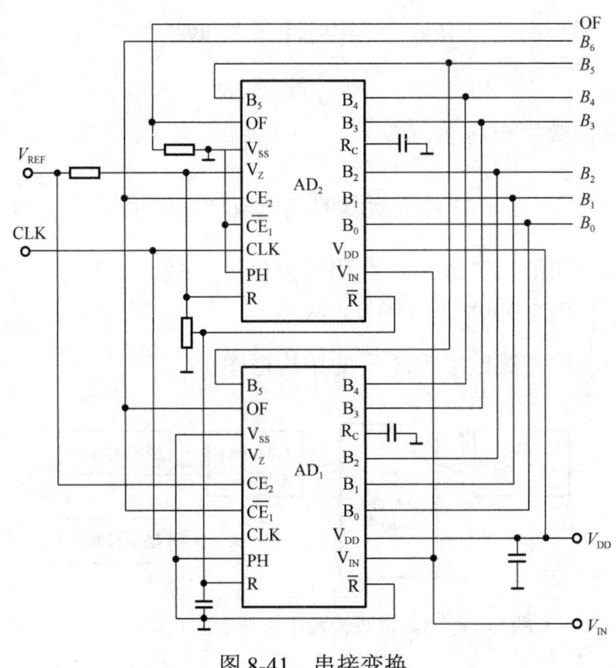

图 8-41　串接变换

4）并联高速变换（6 位，30MHz）

如图 8-42 所示电路连接可实现 30MHz 的高速变换。图中，由于 AD_1 和 AD_2 的 PH 端加相反的电位，它们的时钟工作周期相反，因而变换速度也加倍。使用时注意三态选通端 $\overline{CE}_1$、CE_2 的用法，使 AD_1 和 AD_2 输出的数据交替进行。

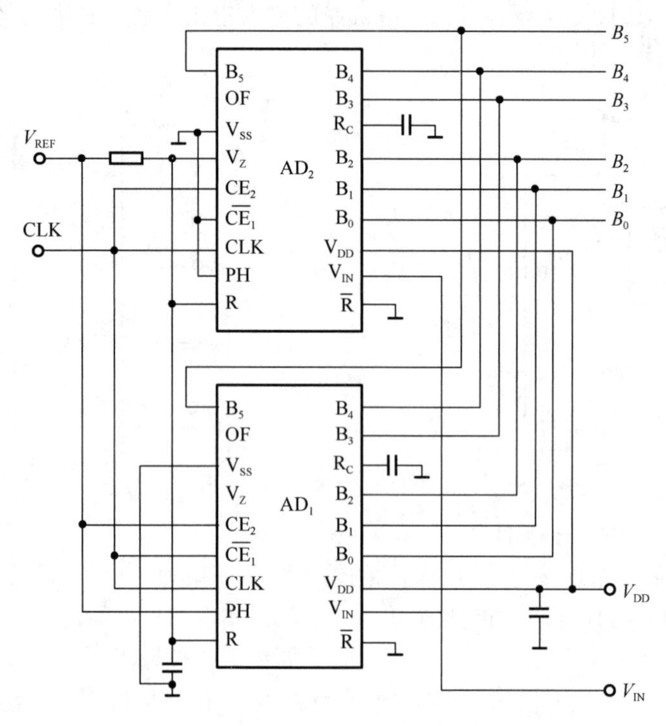

图 8-42　并联高速变换

8.4　应用举例

例 8.2　$3\frac{1}{2}$ 位直流数字电压表。

$3\frac{1}{2}$ 位直流数字电压表是定时对所检测的电压取样，然后通过 A/D 转换，用 4 位十进制数字显示被测模拟电压值，其最高位数码管只显示“+”、“−”号和指示 **0** 或 **1**，因此称为半位，其电压量程分为 1.999V 和 199.9V 两挡。

图 8-43 所示为 $3\frac{1}{2}$ 位直流数字电压表的结构框图。

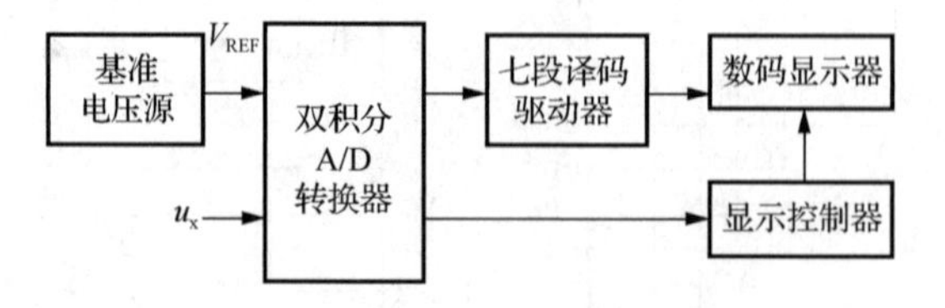

图 8-43　$3\frac{1}{2}$ 位直流数字电压表的结构框图

直流数字电压表的核心器件是一个间接型 A/D 转换器，它首先将输入的模拟电压信号变换成易于准确测量的时间量，然后在这个时间宽度里用计数器计时，计数结果就是正比于输入模拟电压信号的数字量。

图 8-44 所示是双积分型 A/D 转换器的结构框图。它由积分器（包括运算放大器 A_1 和 RC 积分网络）、过零比较器 A_2、n 位二进制计数器、开关控制电路、门控电路、参考电压 V_{REF} 与时钟脉冲源 CP 组成。

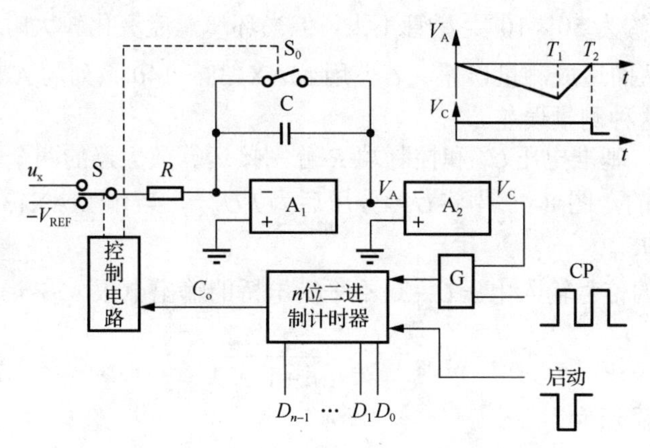

图 8-44　双积分型 A/D 转换器的逻辑框图

转换开始前，先将计数器清零，并通过控制电路使开关 S_0 接通，将电容器 C 充分放电。由于计数器进位输出 C_o=**0**，控制电路使开关 S 接通 u_x，模拟电压与积分器接通，同时，门 G 被封锁，计数器不工作。积分器输出 V_A 线性下降，经零值比较器 A_2 获得 V_C，打开门 G，计数器开始计数，当输入 2^n 个时钟脉冲后 $t=T_1$，各触发器输出端 D_{n-1}～D_0 由 **11···1** 回到 **00···0**，其进位输出 C_o=**1**，作为定时控制信号，通过控制电路将开关 S 转换至基准电压源 V_{REF}，积分器向相反方向积分，V_A 开始线性上升，计数器重新从 **0** 开始计数，直至 $t=T_2$，V_A 下降到 **0**，比较器输出的正方波结束，此时计数器中暂存二进制数字就是 u_x 对应的二进制数码。

例 8.3　具有温度补偿功能的数字温度计。

图 8-45 所示是具有温度补偿功能的数字温度计的电路图。该温度计应用双积分型 A/D 转换器芯片 MAX138，采用铜电阻传感器、精密可调分路稳压器件 TL431 作为非线性校正元件，消除了由不平衡电桥输出非线性造成的测量误差。

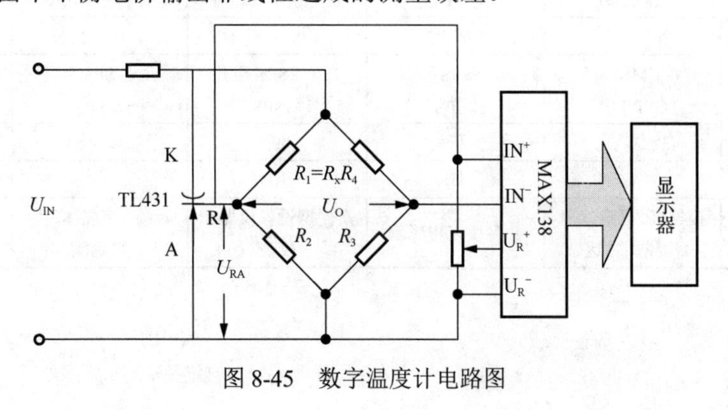

图 8-45　数字温度计电路图

TL431 的稳定电压 $U = U_{R}\left(1+\frac{R_{1}}{R_{2}}\right)$（其中 U_{R} 是 TL431 的内部基准电压，约为 2.5V）。同时也是不平衡电桥的供桥电压。当电桥各桥臂电阻分别为 $R_{1}=R+\Delta R$；$R_{2}=R_{3}=nR$ 及 $R_{4}=R$ 时，电桥的不平衡输出电压为

$$U_{o}=\frac{U_{R}}{n+1}\frac{\Delta R}{R}$$

U_{R} 的温度系数约为 50×10^{-6}，尽管不大，但当环境温度变化较大时，电桥的灵敏度仍会受到一定影响，从而造成测量误差。若使用 MAX138～140 系列的 A/D 转换器就能在相当大的程度上减小这种测量误差。

在 TL431 内部，基准电压 U_{R} 和控制端 R 分别接运算放大器的两个输入端。正常情况下 U_{R} 与 U_{RA} 是相等的，图 8-45 中将 U_{RA} 分压后为 FU_{RA}，当作 MAX138 的基准电压，则有 $U_{REF}=FU_{RA}=FU_{R}$。

而 A/D 转换器的信号输入电压 U_{IN} 是不平衡电桥的输出电压

$$U_{IN}=U_{o}=\frac{U_{R}}{n+1}\frac{\Delta R}{R}$$

故 MAX138 的显示值为

$$N=\frac{U_{IN}}{U_{REF}}1000=\left(\frac{U_{R}}{n+1}\Big/FU_{R}\right)\frac{\Delta R}{R}1000$$

$$=\frac{\Delta R}{F(n+1)R}1000$$

若使分压比 F 的温度系数很小，就能减小以致消除温度变化对测量结果的影响。实验中可用电烙铁单独对 TL431 加热，使之温升约 60～80℃，显示值在 150.0℃时的变化仅是末尾一个字。可见补偿效果很好。

例 8.4　不同领域应用 A/D 转换电路的特点及性能要求。

A/D 转换芯片有多种类型，其电路特点和性能指标也都不尽相同，详细情况可参照表 8-3。

表 8-3　各种 A/D 转换电路的性能比较

项目	闪烁型	电容积分型	逐次逼近型	Σ－Δ 型	流水型
主要特点	高速低精度	低速高精度	低中速中高精度	低中速高精度	高速高精度
分辨率/bit	3～8	12～22	8～16	16～24	8～16
转换速率	数百 MSPS 至 GSPS 级	几十 SPS 至几 kSPS	几十 kSPS 至几 MSPS	几十 SPS 至几 MSPS	几十至几百 MSPS
功耗	高	低	低	中	中
价格	高	低	中	中	中
主要用途	接收机、硬盘读出沟道、雷达	数字仪表传感器	便携设备仪器仪表	音频、多媒体、地震勘测	视频、高速数据采集、无线通信

8.5　计算机辅助电路分析举例

例 8.5　权电阻网络 D/A 转换器仿真举例。

在该电路中，用 4 个真实开关和串联在电路中的二极管代替模拟开关，用电流表显示电路中的转换电流，数码管显示待转换的二进制数，用电压表显示转换成的模拟电压。打开电源开关，用 A、B、C、D 共 4 个开关依次组合成 0～F 这 16 个数，对应求出转换成的模拟电压，容易发现其间的线性关系。仿真结果如图 8-46 所示。

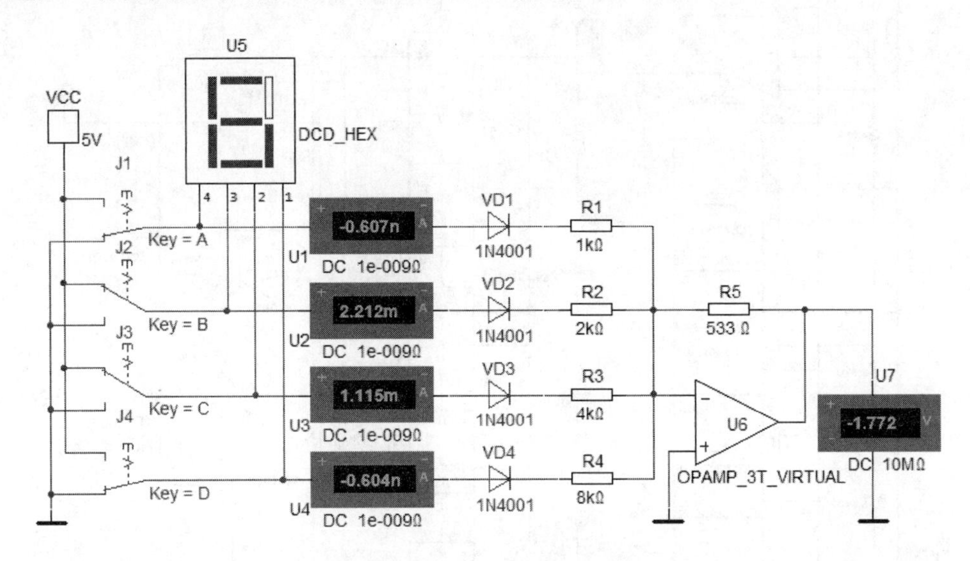

图 8-46　例 8.5 仿真结果

例 8.6　双极性权电阻网络 D/A 转换器仿真举例。

解：双极性权电阻网络电阻最大值与最小值虽然仍差 8 倍，但是由于级数增加而精度大大提高。操作方法与例 8.5 中相同，只是，这里用数字键 0～7 来控制模拟开关。仿真结果如图 8-47 所示。

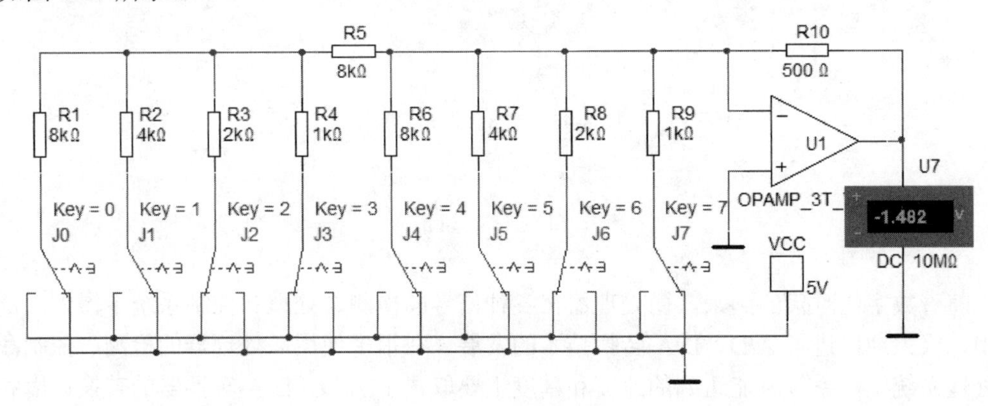

图 8-47　例 8.6 仿真结果

例 8.7　并联比较型 A/D 转换器仿真举例。

解：该电路用一个分压器代替模拟电压。不管为何值，在与比较器前的分压器比较时，总会大于（等于）某几个分压数值（如下面四个），而小于其他的（如上面三个）分压数值。于是下面的四个比较器输出高电平，而上面的三个比较器输出低电平。其结果经寄存器保持，并由译码器转换成二进制数。仿真结果如图 8-48 所示。

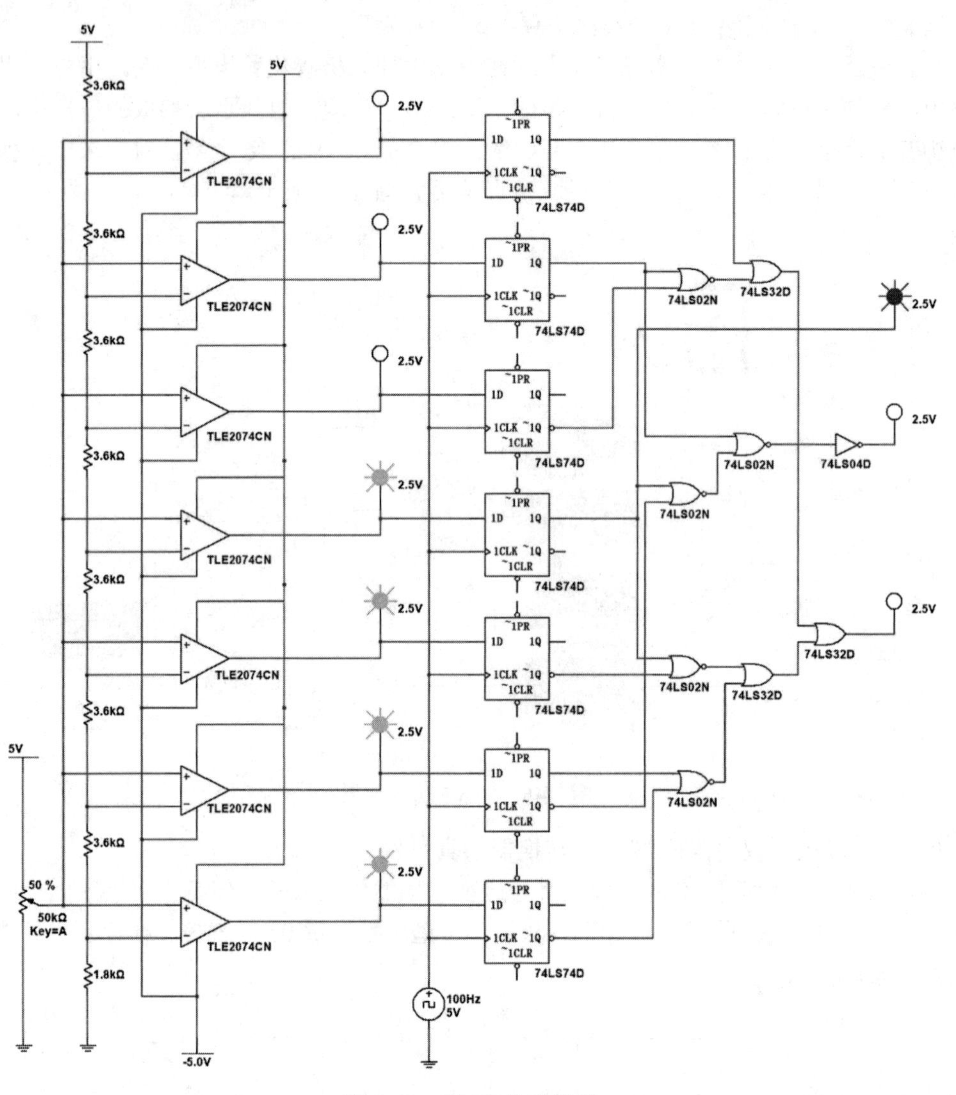

图 8-48　例 8.7 仿真结果

小　结

随着数字化时代的到来，微处理器在各种信号的检测、处理和控制系统中得到广泛的应用，极大地促进了 A/D、D/A 转换技术的发展。在很多使用微处理器的检测、控制和信号处理系统中，系统所能达到的速度和精度主要取决于 A/D、D/A 转换器的转换速度和转换精度。

目前，A/D、D/A 转换器的种类繁多，学习时应首先理解 A/D、D/A 转换器的基本思想，抓住它们的共同点以及分类的原则和方法，进而掌握 A/D、D/A 转换器在工程设计中的选用原则和使用方法。

在 D/A 转换器中主要介绍了 T 型电阻网络型、倒 T 型电阻网络型、权电流型以及脉冲积分型 D/A 转换器的电路结构和工作原理，着重介绍了部分常用集成 D/A 转换器的结构特点及其应用方法；在 A/D 转换器中，重点介绍了逐次逼近型、双积分型和并行比较型 A/D 转换器。其中逐次逼近型和并行型 A/D 转换器属于直接型 A/D 转换器，双积分型 A/D 转换器属于间接型 A/D 转换器。并行比较型、逐次逼近型和双积分型 A/D 转换器各有特点，在不同的应用场合，应选用不同类型的 A/D 转换器。高速场合下，可选用并行比较型 A/D 转换器，但受位数限制，精度不高，且价格贵；在低速场合，可选用双积分型 A/D 转换器，它精度高，抗干扰能力强；逐次逼近型 A/D 转换器兼顾了上述两种 A/D 转换器的优点，速度较快、精度较高、价格适中，因此应用比较普遍。

无论是 A/D 转换还是 D/A 转换，基准电压 V_{REF} 都是一个重要的应用参数，要理解基准电压的作用，尤其是在 A/D 转换中，它的值对量化误差、分辨率都有影响。一般应按元器件手册给出的电压范围取用，并且保证输入的模拟电压最大值不能大于基准电压值。为了得到较高的转换精度，除了考虑上述因素外，还必须考虑环境温度的影响，否则，即使选用了高分辨率的芯片，也难以得到应有的转换精度。

习　题

8.1　电阻网络 D/A 转换器实现 D/A 转换的原理是什么？

8.2　D/A 转换器的位数有什么意义？它与分辨率、转换精度有什么关系？

8.3　说明 R-2RT 型电阻网络实现 D/A 转换的原理？

8.4　A/D 转换包括那些过程？

8.5　设 D/A 转换器的输出电压为 0～5V，对于 12 位 D/A 转换器，试求它的分辨率。

8.6　什么是量化单位和量化误差，减小量化误差可以从哪几个方面考虑？

8.7　逐次逼近型 A/D 转换器有哪些优点？

8.8　在双积分型 A/D 转换器中对基准电压 V_{REF} 有什么要求？

8.9　T 型电阻网络 D/A 转换器中，n=10V，U_R=+5V。如果输出电压 u_O 为 4V，则输入的二进制数是多少？若获得 20V 的输出电压，有人认为"保持其他条件不变，只要增加 D/A 转换器的位数即可"，谈谈你的观点。

8.10　10 位倒 T 型电阻网络 D/A 转换器如图 8-49 所示，当 R=R_f时，试求：（1）输出电压的取值范围。（2）若电路输入数字量为 200H，输出电压为 5V，则 R_f应为多少？

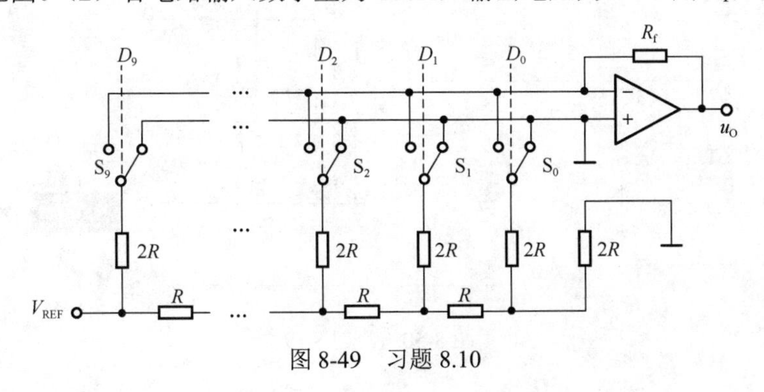

图 8-49　习题 8.10

8.11　T 型电阻网络 D/A 转换器中，n=10V，B_9=B_7=**1**，其余位均为 **0**。输出端测得电压 u_O 为 3.125V，则该 D/A 转换器的基准电压是多少？

8.12　已知某 D/A 转换器电路的基准电压为−12V，试求：

（1）当输入二进制数为 **00000001** 时，输出模拟电压是多少？

（2）当输入二进制数为 **11111111** 时，输出模拟电压是多少？

（3）该 D/A 转换器的分辨率是多少？

8.13　若 A/D 转换器输入的模拟电压不超过 10V，则基准电压 V_{REF} 应取多大？若转换成 8 位二进制数时，则它能分辨的最小模拟电压是多少？若转换成 16 位二进制数，则它能分辨的最小模拟电压又是多少？

8.14　根据逐次逼近型 A/D 转换器的工作原理，一个 8 位 A/D 转换器，它完成一次转换需几个时钟脉冲？若时钟脉冲频率为 1MHz，则完成一次转换需要多少时间？

8.15　8 位 A/D 转换器输入满量程为 10V，当输入电压为 3.5V、7.08V、59.7V 时，数字量的输出分别为多少？

8.16　一个 10 位逐次逼近型 A/D 转换器，满值输入电压为 10V，时钟频率约为 2.5MHz，试求：

（1）转换时间是多少？

（2）u_I=8.5V，输出数字量是多少？

（3）u_I=2.4V，输出数字量是多少？

8.17　根据双积分型 A/D 转换器的工作原理，如果内部二进制计数器是 12 位，外部时钟脉冲的频率为 1MHz，则完成一次转换的最长时间是多少？

8.18　一个信号采集系统需要用一片 A/D 转换集成芯片在 1s 内完成对 20 个传感器输出的电压信号分别进行 A/D 转换。已知传感器输出的电压范围为 0～0.05V（对应温度范围为 0～500℃），分辨温度为 0.1℃。试问该系统选择的 A/D 转换器为多少位？转换时间为多少？

8.19　在 Multisim 软件上建立图 8-50 所示电路。

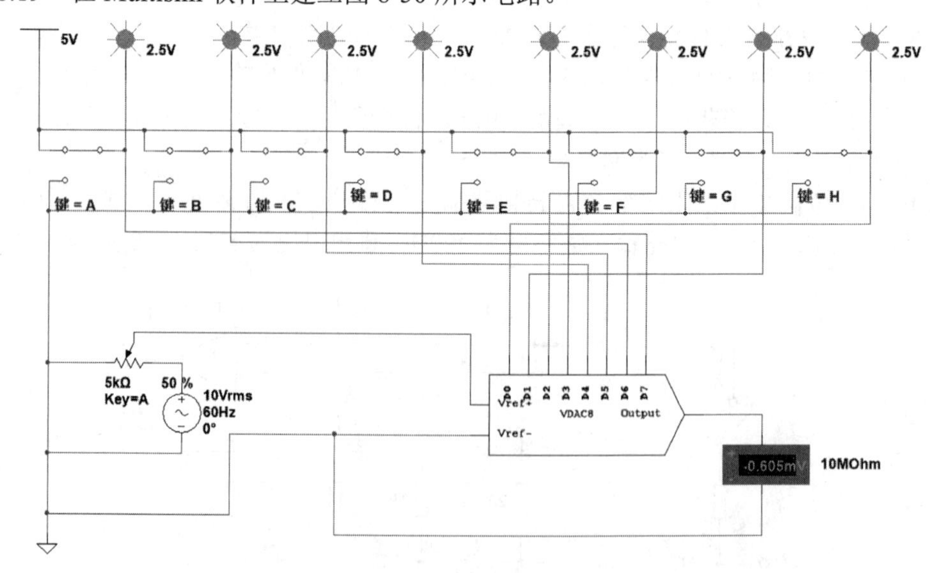

图 8-50　习题 8.19

8.20　对图 8-50 中的电路，调整电位器（一般置 50%处），使 D/A 转换器输出电压尽量接近 5V（约 4.972V），这时 D/A 转换器的满度输出电压设置为 5V。然后根据需要按键盘上的 A～H 键，将 D/A 转换器的数码输入逐渐改为 **00000000～00000111** 和 **11111111**，在表 8-4 中记录 D/A 转换器相应的输出电压。同时，根据 D/A 转换器的满度输出电压和 8 位输入的级数，计算图 8-50 所示 D/A 转换器电路的分辨率。

表 8-4　习题 8.20 表

二进制输入	输出电压/V
00000000	
00000001	
00000010	
00000011	
00000100	
00000101	
00000110	
00000111	
11111111	

第 9 章　数字系统设计实例

本章给出四个常用的数字系统设计实例，这些实例可作为课程设计选题，也可作为课外科技活动的练习内容。

9.1　数字电压表设计

数字电压表是对直流电压进行模数转换并将结果用数字直接显示出来的电路。数字电压表的设计方法较多，这里主要介绍用 CMOS 双积分型 $3\frac{1}{2}$ A/D 转换器 CC14433 实现的数字电压表。

一个测量范围为 0～1.999V 的 $3\frac{1}{2}$ 位数字电压表电路图如图 9-1 所示。

该系统是 $3\frac{1}{2}$ 位数字电压表，3 位是指个位、十位、百位，其数字范围为 0～9，半位是指千位数，它不能从 0 变到 9，只能从 0 变到 1，即二值状态，故称为半位。

系统的模数转换部分采用间接型的 A/D 转换器——CMOS 双积分型 $3\frac{1}{2}$ A/D 转换器 CC14433，译码部分采用七段显示译码驱动器 CD4511，显示部分采用四只 LED 共阴数码管，还包括集成精密稳压源 MC1403 作 A/D 转换参考电压、七路达林顿驱动器阵列 MC1413 等。

被测直流电压 V_X 经 A/D 转换以后，$3\frac{1}{2}$ 数字电压表通过位选信号 D_{S1}、D_{S2}、D_{S3}、D_{S4} 进行动态扫描形式输出，由于 CC14433 电路的 A/D 转换结果是采用 BCD 码多路调制方法输出，只要配上一块译码器，就可以将转换结果以数字方式实现 4 位数字的 LED 发光数码管动态扫描显示。位选信号 D_{S1}、D_{S2}、D_{S3}、D_{S4} 通过位选开关 MC1413 分别控制千位、百位、十位、个位上的四只 LED 数码管的公共阴极。D_S 选通脉冲为高电平，表示对应的数位被选通，此时该位数据在 Q_0～Q_3 端输出。每个 D_S 脉冲高电平宽度为 18 个时钟脉冲周期，两个相邻选通脉冲之间间隔为两个时钟周期。D_S 和 EOC 的时序关系是在 EOC 脉冲结束后，紧接着是 D_{S1} 输出正脉冲，以下依次是 D_{S2}、D_{S3}、D_{S4} 输出正脉冲，其中 D_{S1} 是最高位，D_{S4} 是最低位。

（1）在 D_{S2}、D_{S3}、D_{S4} 选通期间，Q_0～Q_3 端输出为 8421BCD 全位数据 0～9，经七段译码器后驱动 LED 数码管的各段阳极进行显示。于是将 A/D 转换器按时间顺序输出的数据以扫描形式在四只数码管上依次显示出来。由于选通频率较高，工作时从高位到低位以每位每次约 300μs 的速率循环显示，即一个 4 位数的显示周期是 1.2ms，因此人肉眼能够清晰地看到 4 位数码管同时显示 $3\frac{1}{2}$ 位十进制数字量。

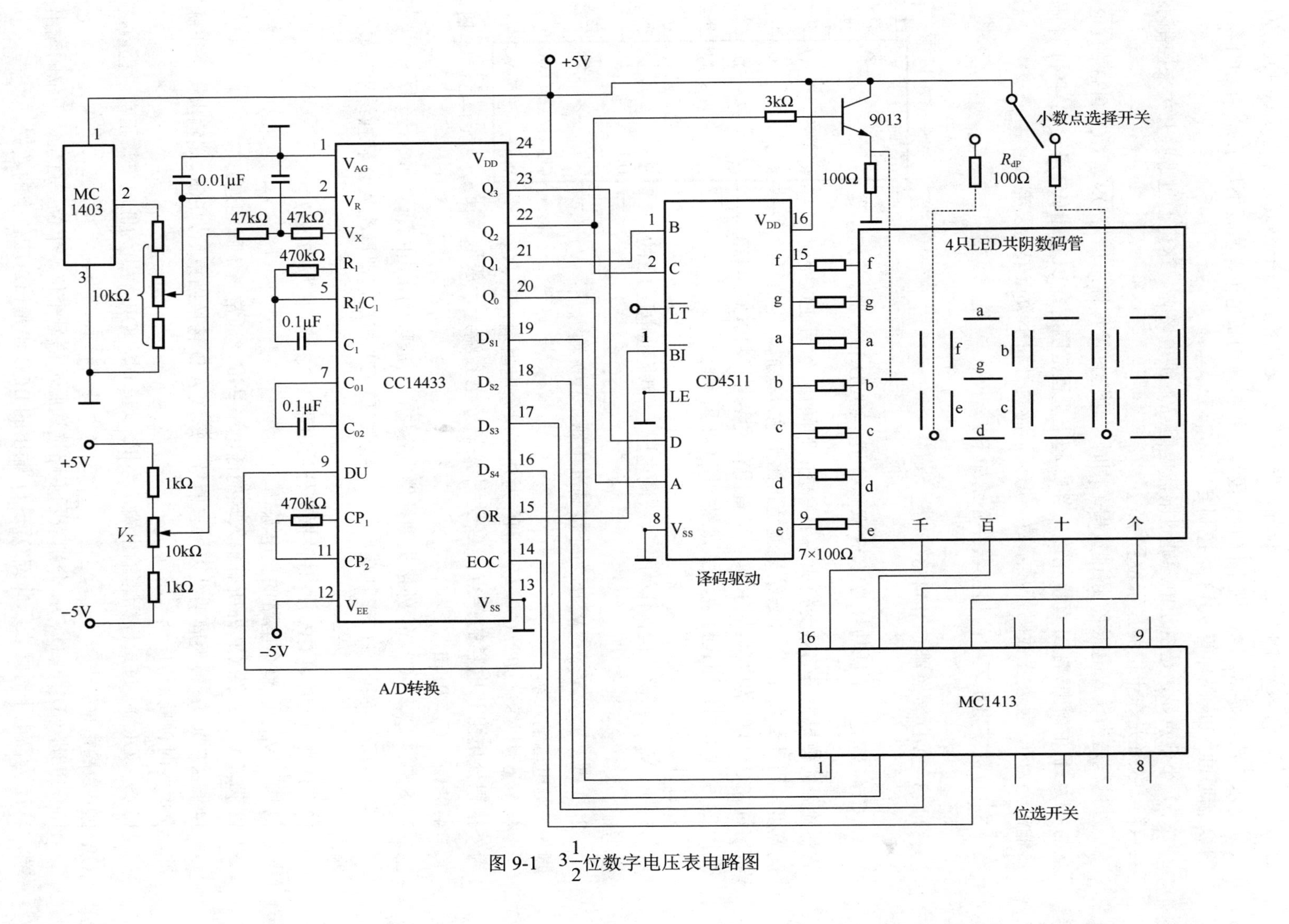

图 9-1　$3\frac{1}{2}$位数字电压表电路图

（2）在 D_{S1} 选通期间，$Q_0 \sim Q_3$ 端输出千位的半位数 **0** 或 **1** 及过量程、欠量程和极性标志信号。此时 Q_3 表示千位数，千位显示时只有 b、c 两根线与千位数码管的 b、c 脚相连，故只显示 **1** 或不显示。同时用千位的 g 段显示模拟量的负值（正值时不显示），由 CC14433 的 Q_2 端通过 NPN 晶体管 9013 来控制 g 段。

（3）小数点显示是由正电源通过限流电阻 R_{dp} 供电燃亮。这里通过选择开关来控制小数点在千位还是在十位的显示位置。

过量程是当输入电压 V_X 超过量程范围时，输出过量程标志信号 $\overline{OR}$ 。CC14433 的 $\overline{OR}$ 端与 CD4511 的消隐端 $\overline{BI}$ 直接相连，当 V_X 超出量程范围时，$\overline{BI}$ 输出低电平，CD4511 译码器输出全为 **0**，使发光数码管显示数字熄灭，而负号和小数点依然发亮。

$3\frac{1}{2}$ 位数字电压表中的相位器件介绍如下。

1）$3\frac{1}{2}$ A/D 转换器 CC14433

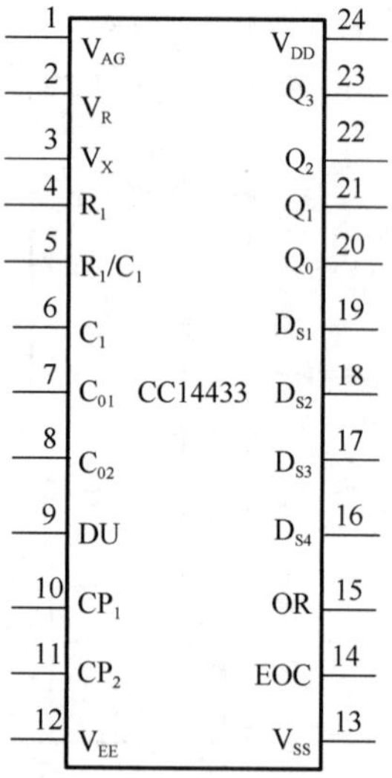

CC14433 是一个低功耗 CMOS 双积分型 $3\frac{1}{2}$ A/D 转换器。首先它将输入的模拟电压信号变换成易于测量的时间量，然后在这个时间宽度里用计数器计时，计数结果就是正比于输入模拟电压信号的数字量。CC14433 的内部结构，读者可查阅有关参考资料。CC14433 采用 24 引线双列直插式封装，引脚图如图 9-2 所示。

引脚	名称	CC14433	名称	引脚
1	V_{AG}		V_{DD}	24
2	V_R		Q_3	23
3	V_X		Q_2	22
4	R_1		Q_1	21
5	R_1/C_1		Q_0	20
6	C_1		D_{S1}	19
7	C_{01}		D_{S2}	18
8	C_{02}		D_{S3}	17
9	DU		D_{S4}	16
10	CP_1		OR	15
11	CP_2		EOC	14
12	V_{EE}		V_{SS}	13

图 9-2　CC14433 引脚图

各引脚功能说明如下。

1 脚（V_{AG}）：模拟地，作为输入被测电压 V_X 和基准电压 V_R 的参考地。

2、3 脚（V_R、V_X）：V_R 脚为外接基准电压（2V）输入端；V_X 脚为被测电压输入端。

4、5、6 脚（R_1、R_1/C_1、C_1）：R_1 为外接积分电阻端；R_1/C_1 为外接积分电阻和电容的接点；C_1 为外接积分电容端，一般取 $R_1 = 470\text{k}\Omega$，$C_1 = 0.1\mu\text{F}$。

7、8 脚（C_{01}、C_{02}）：外接失调补偿电容端，一般取为 $0.1\mu\text{F}$。

9 脚（DU）：实时输出控制端，若与 14 脚（EOC）相连，则每次 A/D 转换结果均显示输出。

10、11 脚（CP_1、CP_0）：时钟振荡外接电阻端，一般取为 $470\text{k}\Omega$。

12 脚（V_{EE}）：整个电路的负电源端。

13 脚（V_{SS}）：除 CP 外所有输入端的低电平基准（通常与 1 脚相连）。

14 脚（EOC）：转换周期结束标志信号，每次 A/D 转换结束后，EOC 端输出一个正脉冲，宽度为时钟周期的一半。

15 脚（$\overline{OR}$）：过量程标志输出端，当 $|V_X| > V_R$ 时，$\overline{OR}$ 输出为低电平，正常量程内，$\overline{OR}$ 输出为高电平。

16～19 脚（$D_{S4} \sim D_{S1}$）：分别表示多路选通脉冲信号个位、十位、百位、千位的输出端，当 D_S 为高电平时，表示此刻 $Q_0 \sim Q_3$ 输出的 BCD 码是该对应位上的数据。

20～23 脚（$Q_0 \sim Q_3$）：分别是 A/D 转换结果数据输出 BCD 码的最低位、次低位、次高位和最高位。

24 脚（V_{DD}）：是整个电路的正电源端。

2）七段显示译码/驱动器 CD4511

CD4511 是专用于将 BCD 码转换成七段显示信号的专用标准译码器，它由 4 位闩锁、七段译码电路、驱动器构成，其结构框图如图 9-3 所示。

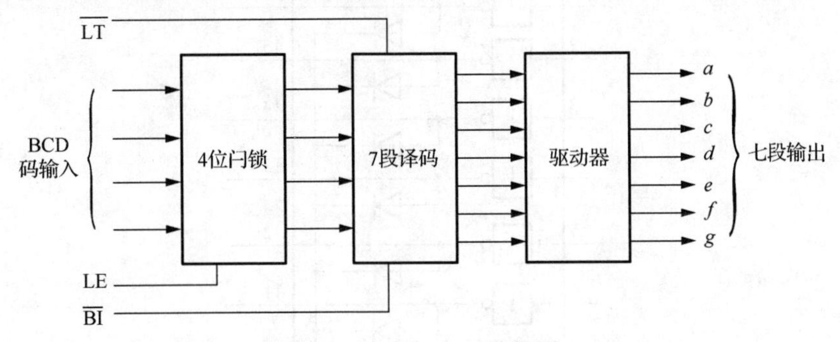

图 9-3　CD4511 结构框图

4 位闩锁的功能是将输入的 *A*、*B*、*C*、*D* 代码寄存，在锁存允许端 LE 端控制下起闩锁电路的作用。LE = **0** 时闩锁器处于选通状态，输出即为输入的代码。在 LE 的控制下，闩锁器将某一时刻的输入 BCD 码寄存，使输出不再随输入变化。

七段译码电路将来自 4 位闩锁器输出的 BCD 码译成七段显示码输出，它有两个控制端，$\overline{LT}$ 和 $\overline{BI}$。$\overline{LT}$ 为灯测试端，当 $\overline{LT}=\mathbf{0}$ 时，七段译码器输出全为 **1**，发光数码管各段全亮；当 $\overline{LT}=\mathbf{1}$ 时，译码器输出由 $\overline{BI}$ 控制。$\overline{BI}$ 为消隐端，当 $\overline{BI}=\mathbf{0}$ 时，译码器输出为全 **0**，发光数码管各段全灭；当 $\overline{BI}=\mathbf{1}$ 时译码器输出正常，发光数码管正常显示。

驱动器利用内部设置的 NPN 晶体管构成射极输出器，加强驱动能力，使译码器输出驱动电流可达 20mA。

CD4511 引脚图如图 9-4 所示。

其中，A、B、C、D 为 BCD 码输入端，a、b、c、d、e、f、g 为译码输出端，输出 **1** 有效，用来驱动共阴 LED 数码管。

3）高精度低漂移能隙基准电源 MC1403

MC1403 作为 A/D 转换外接标准电压源，其稳定性能好，当输入电压从+4.5V 变到+15V 时，输出电压值变化量 $\Delta V_0 < 3\text{mV}$，且输出电压值准确度较高，在 2.475～2.525V 之间，最大输出电流为 10mA。MC1403 引脚图如图 9-5 所示。

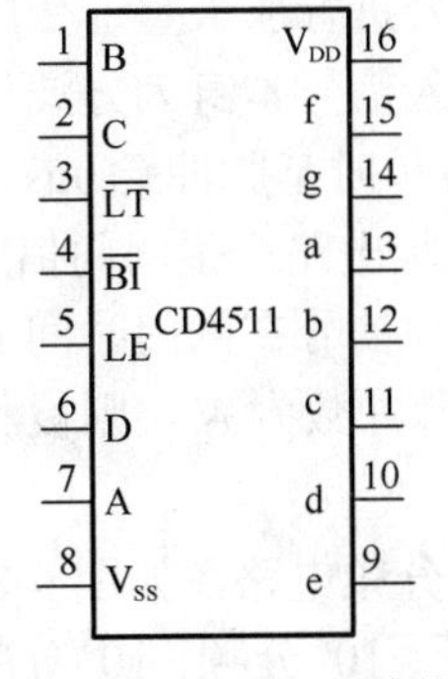

图 9-4　CD4511 引脚图

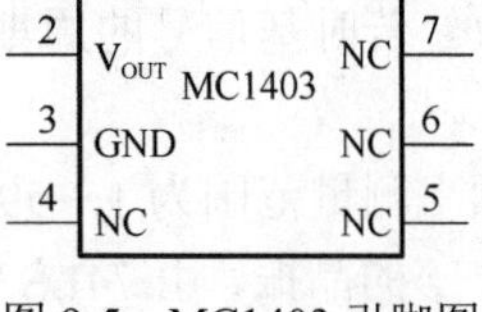

图 9-5　MC1403 引脚图

4）七路达林顿驱动器阵列 MC1413

MC1413 采用 NPN 达林顿复全晶体管的结构，因此有很高的电流增益和很高的输入阻抗，可直接接收 MOS 或 CMOS 集成电路的输出信号，并将电压信号转换成足够大的电流信号驱动各种负载。MC1413 引脚图如图 9-6 所示。

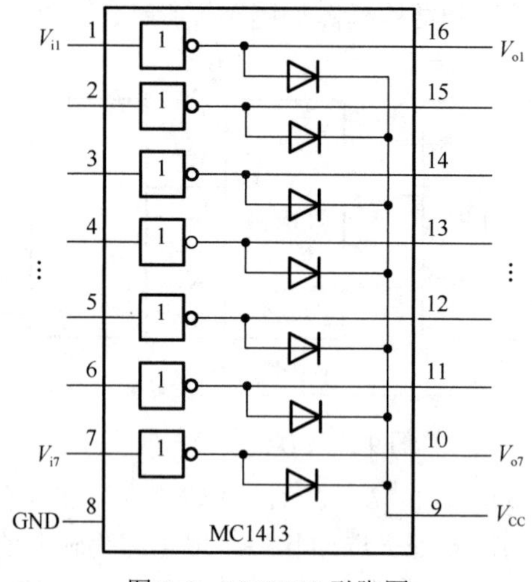

图 9-6　MC1413 引脚图

该电路内含有七个集电极开路反相器，采用 16 引脚的双列直插式封装，每一个驱动器输出端均接有一个释放电感负载能量的抑制二极管。

9.2　数字频率计设计

在进行模拟、数字系统设计、安装、调试过程中，经常要用到数字频率计。数字频率计是用于测量信号频率的电路，实际上就是一个脉冲计数器，即在单位时间里统计脉冲个数。假设在一定的时间门限 T 内，如果测得输入的脉冲数为 N，则待测信号的频率 $f_x = \dfrac{N}{T}$。

如果在 1s 内记录 1000 个脉冲，则被测信号的频率为 1000Hz。改变时间 T，还可改变测量频率范围。

数字频率计一般由输入整形电路、晶体振荡器、分频器、量程选择开关、控制电路、计数器、显示器等部分组成，其结构框图如图 9-7 所示。

由于计数信号须为方波信号，因此需要对输入待测信号进行放大整形变成陡峭的矩形脉冲，可用施密特触发器进行整形，再送至主控门。若输入信号本身为方波信号，则不需要放大整形。晶振产生较高的标准频率，经分频器后变成各种时基脉冲（10μs、0.1ms、1ms、10ms、0.1s、1s），时基脉冲由开关 S 选择。时基信号经控制电路产生闸门信号 T（时基信号的一个周期）至主控门，被测信号经放大整形后变成脉冲信号在闸门时间 T 内通过主控门进行计数。若时基信号的周期为 T，进入计数器的输入脉冲数为 N，则被测信号的频率为 $f = N/T$。

一个频率测量范围为 1～9999Hz 的数字频率计晶振及分频电路图如图 9-8 所示。该系统采用 1MHz 的晶振，由 74LS290（D1～D6）构成 10 分频、10^2 分频、10^3 分频、10^4 分频、10^5 分频、10^6 分频电路，产生六种时基信号（10μs、0.1ms、1ms、10ms、0.1s、1s）。

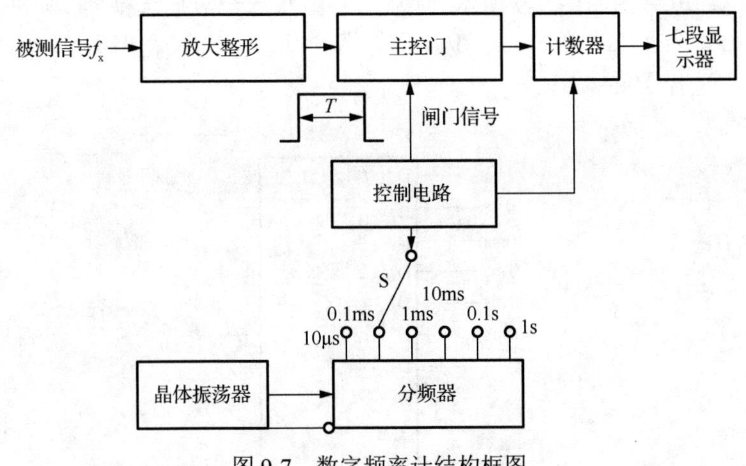

图 9-7　数字频率计结构框图

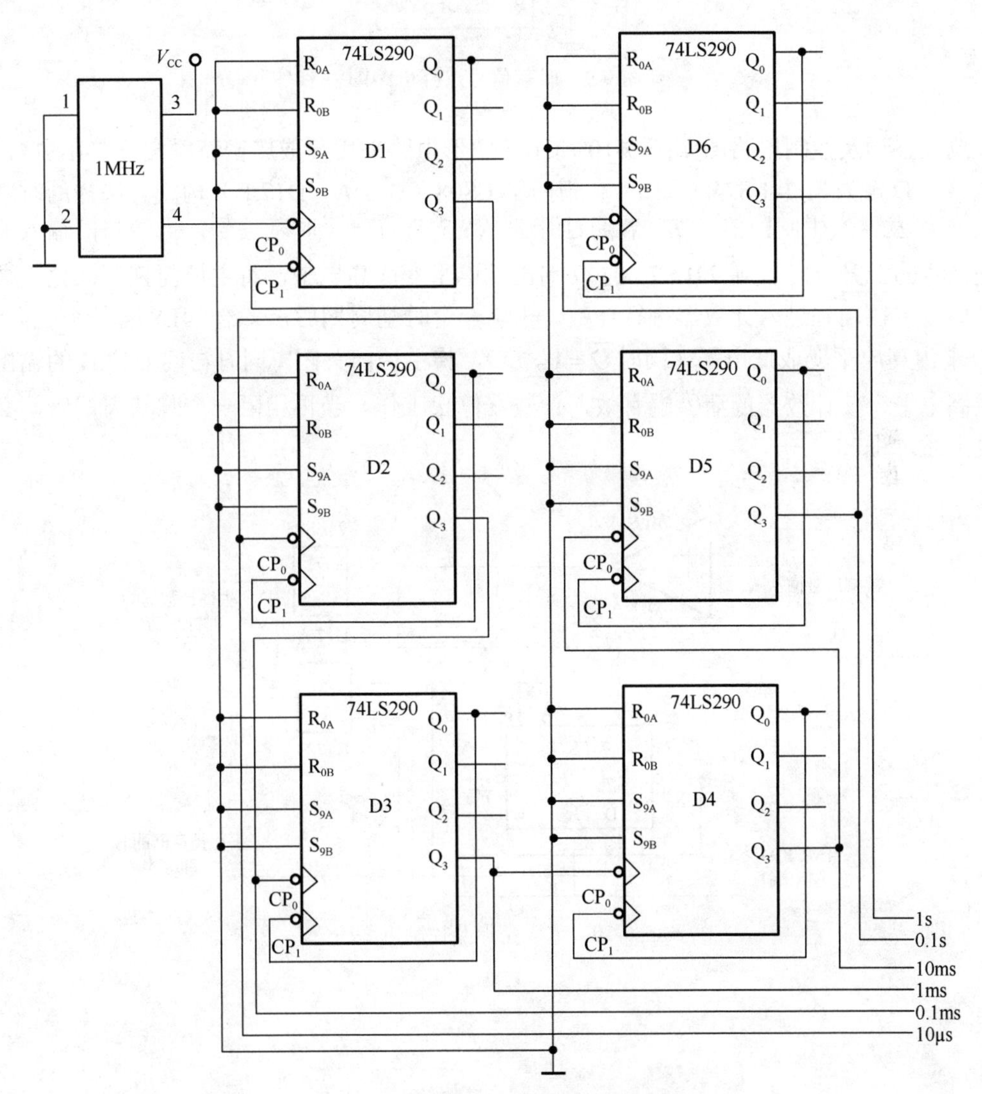

图 9-8　数字频率计晶振及分频电路图

时基信号选择电路图如图 9-9 所示。时基信号由八选一数据选择器 74LS151 实现选择。当 $S_2S_1S_0$=**000** 时，选择 1s；当 $S_2S_1S_0$=**001** 时，选择 0.1s；$S_2S_1S_0$=**010** 时，选择 10ms；…；$S_2S_1S_0$=**101** 时，选择 10μs。

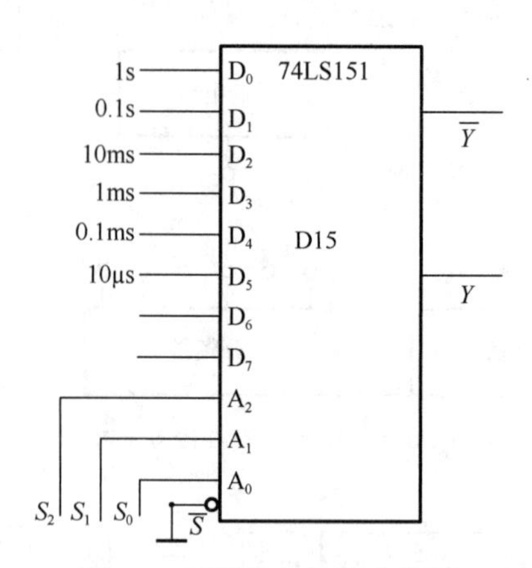

图 9-9　时基信号选择电路图

放大整形及控制电路图如图 9-10 所示。整形电路采用集成施密特触发器 74LS14，控制电路由 D 触发器 74LS74（D16）和与门 74LS08（D17:A、D17:B）构成。选择的时基信号经 D 触发器产生闸门信号 T。若通过开关 $S_2S_1S_0$ 选择一个时基信号，当给与门输入一个时基信号的上升沿时，则 74LS74 的 Q 端由低电平变成高电平，将主控门打开，允许被测信号通过主控门并进入计数器进行计数。相隔一个时基周期后，又给 74LS74 一个上升沿，其 Q 端由高电平变成低电平（同时 $\overline{Q}=\mathbf{1}=D$），将主控门关闭，同时与门 D17:B 的输出端变成高电平，使计数器的清零端有效，计数器停止工作。当再相隔一个时基周期后，又将重复上述过程。

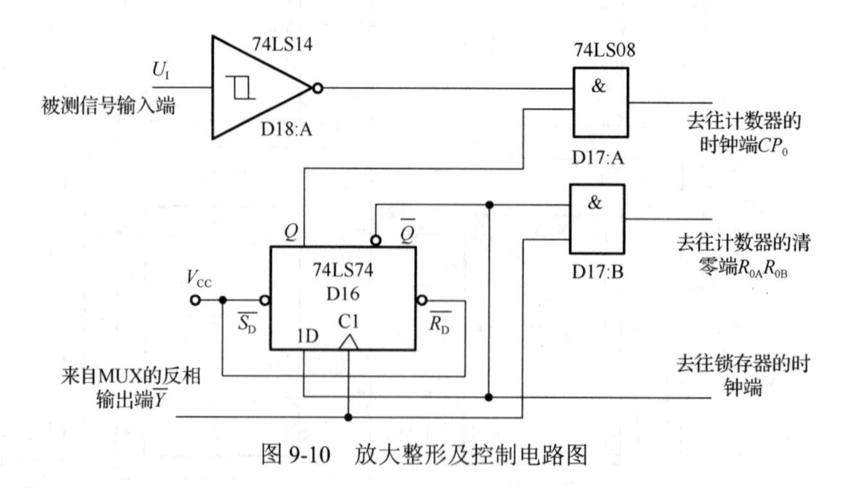

图 9-10　放大整形及控制电路图

计数及锁存电路图如图 9-11 所示。

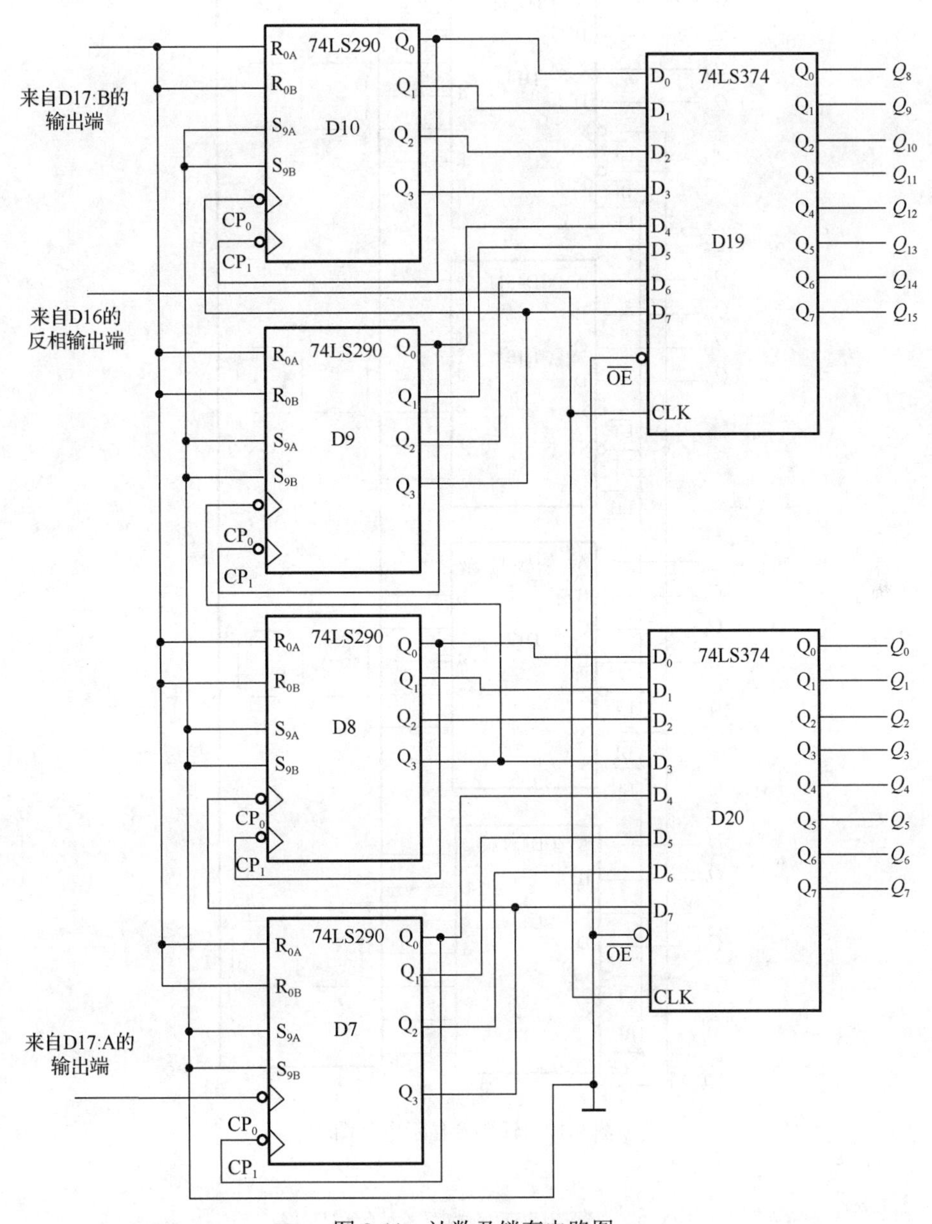

图 9-11　计数及锁存电路图

计数器选用四片二-五-十进制计数器 74LS290（D7～D10）构成 **10000** 进制计数器。计数后的数据锁存由 74LS374 完成，锁在后的数据经显示译码驱动器 CD4511 完成数码管驱动和共阴数码管显示。显示的数据到下一次计数完成后刷新。译码及显示电路图如图 9-12 所示。

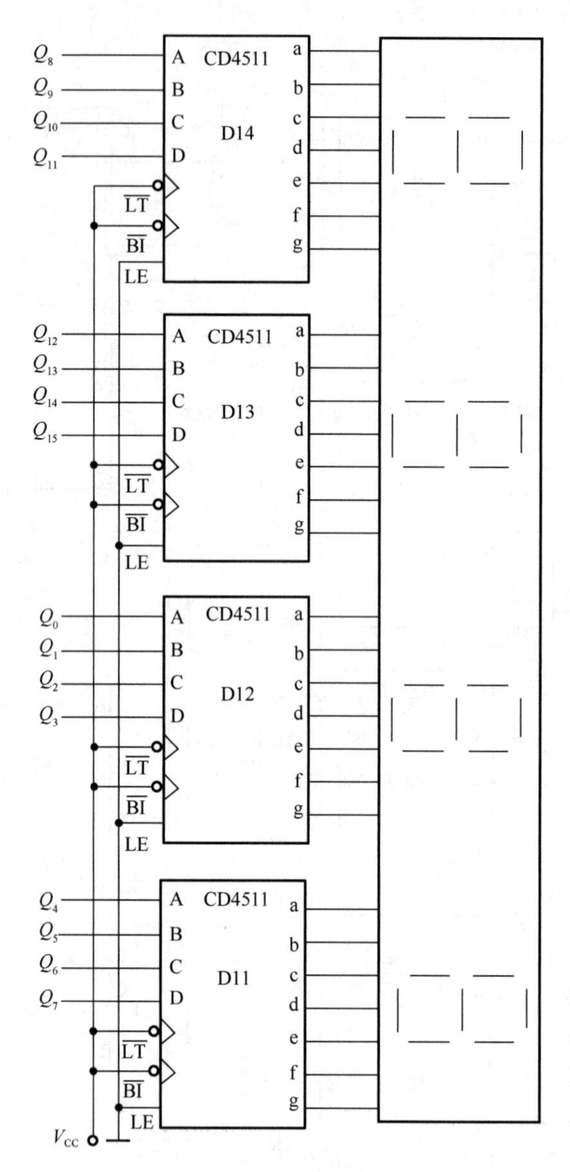

图 9-12　译码及显示电路图

9.3　数据采集系统的设计

数据的测量与控制问题广泛存在于智能仪器、信号处理及工业自动化控制等领域。首先将外界存在的非电物理量，如温度、压力、位移、角度及速度等经传感器转换成电信号，再经 A/D 转换为数字信号，收集到数字系统或计算机中进行存储、显示、处理、传输。通常将从 A/D 转换到数据收集的过程称为数据采集，完成数据采集的系统称为数据采集系统（data acquisition system，DAS）。数据采集系统结构框图如图 9-13 所示。

数据采集系统的核心器件是 A/D 转换器。在不同的应用场合对数据采集系统有不同的技术要求，主要有分辨率、采样率、精度、输入电压范围等。

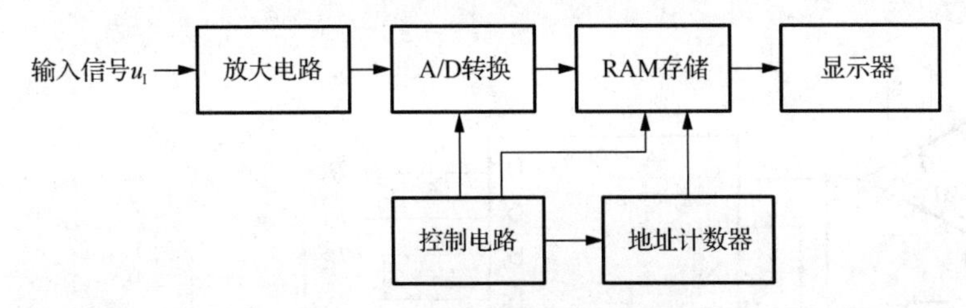

图 9-13　数据采集系统结构框图

A/D 转换的分辨率一般由 A/D 的位数和输入电压范围来决定。一个转换位数为 n 位、输入电压范围为 a～bV 的 A/D 转换器，其分辨率为 $\frac{b-a}{2^n}$。

一般转换位数越多，分辨率越小，精度越高，但转换电路也越复杂。

A/D 转换的采样频率一般最低为 2 倍的信号频率。在实际应用中，为了保证信号采集质量，选择 A/D 转换的采样频率通常为信号频率的 3～4 倍，工程上取 10 倍。常用的 A/D 转换器 ADC0809 的最高采样频率 $f_{max}=10\text{kHz}$。

A/D 转换的输入电压动态范围一般为 0～5V、0～+10V、−5～+5V、−2.5～+2.5V 等。若某一个 A/D 转换器的输入电压范围为 0～+10V，而输入模拟信号电压范围为−5～+5V，则应采用运算放大电路使模拟量在输入动态范围内变化。

下面给出一个由 ADC0809 为核心器件构成的数据采集系统。该系统的输入电压动态范围为 0～5V，输出采用八进制方式显示，当输入信号为 0V 时，输出显示为 000；当输入信号为 5V 时，输出显示为 377。采集到的数据由存储器 6264 存储，由显示驱动译码器 7448 驱动数码管进行显示。6264 的地址计数器由十六进制同步加法计数器 74LS161 构成。数据采集系统电路图如图 9-14 所示。

8 位 A/D 转换器 ADC0809 的基本参数为：电源电压 $V_{CC}=+5\text{V}$，输入电压范围为 0～5V，时钟频率 $f\leqslant 640\text{kHz}$，线性误差为±1LSB，转换时间 $T_c=100\mu\text{s}$。ADC0809 的控制信号由逻辑电路硬件产生。

输入信号经运算放大器 OP07 同相放大以后送入 ADC0809。OP07 放大器的放大倍数 $A_V=(R_1+R_F)/R_1$，改变 R_1 和 R_F 的值就可以改变 A_V，从而使放大器输出电压满足 ADC0809 的动态范围要求。ADC0809 的模拟信号由 IN_0 口输入，故 ADC0809 的地址选择信号应设置为 **000**。

1）数据采集、存储过程

首先使开关 S_2 置高电平 V_{CC}，使地址计数器时钟通过与门 D8（74LS08），然后将开关 S_1 由 V_{CC} 拨到地，再由地拨到 V_{CC}，产生一负脉冲，使 D 触发器 D7 的 Q 端置 **1**，地址计数器清 **0**，采集过程开始。A/D 转换启动信号 START 由时钟 f_{CP} 和 EOC 转换结束信号相与形成。EOC=**0**，正在进行 AD 转换；EOC=**1**，转换结束。当 AD 转换未开始时，EOC=**1**，START 的正脉冲宽度等于 f_{CP} 的正脉冲宽度。当 START 的下降沿到来后，A/D 转换器开始转换，EOC=**0**；A/D 转换结束后，EOC=**1** 并保持一个 f_{CP} 周期。第二个 START 的正脉冲产生，第二次 A/D 转换开始。如此循环，形成不断的采集过程，直到计数器为全 **1** 时结束。地址锁存允许信号 ALE 与 START 端接在一起，ALE=**1** 时将地址状态送入地址锁存器中。A/D 转换输出允许信号 OE 由 EOC 和 D 触发器的 Q 端相与形成。在采集过程中 Q 一直为高电平，则 OE=EOC，只有当转换结束时，EOC=**1**，才有 OE=**1**，即允许转换数据输出，8 位数据此时送入 RAM 存储器。

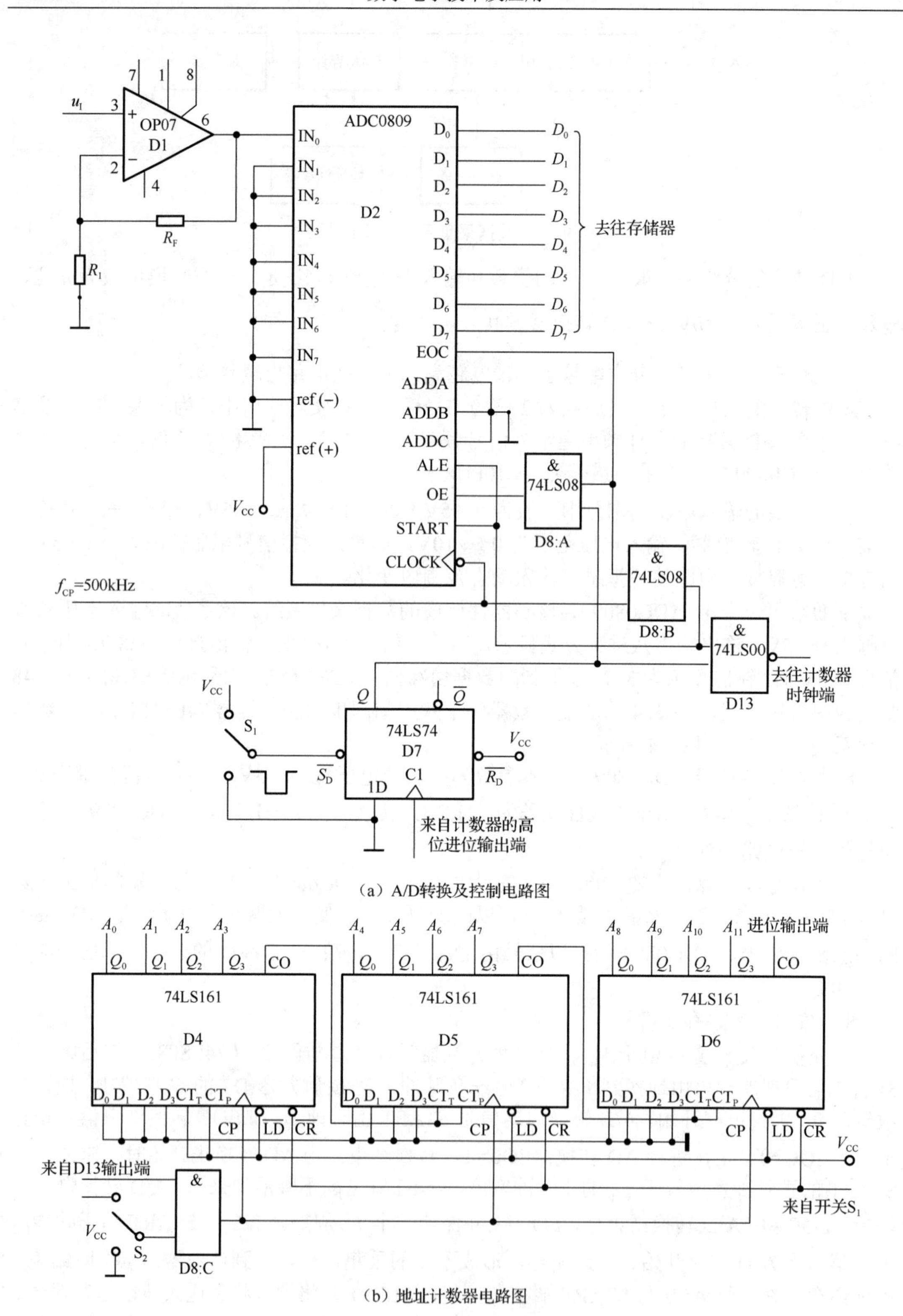

（a）A/D转换及控制电路图

（b）地址计数器电路图

图 9-14　数据采集系统电路图

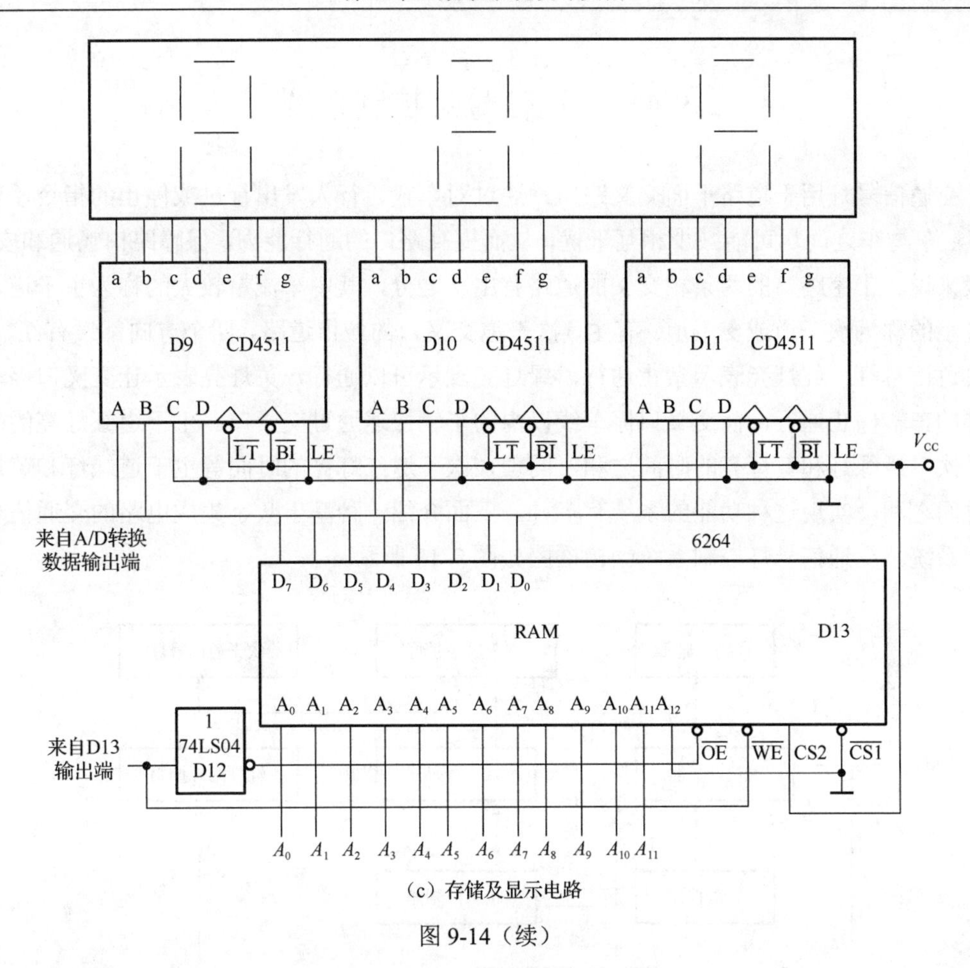

（c）存储及显示电路

图 9-14（续）

2）RAM 写入过程

由于 D7 的 $Q=\mathbf{1}$，开关 S_2=**1**，RAM 地址计数器的时钟 CLK 和 RAM 的写控制端 $\overline{\text{WE}}$ 在采集过程中均等于 $\overline{\text{START}}$，第一次 START 的正脉冲期间，数据写入 RAM 的 **0** 单元（注意第一次 **0** 单元的内容为不确定值，因此时 A/D 未工作）。当 START 由 **1** 变为 **0** 时，CLK 由 **0** 变为 **1**，产生上升沿，使 RAM 地址计数器地址加 **1**。计数器地址从 **1** 计到全 **1**（4095 个单元）的地址为有用数据地址。当计数器为全 **1** 时，产生一个上升沿送至 D 触发器的 CLK 端，使 Q=**0**，OE=**0**，数据禁止输出，同时使 RAM 的 $\overline{\text{WE}}=\mathbf{1}$，$\overline{\text{RD}}=\mathbf{0}$，进入 RAM 数据读出过程。

3）RAM 读出并显示过程

在采集写入过程结束后电路自动转入读出过程，$\overline{\text{RD}}=\mathbf{0}$。由于与门 A8 的 1 端等于 **1**，只要手动开关 S_2 由 V_{CC} 拨到地、再由地拨到 V_{CC} 一次，地址计数器加 **1**，RAM 数据送入数码管驱动译码器 7448，显示 RAM 各单元的数据。数据显示为八进制方式，8 位数据为全 **1** 时显示 377，表示输入信号为 5V。

该系统只要拨到开关 S_2 和 S_1 就可开始自动采集存储，采集存储过程结束后输入手动 S_2 进行读出显示，这样就实现了快速采集存储，慢慢读出已存储的数据。

A/D 转换器 ADC0809 的控制信号也可由单片机 89C51 来实现。有关 ADC0809 与 89C51 构成的完整电路可参阅单片机有关书籍。

9.4　交通信号灯控制系统

交通信号灯用于道路平面交叉路口，通过对车辆、行人发出行进或停止的指令，使人与人、车与车之间尽可能减少相互干扰，从而提高路口的通行能力，保障路口畅通和安全。一般来说，十字路口的两条相交叉的道路有主次之分，其中车流量较大的称为主干道，车流量小的称为次干道或支干道。有主、次干道交叉口的城市道路，四个方向都设有红、绿、黄三色信号灯。红灯亮表示禁止通行，绿灯亮表示可以通行，黄灯亮表示让交叉口停车线以外的车辆停止通行，而交叉口停车线以内的车辆快速通过交叉口。主干道红灯亮的时间等于次干道绿灯和黄灯亮的时间之和，同理，次干道红灯亮的时间等主干道绿灯和黄灯亮的时间之和。实现这种功能的系统有多种，下面介绍一种基于数字集成电路的交通信号灯控制系统。交通信号灯控制系统结构框图如图 9-15 所示。

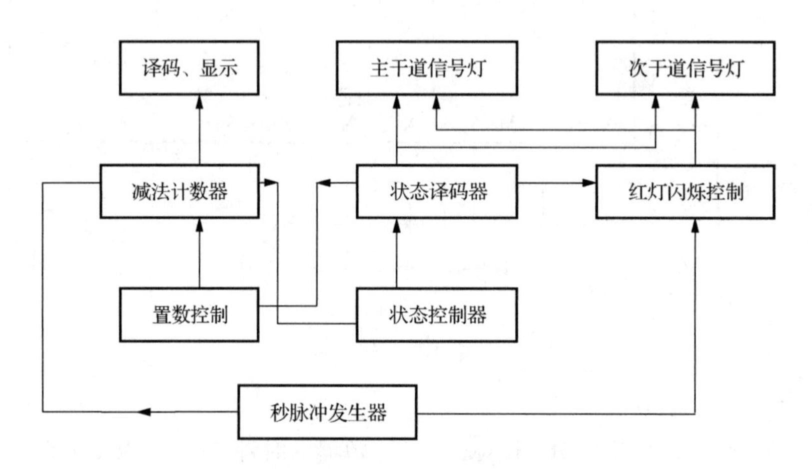

图 9-15　交通信号灯控制系统结构框图

1）状态控制器设计

信号灯四种不同的状态分别用 S_0（主绿灯亮、次红灯亮）、S_1（主黄灯亮、次红灯闪烁）、S_2（主红灯亮、次绿灯亮）、S_3（主红灯闪烁、次黄灯亮）表示。各信号灯的工作顺序流程如图 9-16 所示。

其状态编码及状态转换图如图 9-17 所示。

显然，这是一个 2 位二进制计数器。可采用中规模集成计数器 CD4029 构成状态控制器，其电路图如图 9-18 所示。CC4029 是由具有预进位功能的 4 位二进制或 BCD 码十进制加减计数器构成。

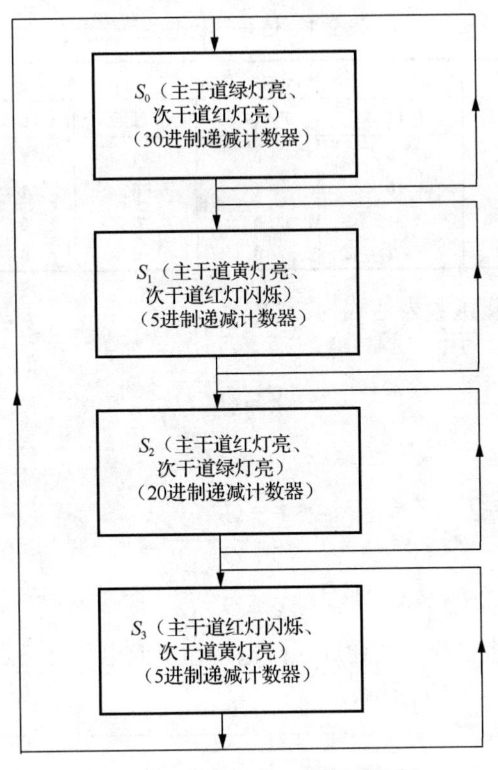

图 9-16　信号灯的工作顺序流程

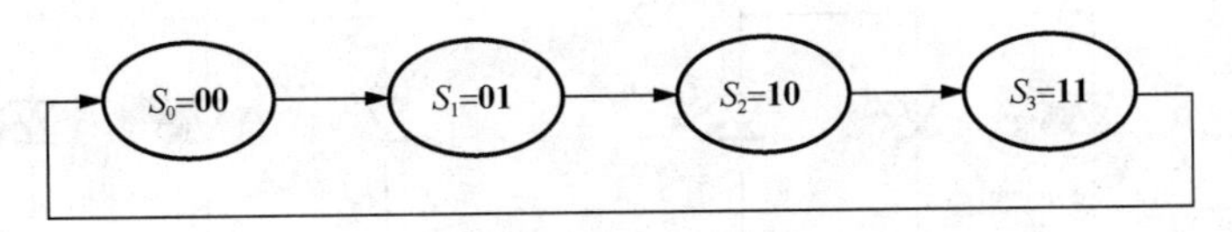

图 9-17　状态转换图

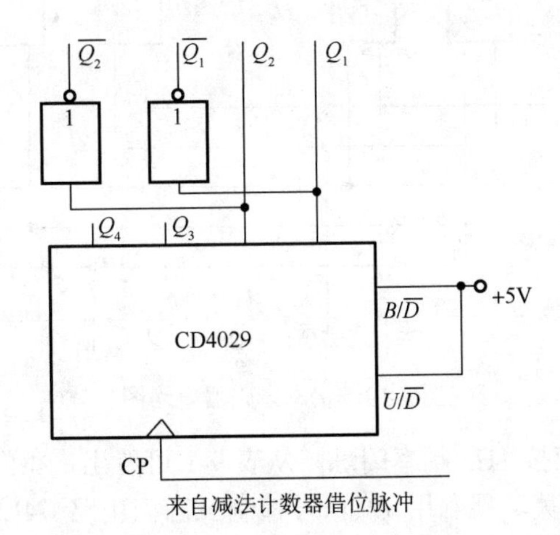

图 9-18　用中规模集成计数器 CD4029 构成状态控制器电路图

2）状态译码器设计

主、次干道上红、黄、绿信号灯的状态主要取决于状态控制器的输出状态。它们之间的关系如表 9-1 所示，其中 **1** 表示灯亮，**0** 表示灯灭。

表 9-1　信号灯状态关系

状态控制器输出		主干道信号灯			次干道信号灯		
Q_2	Q_1	R（红）	Y（黄）	G（绿）	r（红）	y（黄）	g（绿）
0	0	0	0	1	1	0	0
0	1	0	1	0	1	0	0
1	0	1	0	0	0	0	1
1	1	1	0	0	0	1	1

由此得信号灯的逻辑函数表达式为

$R=Q_2\cdot\bar{Q}_1+Q_2\cdot Q_1=Q_2$，　　$\bar{R}=\bar{Q}_2$

$Y=\bar{Q}_2\cdot Q_1$，　　$\bar{Y}=\overline{\bar{Q}_2\cdot Q_1}$

$G=\bar{Q}_2\cdot\bar{Q}_1$，　　$\bar{G}=\overline{\overline{Q_2Q_1}}$

$r=\bar{Q}_2\cdot\bar{Q}_1+\bar{Q}_2\cdot Q_1=\bar{Q}_2$，　　$\bar{r}=\overline{\overline{Q_2}}$

$y=Q_2\cdot Q_1$，　　$\bar{y}=\overline{Q_2\cdot Q_1}$

$g=Q_2\cdot\bar{Q}_1$，　　$\bar{g}=\overline{Q_2\cdot\bar{Q}_1}$

选择半导体发光二极管模拟交通灯，门电路输出低电平时，点亮相应的发光二极管。状态译码器的电路图如图 9-19 所示。

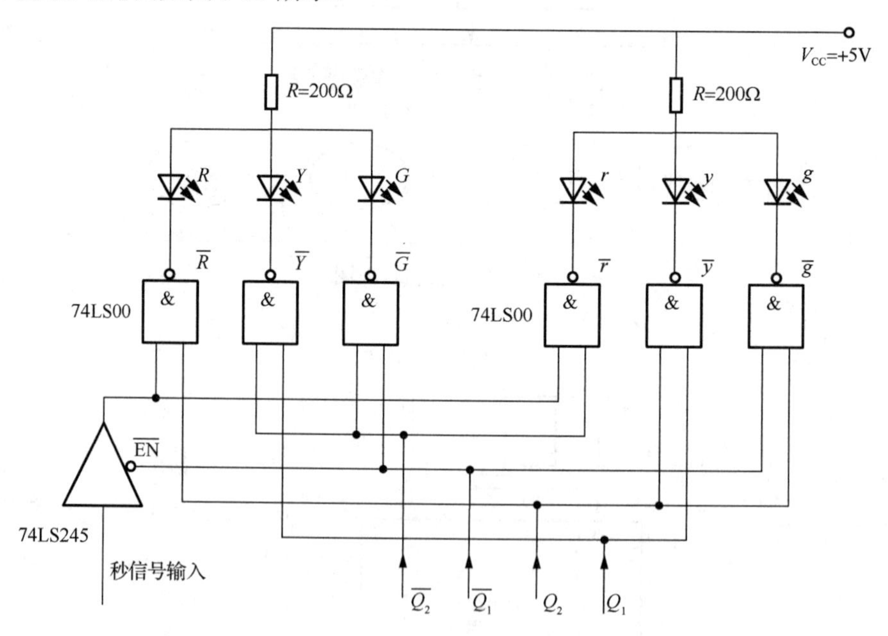

图 9-19　状态译码器电路图

当黄灯亮时，红灯应按 1Hz 频率闪烁。从表 9-1 可看出，黄灯亮时，Q_1 必为高电平；而红灯点亮信号与 Q_1 无关。现利用 Q_1 信号控制三态门电路 74LS245（或模拟开关），当 Q_1 为高电平时，将秒信号脉冲引到驱动红灯的与非门的输入端，使红灯在黄灯亮期间闪烁；反之将其隔离，红灯信号不受黄灯信号的影响。

3）定时器系统

根据设计要求，交通灯控制系统要有一个能自动装入不同定时时间的定时器，以完成

30s、20s、5s 的定时任务。用 LED 数码管作为倒计时时间的输出显示设备。定时器由与系统秒脉冲（由时钟脉冲产生器提供）同步的计数器构成，要求计数器在状态信号 Q_2、Q_1 作用下首先清零，然后在时钟脉冲上升沿作用下，计数器开始递增计数，向状态控制器提供模 30、模 5、模 20 的定时信号。计数器可选用的 4 位二进制同步计数器、十进制计数器、可逆计数器等集成电路。

4）秒信号产生器设计

产生秒信号的电路有多种形式，利用 555 定时器组成的秒信号发生器电路图如图 9-20 所示。因为该电路输出脉冲的周期 $T \approx 0.7(R_1 + 2R_2)C$。若 T=1s，令 C=10 μF，R_1=39kΩ，则 $R_2 \approx 51\text{k}\Omega$。取固定电阻 47kΩ与 5kΩ的电位器相串联代替电阻器 R_2。在调试电路时，调试电位器 R_P，使输出脉冲为 1s。

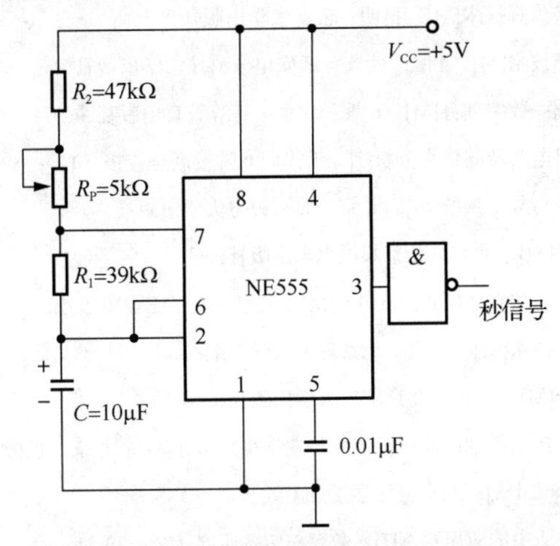

图 9-20　555 定时器组成的秒信号发生器电路图

参考文献

柴宝玉，林晓鹏，郭东辉，2006．模数转换（A/D）集成电路设计原理及其应用技术[J]．西安石油大学学报（自然科学版），21（3）：94-98．

高吉祥，2016．数字电子技术[M]．4版．北京：电子工业出版社．

郭立钦，2002．逻辑代数法在PLC梯形图设计中的应用[J]．中国棉花加工（6）：13-24．

何继爱，2009．逻辑代数在PLC控制系统中的应用[J]．甘肃科学学报，21（1）：97-100．

何佳汉，2012．基于逻辑代数的电气二次图设计方法及其应用[J]．供用电，29（3）：45-47．

侯建军，2015．数字电子技术基础[M]．2版．北京：高等教育出版社．

黄进文，2010．虚拟仪器数字电路仿真技术[M]．昆明：云南大学出版社．

江晓安，周慧鑫，2016．数字电子技术[M]．4版．西安：西安电子科技大学出版社．

康华光，等，2015．电子技术基础：数字部分[M]．6版．北京：高等教育出版社．

李莹，2015．D触发器的典型应用电路及其仿真分析[J]．天津职业院校联合校报（17）：57-52．

刘培植，等，2005．数字电路设计与数字系统[M]．北京：北京邮电大学出版社．

刘洋，陈瑶，2017．数字电子技术[M]．北京：北京邮电大学出版社．

牛百齐，2016．数字电子技术基础与仿真（Multisim10）[M]．北京：电子工业出版社．

彭克发，冯思泉，2015．数字电子技术[M]．北京：北京理工大学出版社．

任希，2018．电子技术：数字部分[M]．北京：北京邮电大学出版社．

唐灿耿，顾金花，2018．数字电子技术基础：计算机仿真与教学实验指导[M]．北京：机械工业出版社．

王晓鹏，2012．面包板电子制作68例[M]．北京：化学工业出版社．

吴丽明，2005．组合逻辑电路在生活中的应用实例[J]．教育与装备研究（3）：29-31．

吴慎山，2018．数字电子技术实验与仿真[M]．北京：电子工业出版社．

许晓华，何春华，2011．Multisim10计算机仿真及应用[M]．北京：北京交通大学出版社．

阎石，王红，2016．数字电子技术基础[M]．6版．北京：高等教育出版社．

余孟尝，2006．数字电子技术基础简明教程[M]．北京：高等教育出版社．

张少敏，等，2016．数字逻辑与数字系统设计[M]．北京：高等教育出版社．

张雪平，等，2017．数字电子技术[M]．2版．北京：清华大学出版社．

赵春华，张学军，2012．Multisim9电子技术基础仿真实验[M]．北京：机械工业出版．

附录 A　常用逻辑符号

附录 A-1　常用逻辑符号

名称	国标符号	IEEE/ANSI 符号
与门	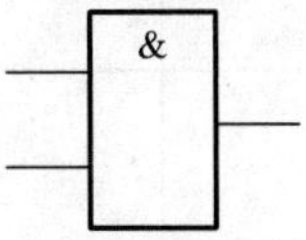 &	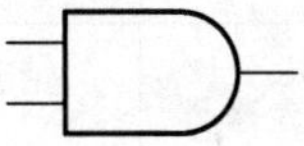
或门	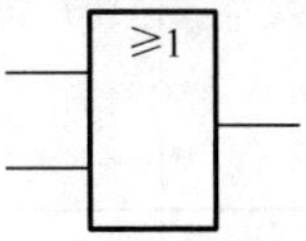 ≥1	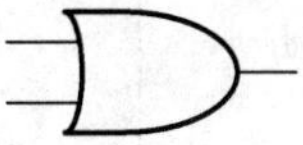
非门	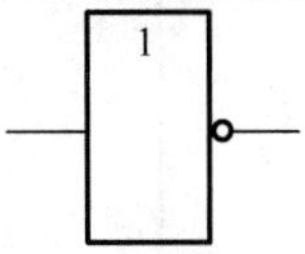 1	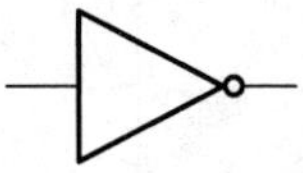
与非门	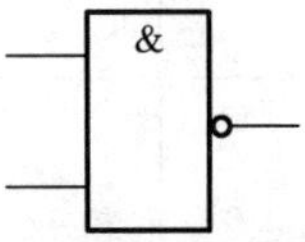 &	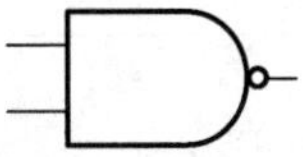
或非门	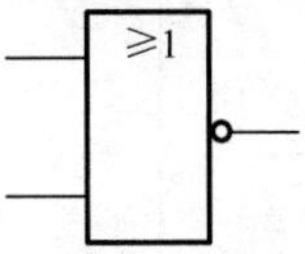 ≥1	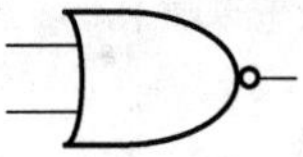
与或非门	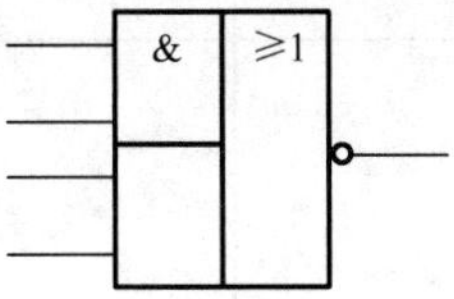 & ≥1	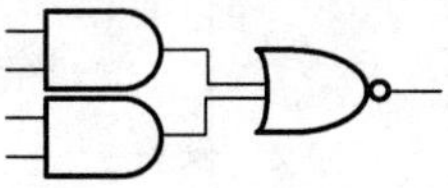
异或门	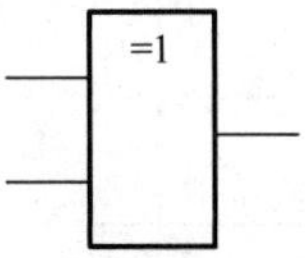 =1	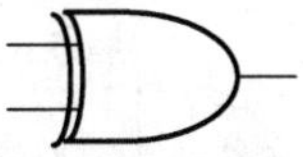
同或门	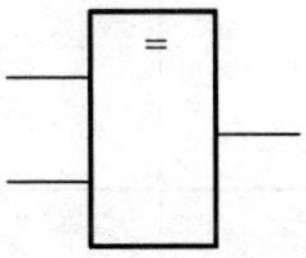 =	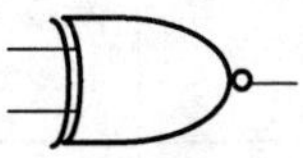
集电极开路 与非门	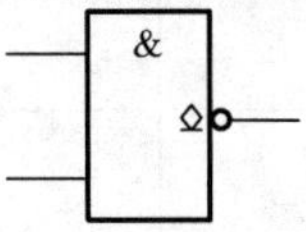 &	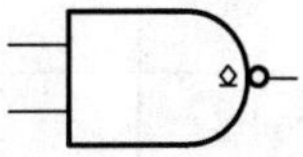

续表

名称	国标符号	IEEE/ANSI 符号
三态输出与非门	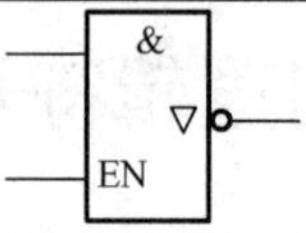 & ▽ EN	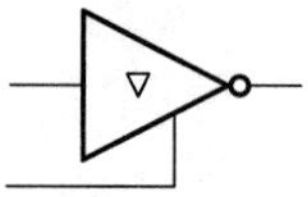 ▽
传输门	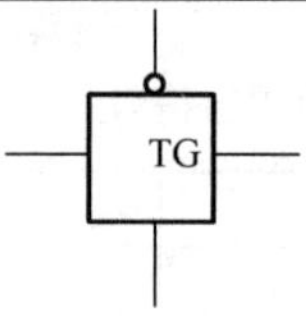 TG	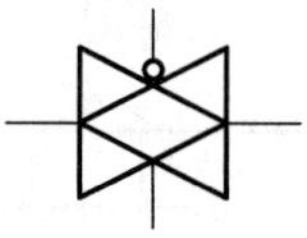
基本 RS 触发器	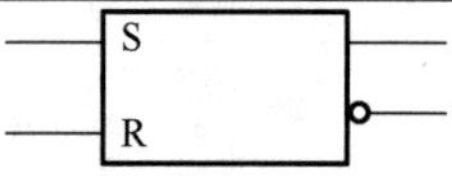 S R	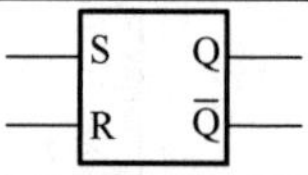 S Q R $\overline{Q}$
同步 RS 触发器	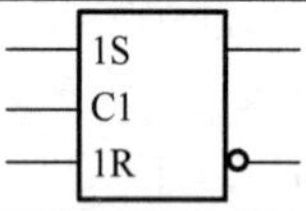 1S C1 1R	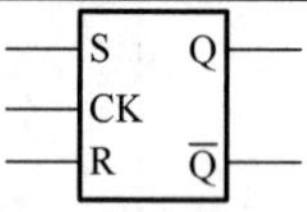 S Q CK R $\overline{Q}$
上升沿触发 D 触发器	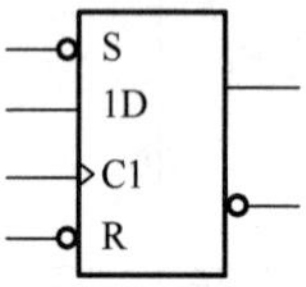 S 1D C1 R	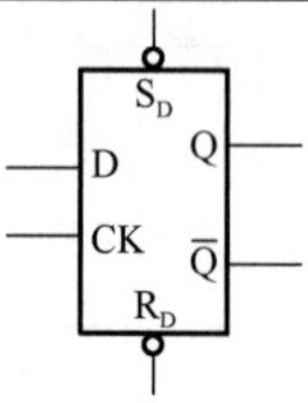 S_D D Q CK $\overline{Q}$ R_D
下降沿触发 JK 触发器	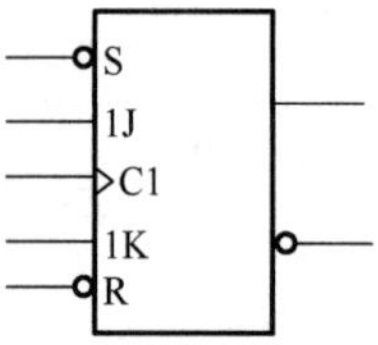 S 1J C1 1K R	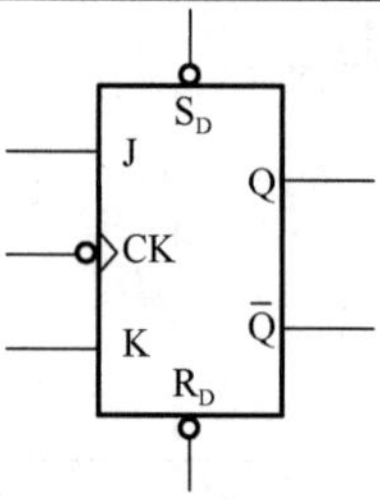 S_D J Q CK K $\overline{Q}$ R_D
主从 JK 触发器	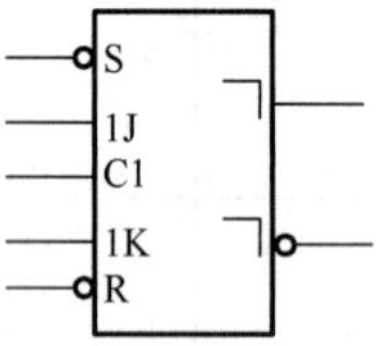 S 1J C1 1K R	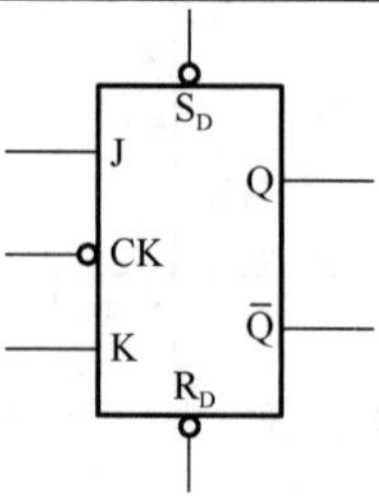 S_D J Q CK $\overline{Q}$ K R_D
带施密特触发特性的与门	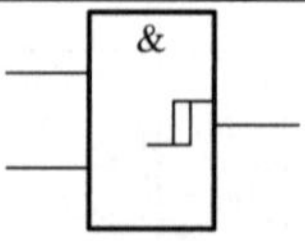 &	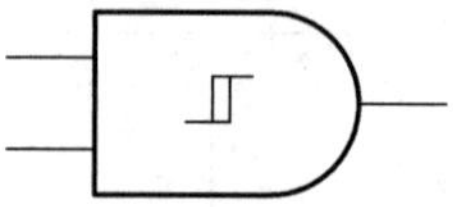
半加器	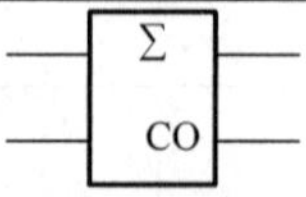 Σ CO	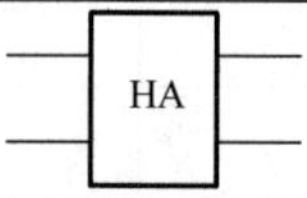 HA
全加器	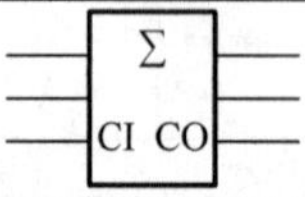 Σ CI CO	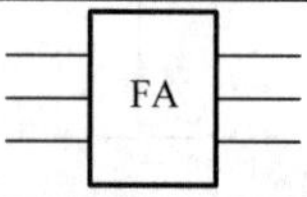 FA

附录 B　数字集成电路型号命名法

1. 现行国家标准规定的半导体集成电路型号命名方法

现行国家标准规定的半导体集成电路型号命名方法如附表 B-1 所示。

附表 B-1　半导体集成电路型号命名方法

第一部分	第二部分		第三部分	第四部分		第五部分	
国标产品	器件类型		器件系列品种	工作温度		封装	
	符号	意义		符号	意义	符号	意义
	T	TTL 电路					
	H	HTL 电路					
	E	ECL 电路					
	C	CMOS 电路	TTL 系列：				
	M	存储器	54/74			F	多层陶瓷扁平
	u	微型机电路	54/74H			B	塑料扁平
	F	线性放大器	54/74L	C	0～70℃	H	黑瓷扁平
	W	稳压器	54/74S	G	-25～70℃	D	多层陶瓷双列直插
	D	音响电视电路	54/74LS	L	-25～85℃	J	黑瓷双列直插
C	B	非线性电路	54/74AS	E	-40～85℃	P	塑料双列直插
	J	接口电路	54/74ALS	R	-55～85℃	T	金属圆壳
	AD	A/D 转换器	54/74AF	M	-55～125℃	K	金属菱形
	DA	D/A 转换器	CMOS 系列：			C	陶瓷芯片载体
	SC	通信专用电路	4000 系列			E	塑料芯片载体
	SS	敏感电路	54/74HC			G	网络针栅阵列
	SW	时钟电路	54/74HCT				
	SJ	机电仪表电路					
	SF	复印机电路					

示例 1　TTL 电路

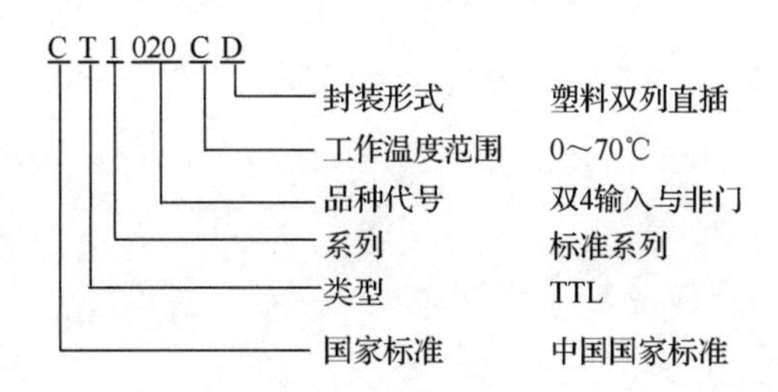

示例 2　CMOS 电路

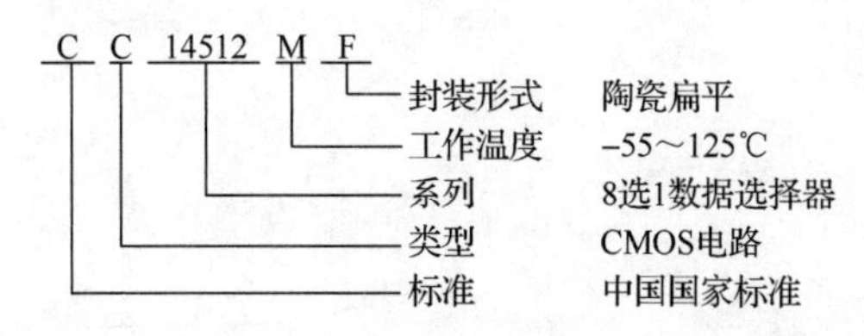

2. 集成电路的分类

随着集成电路的应用日益广泛，数字集成电路产品的种类越来越多，按照不同的标准，集成电路有多种分类方法，如附表 B-2 所示。

附表 B-2　集成电路的分类

分类依据	类别
制造工艺	半导体集成电路、薄膜集成电路、混合集成电路
功能	模拟集成电路、数字集成电路
集成度	小规模集成电路、中规模集成电路、大规模集成电路、超大规模集成电路
外形	圆形形、扁平形、双列直插形、单列直插形
逻辑技术	TTL、CMOS、ECL

3. 集成逻辑电路的主要参数

集成逻辑电路的主要参数如附表 B-3 所示。

附表 B-3　集成逻辑电路的主要参数

电路种类	工作电压/V	门功耗	门延时	扇出系数
TTL 标准	+5	10mW	10ns	10
TTL 标准肖特基	+5	20mW	3ns	10
TTL 低功耗肖特基	+5	2mW	10ns	10
ECL 标准	−5.2	25mW	2ns	10
ECL 高速	−5.2	40mW	0.75ns	10
CMOS	+3～+18	mW 级	ns 级	50

附录 C　常用标准数字集成电路器件品种代号及名称

74 系列数字集成电路品种代号及名称如附表 C-1 所示。4000 系列数字集成电路品种代号及名称如附表 C-2 所示。

附表 C-1　74 系列数字集成电路品种代号及名称

品种代号	产品名称	品种代号	产品名称
00	四 2 输入与非门	51	双 2 路 2-2（3）输入与或非门
01	四 2 输入与非门（OC）	52	4 路 2-3-2-2 输入与或门（可扩展）
02	四 2 输入或非门	53	4 路 2-3-2-2 输入与或非门（可扩展）
03	四 2 输入或非门（OC）	55	2 路 4-4 输入与或非门（可扩展）
04	六反相器	56	1/50 分频器
05	六反相器（OC）	60	双 4 输入与扩展器
06	六反相缓冲/驱动器（OC）	61	三 3 输入与扩展器
07	六缓冲/驱动器（OC）	62	4 路 2-3-3-2 输入与或扩展器
08	四 2 输入与门	68	双 4 位十进制计数器
09	四 2 输入与门（OC）	69	双 4 位二进制计数器
10	三 3 输入与非门	70	与门输入上升沿 JK 触发器（有预置和清除）
11	三 3 输入与门	71	与或门输入主从 JK 触发器（有预置）
12	三 3 输入与非门（OC）	72	与门输入主从 JK 触发器（有预置和清除）
15	三 3 输入与门（OC）	73	双 JK 触发器（有清除）
16	六高压输出反相缓冲/驱动器（OC）	74	双上升沿 D 触发器（有预置和清除）
17	六高压输出缓冲/驱动器（OC）	75	4 位双稳态锁存器
20	双 4 输入与非门	76	双 JK 触发器（有预置和清除）
21	双 4 输入与门	77	4 位双稳态锁存器
22	双 4 输入与非门（OC）	78	双主从 JK 触发器（有预置、公共清除和公共时钟）
23	可扩展双 4 输入或非门（带选通）	80	门控全加器
25	双 4 输入或非门（带选通）	82	2 位二进制全加器
27	三 3 输入或非门	83	4 位二进制全加器（带快速进位）
28	四 2 输入或非缓冲器	86	四 2 输入异或门
30	8 输入与非门	90	十进制计数器
32	四 2 输入或门	91	8 位移位寄存器
33	四 2 输入或非缓冲器（OC）	92	十二分频计数器
34	六跟随器	93	4 位二进制计数器
35	六跟随器（OC）（OD）	94	四 2 输入异或门
36	四 2 输入或非门	95	4 位移位寄存器（并行存取，左移/右移，串联输入）
37	四 2 输入与非缓冲器	96	5 位移位寄存器
38	四 2 输入与非缓冲器（OC）	98	4 位数据选择器/存储寄存器
40	双 4 输入与非缓冲器	99	4 位双向通用移位寄存器
42	4 线-10 线译码器（BCD 输入）	100	8 位双稳态锁存器
43	4 线-10 线译码器（余 3 码输入）	103	双下降沿 JK 触发器（有清除）
44	4 线-10 线译码器（余 3 格雷码输入）	106	双下降沿 JK 触发器（有预置和清除）
45	BCD-十进制译码器/驱动器（OC）	107	双主从 JK 触发器（有清除）
46	4 线-七段译码器/驱动器（BCD 输入，开路输出）	110	与门输入主从 JK 触发器（有预置，清除，数据锁定）
48	4 线-七段译码器/驱动器（BCD 输入，上拉电阻）	111	双主从 JK 触发器（有预置，清除，数据锁定）
49	4 线-七段译码器/驱动器（BCD 输入，OC 输出）	116	双 4 位锁存器
50	双 2 路 2-2 输入与或非门（一门可扩展）	121	单稳态触发器（有施密特触发）

续表

品种代号	产品名称	品种代号	产品名称
137	3 线-8 线译码器/多路分配器（有地址寄存）	237	3 线-8 线译码器/多路分配器（地址锁存）
138	3 线-8 线译码器/多路分配器	238	3 线-8 线译码器/多路分配器
139	双 2 线-4 线译码器/多路分配器	244	八缓冲器/线驱动器/线接收器（3S）
141	BCD-十进制译码器/驱动器（OC）	245	八双向总线收发器/接收器（3S）
142	计数器/锁存器/译码器/驱动器（OC）	249	4 线-七段译码器/驱动器（BCD 输入，OC）
143	计数器/锁存器/译码器/驱动器（7V，15mA）	250	16 选 1 数据选择器/多路转换器（3S）
144	计数器/锁存器/译码器/驱动器（15V，20mA）	251	8 选 1 数据选择器/多路转换器（3S，原、反码输出）
145	BCD-十进制译码器/驱动器（驱动等，继电器，MOS）	264	超前进位发生器
147	10 线-4 线优先编码器	268	六 D 型锁存器（3S）
148	8 线-3 线优先编码器	269	8 位加/减计数器
150	16 选 1 数据选择器/多路转换器（反码输出）	281	4 位并行二进制累加器
151	8 选 1 数据选择器/多路转换器（原、反码输出）	282	超前进位发生器（有选择进位输入）
152	8 选 1 数据选择器/多路转换器（反码输出）	283	4 位二进制超前进位全加器
157	双 2 选 1 数据选择器/多路转换器（原码输出）	290	十进制计数器
158	双 2 选 1 数据选择器/多路转换器（反码输出）	293	4 位二进制计数器
159	4 线-16 线译码器/多路分配器（OC 输出）	322	8 位移位寄存器（有信号扩展，3S）
160	4 位十进制同步可预置计数器（异步清除）	323	8 位双向移位/存储寄存器（3S）
161	4 位二进制同步可预置计数器（异步清除）	347	BCD-七段译码器/驱动器（OC）
162	4 位十进制同步计数器（同步清除）	351	双 8 选 1 数据选择器/多路转换器（3S）
163	4 位二进制同步可预置计数器（同步清除）	352	双 4 选 1 数据选择器/多路转换器（反码输出）
164	8 位移位寄存器（串行输入，并行输出，异步清除）	363	八 D 型透明锁存器和边沿触发器（3S，公共控制）
168	4 位十进制可预置加/减同步计数器	364	八 D 型透明锁存器和边沿触发器（3S，公共控制，公共时钟）
169	4 位二进制可预置加/减同步计数器	373	八 D 型锁存器（3S，公共控制）
171	四 D 触发器（有清除）	374	八 D 型锁存器（3S，公共控制，公共时钟）
173	4 位 D 型触发器（3S，Q 端输出）	375	4 位 D 型（双稳态）锁存器
174	六上升沿 D 型触发器（Q 端输出，公共清除）	377	八 D 型触发器（Q 端输出，公共允许，公共时钟）
175	四上升沿 D 型触发器（互补输出，公共清除）	378	六 D 型触发器（Q 端输出，公共允许，公共时钟）
176	可预置十进制/二、五混合进制计数器	379	四 D 型触发器（互补输出，公共允许，公共时钟）
177	可预置二进制计数器	390	双二-五-十计数器
182	超前进位发生器	393	双 4 位二进制计数器（异步清除）
183	双进位保留全加器	395	4 位可级联移位寄存器
184	BCD-二进制代码转换器	444	BCD-十进制译码器/驱动器（OC）
185	二进制-BCD 代码转换器（译码器）	446	BCD-七段译码器/驱动器（OC）
190	4 位十进制可预置同步加/减计数器	484	BCD-二进制代码转换器
191	4 位二进制可预置同步加/减计数器	485	二进制-BCD 代码转换器
192	4 位十进制可预置同步加/减计数器（双时钟，有清除）	537	4 线-10 线译码器/多路分配器
193	4 位二进制可预置同步加/减计数器（双时钟，有清除）	538	3 线-8 线译码器/多路分配器
194	4 位双向通用移位寄存器（并行存取）	539	双 2 线-4 线译码器/多路分配器（3S）
195	4 位移位寄存器（JK 输入，并行存取）	547	3 线-8 线译码器（输入锁存，有应答功能）
196	可预置十进制/二、五混合进制计数器/锁存器	548	3 线-8 线译码器/多路分配器（有应答功能）
197	可预置二进制计数器/锁存器	568	4 位十进制同步加/减计数器（3S）
		569	4 位二进制同步加/减计数器
		580	八 D 型透明锁存器（3S，反相输出）

附表 C-2　4000 系列数字集成电路品种代号及名称

品种代号	产品名称	品种代号	产品名称
4000	双 3 输入或非门及反相器	4048	8 输入多功能门（3S，可扩展）
4001	四 2 输入与非门	4049	六反相器
4002	双 4 输入正或非门	4050	六同相缓冲器
4006	18 位静态移位寄存器（串入，串出）	4051	模拟多路转换器/分配器（8 选 1 模拟开关）
4007	双互补对加反相器	4052	模拟多路转换器/分配器（双 4 选 1 模拟开关）
4008	4 位二进制超前进位全加器	4053	模拟多路转换器/分配器（三 2 选 1 模拟开关）
4009	六缓冲器/变换器（反相）	4054	4 段液晶显示驱动器
4010	六缓冲器/变换器（同相）	4055	4 线-七段译码器（BCD 输入，驱动液晶显示器）
4011	四 2 输入与非门	4056	BCD-七段译码器/驱动器（有选通，锁存）
4012	双 4 输入与非门	4059	程控 1/N 计数器 BCD 输入
4013	双上升沿 D 触发器	4060	14 位同步二进制计数器和振荡器
4014	8 位移位寄存器（串入/并入，串出）	4061	14 位同步二进制计数器和振荡器
4015	双 4 位移位寄存器（串入，并出）	4063	4 位数值比较器
4016	四双向开关	4066	四双向开关
4017	十进制计数器/分频器	4067	16 选 1 模拟开关
4018	可预置 *N* 分频计数器	4068	8 输入与非/与门
4019	四 2 选 1 数据选择器	4069	六反相器
4020	14 位同步二进制计数器	4070	四异或门
4021	8 位移位寄存器（异步并入，同步串入/串出）	4071	四 2 输入或门
4022	八计数器/分频器	4072	双 4 输入或门
4023	三 3 输入与非门	4073	三 3 输入与门
4024	7 位同步二进制计数器（串行）	4075	三 3 输入或门
4025	三 3 输入与非门	4076	四 D 寄存器（3S）
4026	十进制计数器/脉冲分配器（七段译码输出）	4077	四异或非门
4027	双上升沿 JK 触发器	4078	8 输入或/或非门
4028	4 线-10 线译码器（BCD 输入）	4081	四 2 输入与门
4029	4 位二进制/十进制/加/减计数器（有预置）	4082	双 4 输入与门
4030	四异或门	4085	双 2-2 输入与或非门（带禁止输入）
4031	64 位静态移位寄存器	4086	四路 2-2-2-2 输入与或非门（可扩展）
4032	三级加法器（正逻辑）	4089	4 位二进制比例乘法器
4033	十进制计数器/脉冲分配器（七段译码输出，行波消隐）	4093	四 2 输入与非门（有施密特触发器）
		4094	8 位移位和储存总线寄存器
4034	8 位总线寄存器	4095	上升沿 JK 触发器
4035	4 位移位寄存器（补码输出，并行存取，JK 输入）	4096	上升沿 JK 触发器（有 JK 输入端）
4038	三级加法器（负逻辑）	4097	双 8 选 1 模拟开关
4040	12 位同步二进制计数器（串行）	4098	双可重触发单稳态触发器（有清除）
4041	四原码/反码缓冲器	4316	四双向开关
4042	四 D 锁存器	4351	模拟信号多路转换器/分配器（8 路）（地址锁存）
4043	四 RS 锁存器（3S，或非）	4352	模拟信号多路转换器/分配器（双 4 路）（地址锁存）
4044	四 RS 锁存器（3S，与非）	4353	模拟信号多路转换器/分配器（3×2 路）（地址锁存）
4045	21 级计数器		

续表

品种代号	产品名称	品种代号	产品名称
4502	六反相器/缓冲器（3S，有选通端）	7003	四路正与非门（有施密特触发器输入和开漏输出）
4503	六缓冲器（3S）	7006	六部分多功能电路
4508	双 4 位锁存器（3S）	7022	八计数器/分频器（有清除功能）
4510	十进制同步加/减计数器（有预置端）	7032	四路正或门（有施密特触发器输入）
4511	BCD-七段译码器/驱动器（锁存输出）	7074	六部分多功能电路
4514	4 线-16 线译码器/多路分配器（有地址锁存）	7266	四路 2 输入异或非门
4515	4 线-16 线译码器/多路分配器（反码输出，有地址锁存）	7340	八总线驱动器（有双向寄存器）
		7793	八三态锁存器（有回读）
4516	4 位二进制同步加/减计数器（有预置端）	8003	双 2 输入与非门
4517	双 64 位静态移位寄存器	9000	程控定时器
4518	双十进制同步计数器	9014	九施密特触发器、缓冲器（反相）
4519	四 2 选 1 数据选择器	9015	九施密特触发器、缓冲器
4520	双 4 位二进制同步计数器	9034	九缓冲器（反相）
4521	24 位分频器	14572	六门
4526	二-*N*-十六进制减计数器	14599	8 位双向可寻址锁存器
4527	BCD 比例乘法器	40097	双 8 选 1 模拟开关
4529	双 4 信道模拟数据选择器	40100	32 位左右移位寄存器
4530	双 5 输入多功能逻辑门	40101	9 位奇偶校验器
4531	12 输入奇偶校验器/发生器	40102	8 位同步 BCD 减计数器
4532	8 线-3 线优先编码器	40103	8 位同步二进制减计数器
4536	程控定时器	40104	4 位双向移位寄存器（3S）
4538	双精密单稳多谐振荡器（可重复）	40105	4 位×16 先进先出寄存器（3S）
4541	程控定时器	40107	双 2 输入与非缓冲器/驱动器
4543	BCD-七段锁存/译码/LCD 驱动器	40108	4×4 多位寄存器
4551	四 2 输入模拟多路开关	40109	四低-高电压电平转换器（3S）
4555	双 2 线-4 线译码器	40110	十进制加/减计数/译码/锁存/驱动器
4556	双 2 线-4 线译码器（反码输出）	40160	十进制同步计数器（有预置，异步清除）
4557	1-64 位可变时间移位寄存器	40161	4 位二进制同步计数器（有预置，异步清除）
4583	双施密特触发器	40162	十进制同步计数器（同步清除）
4584	六施密特触发器	40163	4 位二进制同步计数器（同步清除）
4585	4 位数值比较器	40174	六上升沿 D 触发器
4724	8 位可寻址锁存器	40208	4×4 多位寄存器阵（3S）
7001	四路正与门（有施密特触发器输入）	40257	四 2 选 1 数据选择器
7002	四路正或非门（有施密特触发器输入）		